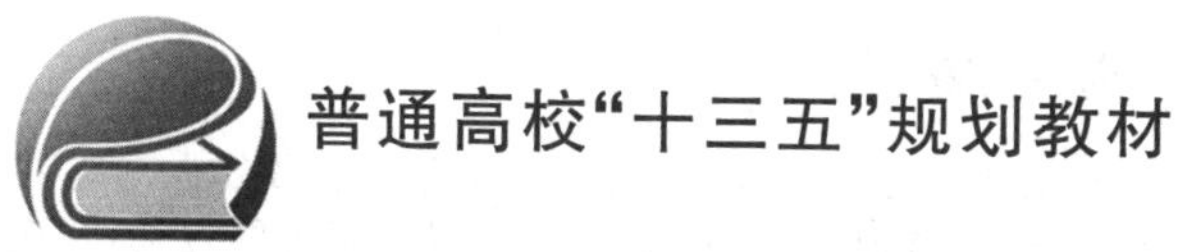

工业技术原理概论

陆永耕　编著

北京航空航天大学出版社

内 容 简 介

工业行业门类繁杂，有化工、煤炭、冶金、建材、汽车、热机、信息、矿物等。本书分为三篇共13章，从工业生产设备的结构、典型工艺入手，选取典型案例，通过图、表等易于理解的方式，顺应学科发展脉络框架，深入浅出地讲述如时钟钟表，制冷与热机，汽车变速与差速器，微波与光学，振动、超声与射频，矿物与筛选，坐标、投影变换与信息编码，以及相关变换、效应、现象等知识，力求将知识性、科学性、趣味性融为一体，并对相关知识作了铺垫和有机衔接。

本书可作为高等院校工科学生、研究生的学习参考书，也可供有一定专业知识，又想拓宽其他专业知识的人员及行业爱好者阅读。

图书在版编目(CIP)数据

工业技术原理概论 / 陆永耕编著. -- 北京 : 北京航空航天大学出版社，2019.11
ISBN 978-7-5124-3153-9

Ⅰ. ①工… Ⅱ. ①陆… Ⅲ. ①工业技术—理论—高等学校—教材 Ⅳ. ①T-0

中国版本图书馆 CIP 数据核字(2019)第 242217 号

工业技术原理概论

陆永耕 编著

责任编辑 杨 昕

*

北京航空航天大学出版社出版发行

北京市海淀区学院路 37 号(邮编 100191) http://www.buaapress.com.cn

发行部电话：(010)82317024 传真：(010)82328026

读者信箱：copyrights@buaacm.com.cn 邮购电话：(010)82316936

涿州市新华印刷有限公司印装 各地书店经销

*

开本：710×1 000 1/16 印张：18.75 字数：400 千字

2019 年 11 月第 1 版 2020 年 2 月第 2 次印刷

ISBN 978-7-5124-3153-9 定价：59.00 元

前　言

进入 21 世纪以来，国家教育部推出了一系列提升高校教学质量、自我强化完善的机制体制，围绕“新工科”教育，在教育教学方法、专业整体布局、实验实训、质量考核等各个环节进行了一系列的研究探讨，取得了丰硕的成果，在国内产生了一定的影响。

要实现“新工科”的理念，首先是教学师资力量和教材，没有教材，特别是好的教材，实现“新工科”教育理想，岂不成了无源之水、无本之木，再美好的理念也无法得到落实。同时，业界有与之相配套的教材、实验指导、课程设计、毕业设计等相关教学资料的需求，而本书正是为适应“新工科”理念所进行的有益探索和尝试。

大学沿袭工业化生产模式，导致条块分割过度专业化的弊端，博士越读越专，学问越做越窄，在当下日趋复杂、需要多专业相互协作解决的具体社会、科学问题，显现出诸多短板。呼吁打破学科壁垒，按社会、科学问题重组高校课程。现代学科高度融合，相互渗透，其间有着千丝万缕的联系，使得我们在研究某一学科、某一技术时，必须学习运用借鉴其他学科的技术思想、方法与应用成就。

由此联想到，不仅仅是进行各个行业的专业概论的普及，更应该了解人类文明历史进程中的带有普适性的科学技术原理，将中小学生人人都可以理解的《十万个为什么》，进一步对原理、机理进行科学描述，以提升大学生的科学思维。

本书的取材、选材全部来自工业实践，如何在编写过程中处理、照顾、平衡不同行业专业的内容，在介绍基础知识的同时，注意培养提高学生的创新能力，是一个永恒的主题，也是衡量一本教材质量的关键。作为适用于各个行业本科生的跨专业技术原理概论，从各个行业中选取 1～2 个典型的设备、工艺原理进行介绍，名头太大，取舍难度也大。本书选材遵循的思路是：选取其在原理叙述、理解难度、构思结构有精巧之处的设备和工艺原理，并考虑其学术性、趣味性、普及性等方面，从日常生活最简单常见的问题入手，采用案例项目方法，重点放在讲述问题原理的来龙去脉，追求知识点的技术原理和深度，而不过于追求技术的先进性和完整性。各章节围绕各自主题循序渐进，深入历史背景、问题演变、发展线索，梳理其中的结构原理，遵循从简到繁的原则，前后章节结构关联，力求系统全面。如此选取介绍，可能造成知识无法层层铺开，也算是美中不足了。

本书旨在将内容极其丰富、学科门类繁多的工业技术领域进行浓缩而又不失其系统性，将那些深邃的理论和繁难的计算分析通俗化，又不失科学性，文字凝练而又深入浅出，融知识性、科学性、趣味性和前瞻性于一体，对于工业技术发展各个时期典型工艺设备原理与成就，力求用精炼的文字和例证加以论述，把错综复杂的工艺发展脉络梳理清楚，令积淀千年的科学工艺技术原理读起来，略显轻松有趣。

本书作为一本技术理论概论课程教材，尽管在选材、取材方面，做了大量细致的筛选、整理分析等工作，但跨越众多理工科专业，难度可想而知，学生受益、教师难当，囿于学识能力、学术视野、阅历所限，书中难免存在理解不够深入，解释有偏差、疏漏、谬误之处。任何事物都存在着优与劣的平衡点，包罗万象就难免存在浅薄寡淡的一面，所以作者尽力做到内容丰富而不单调，雅趣别致而不枯燥。

作者期待着本书作为一本入门的教科书，能够为大学本科生、研究生及其他读者提供常用的工业技术原理、方法，以点带面，有所突破。本书虽经数次反复审核、修改，心中仍未释然，还会有这样那样的问题，在此抛砖引玉，诚望学界同仁不吝赐教。

编　者

2019 年 5 月

目　　录

第一部分　基础篇

第二部分　提高篇

第三部分　进阶篇

第一部分　基础篇

第1章

机械钟表结构与原理

1.1 时间与时钟

1.1.1 时间与计时

1. 时　间

时间是一个较为抽象的概念，是物质的运动、变化的持续性、顺序性的表现。时间包含时刻和时段两个概念。时间是人类用于描述物质运动过程或事件发生过程的一个参数，确定时间，是靠不受外界影响的物质周期变化的规律。例如，月球绕地球的周期，地球绕太阳的周期，地球自转的周期，原子振荡的周期等。爱因斯坦说时间和空间是人们认知的一种错觉。大爆炸理论认为，宇宙从一个起点处开始，这也是时间的起点。

在古代，光阴表示时间。时间是人根据物质运动来划分的，不是本来就有的，宇宙中的“时”本来是没有“间”的。物质运动需要耗费“时”。

但是如果不把“时”分割成“间”，人们的思维就无法识别“时”，人们之所以能思考，是因为思维能对物质世界命名，物为实，思为虚，思命物以虚名，为思所用。没有进行分割过的“时”，无法被命名，无法进行区分，只有分割成“间”后，才能被思维所用，因为分割后可以命名了。比如我们把地球绕太阳一周的运动过程划分为一年，地球自转一圈的运动过程划分为一日，这样的划分便于思维使用数字符号来计算。如果你不是生活在地球上，绝对不会以地球的运动过程来分割“时”。所以，时间不过是人为了便于思维、思考这个宇宙，而对物质运动进行的一种划分。

时间是一种客观存在。时间的概念是人类认识、归纳、描述自然的结果。在古代中国，其本意原指四季更替或太阳在黄道上的位置轮回，《说文解字》曰：时，四时也；《管子・山权数》说：时者，所以记岁也。随着认识的不断深入，时间的概念涵盖了一切有形与无形的运动,《孟子·篇叙》注:“谓时曰支干五行,相孤虚之属也。”可见“时”是用来描述一切运动过程的统一属性的,这就是时的内涵。由于古代人们研究的问题基本都是宏观的、粗犷的、慢节奏的,所以只重视了“时”的问题。后来因为研究快速的、瞬时性的对象需要,补充进了“间”的概念。于是,时间便涵盖了运动过程的连续状态和瞬时状态,其内涵得到了最后的丰富和完善。

爱因斯坦在相对论中提出:不能把时间、空间、物质三者分开解释。时间与空间一起组成四维时空,构成宇宙的基本结构。时间与空间在测量上都不是绝对的,观察者在不同的相对速度或不同时空结构的测量点,所测量到的时间的流逝是不同的。广义相对论预测质量产生的重力场将造成扭曲的时空结构,并且在大质量(如黑洞)附近的时钟的时间流逝比在距离大质量较远的地方的时钟的时间流逝要慢。现有的仪器已经证实了这些相对论关于时间所做的精确预测,其成果已经应用于全球定位系统。另外,狭义相对论中有“时间膨胀”效应:在观察者看来,一个具有相对运动的时钟的时间流逝比自己参考系的(静止的)时钟的时间流逝慢。

时间是地球(其他天体理论上也可以)上的所有其他物体(物质)三维运动(位移)对人的感官影响形成的一种量。

就今天的物理理论来说时间是连续的、不间断的,没有量子特性。一些至今还没有被证实的,试图将相对论与量子力学结合起来的理论,如量子重力理论、弦理论、M理论等,预言时间是间断的,有量子特性的。

根据斯蒂芬·威廉·霍金(Stephen William Hawking)所作的广义相对论中的爱因斯坦方程式显示,宇宙的时间是有一个起始点,由大爆炸开始的,起点没有“之前”一说,讨论在此之前的时间是毫无意义的。而物质与时空并存,只要物质存在,时间便有意义。

2. 时区划分

时区划分是将地球表面按经线划分为 24 个区域。当我们看到太阳升起时,居住在新加坡的人要再过半小时才能看到太阳升起。而远在英国伦敦的居民则还在睡梦中,要再过 8 小时才能见到太阳。世界各地的人们,在生活和工作中如果各自采用当地的时间,对于日常生活、交通等会带来许许多多的不便和困难。为了照顾到各地区的使用方便,又使其他地方的人容易将本地的时间换算到别的地方的时间上去,有关国际会议决定将地球表面按经线从东到西,划分成 24 个区域,并且规定相邻区域的时间相差 1 小时。在同一区域内的东端和西端的人看到太阳升起的时间最多相差 1 小时。当人们跨过一个区域,就将自己的时钟校正 1 小时(向西减 1 小时,向东加 1 小时),跨过几个区域就加或减几小时。这样使用起来就比较方便。由于经常出现 1 个国家或 1 个省份同时跨着 2 个或更多时区,为了行政上的方便,常将 1 个国家或 1 个省份划在一起。所以时区并不严格按南北直线来划分,而是按自然条件来划分。例如,中国幅员辽阔,差不多跨 5 个时区,但实际上只以东八时区的标准时间即北京时间为准。

1.1.2 擒纵调速与走时

钟表是一种计时的装置，也是计量和指示时间的精密仪器。钟表通常是以内机的大小来区别的。按国际惯例，机芯直径超过 80 mm、厚度超过 30 mm 的为钟；直径 37～50 mm、厚度 4～6 mm，称为怀表；直径 37 mm 以下为手表。手表是人类发明的最小、最坚固、最精密的机械之一。

现代钟表的原动力有机械力和电力两种。

机械钟表是一种用重锤或弹簧释放的能量为动力，推动一系列齿轮运转，通过擒纵调速器调节轮系转速，以指针指示时刻和计量时间的计时器。

人类早期通过观察天空颜色的变化、太阳的光度来判断时间。古埃及发现影子长度会随时间改变。古巴比伦人 6 000 年前发明了日晷计时，他们也发现水的流动需要的时间是固定的，因此发明了水钟。古代中国人也有以水来计时的工具——铜壶滴漏，他们还会用烧香来计时。

公元 1300 年以前，人类主要利用天文现象和流动物质的连续运动来计时。例如，日晷是利用日影的方位计时；漏壶和沙漏是利用水流和沙流的流量计时。

公元前 140—100 年，古希腊人制造了用 30～70 个齿轮系统组成的奥林匹克运动会的计时器。这台仪器被称为“安提凯希拉仪”，由 29 个彼此啮合的铜质齿轮和多个刻度盘构成，大小与一个午餐盒相当。它于 1901 年在希腊安提凯希拉岛附近的一艘古代沉船上被发现，因此得名，现保存在希腊国家考古博物馆内。

中国东汉张衡制造的浑天仪，用漏壶滴水推动浑天仪均匀地旋转，一天刚好转一周。北宋元祐三年（1088 年）苏颂和韩公（工）廉等创制水运仪象台，采用了擒纵机构。

公元 1283 年，在英格兰的修道院，出现了史上首座以砝码带动的机械钟。13 世纪意大利北部的僧侣开始建立钟塔（或称钟楼），其目的是提醒人们祷告的时间。16 世纪中期在德国开始有桌上的钟。17 世纪，逐渐出现了钟摆和发条。它运转的精度得到了很大的提高。乔万尼·德·丹第被誉为欧洲的钟表之父。他用了 16 年的时间于 1364 年制造出一台功能齐全的钟，被称为宇宙浑天仪，它能够表示出天空中一些行星的运行轨迹，还可以对宗教节日和每天的时间有所反映。丹第制造的钟并不是欧洲的第一台钟。1657 年，惠更斯发现摆的频率可以计算时间，造出了第一个摆钟。1670 年英国人威廉·克莱门特（William Clement）发明了锚形擒纵器。

1695 年，英国人汤姆平发明了工字轮擒纵机构。后来，英国人格雷厄姆发明了静止式擒纵机构。1765 年，自由锚式擒纵机构诞生。1797 年，美国人伊莱·特里（Eli Terry）获得一个钟的专利权。他被视为美国钟表业的始祖。1840 年，英国的钟表匠贝恩发明了电钟。

1946 年，美国的物理学家利比博士弄清楚了原子钟的原理，于两年后创造出了世界上第一座原子钟，它的运转是借助铯、铷原子的自然振动完成的。原子钟至今仍是最先进的钟。18—19 世纪,钟表制造业逐步实行了工业化生产。

虽然现在使用这些机械式钟表的人已经很少,但是它的原理,机械式的擒纵机构调速方式,仍然在生活、生产设备中,有着广泛的应用价值并有一定的启示作用。机械钟表擒纵结构的调速原理,还可以用在无需电子元器件实现速度调节的机械系统中,或者是潮湿、腐蚀污染、极端温度等恶劣环境中。

1.2 机械闹钟结构与原理

钟表的应用范围很广,品种也很多,可按振动原理、结构和用途特点进行分类。

按振动原理可分为利用频率较低的机械振动的钟表,如摆钟、摆轮钟等;利用频率较高的电磁振荡和石英振荡的钟表,如同步电钟、石英钟表等。

按结构特点可分为机械式的,如机械闹钟,自动、日历、双历、打簧等机械手表;电机械式的,如电摆钟、电摆轮钟表等;电子式的,如摆轮电子钟表、音叉电子钟表、指针式和数字显示式石英电子钟表等。

虽然机械钟表有多种结构形式,但其工作原理基本相同,都是由原动系、传动系、擒纵调速器、指针系和上条拨针系等组成。

1.2.1 机械式闹钟

机械钟表利用发条作为动力的原动系,经过一组齿轮组成的传动系来推动擒纵调速器工作;再由擒纵调速器反过来控制传动系的转速;传动系在推动擒纵调速器的同时还带动指针机构,传动系的转速受控于擒纵调速器,所以指针能按一定的规律在表盘上指示时刻;上条拨针系是上紧发条或拨动指针的机件。

钟表包含走时与闹时两大系统,这两大系统又可分为能源、齿轮传动、擒纵调速器、指针、闹铃、止闹等 6 个主要部分。机械钟表机芯分解图如图 1.1 所示。

所有这些部分的零部件都装在两块夹板上,夹板由以下部分组成。

1. 前夹板组件(下夹板或主夹板)

前夹板组件由机架、前夹板、夹板柱、中心管、起闹簧、止闹簧、闹发条和止闹簧铆钉等所组成。在长 60 mm、宽 46 mm、厚 1 mm 的铜质板上面有 4 根顶端有螺纹的钢柱(板柱),用来支撑后夹板。夹板下面有薄铁板冲压的机架,用夹板柱与前夹板铆合在一起。

2. 后夹板组件(上夹板)

后夹板组件由后夹板和游丝外桩组成。后夹板是铜板制成的,夹板下面铆有游丝外桩。后夹板的形状与前夹板相同,两大系统各个零件和组件装在前夹板上以后,合上后夹板,拧紧 4 个板柱螺母而成为整机。前、后夹板的轴孔是同心的。在后夹板上的擒纵叉轴孔,可做轴向与径向调整。

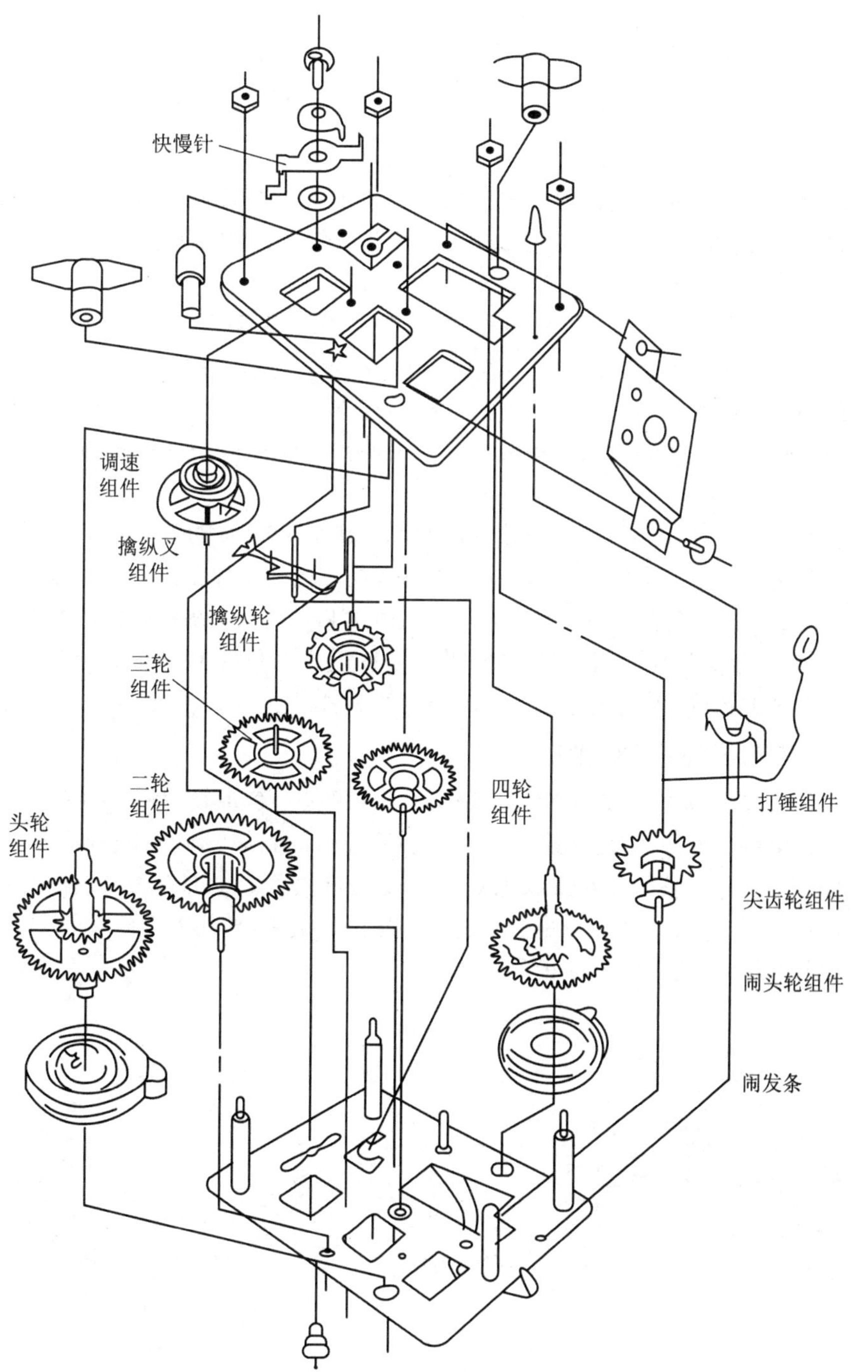
快慢针
调速
组件
擒纵叉
组件
擒纵轮
组件
三轮
组件
二轮
组件
头轮
组件
四轮
组件
打锤组件
尖齿轮组件
闹头轮组件
闹发条

图 1.1　机芯分解图

1.2.2 走时系统结构与原理

走时系统由原动机构、传动机构、擒纵机构、调速机构、指时系统组成。

1. 原动机构

原动机构由发条和头轮组件组成。发条全长 1 000 mm、宽 7 mm、厚 0.3 mm，整体呈蜗线状，内端有一长方孔为发条内钩，能与头轮轴凸钩相挂连，外端向内折弯的一段可套挂在夹板柱子上。

原动系是储存和传递工作能量的机构，通常由条盒轮、条盒盖、条轴、发条和发条外钩组成。发条在自由状态时是一个螺旋形或S形的弹簧，它的内端有一个小孔，套在条轴的钩上。它的外端通过发条外钩，钩在条盒轮的内壁上。上发条时，通过上条拨针系使条轴旋转将发条卷紧在条轴上。发条的弹性作用使条盒轮转动，从而驱动传动系。

头轮组件由头轮片、头轮轴、棘轮、棘爪、棘爪簧及压簧等组成。

走发条是走时系统的能源，要求在工作时力矩平稳。当拧紧走发条时，最大力矩可达 19.6 kg·mm，运行 24 h 后的力矩降为 10.8 kg·mm。统机闹钟的走发条，以走头轮计算，有效圈数为 6 圈，实有圈数在 8 圈以上。每圈可工作 6 h，运转 48 h 以上发条才能全部释放，大大超过部颁标准规定的 36 h。

2. 走头轮组件(走条轮)

走头轮组件由头轮轴、走头轮片、棘轮、棘爪(顶头)、棘爪簧、棘爪铆钉和走头轮(碟型)压簧组成。如图 1.2(a)所示为走头轮组件正面图，如图 1.2(b)所示为走头轮组件背面图。在头轮轴一端有反扣螺纹，上条匙拧在上面。中部有滚花，棘轮牢牢铆在此处，足以承受发条的全部力矩。下部有冲压出的条钩，挂住发条内端长孔。头轮轴的两头都有轴颈，装入前后夹板的轴孔。

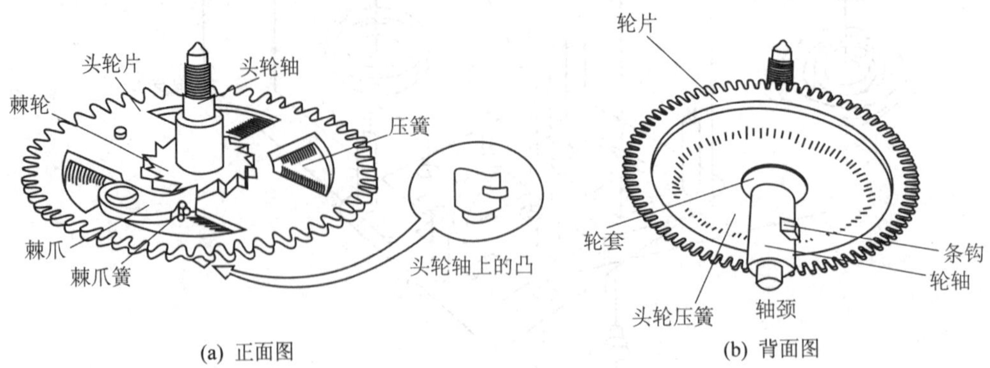

(a) 正面图　　(b) 背面图

图 1.2 头轮组件图

传动系是将原动系的能量传至擒纵调速器的一组传动齿轮，由二轮（中心轮）、三轮（过轮）、四轮（秒轮）和擒纵轮齿轴组成，其中轮片是主动齿轮，齿轴是从动齿轮。钟表传动系的齿形绝大部分是根据理论摆线的原理，经过修正而制作的修正摆线齿形。

棘轮本身有棘轮套（套筒），或称头轮片台，头轮片装在棘轮套上。用铆钉将棘爪铆在头轮片的轮辐上，不铆死，应使棘爪仍能左右平着晃动。在轮片背面装有圆形棘爪簧，所对圆心角为 240°，两端有 90°的弯头，其一端插入轮辐上的棘爪孔，另一端靠本身弹力压向棘爪上的棘爪槽。当工作时，棘爪簧使棘爪顶住棘轮的齿间，使棘轮只能朝一个方向转动。走头轮压簧和棘轮套铆合在一起，靠走头轮压簧的弹力压住走头轮，使走头轮保持平衡运转。

总之，上发条时是走头轮轴上的棘轮逆向转动与棘爪滑脱，走头轮不断发出上条声音。运转时，走头轮片上的棘爪卡在棘轮的斜齿里和棘轮一起转，棘轮通过棘爪推动走头轮片转动而输出发条力矩。

获得动力的原理是：利用钢质发条的变形产生力矩，力矩由头轮片变成一种圆周推力，推动下面齿轮转动。发条的变形是用手驱动的（即上发条）。上发条后由棘爪止住回转，这样，发条就把我们所做的功储存起来，使自身具有再做功的弹簧能。由于钟表运行时的阻力使振动系统不断衰减，因此需要对振动系统不断补充能量，这时发条就作为能源把储存的能量周期性地供给它，以保持它不衰减地振动，使钟表不停地工作，达到计量时间的目的。

3. 传动机构

它是由二轮（中心轮）组件、三轮（过轮）组件、四轮（秒轮）组件和擒纵叉销轮组成的轮系。头轮与二轮销轮相啮合驱动传动机构各齿轮转动，它们的转速受擒纵调速机构的控制，并使其中某些齿轮实现时、分的旋转周期，带动指示机构的指针。

齿轮传动部分包括二轮组件、三轮组件、四轮组件和擒纵轮组件等，如图 1.3 所示。

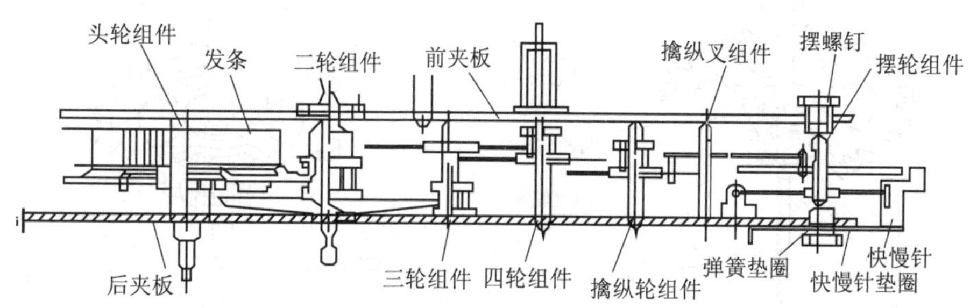

图 1.3　传动机构及相关零件图

(1) 二轮组件（中心轮、偏中心轮、伪中心轮）

二轮组件由二轮轴、二轮片、二轮压圈、二轮压簧（十字簧）、二轮轴套、二轮压套、二轮销(瓣)和二轮销挡圈组成。轮轴上端有挤压出的 4 条或 2 条凸线,露在夹板外面,对针匙装在这上面,下端轴颈也露在夹板外面,拨针轮装在上面。二轮片和二轮轴套铆合起来,放入轮销,再放上二轮销挡圈,然后将齿轮、销轮组合件套在轴上。

最后将二轮压套与轮套铆合,使二轮压簧发出弹力,形成二轮组件。这时齿轮、销轮组合件则不能相对于二轮轴自由转动了,要靠外界给力才能相对转动。

二轮组件有双重作用:一是运行时通过二轮、销轮组合件把圆周推力传递给三轮片,同时靠二轮压簧所产生的摩擦力来带动二轮轴转动,二轮轴带动拨针轮,利用拨针轮圆周推力,推动指针部分各轮转动;二是当需要人工调整指针时,用手指所施加的力超过二轮压簧的摩擦力,那么二轮轴就可以在销轮的中心孔内相对转动,轮轴转动而轮片不动,达到调整指针的目的。

(2) 三轮组件(过轮)

三轮组件由三轮轴、三轮片、三销轮盘、6 个钢丝轮销、三轮轴套等零件组成,它的作用是把二轮的圆周推力传递给四轮。

(3) 四轮组件(秒针轮)

四轮组件由四轮轴、四轮片、四轮销盘、6 个钢丝轮销、四轮轴套等零件组成,如图 1.4 所示。轮轴的下轴颈很长,用来安装秒针。所有零件都压合在一起成为一个组件。其结构与三轮组件相似,不再赘述。它的作用有两个:一是带动秒针转动;二是将三轮的圆周推力传给擒纵轮组件。

(4) 擒纵轮组件(卡子轮或五轮)

擒纵轮组件由擒纵轮轴、擒纵轮片、擒纵销轮盘、6 个钢丝轮销和擒纵轮轴套等零件组成,如图 1.5 所示。其轴颈比上面几个轮轴稍短,结构相同,但轴颈最细。

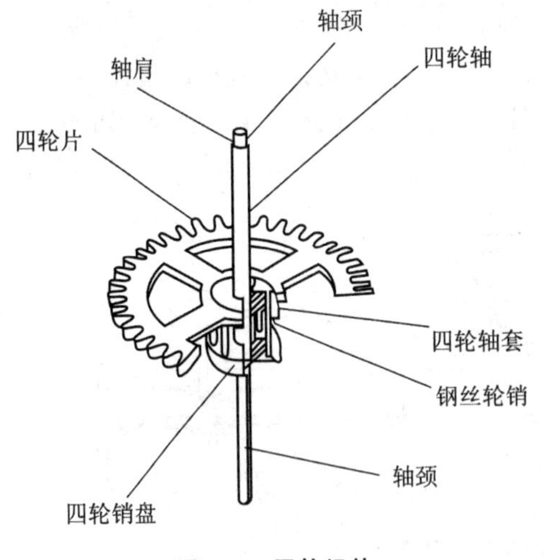

图 1.4　四轮组件

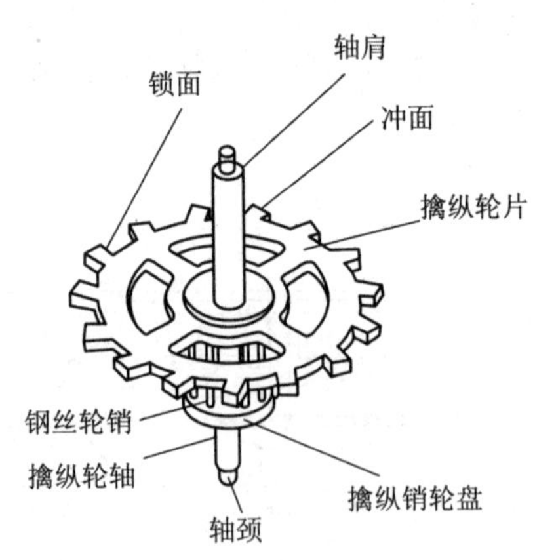

图 1.5　擒纵轮组件

擒纵轮轮片的齿形不同,为了适应擒纵的需要,其具有 15 个马蹄形的轮齿。它的作用是把四轮的圆周推力传给擒纵调速部分。

齿轮传动的基本原理是：发条的力矩通过头轮片转变成逆时针方向的圆周推力,此力推动二轮销轮转动。由于二轮片与二轮销轮固结,二轮片随之转动。以此类推,推动三轮片、四轮片、擒纵轮片转动。

齿轮传动的作用是：一方面将发条能量,通过擒纵机构周期性地传给振动系统,以维持振动系统不停地振动;另一方面把振动系统在一定时间内一定的振动次数传递到指针机构,以指示时间。

齿轮传动,实际上是主动轮转过一个齿而带动从动轮相应转过一个齿。在统机闹钟中,因为轮片齿数多,轮销齿数少,所以总是主动轮转速(单位时间内的转数称为转速)比从动轮慢,可以用传动比表示。传动比就是从动轮与主动轮转速之比,也可用从动轮的齿数和主动轮的齿数的反比求得。

由于正确地规定了各齿轮的传动比,指针机构就能按照一定的速度旋转,从而正确指示时间。同时,也可知传动力矩是逐渐减小,如擒纵轮的力矩为走头轮的$\frac{1}{2\,400}$。

4. 擒纵机构

擒纵机构由擒纵轮和擒纵叉组件组成。擒纵轮每齿可分为锁面、前棱、冲面和后棱四个工作部位,擒纵叉的叉销是两支很细的钢丝针,分别称为进叉销和出叉销,叉头中间的凹槽称叉口,两侧保险圆弧称保险口。

一个钟表机构,有了发条作为能源,有了轮系传动,有了指针指示,还不是完整的钟表机构,因为它指示时间没有准确性。因此要加一控制系统,来控制钟表机构的传动部分的转速,使它能以一定的等角速度转动来准确指示时间,这个系统就是擒纵调速器。

钟表在运转时,摆轮组件通过摆钉拨动叉口放开擒纵轮,擒纵轮转动时推移擒纵叉撞击摆钉,将力矩传递给摆轮组件;擒纵叉的转动使另一个叉销进入擒纵轮的作用圆,与组件的众轮齿相配合锁住擒纵轮。待摆钉随摆轮组件返回时再次拨动叉口,又重复上述过程。这样反复地“擒(锁)”和“纵(放)”,将摆轮组件的振动化为擒纵轮的角位移,发条力矩为摆轮组件的振动提供能量。

擒纵调速器是由擒纵机构和振动系统两部分组成的,它依靠振动系统的周期性振动,使擒纵机构保持精确和规律性的间歇运动,从而达到调速作用。叉瓦式擒纵机构是应用最广的一种擒纵机构。它由擒纵轮、擒纵叉、双圆盘和限位钉等组成。它的作用是把原动系的能量传递给振动系统,以便维持振动系统做等幅振动,并把振动系统的振动次数传递给指示机构,达到计量时间的目的。

擒纵调速器由静止到工作时的过渡情况。当发条放完后,闹钟处于静止状态,摆轮游丝的平衡位置,摆钉、擒纵叉、摆轴中心三点在一条线上,是钟表停止摆动时左右摆动的中间位置。这时,摆钉在擒纵叉口中,擒纵轮的一个齿的冲面,对着擒纵叉的出销(或进销),游丝处于自由状态,这就是通常讲的“三点成一线”,如图 1.6(a)所示。

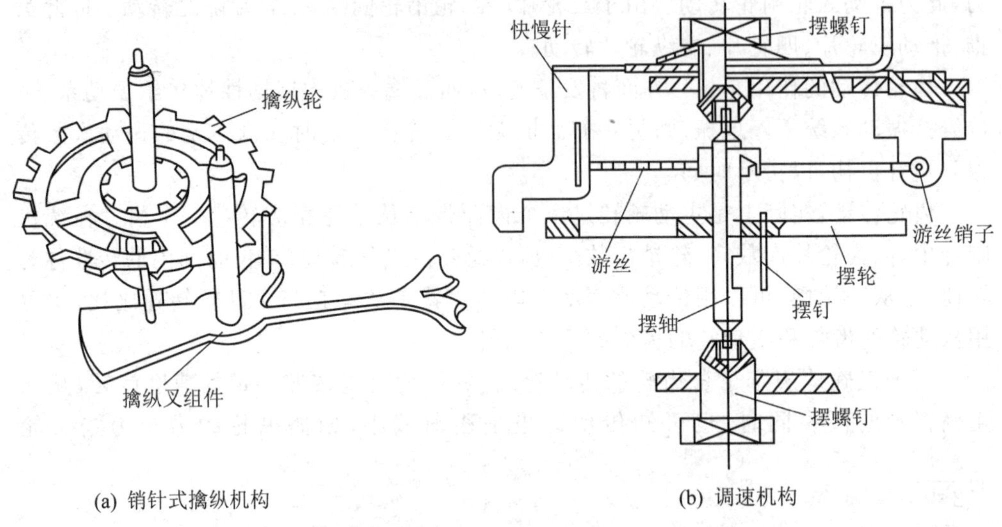

(a) 销针式擒纵机构　　(b) 调速机构

图 1.6　擒纵与调速机构

上发条时,发条对轮系产生力矩,使得擒纵轮在力矩的作用下,齿的冲面推开叉的出销(或进销),擒纵叉转动一个角度,并拨动摆钉,使摆轮离开平衡位置,向顺时针(或反时针)方向转动。当擒纵轮的另一齿转过来时,擒纵轮就暂时停止了转动。

振动系统主要由摆轮、摆轴、游丝、活动外桩环、快慢针等组成。游丝的内外端分别固定在摆轴和摆夹板上的摆轮,受外力偏离其平衡位置开始摆动时,游丝便被扭转而产生动能,称为恢复力矩。擒纵机构完成前述两动作,振动系在游丝位能作用下,进行反方向摆动而完成另一半振动周期,这就是机械钟表在运转时,擒纵调速器不断重复循环工作的原理。

下面用进销来说明半个周期的工作情况,大致可分 4 个过程:释放过程、传冲过程、跌落过程和锁住过程。

(1) 释放过程

摆轮在左极限位置,擒纵叉的进销被锁在齿根,如图 1.7(a)所示;摆轮在游丝恢复力矩的作用下,逆时针方向转动,当摆钉进入叉口撞击叉壁时,擒纵叉开始转动,使得进销沿擒纵轮的锁面滑到了齿尖位置,如图 1.7(b)所示。在这个过程中,是由摆钉通过擒纵叉将擒纵轮齿放开的,通常称为释放过程。在释放擒纵轮的过程中,摆轮损失能量而速度减慢,但在其本身的转动惯性力作用下继续向前摆动。

(2) 传冲过程

擒纵轮被释放后，在发条力矩的作用下，沿顺时针方向转动，这时，销由齿尖滑到了冲面，而齿的冲面冲击进销，使擒纵叉迅速地也沿顺时针方向摆动，于是变成了叉口以其另一侧壁顺着摆轮旋转方向冲击摆钉，给摆轮补充能量，使摆轮继续摆动，这就是传冲过程，如图 1.7(c)所示。

(3) 跌落过程

传冲结束后，摆轮由于得到能量补充，速度加快，摆轮继续向前转动，擒纵轮与擒纵叉脱开，并自由转动，直到另一轮齿的锁面碰到出销为止，这就是跌落过程，如图 1.7(d)所示。

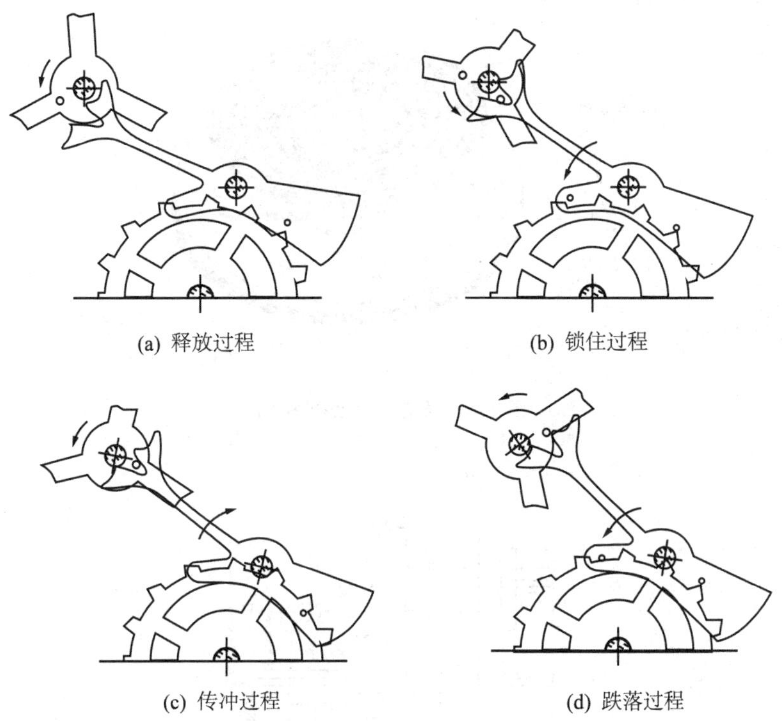

(a) 释放过程　(b) 锁住过程

(c) 传冲过程　(d) 跌落过程

图 1.7　擒纵过程图

(4) 锁住过程

当出销碰到锁面时，由于锁面角的牵引作用，出销被压向根部，即被锁住。

此后，摆钉离开叉口后，摆轮速度因游丝变形的关系而逐渐减小，速度为零后，摆轮反转，又开始了下半个周期，擒纵轮在半个周期中转动半个齿距。统机闹钟摆轮的振动周期为 0.6 s，擒纵轮共有 15 个齿；摆轮摆动一个周期，擒纵轮转过一个齿，这种过程重复地进行，即摆轮不停歇地往返摆动，擒纵轮就一走一停、一齿一齿地沿顺时针方向转动，再通过指针部分的作用，钟机便指示出时间时刻了。

5. 调速机构

调速机构由摆轮部件、游丝部件、摆螺钉和快慢针等组成。游丝的内桩套装在摆轴上，其外端穿过快慢针孔插入外桩孔内，以紧销定位；摆轴的上下榫装入摆螺钉的玻璃轴承孔中；后夹板上的摆螺钉还通过压圈稳压快慢针，使它不松动移位；摆钉与叉口配合进行传冲动作使摆轮接收能量的补充，并通过游丝的刚度调节摆轮的摆动周期，控制着各齿轮的转速。

6. 摆轮与游丝机构

摆轮与游丝机构如图 1.8 所示，机械钟表传动机构示意图如图 1.9 所示，机械手表结构如图 1.10 所示。

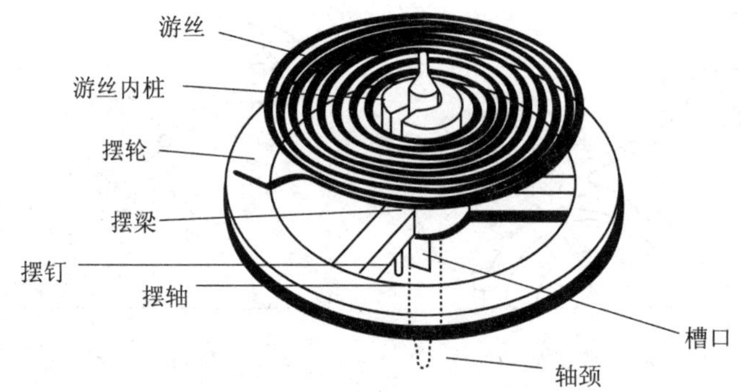

图 1.8　摆轮与游丝机构图

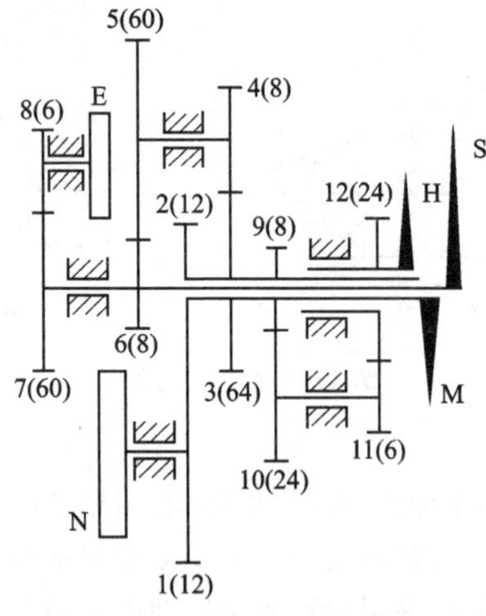

图 1.9　机械钟表传动机构示意图

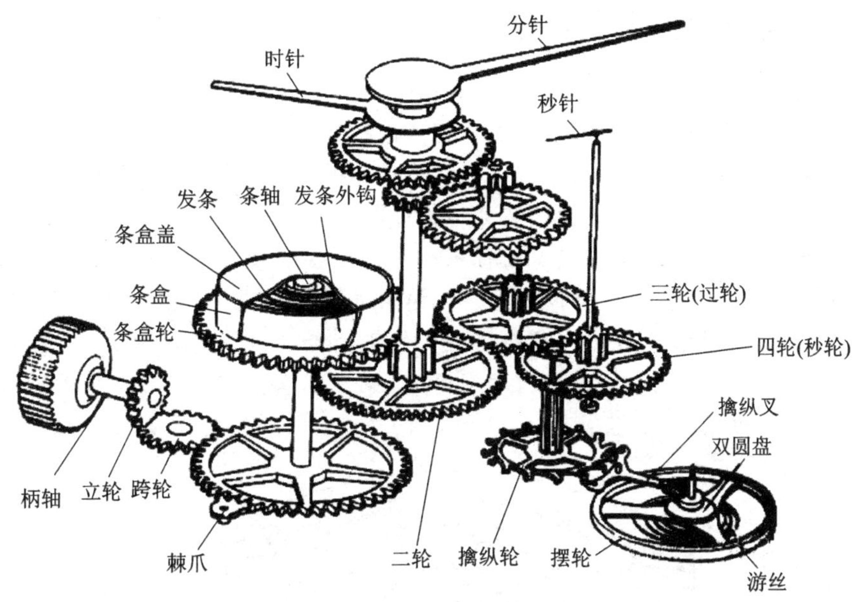

图 1.10　机械手表结构

1.3　机械手表自动系结构和工作原理

1.3.1　机械手表自动系工作原理

手表结构的设计如此巧妙精细，自动上弦就是个典型的例子。手表的结构和各种复杂的功能，首先体现在自动上弦结构和原理。早在欧洲工业革命时期，钟表匠就是工程师的代名词，很多大发明家都是钟表小学徒出身，其中包括发明蒸汽机的瓦特，因为钟表涵盖了几乎大部分的机械原理和加工，而杠杆、弹簧、齿轮、凸轮等，则是一切机械装置的基础。

全自动双向上弦的手表，其上弦的形式有两种：

① 使用自动换向轮的。

② 使用偏心摇摆棘轮棘爪的。

其中第一种方式最为常见。手表自动上弦的原理实际上是利用了一个偏心的重锤（自动陀），它在手表里的旋转摆动可以驱动一组齿轮并给发条上弦。双向上弦的自动手表则必须装有导向轮，以使自动陀的左右摆动都能给发条上弦。

自动导向轮（简称“导轮”）一般在手表的自动机构里有两个，分别叫“导轮 1”和“导轮 2”。它们互相啮合，并具有齿数相同的上下两层轮片，在每轮片之间各有两个“千斤”，正是由于有了“千斤”的止逆作用才使导轮有了导向的功能。也有用圆形滚片的，称为“超越离合”自动上弦形式。

1.3.2 全自动手表上条结构

自动手表的结构很多，工作原理大致相同。自动上条机构装在机芯的装配面(即从表的打开面看去)，自动手表自动上条与换向机构如图 1.11 所示。图中 1 是可绕轴转动、偏心度很大的惯性元件，叫作自动锤。其用螺钉固定在机芯正中的自动锤轴上，自动锤的轴孔下边铆合有锤齿轮 15，随着自动锤一起转动。其自动向左转动推动一个双层换向轮转动，向右转又推动另一个双层换向轮转动。双层换向轮 2 与 3 中间有棘轮、棘爪装置，二者方向相反。无论自动锤左转或是右转，有一个换向轮是上条的方向，另一个换向轮则在打滑。换向轮轴齿推动自动传动轮 12(又称第一减速轮)转动，自动传动动轴齿推动自动头轮 11(第二减速轮)转动；自动头轮轴齿与条轴上的大钢轮啮合。

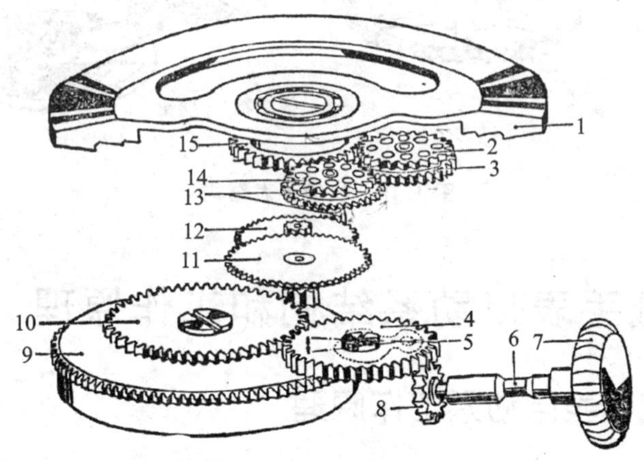

1—自动锤；2—双层换向轮上轮；3—双层换向轮下轮；4—小钢轮；5—小钢轮离合杆；6—柄轴；7—柄头；8—立轮；9—发条轮；10—大钢轮；11—自动头轮(挨着大钢轮)；12—自动传动轮；13—双层换向轮齿轴(下)；14—双层换向轮(上)；15—锤齿轮

图 1.11 自动上条与换向轮

大小钢轮换向轮与棘爪的机构如图 1.12 所示。

以上工作顺序为：自动锤(自动锤轮)→双层换向轮→自动传动轮→自动头轮→大钢轮。通过这一联轴的减速传动，使大钢轮一个齿一个齿地转动而上紧发条，这就是自动表的基本原理。

那么，两个反向的双层换向轮是怎样变为一个方向的上条转动呢？双层换向轮结构如图 1.13 所示，其中一层轮是铆合在轮轴上的，轮片上铆合有内锁齿轮 3 与外锁齿轮 2，另一轮片活套在它上面，在这层轮片上铆合有上条棘爪 8，该棘爪围绕本身的轴可以灵活转动，另外有一钢制压片将活套的轮片与有内外锁齿的轮轴压紧，当自动锤向左转动推动上层轮片向右转时，下层轮片就向左旋转，这是第一个换向轮。

另一个换向轮的结构与此相同，只是上条棘爪的方向与前一个换向轮的上条棘

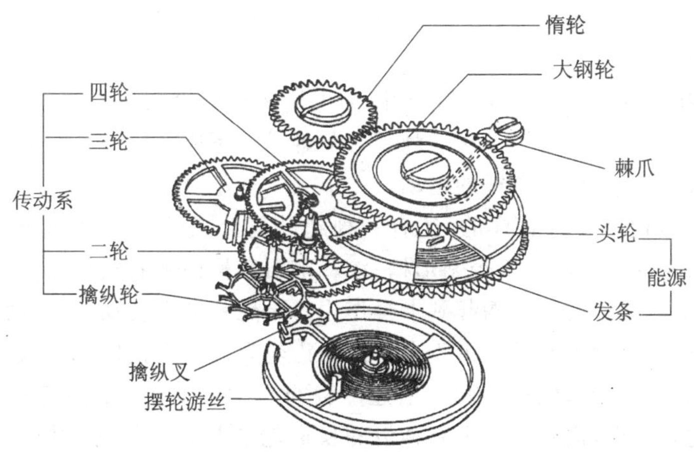

图 1.12　机械手表大小钢轮换向轮与棘爪的机构

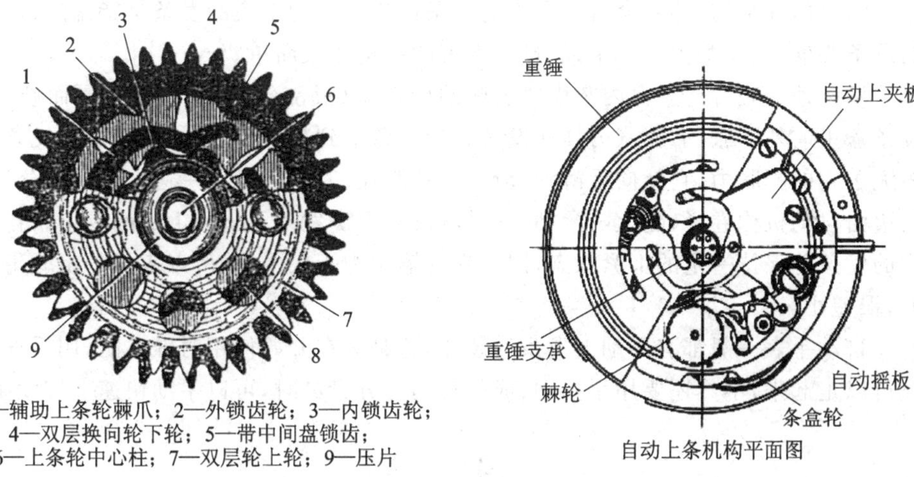

(a) 棘爪式双层换向轮　　(b) 超越离合式双层换向轮

图 1.13　双层换向轮与棘爪机构

爪方向相反。两个换向轮的差别是：一个有轴齿，起推动自动传动轮的作用；一个无轴齿，只能起换向作用。只要自动锤转动，两个换向轮，就有三层轮片要随之转动，另一层在上条棘爪上打滑，这样不管自动锤的转向如何，总使带轴齿的换向轮逆时针方向转动起到上条作用。

图 1.13(a)是半自动手表结构中的一种。自动锤用镶有宝石轴承与齿轮的轴配合。当自动锤反时针方向转动时，通过装在自动锤下面的棘爪推动齿轮转动，然后齿轮通过上条传动轮系(图中未表示出)把运动传到大钢轮，进行上条。

当自动锤沿顺时针方向转动时，棘爪在齿轮上滑动。由于自动锤至大钢轮的传动是减速的，所以自动锤转动一圈对应的大钢轮转动很少。又因为大钢轮上的棘爪并不是任何时候都在制动着大钢轮，所以如果不阻止大钢轮后退，那么自动锤上的发条就会被放掉。

为此，就在齿轮 3 上加止逆棘爪 4，因为齿轮 3 通过轮系与大钢轮在运动上有联系，这样大钢轮就不会后退了。止逆棘爪 4 与棘爪 2 不应在同一平面上，而且应有一定的间隙，这样不会妨碍自动锤的运动。

换向轮的结构是各式各样的，还有一种超越离合式的换向轮，如图 1.13(b)所示。这种换向轮的轮片内有 7 个斜形槽；滚动宝石在槽内随着轮片旋转，当轮片向左转动时，滚动宝石必然滑到窄槽起到卡合作用。当轮片向右转动时，滚动宝石就滑到宽槽起分离作用，使轮片空转。由于自动锤轴齿轮只与一个换向轮齿啮合，而两个换向轮的轴齿都与自动传动轮齿啮合(前边一种与它的区别在于：前者自动锤可以分别与两个换向轮啮合，而只有一个有轴齿的换向轮能与自动传动轮相啮合)，故当自动锤运转时，两个换向轮中总是一个在起作用，另一个则是空转的，从而起到换向的作用。国产统机手表的自动装置就采用这种超越离合式的换向轮。

以上两种结构，都是全自动手表的上条机构。自动手表的发条是特制的，比一般的发条要软些、长些。一般来说，自动手表的结构比较简单。

发条外端装有比条盒内圆周要长些的副发条(反涨勾)。它比发条厚而硬，盘在发条盒里向外膨胀，靠膨胀力挂住发条。当发条上到接近满条时，由于全盘发条的力矩大于它的膨胀力，它就向后滑动，滑一下就胀住。这样，发条一边由走时部分消耗，一边由自动机构卷紧，随上随滑动，这样就没有上满发条不能再上的问题了。自动手表的发条能保持一定的上紧状态，因而它的输出力矩较平稳，所以表机的走时稳定性好，误差小。

自动手表一般都有手动上发条的装置，这是为在开始使用时准备的，用手拧几下就可以走起来，不然还要用手摇动；或是自动部分失灵时，可以手动快速上好发条。

习　题

1. 机械式钟表是如何通过齿轮组合传动形成秒的走时的?
2. 机械式钟表的走时精度与哪些因素有关?
3. 机械式钟表的擒纵过程一共分为几个部分?
4. 发条是钟表能量储存的动力驱动机构，其工作原理是怎样的?
5. 全自动手表的陀飞轮是如何实现双向上弦操作的，大钢轮与小钢轮之间是如何连接的?

第 2 章 汽车自动变速器与差速器

2.1 轮系与传动比

由一系列齿轮组成的传动系统称为轮系，由一系列相互啮合的齿轮（蜗杆、蜗轮）组成传动系统。

它们通常用来实现变速、变向及实现大传动比，以及实现运动合成与分路传动等。

由一对齿轮组成的机构是齿轮传动的最简单形式。在工程实际中，为了满足各种不同的工作要求，经常采用若干个彼此啮合的齿轮进行传动，如：

- 抽油机的减速装置要把电动机的高速转动变成每分钟只有几转的低速转动。
- 石油工业中 BY－40 型钻机，需要把柴油机的转速变为铰车轴和转盘的多种转速。
- 汽车由于前进、后退、转弯以及道路状况等需要车轮有不同的转速。
- 在钟表中为使时针、分针、秒针具有一定的转速比关系等。

行星齿轮结构所具有的 4 大特征，特别是远距离传输和大比例变比调速性能，可以用在许多变速调节应用中，比如风筝、钓具上的大比例变比调速环节。

1. 轮系类型

（1）定轴轮系

所有齿轮几何轴线的位置都是固定的轮系，称为定轴轮系。

（2）行星周转轮系

至少有一个齿轮除绕自身轴线自转外，其轴线又绕另一个轴线转动的轮系，称为行星周转轮系。其与两中心轮的几何轴线（O_1-O_3-OH）必须重合，否则无法运动。

（3）差动轮系

齿轮 1、3 均绕固定轴线转动，机构有两个自由度，工作时需要两个原动件。

(4) 混合轮系

既含定轴轮系部分又含周转轮系部分,或由几部分周转轮系所组成的复杂轮系,称为混合轮系或复合轮系。

各种类型的轮系结构如图 2.1 所示。

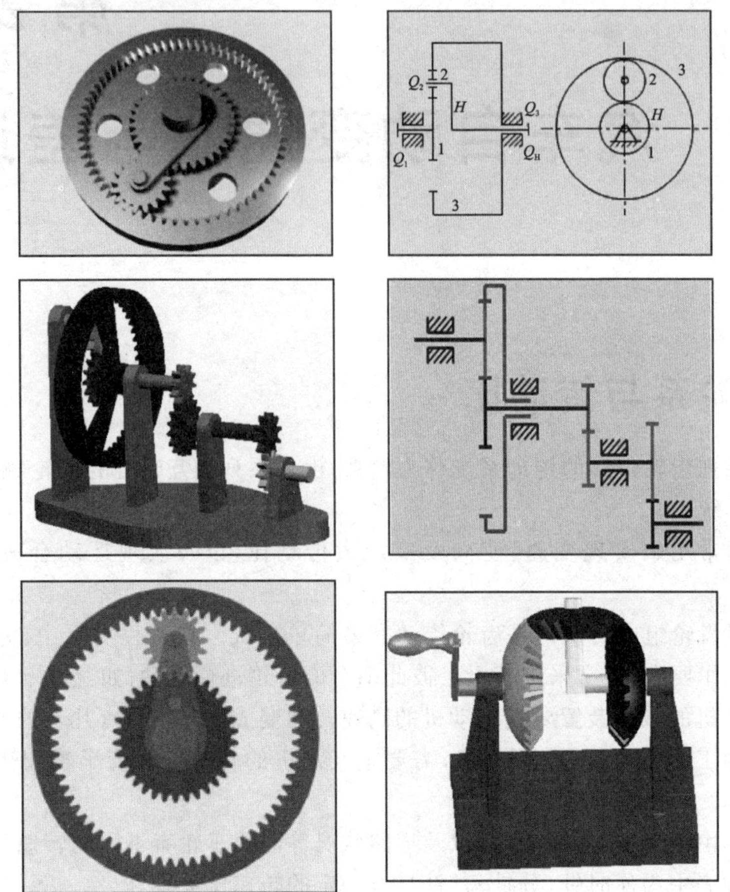

图 2.1 各种类型的轮系结构示意图

2. 轮系的功用

① 实现远距离传动。在主动轴转向不变的情况下,利用连续轮系可以实现远距离传动,如图 2.2 所示。

② 实现换向传动。在主动轴转向不变的情况下,利用惰轮可以改变从动轮的转向。例如:车床走刀丝杠的三星轮换向机构,如图 2.3 所示。

③ 实现变速传动,如图 2.4 所示。

④ 获得大传动比。如渐开线少齿差行星齿轮传动:一般齿数差 $Z_1-Z_2=1\sim4$。渐开线少齿差行星减速器单级齿数差可达 135,两级齿数差可达 1 000 以上,结构

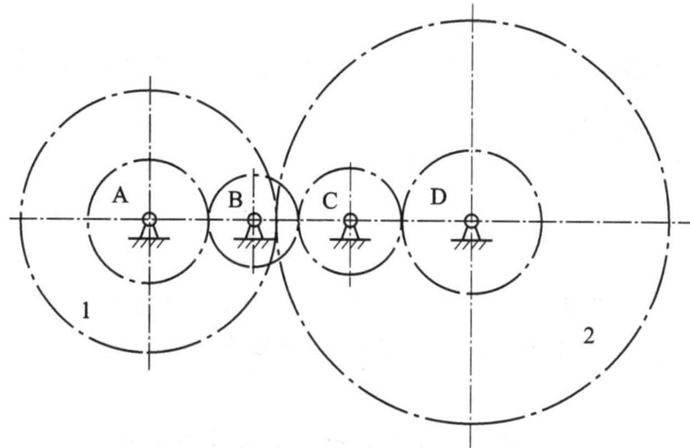

图 2.2　远距离传动

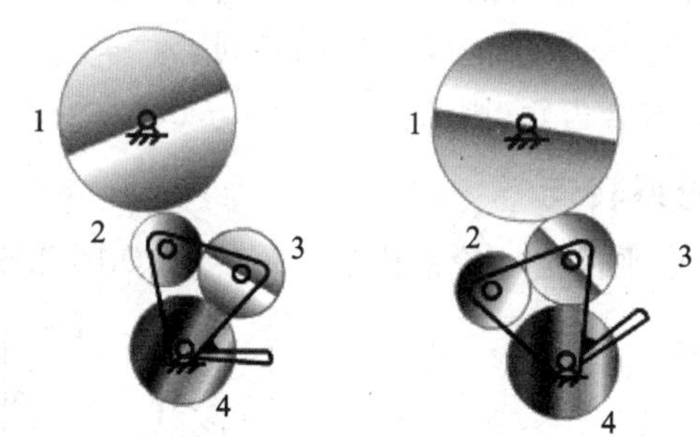

图 2.3　换向传动

紧凑，应用广泛。

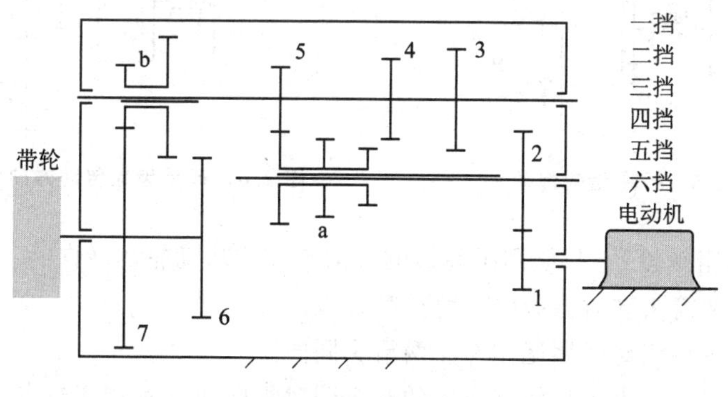

图 2.4　变速传动

⑤ 实现运动合成、分解与分路传动。

3. 轮系的传动比计算

轮系的传动比是指轮系中输入轴(主动轮)的角速度(或转速)与输出轴(从动轮)的角速度(或转速)之比，如图 2.5 所示。

$$i_{AB}=\omega_A/\omega_B=n_A/n_B \tag{2.1}$$

A、B表示轮中的输入轴和输出轴,传动比的计算要考虑大小与方向(正反转)。

传动比大小的计算:讨论定轴轮系传动比的计算方法。齿轮1到齿轮5之间的传动,是通过一对对齿轮依次啮合来实现的,求 i_{15}。

$$i_{15}=\frac{\omega_1}{\omega_5}=i_{12}\cdot i_{2'3}\cdot i_{3'4}\cdot i_{4'5}=\frac{Z_2\cdot Z_3\cdot Z_4\cdot Z_5}{Z_1\cdot Z_2\cdot Z_3\cdot Z_4} \tag{2.2}$$

① 定轴轮系的传动比等于组成该轮系的各对啮合齿轮传动比的连乘积。

② 其大小等于各对啮合齿轮中所有从动轮齿数的连乘积与所有主动轮齿数的连乘积之比,即

$$i_{AB}=\frac{\text{从 A}\rightarrow\text{B 从动轮齿数的连乘积}}{\text{从 A}\rightarrow\text{B 主动轮齿数的连乘积}} \tag{2.3}$$

③ 惰轮,如轮4。不影响传动比大小,只改变传动比方向。

外啮合:转向相反,为“－”;内啮合:转向相同,为“＋”。

设轮系中有 m 对外啮合齿轮,则末轮转向为 $(-1)^m$。

4. 画箭头标注轮系转向

用画箭头的方法标注平面定轴轮系从动轮的转向,如图2.6所示。

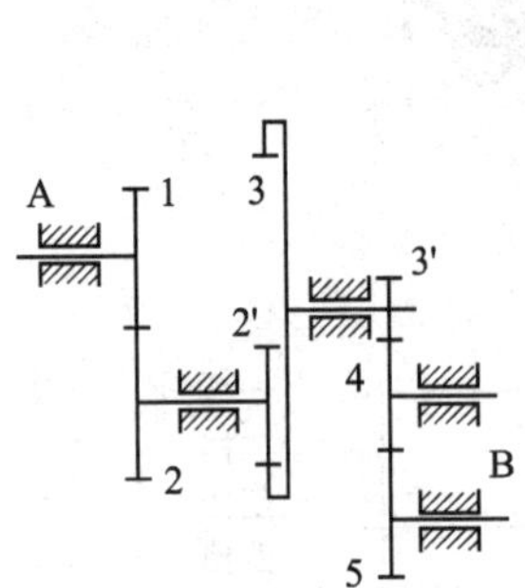

图2.5 行星齿轮传动

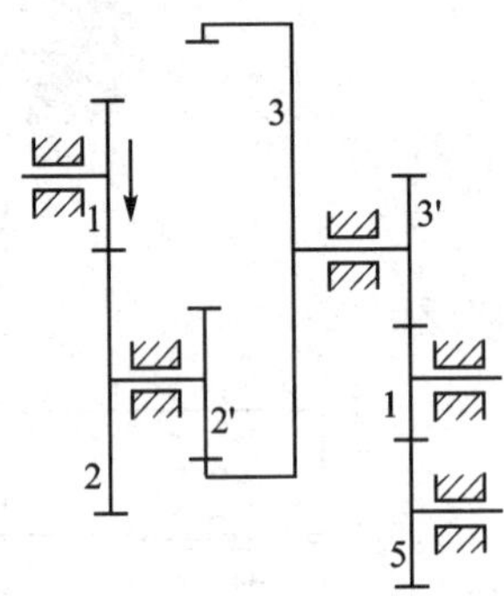

图2.6 行星齿轮传动方向的标注

对于空间定轴轮系,只能用画箭头的方法来标注从动轮的转向。

外啮合:两箭头同时指向(或远离)啮合点。

内啮合:头头相对或尾尾相对。两箭头同向。

圆锥齿轮传动:表示齿轮副转向的箭头同时指向或同时背离节点。

蜗杆传动:用蜗杆“左、右手法则”,对右旋蜗杆,用右手握住蜗杆的轴线,四指弯曲方向与蜗杆转动方向一致,则与拇指指向相反的方向就是蜗轮在节点处圆周速度的方向,即右手法则。对左旋蜗杆,用左手法则。

箭头方向表示齿轮(或构件)最前点的线速度方向。

惰轮:不影响传动比大小,只改变从动轮转向作用的齿轮。

2.2　自动变速器原理

所谓自动变速器(AT,Automatic Transmission)是指汽车驾驶中,离合器的操纵和变速器的操纵都实现了自动化。目前自动变速器的自动换挡等过程,都是由自动变速器的电子控制单元(英文缩写为 ECU,俗称电脑)控制的,因此自动变速器又可简称为 EAT、ECAT、ECT 等。

2.2.1　自动变速器的分类

自动变速器可以按结构和控制方式、车辆驱动方式、挡位数的不同来分类。

1. 按结构和控制方式划分

自动变速器按结构、控制方式的不同,可以分为液力式自动变速器、无级自动变速器和机械式自动变速器。

① 机械式自动变速器(AMT,Automated Mechanical Transmission)是在原有手动、有级、普通齿轮变速器的基础上增加了电子控制系统,来自动控制离合器的接合、分离和变速器挡位的变换。机械式自动变速器,由于原有的机械传动结构基本不变,所以齿轮传动固有的传动效率高、机构紧凑、工作可靠等优点被很好地继承了下来,在重型车的应用上具有很好的发展前景。

② 无级自动变速器(CVT,Continuously Variable Transmission)是采用传动带和工作直径可变的主、从动轮相配合来传递动力的,可以实现传动比的连续改变。这也是一种具有广阔发展前景的自动变速器,目前在汽车上的应用已具有一定的市场份额。目前常见的有奥迪 A6 的 Multitronic 无级自动变速器、派力奥的 Speedgear 无级自动变速器等。

③ 液力式自动变速器是目前应用最广泛、技术最成熟的自动变速器。按照控制方式的不同,液力式自动变速器可分为液控液力自动变速器和电控液力自动变速器,目前轿车上都采用电控液力自动变速器。按照变速机构(机械变速器)的不同,液力式自动变速器又可以分为行星齿轮自动变速器和非行星自动齿轮变速器,行星齿轮自动变速器应用最广泛,它又可分为辛普森式、拉威娜式和串联式;非行星齿轮自动变速器只在本田等个别车系中应用。

2. 按车辆的驱动方式划分

自动变速器按车辆驱动方式的不同,可分为自动变速器(Automatic Transmission)和自动变速驱动桥(Automatic Transaxle),如图 2.7 所示。

自动变速器用于发动机前置后轮驱动的布置形式,变速器与主减速器、差速器分开,而自动变速驱动桥用于发动机前置前轮驱动,变速器与主减速器、差速器组成一个总成。

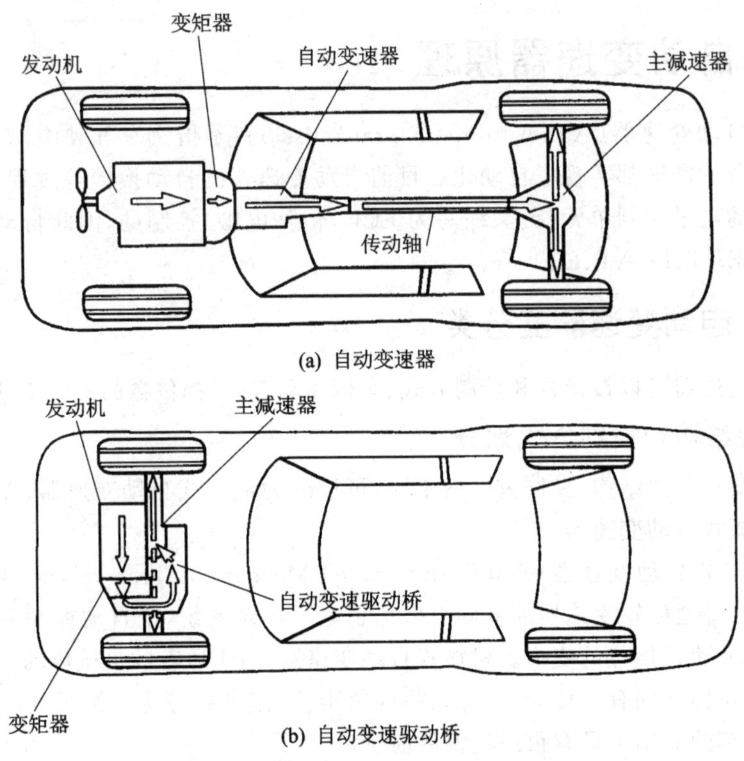

图 2.7 自动变速器和自动变速驱动桥

3. 按自动变速器前进挡的挡位数划分

按照自动变速器选挡杆置于前进挡时的挡位数，可分为四挡、五挡、六挡等。目前比较常见的是四挡和五挡自动变速器，在丰田皇冠、宝马 7 系、奥迪 A8 等高级轿车中采用六挡自动变速器。

2.2.2 自动变速器的基本组成和工作原理

这里所说的自动变速器都是特指液力式自动变速器。

1. 基本组成

液力式自动变速器主要由液力变矩器、机械变速器、液压控制系统、冷却滤油装置等组成。电控液力自动变速器除上述 4 部分外，还有电子控制系统。

(1) 液力变矩器

液力变矩器是一个通过自动变速器油(ATF)传递动力的装置，其主要功能如下：

① 在一定范围内自动、连续地改变转矩比，以适应不同行驶阻力的要求。

② 具有自动离合器的功用。在发动机不熄火、自动变速器位于动力挡(D 或 R 位)的情况下，汽车可以处于停车状态。驾驶员可通过控制节气门开度控制液力变矩

器的输出转矩，逐步加大输出转矩，实现动力的柔和传递。

(2) 机械变速器

以常见的行星齿轮变速器为例，其由 2～3 排行星齿轮机构组成，不同的运动状态组合可得到 2～5 种速比，其功能主要有：

① 在液力变矩器的基础上再将转矩增大 2～4 倍，以提高汽车的行驶适应能力。

② 实现倒挡传动。

(3) 液压控制系统

液压控制系统是由油泵、各种控制阀及与之相连通的液压换挡执行元件，如离合器、制动器油缸等组成液压控制回路，控制离合器和制动器的工作状况的改变，来实现机械变速器的自动换挡。

(4) 电子控制系统

电子控制系统将自动变速器的各种控制信号输入电子控制单元(ECU)，经 ECU 处理后发出控制指令控制液压系统中的各种电磁阀实现自动换挡，并改善换挡性能。

(5) 冷却滤油装置

自动变速器油(ATF)在自动变速器工作过程中会因冲击、摩擦产生热量，并还要吸收齿轮传动过程中所产生的热量，油温将会升高。油温升高将导致 ATF 粘度下降，传动效率降低，因此必须对 ATF 进行冷却，使油温保持在 80～90 ℃。ATF 是通过油冷却器与冷却水或空气进行热量交换的。自动变速器工作中各部件磨损产生的机械杂质，由滤油器从油中过滤分离出去，以减小机械的磨损，防止堵塞液压油路和控制阀卡滞等。

2. 基本原理

液控自动变速器的组成和原理示意图，如图 2.8 所示。

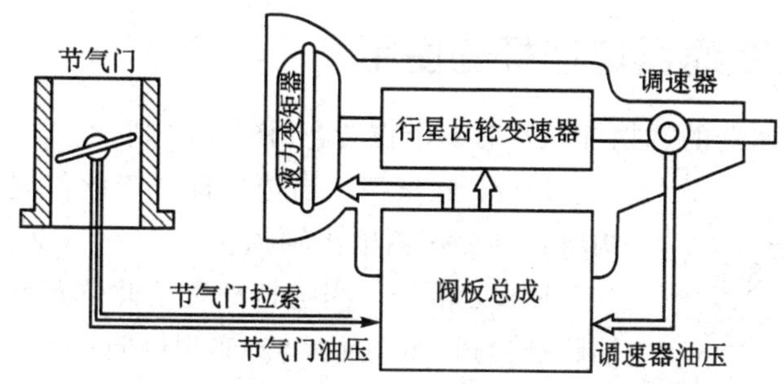

图 2.8　液控自动变速器的组成和原理示意图

液控自动变速器是通过机械传动方式，将汽车行驶时的车速和节气门开度这两个主控制参数转变为液压控制信号；液压控制系统的阀板总成中的各控制阀，根据这些液压控制信号的变化，按照设定的换挡规律，操纵换挡执行元件的动作实现自动换挡。

图 2.9 所示为电控自动变速器的组成和原理图。

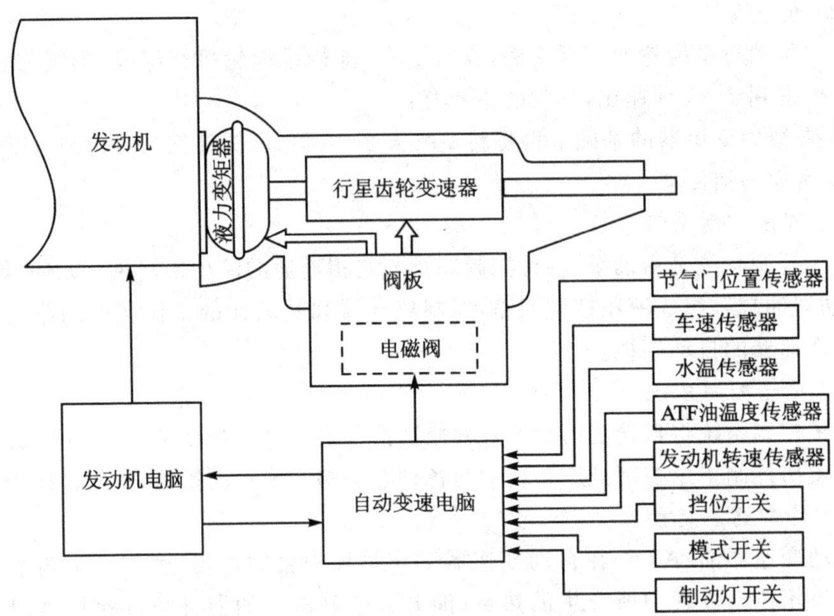

图 2.9　电控自动变速器的组成和原理图

电控自动变速器是通过各种传感器，将发动机的转速、节气门开度、车速、发动机水温、自动变速器 ATF 油温等参数信号输入电控单元(ECU)，ECU 根据这些信号，按照设定的换挡规律，向换挡电磁阀、油压电磁阀等发出动作控制信号，换挡电磁阀和油压电磁阀再将 ECU 的动作控制信号转变为液压控制信号，阀板中的各控制阀根据这些液压控制信号，控制换挡执行元件的动作，从而实现自动换挡过程。

2.2.3　自动变速器选挡杆的使用

轿车自动变速器的选挡杆通常有 6 个位置，如图 2.10 所示。其功能如下：

图 2.10　自动变速器选挡杆位置示意图

P 位：驻车挡。当选挡杆置于此位置时，驻车锁止机构将自动变速器输出轴锁止。

R 位：倒挡。当选挡杆置于此位置时，液压系统倒挡油路被接通，驱动轮反转，实现倒向行驶。

N 位：空挡。当选挡杆置于此位置时，所有机械变速器的齿轮机构空转，不能输出动力。

D 位：前进挡。当选挡杆置于此位置时，液压系统控制装置根据节气门开度信号和车速信号，自动接通相应的前进挡油路，行星齿轮变速器在换挡执行元件的控制下，得到相应的传动比。随着行驶条件的变化，在前进挡中自动升降挡，实现自动变速功能。

2 位：高速发动机制动挡。当选挡杆置于此位置时，液压控制系统只能接通前进挡中的一、二挡油路，自动变速器只能在这两个挡位间自动换挡，无法升入更高的挡位，从而使汽车获得发动机制动效果。

L 位(也称 1 位)：低速发动机制动挡。当选挡杆置于此位置时，汽车被锁定在前进挡的一挡，只能在该挡位行驶而无法升入高挡，发动机制动效果更强。

2 位、L 位这两个挡位多用于山区等路况的行驶，可避免频繁换挡，提高变速器的使用寿命。

发动机只有在选挡杆置于 N 或 P 位时，汽车才能启动，此功能靠空挡启动开关来实现。

2.2.4　典型液力变矩器

典型的液力变矩器如图 2.11 所示，主要由泵轮、涡轮、带单向离合器的导轮、变

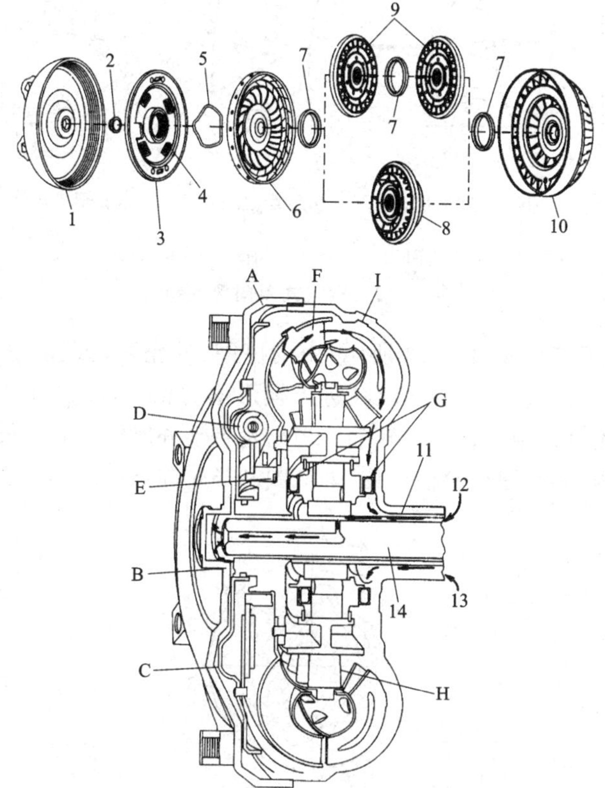

1—变矩器壳体(A)；2—涡轮止推垫片(B)；3—压盘(C)；4—扭转减振器(D)；5—压盘弹簧(E)；
6—涡轮(F)；7—止推轴承(G)；8—带单向离合器的单导轮(H)；9—带单向离合器的双导轮(H)；
10—泵轮(I)；11—导轮轴；12—分离油液；13—接合油液；14—涡轮轴

图 2.11　典型的液力变矩器

矩器壳体、涡轮轴、锁止离合器等组成。这里介绍单向离合器和锁止离合器。

单向离合器又称为自由轮机构、超越离合器,其功能是实现导轮的单向锁止,即导轮只能顺时针转动而不能逆时针转动,使得液力变矩器在高速区实现偶合传动。

常见的单向离合器有楔块式和滚柱式两种结构形式。

楔块式单向离合器如图 2.12 所示,由内座圈、外座圈、楔块、保持架等组成。导轮与外座圈连为一体,内座圈与固定套管刚性连接,不能转动。当导轮带动外座圈逆时针转动时,外座圈带动楔块逆时针转动,楔块的长径与内、外座圈接触,如图 2.12(a)所示,由于长径长度大于内、外座圈之间的距离,所以外座圈被卡住而不能转动,必须一同转动。当导轮带动外座圈顺时针转动时,外座圈带动楔块顺时针转动,楔块的短径与内、外座圈接触,如图 2.12(b)所示,由于短径长度小于内、外座圈之间的距离,所以外座圈可以自由转动。

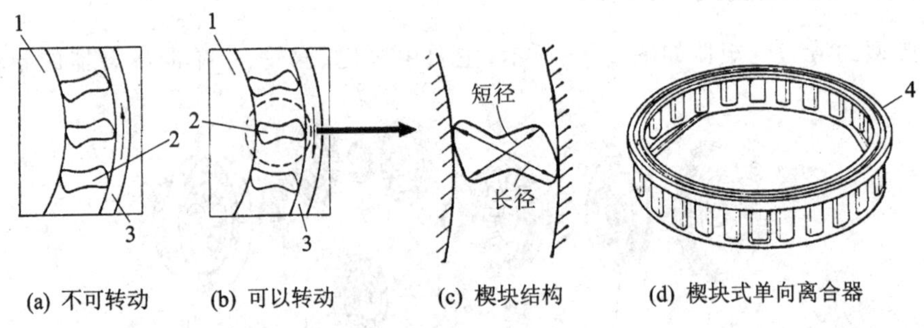

1—内座圈;2—楔块;3—外座圈;4—保持架

图 2.12　楔块式单向离合器

滚柱式单向离合器如图 2.13 所示,由内座圈、外座圈、滚柱、叠片弹簧等组成。当导轮带动外座圈顺时针转动时,滚柱进入楔形槽的宽处,内、外座圈不能被滚柱卡住,外座圈和导轮可以顺时针自由转动。当导轮带动外座圈逆时针转动时,滚柱进入楔形槽的窄处,内、外座圈被滚柱卡住,外座圈和导轮固定不动,必须一同转动。

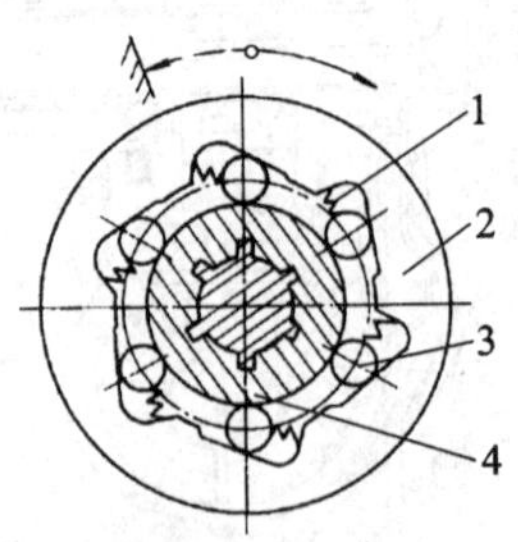

1—叠片弹簧;2—外座圈;3—滚柱;4—内座圈

图 2.13　滚柱式单向离合器

2.3　单排行星齿轮机构

行星齿轮变速器是由多排行星齿轮机构和换挡执行机构等组成，这里仅介绍单排行星齿轮机构。

2.3.1　单排行星齿轮机构的组成

如图 2.14 所示，单排行星齿轮机构主要由一个太阳轮（或称为中心轮）、一个带有若干个行星齿轮的行星架和一个齿圈组成。

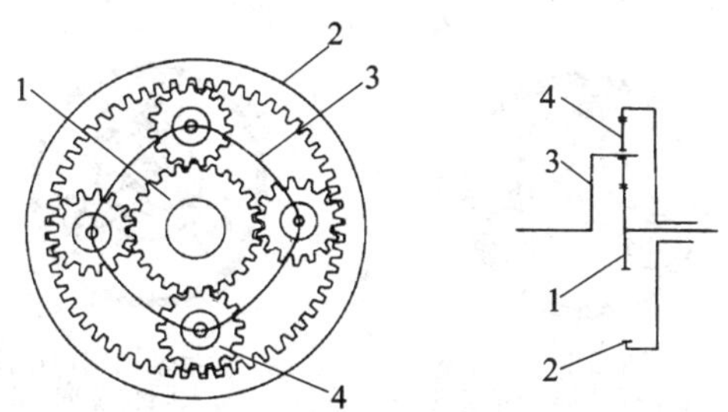

1—太阳轮；2—齿圈；3—行星架；4—行星轮

图 2.14　单排行星齿轮机构

齿圈又称为齿环，圈内制有内齿，其余齿轮均为外齿轮。太阳轮位于机构的中心，行星轮与其外啮合，行星轮与齿圈内啮合。通常行星轮有 3～6 个，通过滚针轴承安装在行星齿轮轴上，行星齿轮轴对称，均匀地安装在行星架上。当行星齿轮机构工作时，行星轮除了绕自身轴线的自转外，同时还绕着太阳轮公转，行星轮绕太阳轮公转，行星架也绕太阳轮旋转。由于太阳轮与行星轮是外啮合，所以二者的旋转方向是相反的；而行星轮与齿圈是内啮合，所以二者的旋转方向是相同的。

2.3.2　单排行星齿轮机构的运动规律

根据能量守恒定律，由作用在单排行星齿轮机构各元件上的力矩和结构参数，可以得出表示单排行星齿轮机构运动规律的特性方程式：

$$n_1 + \alpha n_2 - (1 + \alpha) n_3 = 0 \tag{2.4}$$

式中：n_1 为太阳轮转速；n_2 为齿圈转速；n_3 为行星架转速；α 为齿圈齿数 z_2 与太阳轮齿数 z_1 之比，即 $\alpha = z_2/z_1$，且 $\alpha > 1$。

由于一个方程有 3 个变量，如果将太阳轮、齿圈和行星架中某个元件作为主动（输入）部分，让另一个元件作为从动（输出）部分，则由于第三个元件不受任何约束和限制，所以从动部分的运动是不确定的。为了得到确定的运动，必须对太阳轮、齿圈和行星架三者中的某个元件的运动进行约束和限制。

2.3.3 单排行星齿轮机构不同的动力传动方式

如图 2.15 所示，通过对不同的元件进行约束和限制，可以得到不同的动力传动方式。

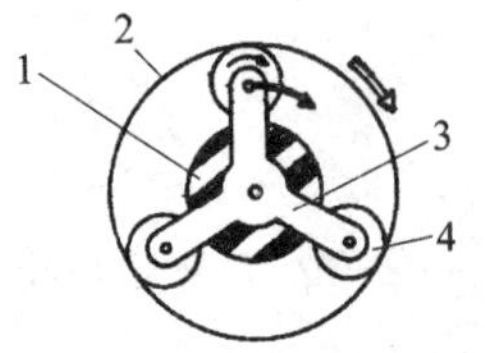

(a) 太阳轮固定，行星架随齿圈正向旋转

(b) 太阳轮固定，齿圈随行星架正向旋转

(c) 齿圈固定，行星架随太阳轮正向旋转

(d) 齿圈固定，太阳轮随行星架正向旋转

(e) 行星架固定，齿圈与太阳轮反向运转

1—太阳轮；2—齿圈；3—行星架；4—行星轮

图 2.15 单排行星齿轮机构的动力传动方式

① 齿圈为主动件(输入)，行星架为从动件(输出)，太阳轮固定，如图 2.15(a)所示。此时，$n_1=0$，则传动比 i_{23} 为

$$i_{23}=\frac{n_2}{n_3}=1+\frac{1}{\alpha}>1 \tag{2.5}$$

由于传动比大于 1，说明为减速传动，可以作为降速挡。

② 行星架为主动件(输入)，齿圈为从动件(输出)，太阳轮固定，如图 2.15(b)所示。此时，$n_1=0$，则传动比 i_{32} 为

$$i_{32}=\frac{n_3}{n_2}=\frac{\alpha}{1+\alpha}<1 \tag{2.6}$$

由于传动比小于 1，说明为增速传动，可以作为超速挡。

③ 太阳轮为主动件(输入)，行星架为从动件(输出)，齿圈固定，如图 2.15(c)所示。此时，$n_2=0$，则传动比 i_{13} 为

$$i_{13}=\frac{n_1}{n_3}=1+\alpha>1 \tag{2.7}$$

由于传动比大于 1，说明为减速传动，可以作为降速挡。

对比这两种情况的传动比，由于 $i_{13}>i_{23}$，虽然都为降速挡，但 i_{13} 是降速挡中的

低挡，而 i_{23} 为降速挡中的高挡。

④ 行星架为主动件(输入)，太阳轮为从动件(输出)，齿圈固定，如图 2.15(d)所示。此时，$n_2=0$，则传动比 i_{31} 为

$$i_{31}=\frac{n_3}{n_1}=\frac{1}{1+\alpha}<1 \tag{2.8}$$

由于传动比小于 1，说明为增速传动，可以作为超速挡。

⑤ 太阳轮为主动件(输入)，齿圈为从动件(输出)，行星架固定，如图 2.15(e)所示。此时，$n_3=0$，则传动比 i_{12} 为

$$i_{12}=n_1/n_2=-\alpha \tag{2.9}$$

由于传动比为负值，说明主从动件的旋转方向相反；又由于 $|i_{12}|>1$，说明为降速传动，可以作为倒挡。

因此，若使太阳轮、齿圈和行星架 3 个元件中的任何 2 个元件连为一体转动，则另一个元件的转速必然与前两者等速同向转动，即行星齿轮机构中所有元件(包含行星轮)之间均无相对运动，传动比 $i=1$。这种传动方式用于变速器的直接挡传动。

⑥ 如果太阳轮、齿圈和行星架三个元件没有任何约束，则各元件的运动是不确定的，此时为空挡。

自动变速器中的行星齿轮变速器一般采用 2～3 排行星齿轮机构传动，其各挡传动比就是根据上述单排行星齿轮机构传动特点进行合理组合得到的。常见的行星齿轮变速器有辛普森式和拉威娜式。

2.4　辛普森式行星齿轮变速器

辛普森式(Simpson)行星齿轮变速器是在自动变速器中应用最广泛的一种行星齿轮变速器，它是由美国福特公司的工程师 H・W・辛普森发明的，目前采用的是四挡辛普森行星齿轮变速器。

2.4.1　四挡辛普森行星齿轮变速器的结构

如图 2.16 和图 2.17 所示，为四挡辛普森行星齿轮变速器的结构简图和元件位置分布图。

注意： 不同厂家的四挡辛普森行星齿轮变速器的元件位置稍有不同。

四挡辛普森行星齿轮变速器由四挡辛普森行星齿轮机构和换挡执行元件两大部分组成。其中四挡辛普森行星齿轮机构由三排行星齿轮机构组成，前面一排为超速行星排，中间一排为前行星排，后面一排为后行星排。

之所以这样命名是由于四挡辛普森行星齿轮机构是在三挡辛普森行星齿轮机构的基础上发展起来的，沿用了三挡辛普森行星齿轮机构的命名。输入轴与超速行星排的行星架相连，超速行星排的齿圈与中间轴相连，中间轴通过前进挡离合器或直接

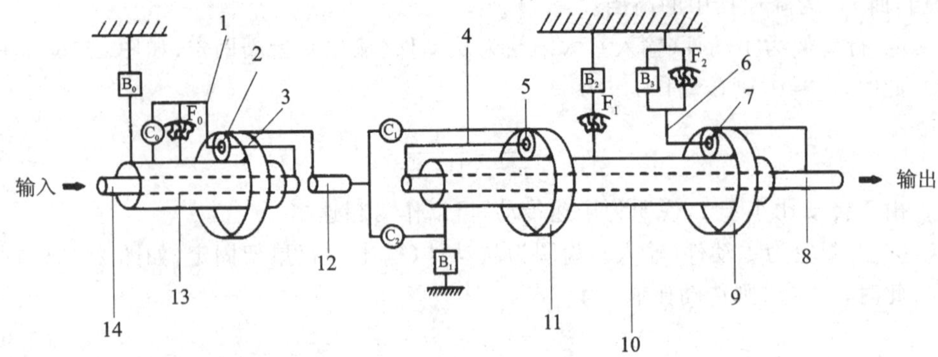

1—超速(OD)行星排行星架;2—超速(OD)行星排行星轮;3—超速(OD)行星排齿圈;4—前行星排行星架;5—前行星排行星轮;6—后行星排行星架;7—后行星排行星轮;8—输出轴;9—后行星排齿圈;10—前后行星排太阳轮;11—前行星排齿圈;12—中间轴;13—超速(OD)行星排太阳轮;14—输入轴;C_0—超速挡(OD)离合器;C_1—前进挡离合器;C_2—直接挡、倒挡离合器;B_0—超速挡(OD)制动器;B_1—二挡滑行制动器;B_2—二挡制动器;B_3—低、倒挡离合器;F_0—超速挡(OD)单向离合器;F_1—二挡(一号)单向离合器;F_2—低挡(二号)单向离合器

图 2.16　四挡辛普森行星齿轮变速器的结构简图

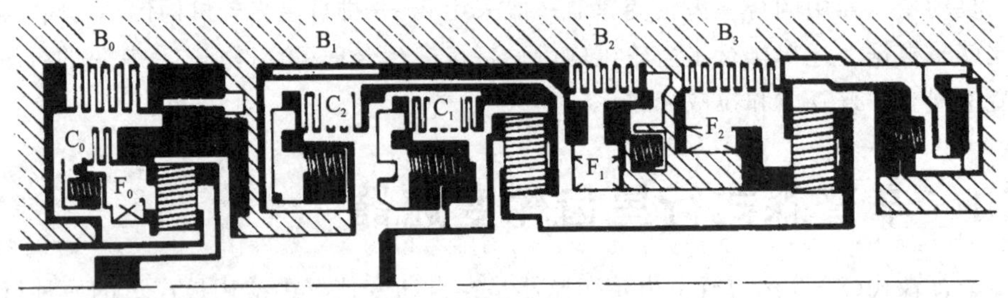

图 2.17　四挡辛普森行星齿轮变速器的元件位置分布图

挡、倒挡离合器与前、后行星排相连。前、后行星排的结构特点是：共用一个太阳轮，前行星排的行星架与后行星排的齿圈相连并与输出轴相连。

换挡执行机构包括 3 个离合器、4 个制动器和 3 个单向离合器共 10 个元件，具体功能如表 2.1 所列。

表 2.1　换挡执行元件的功能

换挡执行元件		功　能
C_0	超速挡(OD)离合器	连接超速行星排太阳轮与超速行星排行星架
C_1	前进挡离合器	连接中间轴与前行星排齿圈
C_2	直接挡、倒挡离合器	连接中间轴与前后行星排太阳轮
B_0	超速挡(OD)制动器	制动超速行星排太阳轮

续表 2.1

换挡执行元件		功　能
B_1	二挡滑行制动器	制动前后行星排太阳轮
B_2	二挡制动器	制动 F_1 外座圈，当 F_1 也起作用时，可以防止前后行星排太阳轮逆时针转动
B_3	低、倒挡离合器	制动后行星排行星架
F_0	超速挡(OD)单向离合器	连接超速行星排太阳轮与超速行星排行星架
F_1	二挡(一号)单向离合器	当 B_2 工作时，防止前后行星排太阳轮逆时针转动
F_2	低挡(二号)单向离合器	防止后行星排行星架逆时针转动

2.4.2　四挡辛普森行星齿轮变速器各挡传递路线

变速器各挡位换挡执行元件的动作情况如表 2.2 所列。

表 2.2　换挡执行元件的动作情况

选挡杆位置	挡　位	换挡执行元件										发动机制动
		C_0	C_1	C_2	B_0	B_1	B_2	B_3	F_0	F_1	F_2	
P	驻车挡	○										
R	倒挡	○		○				○	○			
N	空挡	○										
D	一挡	○	○						○		○	
	二挡	○	○				○		○	○		
	三挡	○	○	○			○		○			
	四挡(OD 挡)		○	○	○		○					
2	一挡	○	○						○		○	
	二挡	○	○			○	○		○	○		○
L	一挡	○	○					○	○		○	○

注：○表示换挡元件工作或有发动机制动。

各挡位动力传递路线如下：

1. D_1 挡

如图 2.18 所示，D 位一挡时，C_0、C_1、F_0、F_2 工作。C_0 和 F_0 工作，将超速行星排的太阳轮和行星架相连，此时超速行星排成为一个刚性整体，输入轴的动力顺时针传到中间轴。C_1 工作，将中间轴与前行星排齿圈相连，前行星排齿圈顺时针转动驱动前行星排行星轮，前行星排行星轮既顺时针自转又顺时针公转，前行星排行星轮顺时针公转输出轴也顺时针转动，这是一条动力传递路线。前行星排行星轮顺时针自转，则前后行星排太阳轮逆时针转动，再驱动后行星排行星轮顺时针自转，此时后行星排行星轮在前后行星排太阳轮的作用下有逆时针公转的趋势，但由于 F_2 的作用，使得后行星排行星架不动。这样顺时针转动的后行星排行星轮驱动齿圈顺时针转动，同样也输出动力，这是第二条动力传递路线，此时的传动比大于 1，为减速输出。

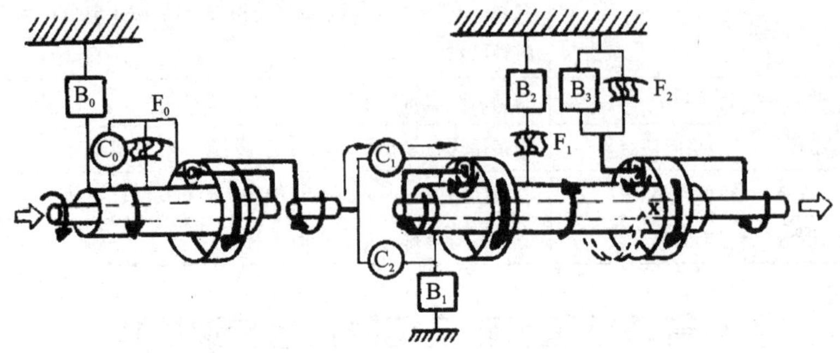

图 2.18　D 位一挡动力传递路线

2. D_2 挡

如图 2.19 所示，D 位二挡时，C_0、C_1、B_2、F_0、F_1 工作。C_0 和 F_0 工作如前所述直接将动力传给中间轴。C_1 工作，动力顺时针传到前行星排齿圈，驱动前行星排行星轮顺时针转动，并使前后太阳轮有逆时针转动的趋势，由于 B_2 的作用，F_1 将防止前后太阳轮逆时针转动，即前后太阳轮不动。此时前行星排行星轮将带动行星架也顺时针转动，从输出轴输出动力，此时的传动比大于 1，为减速输出。后行星排不参与动力的传动。

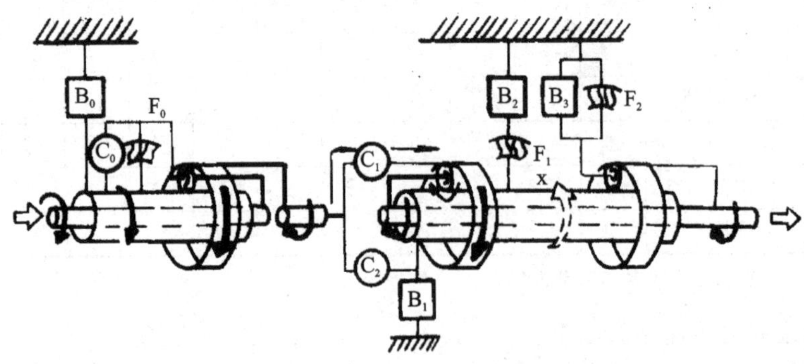

图 2.19　D 位二挡动力传递路线

3. D_3 挡

如图 2.20 所示，D 位三挡时，C_0、C_1、C_2、B_2、F_0 工作。C_0 和 F_0 工作如前所述直接将动力传给中间轴。C_1、C_2 工作，将中间轴与前行星排的齿圈和太阳轮同时连接起来，前行星排成为刚性整体，动力直接传给前行星排行星架，从输出轴输出动力。此挡为直接挡，此时的传动比等于 1。

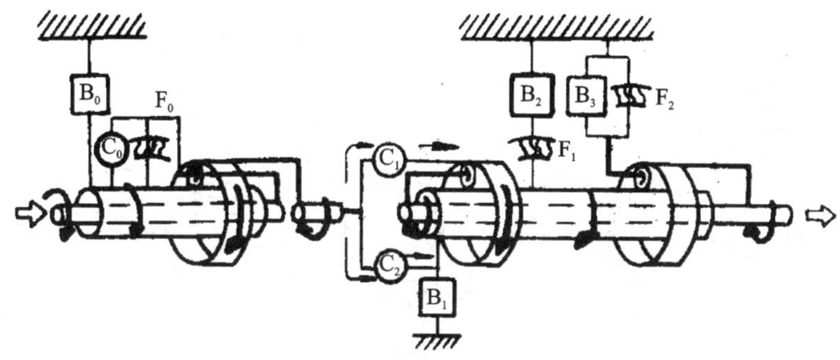

图 2.20　D位三挡动力传递路线

4. D_4 挡

如图 2.21 所示，D位四挡时，C_1、C_2、B_0、B_2 工作。B_0 工作，将超速行星排太阳轮固定。动力由输入轴输入，带动超速行星排行星架顺时针转动，并驱动行星轮及齿圈都顺时针转动，此时的传动比小于1，为增速输出。C_1、C_2 工作使得前后行星排的工作同 D_3 挡，即处于直接挡。所以整个机构以超速挡传递动力。B_2 的作用同前所述。

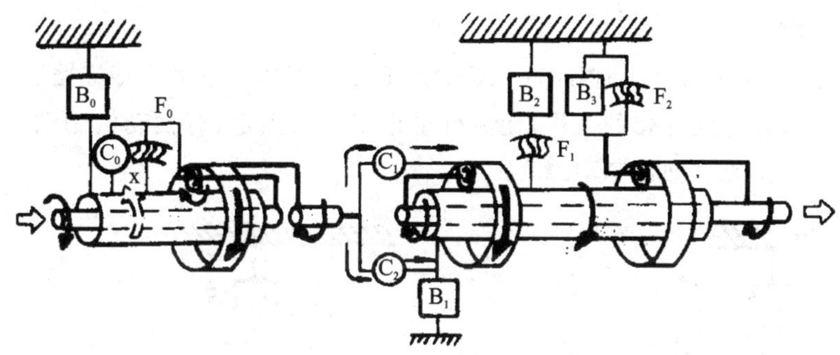

图 2.21　D位四挡动力传递路线

5. 2_1 挡

二位一挡的工作与D位一挡相同，为减速输出。

6. 2_2 挡

如图 2.22 所示，二位二挡时，C_0、C_1、B_1、B_2、F_0、F_1 工作。其动力传递路线与D位二挡时相同，区别是由于 B_1 的工作，使二位二挡有发动机制动，而D位二挡没有发动机制动。此挡为高速发动机制动挡，此时的传动比大于1，为减速输出。

发动机制动指利用发动机怠速时的较低转速以及变速器的较低挡位，使较快车辆减速。

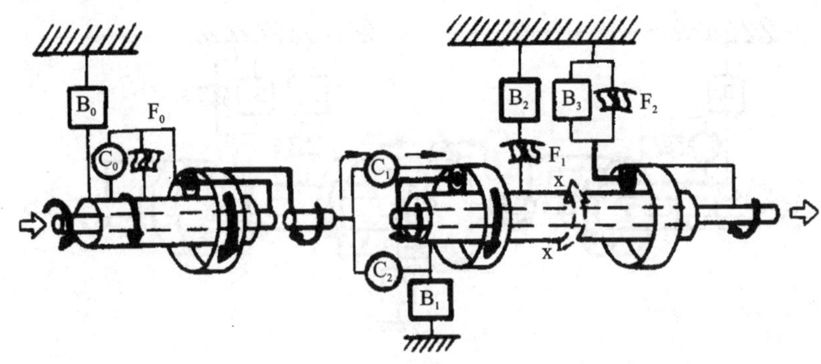

图 2.22 二位二挡动力传递路线

在 D 位二挡时，如果驾驶员抬起加速踏板，则发动机进入怠速工况，汽车在原有的惯性作用下仍以较高车速行驶。此时，驱动车轮将通过变速器的输出轴反向带动行星齿轮机构运转，各元件都将以相反的方向转动，即前后太阳轮将有顺时针转动的趋势，F_1 不起作用，使得反传的动力不能到达发动机，无法利用发动机进行制动。

而在二位二挡时，B_1 工作使前后太阳轮固定，既不能逆时针转动也不能顺时针转动，这样反传的动力就可以传到发动机，发动机制动。

7. L_1 挡

如图 2.23 所示，L 位一挡时，C_0、C_1、B_3、F_0、F_2 工作。其动力传递路线与 D 位一挡时相同，区别是由于 B_3 的工作，使后行星排行星架固定，有发动机制动，原因同前所述。此挡为低速发动机制动挡。

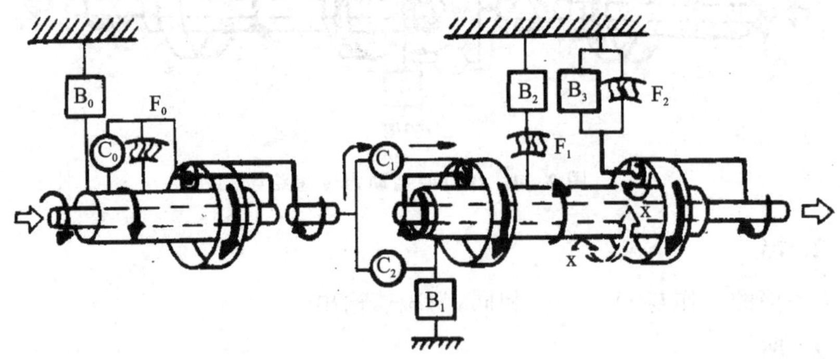

图 2.23 L 位一挡动力传递路线

8. R 位

如图 2.24 所示，倒挡时，C_0、C_2、B_3、F_0 工作。C_0 和 F_0 工作如前所述直接将动力传给中间轴。C_2 工作，将动力传给前后行星排太阳轮。由于 B_3 工作，将后行星排行星架固定，使行星轮仅相当于一个惰轮。前后行星排太阳轮顺时针转动驱动后行星排行星架逆时针转动，进而驱动后行星排齿圈也逆时针转动，从输出轴逆时针输出动力，此时的传动比大于 1，为减速反向输出。

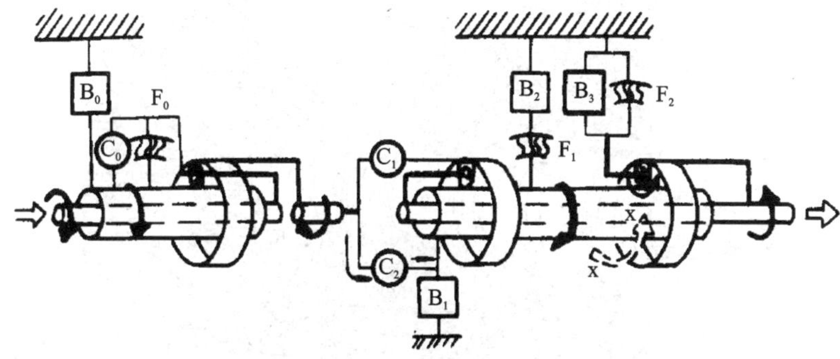

图 2.24　R 挡位动力传递路线

2.5　拉威娜式行星齿轮变速器

拉威娜式（Ravigneaux）行星齿轮变速器，将以桑塔纳 2000GSi－AT 型轿车的 01N 型 4 挡自动变速器为例进行介绍。由于换挡执行机构的结构、原理和检修与辛普森式齿轮变速器都是一样的，所以这里只介绍拉威娜行星齿轮机构和液压系统。

2.5.1　四挡拉威娜行星齿轮变速器的结构与组成

拉威娜行星齿轮变速器的结构如图 2.25 所示，包括拉威娜行星齿轮机构和离合器、制动器、单向离合器等。

拉威娜行星齿轮机构如图 2.26 所示，由双行星排组成，包括大太阳轮、小太阳轮、长行星轮、短行星轮、齿圈和行星架。大、小太阳轮采用分段式结构，使 3 挡到 4 挡的转换更加平顺。短行星轮与长行星轮及小太阳轮啮合，长行星轮同时与大太阳轮、短行星轮及齿圈啮合，动力通过齿圈输出。两个行星轮共用一个行星架（图中未画出）。

2.5.2　四挡拉威娜行星齿轮变速器各挡传递路线

拉威娜行星齿轮变速器的简图如图 2.27 所示，其中离合器 K_2 用于驱动大太阳轮，离合器 K_3 用于驱动行星齿轮架，制动器 B_1 用于制动行星齿轮架，制动器 B_2 用于制动大太阳轮，单向离合器 F 防止行星架逆时针转动，锁止离合器 LC 将变矩器的泵轮和涡轮刚性连在一起。

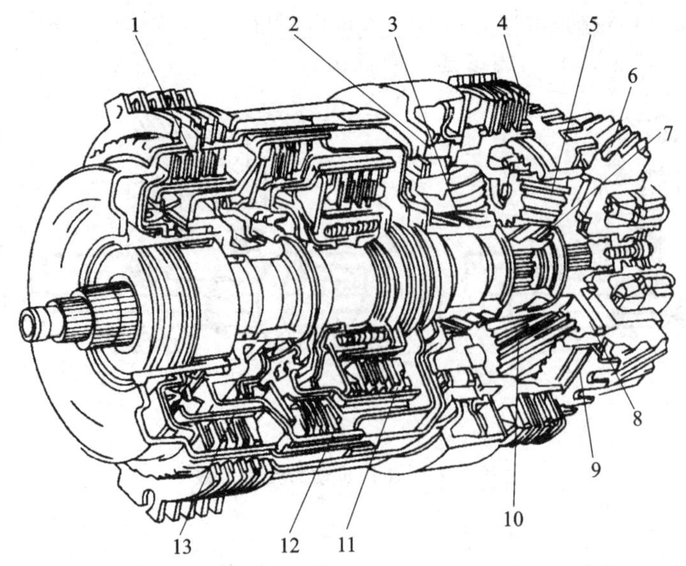

1—第2挡和第4挡制动器(B_2)；2—单向离合器；3—大太阳轮；4—倒挡制动器(B_1)；5—短行星轮；6—主动锥齿轮；7—小太阳轮；8—行星架；9—车速传感器齿轮；10—长行星轮；11—第3挡和第4挡离合器(K_3)；12—倒挡离合器(K_2)；13—第1挡到第3挡离合器(K_1)

图 2.25 拉威娜行星齿轮变速器

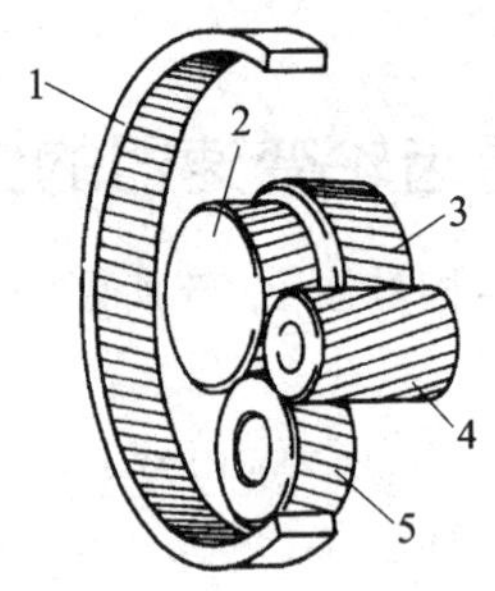

1—齿圈；2—小太阳轮；3—大太阳轮；4—长行星轮；5—短行星轮

图 2.26 拉威娜行星齿轮机构

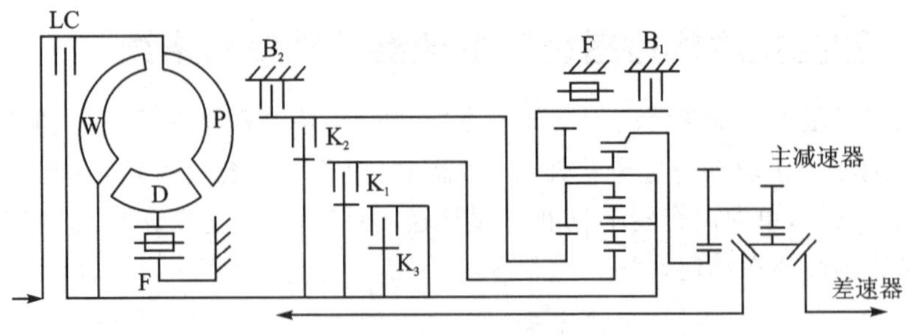

图 2.27 拉威娜行星齿轮变速器的简图

各挡位换挡元件的工作情况如表 2.3 所列。

表 2.3　各挡位换挡元件的工作情况

挡　位	B_1	B_2	K_1	K_2	K_3	F
R	○			○		○
1 挡			○			○
2 挡		○	○			
3 挡			○		○	
4 挡		○			○	

注：○表示离合器、制动器或单向离合器工作。

各挡位动力传递路线如下：

1. 1 挡

1 挡时，离合器 K_1 接合，单向离合器 F 工作。如图 2.28 所示，动力传递路线为：泵轮→涡轮→涡轮轴→离合器 K_1→小太阳轮→短行星轮→长行星轮驱动齿圈，此时的传动比大于 1，为减速输出。

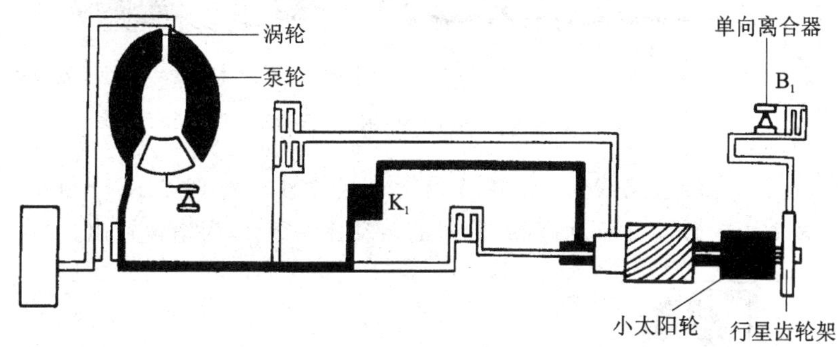

图 2.28　1 挡位动力传递路线

2. 2 挡

2 挡时，离合器 K_1 接合，制动器 B_2 制动大太阳轮。如图 2.29 所示，动力传递路线为：泵轮→涡轮→涡轮轴→离合器 K_1→小太阳轮→短行星轮→长行星轮围绕大太阳轮转动并驱动齿圈，此时的传动比大于 1，为减速输出。

3. 3 挡

3 挡时，离合器 K_1 和 K_3 接合，驱动小太阳轮和行星架，因而使行星齿轮机构锁止并一同转动。如图 2.30 所示，动力传递路线为：泵轮→涡轮→涡轮轴→离合器 K_1 和 K_3→整个行星齿轮转动，此时的传动比等于 1，为直接输出。

4. 4 挡

4 挡时，离合器 K_3 接合，制动器 B_2 工作，使行星架工作，并制动大太阳轮，如

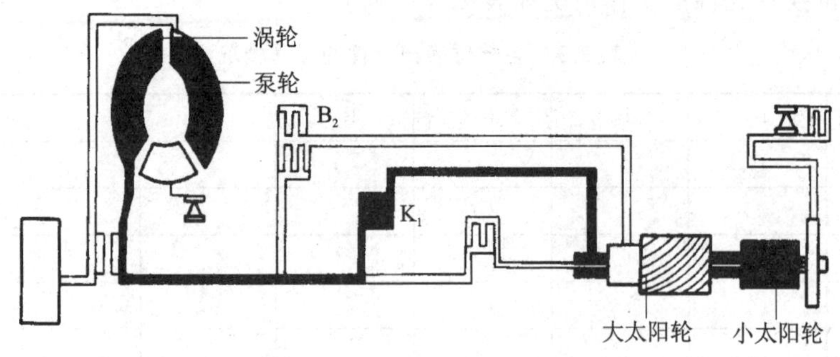

图 2.29　2 挡位动力传递路线

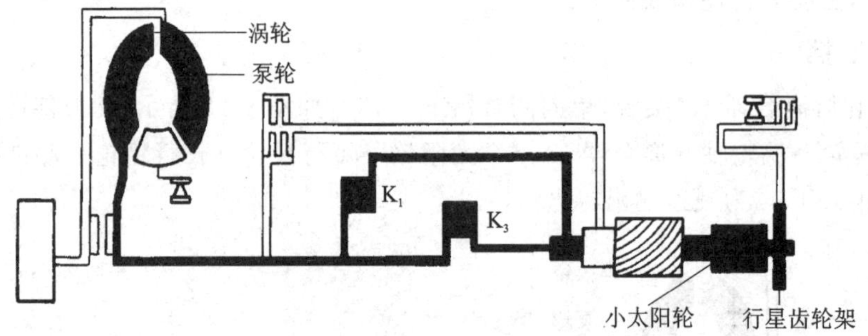

图 2.30　3 挡位动力传递路线

图 2.31 所示，动力传递路线为：泵轮→涡轮→涡轮轴→离合器 K_3→行星架→长行星轮围绕大太阳轮转动并驱动齿圈，此时的传动比小于 1，为增速输出。

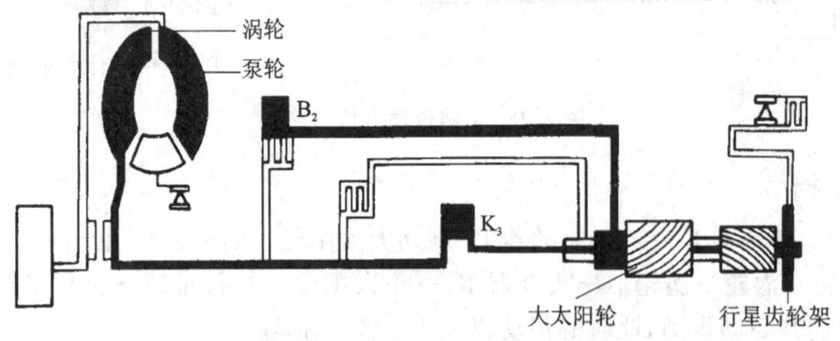

图 2.31　4 挡位动力传递路线

5. R 挡

换挡杆在“R”位置时，离合器 K_2 接合，驱动大太阳轮；制动器 B_1 工作，使行星架制动。如图 2.32 所示，动力传递路线为：泵轮→涡轮→涡轮轴→离合器 K_2→大太阳轮→长行星轮反向驱动齿圈，此时的传动比大于 1，为减速输出。

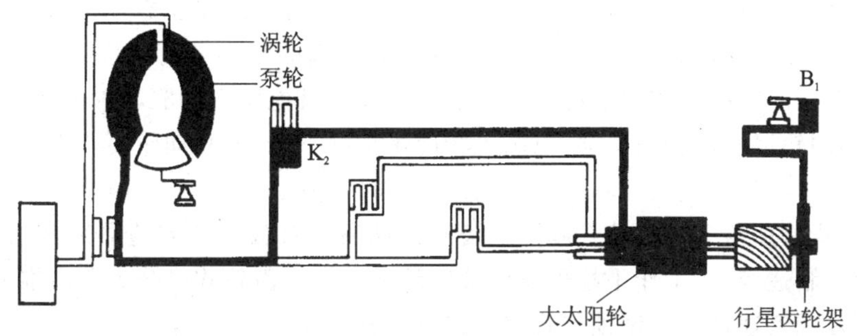

图 2.32　倒挡位动力传递路线

2.6　汽车差速器结构与工作原理

2.6.1　同步装置的基本结构

同步是使套筒上的齿和花键轴上的齿轮啮合之前，产生一个摩擦接触。花键轴齿轮上的锥形凸出刚好卡进套筒的锥形缺口，两者之间的摩擦力使套筒和齿轮同步，套筒的外部滑动并和齿轮啮合。齿轮同步装置的同步连接与脱离如图 2.33 所示。

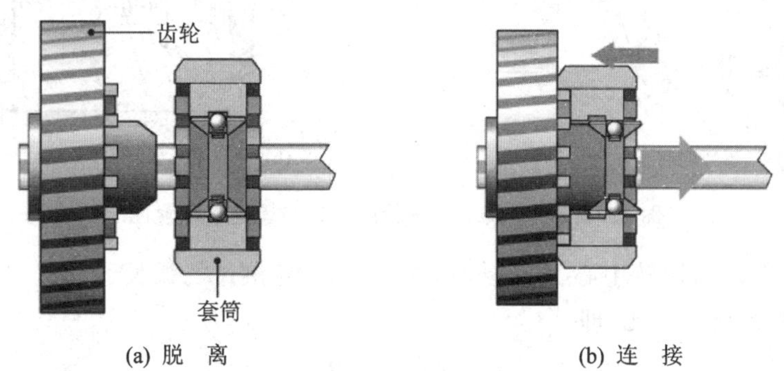

(a) 脱　离　　(b) 连　接

图 2.33　齿轮同步装置的同步连接与脱离

2.6.2　差速器结构原理

为什么要装差速器？这是因为转弯、路面不平时会造成两轮滚动距离不同。

① 轮间差速器，满足左右两轮实现不同的转速。

② 轴间差速器，满足前后两轴实现不同的转速。

从减速器出来连接的是差速器，差速器是一种能使旋转运动自一根轴传至两根轴，并使后者相互间能以不同转速旋转的差动机构，一般由齿轮组成。

汽车左右车轮行驶的路程往往存在差别，为了适应这一特点，在驱动桥的左右车轮之间都装有差速器。在多轴驱动的汽车上还常装有轴间差速器，以提高通过性，同时可以避免在驱动桥间产生功率循环以及由此引起的附加载荷，以减少传动系零件的损伤、轮胎的磨损和燃料消耗。差速器的功能是既能向两侧驱动轮传递转矩，又能使两侧驱动轮以不同转速转动，以满足转向等情况下，内外驱动轮要以不同转速转动的需要。

齿轮式差速器有锥齿轮式和圆柱齿轮式两种。锥齿轮式差速器因其结构紧凑、质量较小、制造容易、工作平稳可靠而被广泛采用。锥齿轮式可分为普通锥齿轮差速器、摩擦片式差速器和强制锁住式差速器等多种形式。

汽车在拐弯时车轮的轨线是圆弧。如果汽车向左转弯，则圆弧的中心点在左侧；在相同的时间里，右侧轮子走的弧线比左侧轮子长。为了平衡这个差异，就要使左边轮子慢一点，右边轮子快一点，用不同的转速来弥补距离的差异。如果轮轴做成一个整体，就无法做到两侧轮子的转速差异，也就做不到自动调整，汽车将不能实现平稳的过弯。汽车转向时车轮运动轨迹与差速器结构如图 2.34 所示。

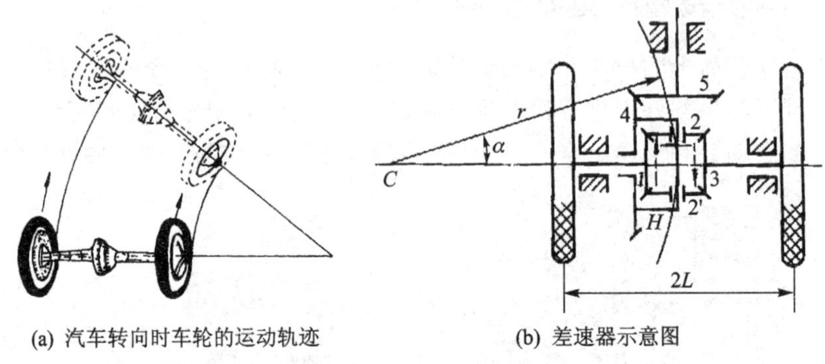

(a) 汽车转向时车轮的运动轨迹　　(b) 差速器示意图

图 2.34　汽车转向时车轮的运动与差速器示意图

当汽车绕瞬时回转中心 P 转动时，左、右两车轮滚过的弧长 s_1 及 s_3 应与两车轮到瞬心 P 的距离成正比，即

$$\frac{n_1}{n_3}=\frac{s_1}{s_3}=\frac{\alpha(r-L)}{\alpha(r+L)}=\frac{r-L}{r+L}$$

一般的差速器由行星齿轮、行星轮架(差速器壳)、半轴齿轮等零件组成。发动机的动力经传动轴进入差速器，直接驱动行星轮架，再由行星轮架带动左、右两条半轴，分别驱动左、右车轮。右图所示即为一个后轮的差速器。汽车车轮差速驱动与差速器结构如图 2.35 所示。

变速箱通过传动轴上的齿轮与差速器壳体上的齿轮啮合，将动力传递至差速器；差速器壳体带动行星齿轮绕半轴齿轮轴线公转，此时行星齿轮不发生自转，与半轴齿轮之间没有相对运动，它只是将半轴齿轮夹持，向两个半轴齿轮输出动力，从而驱动车轮平行行驶。差速器的工作过程如图 2.36 所示。

在直线行驶时：左侧车轮转速(即左侧半轴齿轮转速)＝右侧车轮转速(右半轴

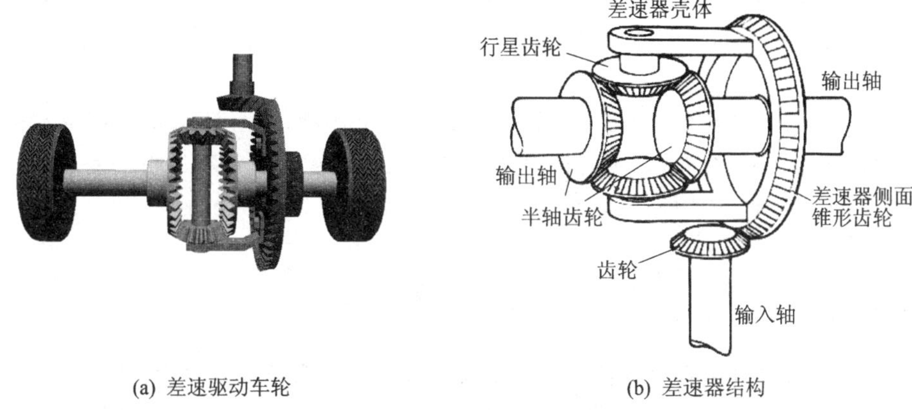

(a) 差速驱动车轮　　(b) 差速器结构

图 2.35　汽车车轮差速驱动与差速器结构

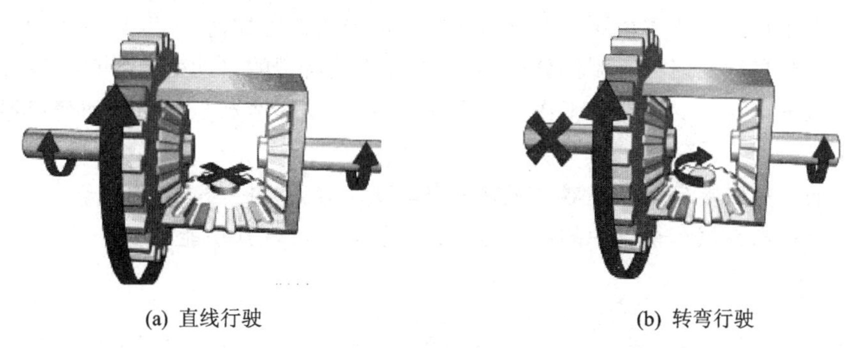

(a) 直线行驶　　(b) 转弯行驶

图 2.36　直线、转弯行驶时，差速器的工作过程

齿轮转速)=差速器壳体的转速。$n_1=n_3=n_4$，行星轮 2 没有自转。

进入转向时，在内侧的转弯半径中，行驶阻力增大，此时内侧车轮转速低于差速器壳体的转速，于是内侧半轴齿轮带动行星齿轮在原有公转的基础上发生了自转，行星齿轮发生自转后，则带动外侧半轴齿轮转动，其转动方向与内侧半轴齿轮相反，使转弯外侧车轮转速升高，高于差速器壳体的转速，从而起到平衡转向内外转速差的作用。

所以在转弯行驶时：转向内侧车轮转速(即内侧半轴齿轮转速)<差速器壳体的转速<转向外侧车轮转速(即外侧半轴齿轮转速)。$n_1 \neq n_3$，行星轮 2 既有自转又有公转。

当汽车转弯时，例如左转弯，左轮走的是小圆弧，右轮走的是大圆弧，以保证汽车转弯时，两后轮与地面均做纯滚动，以减轻轮胎的磨损。

当车身绕瞬时回转中心转动时，左右两车轮走过的弧长与至回转中心的距离成正比。

当给定发动机的转速或转速 n_5 和轮距 L 时，左右两后轮的转速随转弯半径 r

的大小不同而自动改变，即利用该差速器在汽车转弯时可将原发动机的转速分解为两后车轮的两个不同的转速，以保证汽车转弯时，两后轮与地面均做纯滚动，无滑动摩擦。

差动轮系不仅能将两个独立的运动合成为一个运动，而且还可将一个基本构件的主动转动按所需比例分解成另两个基本构件的不同运动。汽车后桥的差速器就利用了差动轮系的这一特性。

习　题

1. 行星齿轮机构有什么功能？行星齿轮机构为何能有较大的传动比？
2. 为什么要采用汽车自动变速器？与手动变速器相比，汽车自动变速器有何优点？
3. 汽车自动变速器由哪些部分组成？各部分的作用如何？
4. 汽车自动变速器有哪些分类形式，各种不同类型的自动变速器有何特点？
5. 从汽车自动变速器的工作原理上看，液控自动变速器与电控自动变速器有什么区别？
6. 简述拉威娜自动变速器与辛普森自动变速器的结构与工作原理。
7. 差速器在汽车行驶中的作用是什么？是如何实现其功能的？

第3章

制冷与热机原理

从低于环境温度的空间或物体中吸取热量，并将其转移给环境介质的过程称为制冷。制冷技术是为适应人们对低于环境温度条件的需要而产生和发展起来的。

制冷和低温这两个概念是以制取低温的温度来区分的，并没有严格的范围。通常，从环境温度到 120 K 的范围属于制冷，而从 120 K 以下到绝对零度(0 K)的范围属于低温，也有将 120 K 以下的制冷统称为低温制冷的。制冷与低温不仅体现在所获得的温度高低不同，还体现在所采用的工质及获得低温的方法不同，但是也有重叠交叉之处。

实现制冷所必需的机器和设备，称为制冷机。例如机械压缩式制冷机，包括压缩机、蒸发器、冷凝器和节流机构；吸收式制冷机包括发生器、冷凝器、蒸发器、吸收器和节流机构等。在制冷机中，除压缩机、泵和风机等机器外，其余的是换热器及各种辅助设备，统称为制冷设备。而将制冷机与消耗冷量的设备结合在一起的装置称为制冷装置，如冰箱、冷库、空调机等。

除半导体制冷以外，制冷机都依靠内部循环流动的工作介质来实现制冷过程。它不断地与外界产生能量交换，即不断地从被冷却对象中吸取热量，向环境介质排放热量。制冷机使用的工作介质称为制冷剂。制冷剂在制冷系统中所经过的一系列热力过程，统称为制冷循环。为了实现制冷循环，必须消耗能量，该能量可以是电能、热能、机械能、太阳能及其他形式的能量。

与制冷的定义相似，从环境介质中吸取热量，并将其转移给高于环境温度加热对象的过程，称为热泵供热。热泵循环和制冷循环的形式相同，但循环的目的、制冷剂和循环工作区间温度有所不同，当然也有采用相同制冷剂的，对于从环境介质中吸取热量而向高温处排出热量的制冷系统，可交替或同时实现制冷与供热两种功能的机器，称为制冷与供热热泵。从能量利用的观点来看，这是一种有效利用能量的方法，既利用了冷量，又利用了热量。由于制冷循环和热泵循环的原理和计算方法是相似的，因此这里只着重分析制冷循环。

制冷在国民经济各部门及人民生活中应用广泛。在人民生活中,家用冰箱、空调器的应用日益增多,制冷技术在商业上的应用主要是对易腐食品(如鱼、肉、蛋、蔬菜、水果等)进行冷加工、冷藏及冷藏运输,以减少生产和分配中的食品损耗,保证各个环节市场的合理销售。现代化的食品工业,对于易腐食品,从生产到销售,已形成一条完整的冷链。降温和空气调节在工矿企业、住宅和公共场所的应用也越来越广泛。空气调节分为舒适空调和工艺空调。舒适空调是用来满足人们舒适需要的空气调节,而工艺空调则是为满足生产中工艺过程或设备的需要而进行的空气调节。

在民用及公共建筑中,装有空调机的宾馆、酒店、商店、图书馆、会堂、医院、展览馆、游乐场所也日益增多。此外,在运输工具如汽车、火车、飞机和轮船中,也不同程度地安装有空气调节设备。

3.1 概　述

在各种形式的制冷机中,压缩式制冷机发展较快。1872 年美国人波义耳(Boyle)发明了氨压缩机;1874 年德国人林德(Linde)建造了第一台氨制冷机,氨压缩式制冷机在工业上获得了较普遍的应用。随着制冷机形式的不断发展,制冷剂的种类也逐渐增多,从早期的空气、二氧化碳、乙醚到氯甲烷、二氧化硫、氨等。1929 年随着氟利昂制冷剂的出现,使压缩式制冷机发展更快,并且在应用方面超过了氨制冷机。随后,于 20 世纪 50 年代开始使用了共沸混合制冷剂,20 世纪 60 年代又开始应用非共沸混合制冷剂。直至 20 世纪 80 年代关于淘汰消耗臭氧层物质 CFC(chlorofluorocarbons,氯氟化碳)的问题正式被公认以前,以各种卤代烃为主的制冷剂的发展几乎达到相当完善的地步。CFC 问题的出现及其替代技术的发展,使制冷剂又进入一个以 HFC 为主体和向天然制冷剂发展的新阶段。压缩式制冷机的结构与各个部分的功能如图 3.1 所示。

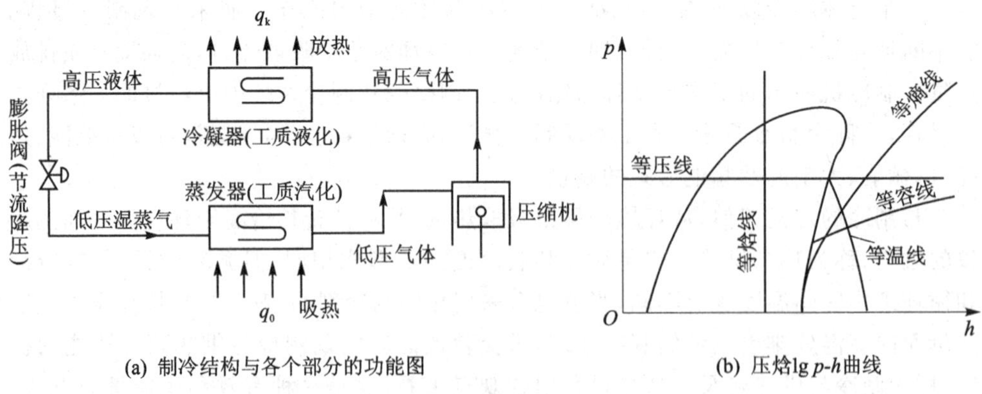

(a) 制冷结构与各个部分的功能图　　(b) 压焓 lg p-h 曲线

图 3.1　制冷结构图与压焓 lg $p-h$ 曲线

① 压缩机：它的作用是将蒸发器中的制冷剂蒸气吸入，并将其压缩到冷凝压力，然后排至冷凝器。常用的压缩机有往复活塞式、离心式、螺杆式、涡旋式、滚动转子式和滑片式等。

② 冷凝器：它是一个换热器，它的作用是将来自压缩机的高压制冷剂蒸气冷却并冷凝成液体。在这一过程中，制冷剂蒸气放出热量，故需用其他物体或介质（例如：水、空气）来冷却。常用的冷凝器有列管式、套片式、套管式等。

③ 膨胀（节流）机构：制冷剂液体流过节流机构时，压力由冷凝压力降低到蒸发压力，使一部分液体转化为蒸气。常用的节流机构有膨胀阀、毛细管等。

④ 蒸发器：它也是一个换热器，它的作用是使经节流阀流入的制冷剂液体蒸发成气体，以吸收被冷却物体的热量。蒸发器是一个对外输出冷量的设备，输出的冷量可以冷却液体载冷剂，也可直接冷却空气或其他物体。常用的蒸发器有满液式、干式、套片式等。

图 3.1(a)所示为蒸气压缩制冷理论循环图。它由压缩机、冷凝器、膨胀阀、蒸发器等四大设备组成，这些设备之间用管道依次连接形成一个封闭的系统。它的工作过程是：压缩机将蒸发器内所产生的低压低温制冷剂蒸气吸入气缸内，经过压缩机压缩后使制冷剂蒸气的压力温度升高，然后将高压高温的制冷剂蒸气排入冷凝器；在冷凝器内，高压、高温的制冷剂蒸气与温度比较低的冷却水（或空气）进行热量交换，把热量传给冷却水（或空气），而制冷剂本身放出热量后由气体冷凝为液体，这种高压的制冷剂液体经过膨胀阀节流降压、降温后进入蒸发器；在蒸发器内，低压低温的制冷剂液体吸收被冷却物体（食品或空调冷冻水）的热量而汽化，使被冷却物体（如食品或冷冻水）得到冷却，蒸发器中所产生的制冷剂蒸气又被压缩机吸走。这样，制冷剂在系统中经过压缩、冷凝、节流、汽化（蒸发）四个过程，就完成了一个制冷循环。

从压缩机出来的高压高温制冷剂气体(D)，进入冷凝器被冷却，并进一步冷凝成液体(A)后，进入节流装置膨胀阀减压，部分液体闪发成蒸气，这些气液两相的混合物(B)进入蒸发器，在这里吸热蒸发成蒸气(C)后，回到压缩机重新被压缩，从而完成一个循环。

图 3.1(b)所示为蒸气压缩制冷压焓图。压焓图拱状线内的区域为两相区，饱和液体线左边的区域为过冷液体区，蒸气线右边为过热蒸气区，临界点以上为超临界区。

在压焓（$\lg p-h$ 图）图上，等压线和等比焓线是最简单的，分别为水平线和垂直线。纯物质的等温线在两相区为水平线，在过冷液体区为略向左上方延伸的上凹曲线，非常接近于垂直线。这是因为压力对过冷液体比焓值的影响小的缘故，有些图在该区域没有标出等温线，这时就用垂直线代替，不会导致很大的误差。在过热蒸气区，等体积线和等熵线都是向右上方延伸的下凹曲线，但等熵线的斜率比等比体积线大。

制冷温度范围划分：
- 普冷：>120 K；
- 深冷（低温）：>120～0.3 K；
- 超低温：<0.3 K。

3.2 制冷方法

各种常见的制冷方法包括：蒸气压缩式制冷、蒸气吸收式制冷、蒸气喷射式制冷、吸附式制冷、热电制冷、涡流管制冷、空气膨胀制冷、绝热放气制冷、磁制冷及电化学制冷等。

基本概念包括：① 物质集态；② 相变；③ 潜热。

相变制冷：液体蒸发、固体融化升华——吸热效应——制冷。

1. 固体相变冷却

① 冰冷却：融点为 0 ℃，潜热为 335 kJ/kg。

② 冰盐冷却：冰融化吸热；盐溶液吸热。

③ 干冰冷却：固态 CO_2 的三相点为−56.6 ℃。

三相点上吸热融化，下吸热升华，常压升华温度为−78.5 ℃。

2. 液体与蒸气制冷

(1) 汽化吸热→制冷

循环的基本原理如下：

① 气液平衡→饱和状态，$p \leftrightarrow t$ 对应。

② 保持低温低压下蒸发（汽化）；保持高温高压下冷凝（凝法）。

③ 增压、降压的循环方式多样。

(2) 蒸气压缩式制冷

① 基本组成：四个部件＋制冷剂。

② 压缩机的作用：增压，循环动力。

③ 膨胀阀的作用：降压，控制流量。

(3) 蒸气喷射式制冷

① 系统组成：喷射器、工质泵。

② 工作过程：循环 $T-s$ 图。

③ 制冷剂：H_2O、R（氢氯氟烃类）等。

蒸气喷射式制冷 $T-s$ 图，如图 3.2 所示。

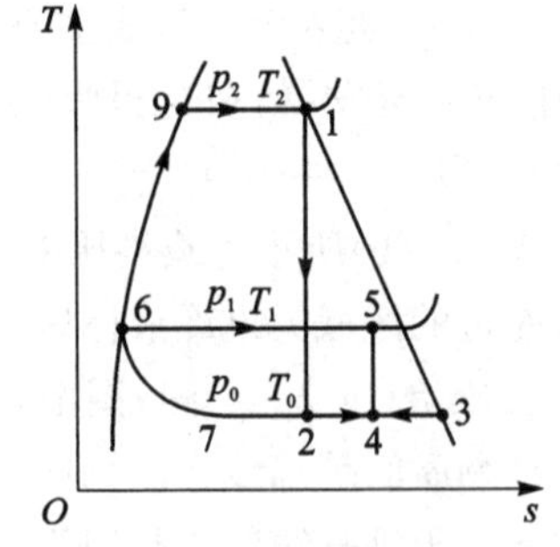

图 3.2 蒸气喷射式制冷过程 $T-s$ 图

3.3 制冷介质

制冷剂是制冷机中的工作介质，在制冷机系统中循环流动，通过自身热力状态的变化与外界发生能量交换，从而达到制冷的目的。

蒸气制冷机中的制冷剂从低温热源中吸取热量，在低温下汽化，再在高温下凝结，向高温热源排放热量。所以，只有在工作温度范围内能够汽化和凝结的物质才有可能作为制冷剂使用，多数制冷剂在大气压力和环境温度下呈气态。乙醚是最早使用的制冷剂，它易燃、易爆，标准蒸发温度（沸点）为 34.5 ℃。用乙醚制取低温时，蒸发压力低于大气压，因此，一旦空气渗入系统，就有引起爆炸的危险。后来，查尔斯·泰勒（Charles Tellier）采用二甲基乙醚作制冷剂，其沸点为－23.6 ℃，蒸发压力也比乙醚高得多。1866 年，威德·豪森（Wind Hausen）提出使用 CO_2 作制冷剂。1870 年，卡特·林德（Cart Linde）对使用 NH_3 作制冷剂作出了贡献，从此在大型制冷机中广泛采用 NH_3 为制冷剂。1874 年，拉乌尔·皮克特（Raul Pictel）采用 SO_2 作制冷剂。SO_2 和 CO_2 在历史上曾经是比较重要的制冷剂。SO_2 的沸点为－10 ℃，毒性大，它作为重要的制冷剂已有 60 年之久的历史，后逐渐被淘汰。CO_2 的特点是在使用温度范围内，压力特别高（例如，常温下冷凝压力高达 8 MPa），致使机器极为笨重，但 CO_2 无毒，使用安全，曾在船用冷藏装置中作制冷剂，直到 1955 年才被氟利昂制冷剂所取代。

卤代烃也称氟利昂（Freon，美国杜邦公司过去曾长期使用的商标名称）是链状饱和碳氢化合物的氟、氯、溴衍生物的总称。在 18 世纪后期，人们就已经知道了这类化合物的化学组成，但当作制冷剂使用是汤姆斯·米杰里（Thomes Midgley）于 1929—1930 年间首先提出来的。氟利昂制冷剂的种类很多，它们之间的热力性质有很大区别，但在物理、化学性质上又有许多共同的优点，所以，得到迅速推广，成为制冷业发展的重要里程碑之一。

但是，1974 年美国加利福尼亚大学的莫利纳（M. J. Molina）和罗兰（F. S. Rowland）教授首先撰文指出，卤代烃中的氯原子会破坏大气臭氧层。在卤代烃制冷剂中，R11、R12、R13、R14、R113 等都是全卤代烃，即在它们的分子中只有氯、氟、碳原子，这类氟利昂，称氯氟烃，简称 CFCs；如果分子中除了氯、氟、碳原子外，还有氢原子（如 R22），则称氢氯氟烃，简称 HCFCs；如果分子中没有氯原子，而有氢原子、氟原子和碳原子，则称氢氟烃，简称 HFCs。根据莫利纳和罗兰的理论，CFCs 对大气臭氧层的破坏性最大。

这就是著名的 CFCs 问题。为此，瑞典皇家科学院将 1995 年的诺贝尔化学奖授予这两位教授，以表彰他们在大气化学特别是臭氧的形成和分解研究方面作出的杰出贡献。大气平流层的臭氧层是人类及生物免遭短波紫外线伤害的天然保护伞。现已证实，大气臭氧层的耗减甚至出现空洞，将会引起人们皮肤癌、白内障等发病率的上升；会影响人类的免疫功能；引起农产品如大豆、玉米、棉花、甜菜等减产；会杀死水中微生物而破坏水生物食物链，使渔业减产。此外，CFCs 的大量排放，还会助长温室效应，加速全球气候变暖。

为此，联合国环保组织于 1987 年在加拿大的蒙特利尔市召开会议，36 个国家和

10个国际组织共同签署了《关于消耗大气臭氧层物质的蒙特利尔议定书》，国际上正式规定了逐步削减CFCs生产与消费的日程表。中国政府于1992年正式宣布加入修订后的《蒙特利尔议定书》，并于1993年批准了《中国消耗大气臭氧层物质逐步淘汰国家方案》。

从20世纪80年代后期开始，世界各国的科学家和技术专家就一直在寻找新的符合热力学、迁移、物理化学性质等方面要求的制冷剂。

3.4 制冷方式

3.4.1 单级蒸气压缩式制冷循环

1. 可逆制冷循环

(1) 制冷的热力学原理

① 逆向循环→制冷循环。

② 热源、热汇概念。

③ 制冷循环的热力学本质：能量补偿实现热量转移，低温热源至高温热汇。

④ 逆向卡诺循环：$\left\{\begin{matrix}\text{制冷}\\\text{制热}\end{matrix}\right\}$能量转换关系。

(2) 逆向卡诺制冷循环

热力学第一定律应用如图3.3所示。

循环的性能系数：

$$\mathrm{COP_C}=\frac{Q_0}{W}=\frac{T_C}{T_H-T_L}=\frac{1}{\frac{T_H}{T_L}-1}$$

(3) 劳伦茨循环

劳伦茨循环的条件是热源、热汇是变温的，制冷剂吸、放过程也是变温的，如图3.4所示，各个过程无传热温差、等熵压缩与膨胀过程。

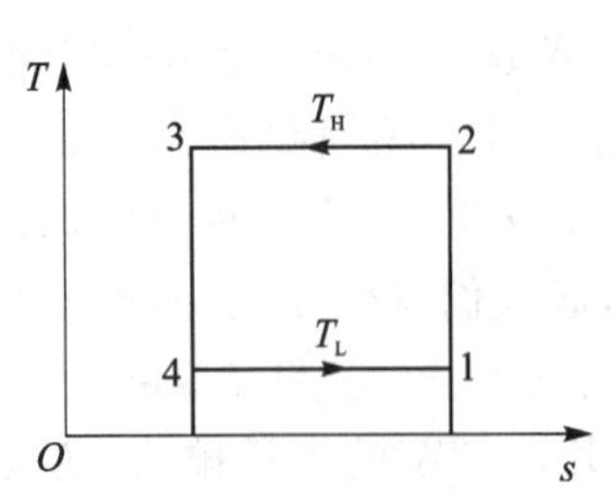

图3.3 逆向卡诺循环制冷过程 $T-s$ 图

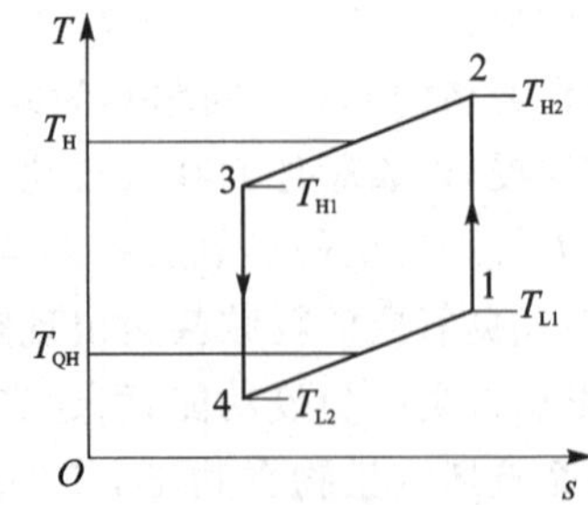

图3.4 劳伦茨循环制冷过程 $T-s$ 图

(4) 单级蒸气压缩式制冷

循环蒸气压缩式制冷的理论循环是由两个定压过程，即一个绝热压缩过程和一个绝热节流过程组成。它与逆向卡诺循环(理想制冷循环)不同的是：

① 蒸气的压缩采用干压缩代替湿压缩。压缩机吸入的是饱和蒸气而不是湿蒸气。

② 用膨胀阀代替膨胀机。制冷剂用膨胀阀绝热节流。

③ 制冷剂在冷凝器和蒸发器中的传热过程均为定压过程，并且具有传热温差。

综上所述，蒸气压缩式制冷的理论循环可归纳为以下 4 点：

① 低压低温制冷剂液体(含有少量蒸气)在蒸发器内的定压汽化吸热过程，即从低温物体中吸取热量。该过程是在压力不变的条件下，制冷剂由液体汽化为气体。

② 低压低温制冷剂蒸气在压缩机中的绝热压缩过程。这个压缩过程是消耗外界能量(电能)的补偿过程，以实现制冷循环。

③ 高压高温的制冷剂气体在冷凝器中的定压冷却冷凝过程。这个过程是将从被冷却物体(低温物体)中吸取的热量连同压缩机所消耗的功转化成的热量一起，全部由冷却水(高温物体)带走，而制冷剂本身在定压下由气体冷却冷凝为液体。

④ 高压制冷剂液体经膨胀阀节流降压降温后，为液体在蒸发器内的汽化创造了条件。

因此，蒸气压缩式制冷循环，就是制冷剂在蒸发器内吸取低温物体(空调冷冻水或食品)的热量，并通过冷凝器把这些热量传给高温物体(冷却水或空气)的过程。

(5) 压焓图含义

在制冷装置中，制冷剂的热力状态变化既可以用其热力性质表来说明，也可以用热力性质图来表示。用图来研究整个制冷循环，不仅可以简便地确定制冷剂的状态参数，而且能直观地看到循环各状态的变化过程及其特点。

制冷剂的热力性质图主要有温熵图($T-s$)和压焓图($\lg p-h$)两种(见图 3.5)。由于制冷剂在蒸发器内吸热汽化，在冷凝器中放热冷凝都是在定压下进行的，而定压过程中所交换的热量和压缩机在绝热压缩过程中所消耗的功，都可用焓差来计算，而且制冷剂经膨胀阀绝热节流后，焓值不变，所以在工程上利用制冷剂的 $\lg p-h$ 图来进行制冷循环的热力计算更为方便。

对于制冷剂的任一状态的有关参数，一般只要知道任何两个参数，即可在 $\lg p-h$ 图中找出代表这个状态的一个点，在这个点上可以读出其他参数值。压焓图是进行制冷循环分析和计算的重要工具，可参阅一些常用制冷剂的压焓图。

为了进一步了解单级蒸气压缩式制冷装置中制冷剂状态的变化过程，现将制冷理论循环过程表示在压焓图上，如图 3.6 所示。

点 1 为制冷剂进入压缩机的状态。如果不考虑过热，则进入压缩机的制冷剂为干饱和蒸气。它是根据已知的 T_0 找到对应的 p_0，然后根据 p_0 的等压线与 $x=1$ 的饱和蒸气线相交确定。

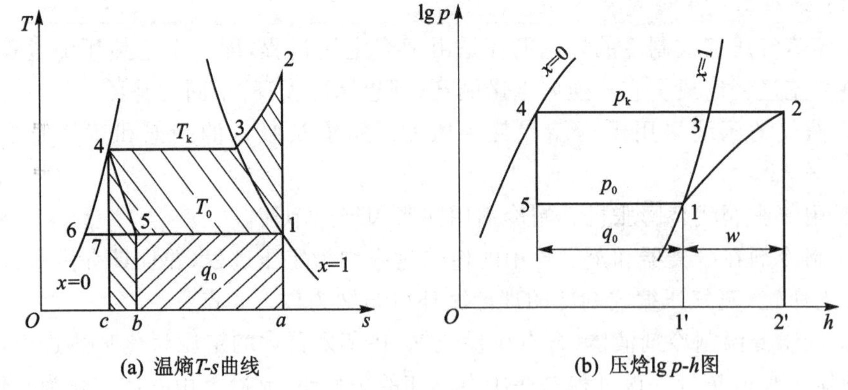

(a) 温熵T-s曲线　(b) 压焓$\lg p$-h图

图 3.5　蒸气压缩制冷理论循环图

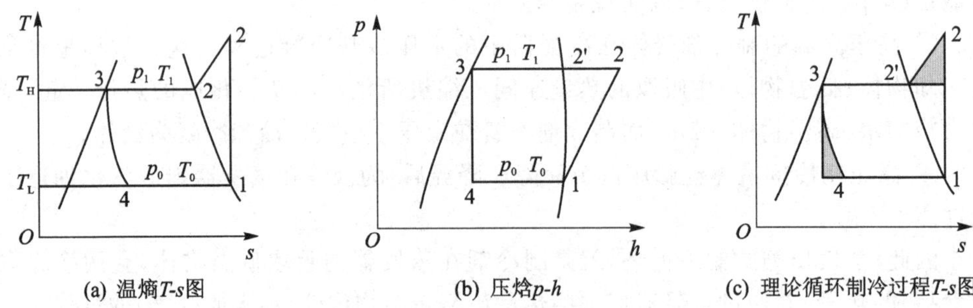

(a) 温熵T-s图　(b) 压焓p-h　(c) 理论循环制冷过程T-s图

图 3.6　单级蒸气压缩式制冷过程

点 2 为高压制冷剂气体从压缩机排出进入冷凝器的状态。绝热压缩过程熵不变,即 $s_1=s_2$,由点 1 沿等熵线($s=c$)向上,与 p_k 的等压线相交可得。

2. 单级蒸气压缩式制冷的实际循环

(1) 单级蒸气压缩式制冷存在的影响因素

① 实际工作存在的影响因素如下:

- 有传热温差(外部条件);
- 非饱和态(内部条件);
- 流动阻力及散热损失;
- 非等熵压缩。

② 实际循环的状态图与简化 p-h 图,如图 3.7 所示。

③ 实际循环的工作过程如下:

- 蒸发过程:4—0—1a;
- 吸气过程:1a—1b—1,过热;
- 压缩过程:吸热压缩(熵增),放热压缩(熵减);
- 排气过程:2—2a;

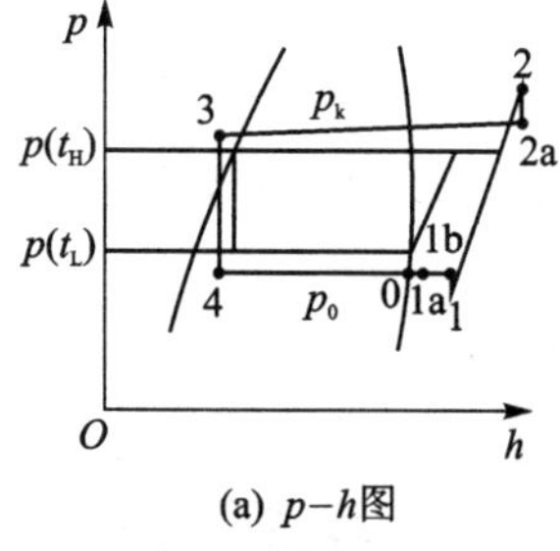

(a) $p-h$图

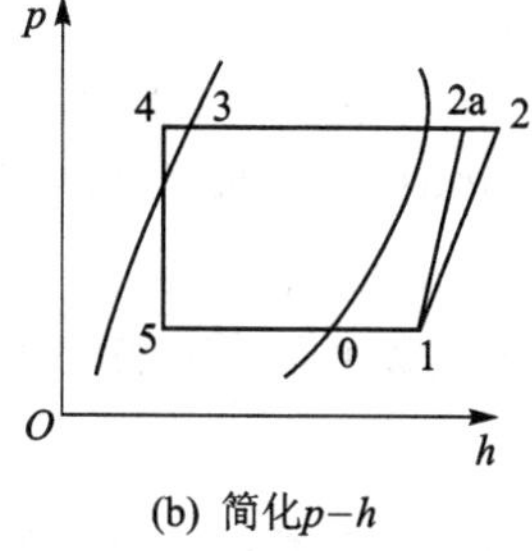

(b) 简化$p-h$

图 3.7 单级蒸气压缩式制冷过程 $p-h$ 图与简化 $p-h$ 图

- 冷却凝结过程：2a—3，过冷；
- 节流过程：3—4，绝热。

(2) 各种实际因素对循环的影响

① 液体过冷，如图 3.8(a)所示。

② 吸气过热：有用过热是否使 q_{zv}、COP 增加取决于制冷剂性质，增加幅度与过热度大小有关，如图 3.8(b)所示。

③ 回热(循环)：与理论循环对比，蒸发温度低的制冷机适合采用回热，如图 3.8(c)所示。

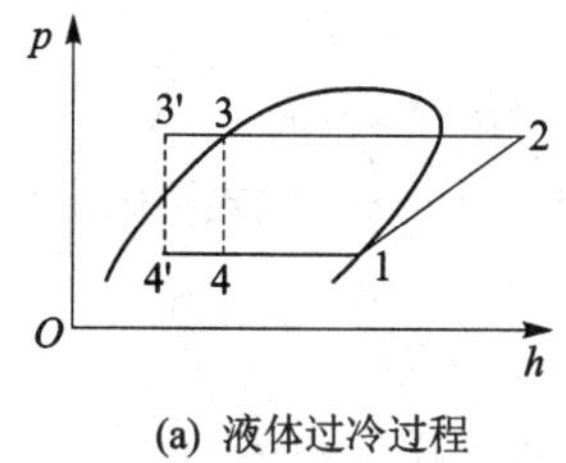

(a) 液体过冷过程

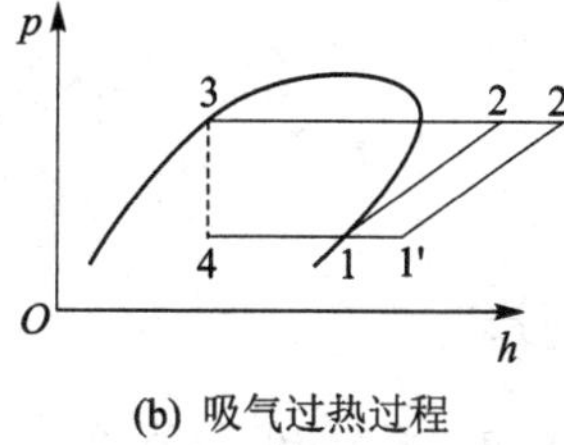

(b) 吸气过热过程

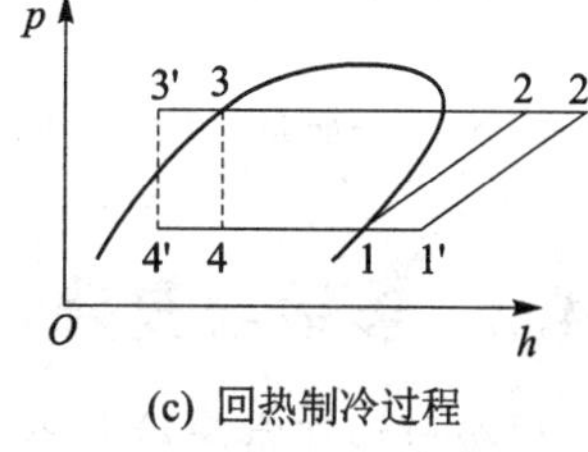

(c) 回热制冷过程

图 3.8 实际制冷过程 $p-h$ 图

3. 蒸发器

蒸发器的分类与结构如下：

① 干式蒸发器：制冷剂在管内一次完全汽化，在正常运转条件下，液体体积占管内体积的 15%～20%，有效沸腾面积均为管内表面积的 30%。

- 干式壳管式蒸发器：用于冷却液体、管内制冷剂、管外(壳侧)载冷剂。管组排列方式为直管式和 U 形管式。
- 板式蒸发器：由金属传热板片叠加而成，板片为波纹状，波纹形式有人字、水平、锯齿，属于高效紧凑式。
- 冷却完全型：蛇形管式，外加翅片。

② 再循环式蒸发器，制冷剂经多次循环后完全汽化。

4. 制冷机工况变化影响

工况变化对制冷性能的影响如下：

外部参数：热源、热汇即冷却介质，被冷却物温度参数，流量参数。

工况参数：t_0、t_k、t_1、t_3、φ_0、p、COP 参数。

工况变化对制冷性能的影响如图 3.9 所示。

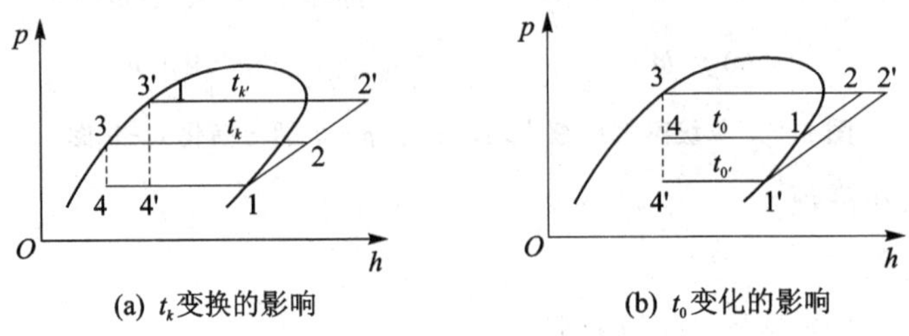

图 3.9　工况变化对制冷性能影响的 p-h 图

(1) t_k 变化的影响

$t_k\uparrow\rightarrow t_{k'}$循环：12341→12′3′4′1→循环特性变化：$t_k\uparrow\rightarrow w_0\uparrow$，$q_0\downarrow$，$\pi\uparrow$，$t_2\uparrow$，COP↓。

(2) t_0 变化的影响

$t_0\rightarrow t_{0'}\rightarrow$循环：12341→1′2′3′4′1→$t_0\downarrow\rightarrow\begin{cases}v_1\uparrow,\pi\uparrow,t_2\uparrow\rightarrow w_0\uparrow,q_0\downarrow,q_{zv}\downarrow\\v_1\uparrow,w_0\uparrow\rightarrow w_v=w_0/v_1\text{（此式不确定）}\end{cases}$。

3.4.2 多级与复叠式制冷

单级压缩在常温冷却条件下，能获得的低温程度有限，受压比和温度制约。

当 $t_h(t_k)$一定时，$t_l(t_0)$下降就会使 $\pi\uparrow$、$t_2\uparrow$。

对于往复式压缩机有如下影响：

① 因有余隙容积，所以当 $\pi\uparrow$时，会使 $\lambda\uparrow\rightarrow 0$。

② $\eta_i\downarrow\rightarrow\phi_0$COP↓。

③ $t_2\uparrow\rightarrow$超过允许值。

一般基于经济性和可靠性考虑，对氟机 $\pi\leqslant 10$，氨机≤8，对于回转式容积压缩机，主要影响 t_2；对于离心式，单级压比≤3～4。

解决单级压缩的问题即采用分级压缩，中间冷却，即多级压缩后可完成总压的要求，在每一级压缩可使压比减小，并在压缩后进行排气冷却，可使在一级压缩的排气温度降低。

1. 两级压缩制冷的循环形式

过程：两级压缩过程，即 $p_0\rightarrow p_m$，$p_m\rightarrow p_k$。

中间冷却$\begin{cases}完全冷却； \\ 不完全冷却。\end{cases}$

节流过程$\begin{cases}一次节流：p_k \to p_0(t_k \to t_0)； \\ 二次节流：p_k \to p_m, p_m \to p_0(t_k \to t_m, t_m \to t_0)。\end{cases}$

两级蒸气压缩式制冷机，是指制冷剂从蒸发压力提高到冷凝压力，需要经过两级压缩的蒸气制冷机，如图 3.10 所示。它比单级制冷机多一台压缩机、一台中间冷却器和节流阀。经高压压缩机压缩后的制冷剂蒸气，在冷凝器中冷凝成液体，然后分成两路：一路经节流阀 A 进入中间冷凝器，冷却低压压缩机的排气和盘管中的液体，在中间冷凝器中蒸发的制冷剂蒸气连同低压压缩机的排气，一同进入高压压缩机继续压缩；另一路在盘管内被冷却并经过节流阀 B 节流至蒸发压力，进入蒸发器中蒸发制冷，蒸发后的蒸气进入低压压缩机压缩至中间压力，进入中间冷凝器。两级制冷机可达到较低的蒸发温度，通常为－30～－70 ℃。

2. 两级压缩制冷的系统流程与循环分析

一次节流中完全冷却的两级压缩制冷循环的 $p-h$ 图，如图 3.10(b)所示。

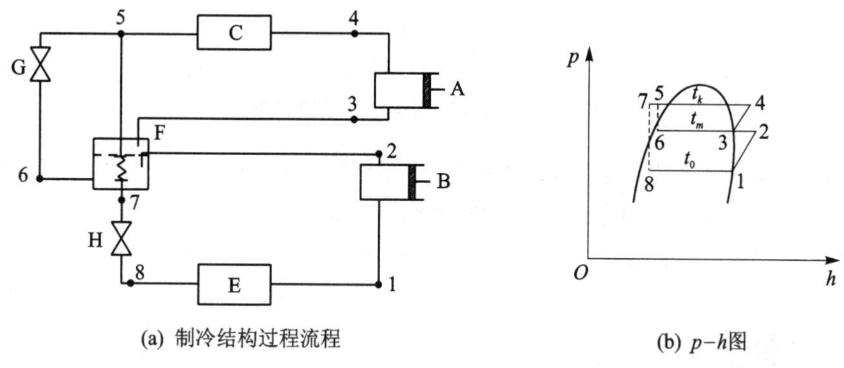

(a) 制冷结构过程流程　　(b) $p-h$图

图 3.10　两级压缩制冷过程结构与 $P-h$ 图

在图 3.10 中，以初始状态 1 吸入低压级压缩机，压缩到状态 2，进入中间冷却器，状态 2 的过热蒸汽被来自膨胀阀的液体制冷剂在中间冷却器内冷却，冷却至饱和状态 3，又进入了高压级压缩机，压缩至状态 4，然后进入冷凝器，冷凝至饱和状态 5，状态 5 的高压液体制冷器分两路，一路流量经膨胀阀 G 节流至状态 6，进入中间冷却；另一路流量经中间冷却器的盘管，过冷至状态 7，状态 7 的液体经膨胀阀 H，节流至状态 8，然后进入蒸发器中，蒸发吸热，吸收被冷却物体的热量，达到高一级制冷的目的。

3. 复叠式制冷机

复叠式制冷机，是指将使用不同制冷剂作为工作介质的两台或数台单级或两级压缩蒸气压缩式制冷机，用冷凝蒸发器联系起来的复合制冷机。冷凝蒸发器是一个利用高温级制冷剂的蒸发，来冷凝低温级制冷剂的，复叠式制冷机能达到很低的蒸发温度。

图 3.11 所示为两个单级制冷机组成的复叠式制冷机的工作原理。它的高温级由高温级压缩机、冷凝器、节流阀和冷凝蒸发器组成;低温级由低温级压缩机、冷凝蒸发器、回热器、节流阀和蒸发器组成。高温级和低温级各为一台单级制冷机。冷凝蒸发器将高温级与低温级联系起来,对高温级来说,它是蒸发器;对低温级来说,它是冷凝器。冷凝蒸发器使低温级的放热量转变为高温级的制冷量。在低温级中,通常使用沸点较低的制冷剂,停机后制冷剂将全部汽化。并导致压力过分升高。为了防止这一现象,通常在低温级系统中装设一个平衡容器。复叠式压缩制冷循环系统流程,如图 3.11 所示。

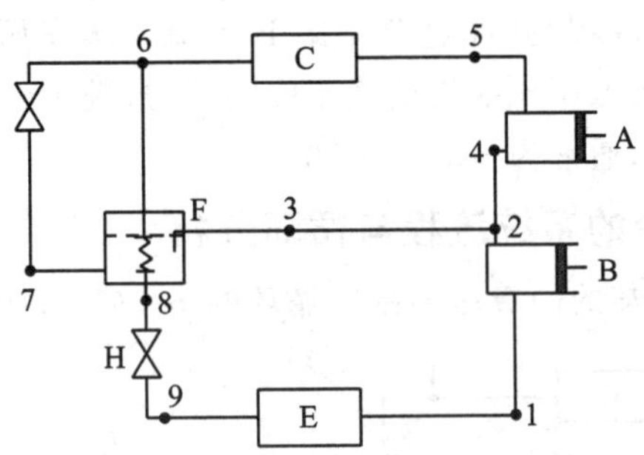

图 3.11 复叠式制冷过程流程结构

用两台单级制冷机复叠时,低温级的蒸发温度一般为－40～－80 ℃。一台单级制冷机与一台两级制冷机复叠时,蒸发温度可低至－110 ℃;若用三元复叠,蒸发温度可低至－140 ℃。其 p -h 图与单级制冷机相同。

3.5 空调器工作原理

3.5.1 空调器的基本功能与结构

空调器的基本功能是对房间内的空气温度和湿度进行调节。根据用途不同,空调器可分为舒适性和工艺性两种。舒适型空调器的基本工况有制冷、制热和除湿三种。

1. 制冷工况

空调器是利用物质汽化时吸收热量的原理实现制冷的,通过制冷剂的循环不断将房间内多余的热量转移到房间外,使温度保持在一个舒适的范围内。

通常空调器采用单级蒸气压缩式制冷循环,制冷过程流程如图 3.12 所示。在制冷循环中,压缩机将 R22 制冷剂由低温低压的蒸气,压缩成高温高压的过热蒸气,并排入冷凝器中。在冷凝器中,由于制冷剂温度高于环境温度,制冷剂向外界放热,并由过热蒸气变为干饱和蒸气，再由干饱和蒸气变为气、液共存的湿蒸气，直到湿蒸气变为饱和液体。

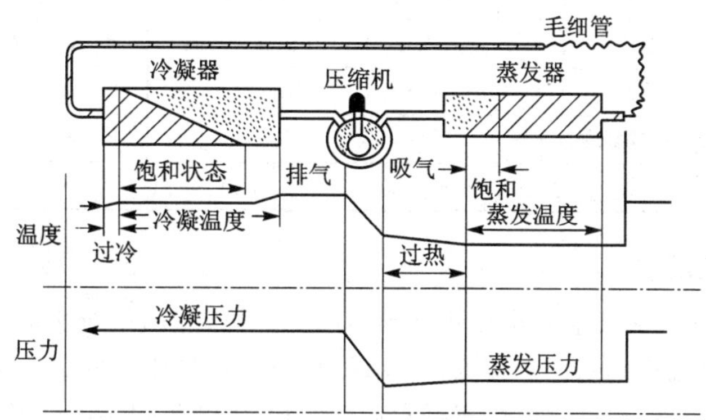

图 3.12　制冷过程流程图

冷凝后的常温高压制冷剂液体，进入又细又长的毛细管中进行节流降压，同时少量制冷剂液体因沸腾吸热，而使制冷剂变成低温低压的湿蒸气，为在蒸发器中蒸发创造了条件。毛细管为小型空调器节流装置，在大、中型空调器中，节流装置为膨胀阀。

在蒸发器中，制冷剂湿蒸气中的液体，吸收空调房间内空气的热量，蒸发（实际是沸腾）为干饱和蒸气，而蒸发器外表面及周围的空气被冷却。制冷剂的蒸发过程是吸热过程，在这一过程中制冷剂的状态变化是循序渐进的，在毛细管末端有少量气体的出现，随后蒸气所占的比例逐渐增多，液体逐渐减少，到全部变为制冷剂蒸气——干饱和蒸气。在蒸发器末端和压缩机的回气管中，由于制冷剂继续从环境吸热，其状态从干饱和蒸气变为过热蒸气，为压缩机的吸气做好准备，从而完成一个制冷循环。

综上所述，空调器制冷循环由如下 4 个过程组成：

① 压缩过程。由蒸发器排出的低温低压制冷剂蒸气被压缩机吸入后，被快速压缩成高温高压的过热蒸气，并送入冷凝器。制冷剂压缩过程是一个升压过程。

② 冷凝过程。来自压缩机的高温高压制冷剂蒸气，被冷却介质冷却冷凝成常温高压的液体。制冷剂的冷凝过程是一个放热过程。

③ 节流过程。进入毛细管或膨胀阀的制冷剂液体，被节流降压成低温低压的湿蒸气（含少量蒸气）。制冷剂的节流过程是一个降压过程。

④ 蒸发过程。低温低压的制冷剂湿蒸气在蒸发器中，吸收房间内空气的热量变成蒸气，同时降低了室内温度，实现了制冷的目的。制冷剂的蒸发过程是一个吸热过程。

在上述 4 个过程中，制冷剂的状态变化如表 3.1 所列。

表 3.1 制冷剂的状态变化

制冷剂流经的部件	状 态	温度变化	压力变化
压缩机	气态	低温→高温	低压→高压
冷凝器	气→液	高温→常温	高压
毛细管(或膨胀阀)	液态	常温→低温	高压→低压
蒸发器	液→气	低温	低压

2. 制热工况

① 制热循环。夏天空调器室外机排出的是热风,室内机排出的是冷风,从而达到降低室内空气温度的目的。那么,在冬季需要取暖时,能否将空调器内外机对调实现向室内释放热风的目的呢?由于受空调器结构、安装等很多客观因素的限制,显然对调是不现实的。实际的办法是通过在制冷系统管道中安装电磁四通换向阀,改变制冷剂流向,将压缩机排气口的高温高压蒸气排向室内机,从而达到向室内供热的目的。热泵型空调器就是根据这个原理设计的,如图 3.12 所示。

② 制热能力。热泵型空调器是利用在室外机中的制冷剂从环境中吸收热量并转移到室内来实现制热的,空调器的制热能力必然受环境温度影响,那么室外空气温度是如何影响空调器的制热能力呢?

冬天,室外温度与室外机中制冷剂 R22 的温度存在一个温差,例如:室外温度为 7 ℃,R22 的蒸发温度在 4 ℃左右,温差约为 3 ℃,这样热量就会从室外传向制冷剂,然后传向室内,从而使室内温度上升。

但是,随着室外温度降低,温差减小,热量传递变得困难,也就是说随着室外温度的降低,空调器的制热能力减弱。目前,一些空调器生产厂家的产品在室外温度为 −8 ℃时仍能工作,但制热效果较差。一般当环境温度低于 5 ℃时,就要考虑使用辅助设备,如辅助电加热器等。尽管热泵型空调器的制热能力受环境的影响较大,但是因为其制热能力是电暖器的 3 倍左右,非常经济、安全、清洁,符合环保要求,因此,采用热泵型空调器取暖非常普遍。

3. 除湿工况

空调器在制冷运行时,当蒸发器外表面的温度低于房间空气的露点温度时,空气中的水蒸气就会凝结成水,通过排水管排出室外,从而降低了室内空气的含湿量,起到除湿的作用。但是室内空气的含湿量减少,是指绝对湿度降低,并不等于相对湿度也降低,而影响人们对湿度舒适感觉的是空气的相对湿度,为了降低相对湿度,有些空调器增加了独立的除湿功能。

3.5.2 可制热空调器的工作过程

空调器的制热方式分为电热制热和热泵制热两种。电热制热是用一套加热器件作为发热元件来加热室内空气。通电后，加热器件表面温度升高，室内空气被风扇电动机吸入并吹向加热器件，经加热器件加热后温度升高，升温后的空气又被排入室内，如此不断循环，使室内温度升高。

热泵型空调器在原有制冷系统上加了一个电磁四通换向阀（简称四通阀）、一个单向阀和制热毛细管，完成冷暖两用，如图 3.13 所示。

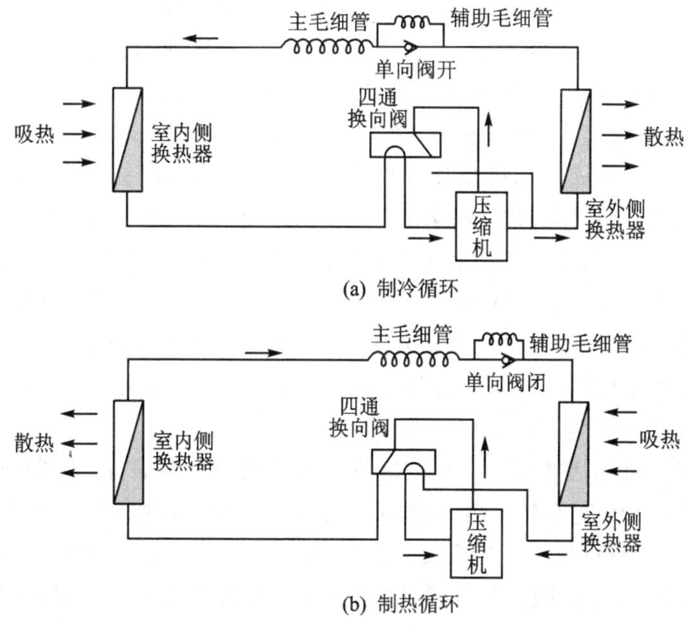

图 3.13　可制热窗式空调器制冷过程流程图

热泵制热原理是利用制冷系统的压缩冷凝热来加热室内空气的。空调器在制冷工作时，低压制冷剂液体在室内侧换热器（蒸发器）内蒸发吸热，而高温高压制冷剂气体在室外侧换热器（冷凝器）内放热冷凝。热泵制热是通过四通阀换向，将制冷系统的吸排气管位置对换，原来制冷工作时作蒸发器的室内换热器，变成制热时的冷凝器。制冷时作冷凝器的室外换热器，变成制热时的蒸发器，这样使制冷系统在室外吸热，向室内放热，实现制热的目的。制热时，单向阀和辅助毛细管可以起到加长毛细管的作用，制冷时只有主毛细管起作用。

热泵型空调器冬季作制热循环时，室外侧换热器长期在低温下工作，其翅片表面有可能结霜而降低制热效果，因此需要考虑室外侧换热器在冬季的化霜问题。

3.5.3　空调制冷压缩机与冰箱制冷压缩机的区别

空调和冰箱的压缩机有不少共同之处，其主要区别是制冷剂和功率要求。原先的制冷剂都使用 R12，现在的冰箱主要使用 R134A 和 R600A；空调的制冷剂多采用 R123、R22、R407C、R410A、R134A。空调和冰箱的制冷原理都是基于蒸气压缩制冷，主要是各类压缩机的特性差别。

现在比较常见的压缩机分为两类，速度式压缩机和容积式压缩机。

离心式（速度）压缩机是当前单机制冷量最大、效率最高的压缩机。其单机冷量范围从 400 冷吨到 2 500 冷吨（例如，1 冷吨＝3.516 kW），输入电压可根据启动方式选择为 380 V、1 000 V 以上等。离心式压缩机的原理是利用叶轮带动制冷剂气体，将动能转化为空气势能，提升制冷剂气体压力，从而达到压缩效果。使用的制冷剂主要是 R123 和 R134A，其中，R123 由于热工性能较好，比 R134A 效率高 7％左右。

容积式压缩机主要有螺杆式、涡旋式、活塞式和转子式。

螺杆式压缩机是容积式压缩机中制冷量最大的压缩机，其冷量范围一般从 50 冷吨到 400 冷吨。螺杆式压缩机又分为双螺杆式和单螺杆式。双螺杆式的应用较多，效率也较高，由阴阳转子组成，旋转时通过表面螺旋线啮合压缩制冷剂。螺旋线的设计是其效率的关键，所以每家厂家都不甚相同。使用的制冷剂是 R134A 和 R22。

螺杆式压缩机主要使用在各类型的螺杆式机组中，这种主机冷量也较大，是离心式冷水机组的补充，用于空调面积比较大，却又没到需要使用离心机组的场合。同时螺杆机组也常用于全热回收，其热回收的热水出水温度比使用离心机组要高，离心机组一般是 45°，螺杆机组可以达到 60°。

涡旋式压缩机和活塞式压缩机的冷量范围大致相互覆盖，冷量规格可查询厂家，最大有做到 600 kW 左右的。由动静两个涡旋盘组成，转动时通过涡旋线不断压缩制冷剂，最后从中心点压出。特别要提的是现在很流行的数码涡旋技术，其通过将一个涡旋盘提高 1 mm，使制冷剂旁通，达到压缩机降载的效果。使用的制冷剂主要有 R134A、R407C、R410A 和 R22。

涡旋式压缩机广泛使用于风冷模块式冷水（或热泵）机组、大多数商用空调和变频多联机中，尤其是数码多联机用的均是涡旋式压缩机。这些空调机组适用于空调面积不是很大，同时使用率不是很高，或者是没有地方设置机房的场合。比如一些小型工厂，隔间多的大楼等。

活塞式压缩机是大家非常熟悉的压缩机，其历史悠久，技术成熟，冷量范围多在 2.2～200 kW。通过曲轴连杆带动活塞对制冷剂进行压缩。制冷剂主要有 R22、R134A、R410A 和 R407C。

活塞式压缩机主要用于同涡旋式压缩机相同的空调设备中，也用于常见的家用空调。5 匹以下活塞机的特点是稳定，但是由于结构问题，如余隙和传动部件较多的影响，效率较涡旋机差一些。

离心式压缩机主要使用在离心式冷水机组中，这种主机的优势是制冷量大，能效比高，一般用于空调面积超大的办公大楼、厂房、高档酒店、体育馆等，例如上海环球金融中心和金茂大厦都使用的是离心式冷水机组。

转子式的压缩机主要是以前的窗式空调用，现在已经不太使用了。冰箱用的压缩机，由于其功率一般较小，基本是活塞式或者涡旋式的。

3.6　蒸汽机与内燃机的工作原理

3.6.1　蒸汽机与循环过程

蒸汽机用水泵将水打入锅炉，煤燃烧产生的热量（高温热源）把水加热变成水蒸气。蒸气通过管道进入汽缸，蒸气在汽缸内膨胀推动活塞向上运动而做功往复循环。如果把高温高压的蒸气打到汽轮机的叶片上，就可推动汽轮机转动，往复活塞式蒸汽机就转化成了蒸汽轮机，实现热能直接转化为轴的转动动能。

蒸汽机等热机是通过循环过程实现热能转化为机械能的机器。物质系统（简称工质）从某个状态出发，经过若干个分过程，又回到它原来状态的整个过程称为循环过程，简称循环。循环过程的特点：工质经过一次循环，内能不变。在 $p-v$ 图上，工质的循环过程可用一条闭合曲线来表示，沿顺时针方向进行的循环是正循环，与热机的循环相对应；沿逆时针方向进行的循环是逆循环，与制冷机的循环相对应。

热机循环的工作原理：在热机的每一次循环中，工质从高温热源吸收热量 Q_1，增加内能，并将一部分内能通过做功转化为机械能（净功）$A=Q_1-Q_2$，另一部分内能通过向低温热源放热而传给外界 Q_2，使工质又回到原始状态。

19 世纪初，蒸汽机在生产中起着越来越重要的作用，但将热转变为机械运动的理论研究一直未形成，瓦特等工程技术人员主要凭经验摸索并改进机器。当时生产技术提出的比较紧迫的问题是，如何提高蒸汽机的热效率，即尽可能多地将热能转化为机械能，法国工程师卡诺从理论上说明热机运行过程并建立了相关理论。卡诺为了研究热机的效率与哪些因素有关，构想了一台理想热机，这种热机有一个高温热源和低温热源，循环过程是由两个绝热过程和两个等温过程组成，现在把这种理想的循环过程叫作卡诺循环，如图 3.14 所示。由卡诺循环组成的热机叫卡诺热机。卡诺证明了卡诺热机的效率与高低温热源温度之差成正比，而与循环过程之中的温度变化无关。

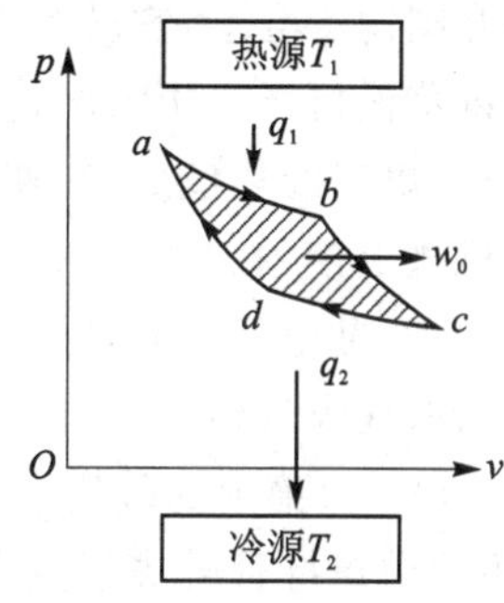

图 3.14　卡诺循环过程

卡诺还证明了：卡诺热机的热效率是所有热机中热效率最高的，其他热机效率总是小于卡诺热机的效率。

由此可知，提高热机效率的途径有两个，即提高高温热源温度和降低低温热源温度。但是要降低低温热源的温度在实际中是困难的。例如，在蒸汽机中低温热源的温度是用来冷却冷凝器的温度。要想获得更低的温度，就必须加制冷机，制冷机要消耗外界能量，因而用降低低温热源温度来提高热机效率是不经济的，所以提高热机效率最好从提高高温热源温度着手。另外，在实际中可以通过减少气缸的漏气及摩擦，提高绝热性能等方法来提高热机效率。

3.6.2 内燃机

内燃机是一种动力机械，它是通过使燃料在机器内部燃烧，并将其放出的热能直接转换为动力的热力发动机。广义上的内燃机不仅包括往复活塞式内燃机、旋转活塞式发动机和自由活塞式发动机，也包括旋转叶轮式的燃气轮机、喷气式发动机等，但通常所说的内燃机是指活塞式内燃机。

18 世纪后期，随着工业生产的进一步发展，对动力机械要求也越来越高，蒸汽机越来越暴露出它固有的缺陷。当时的蒸汽机效率很低，一般都在 4%～8%之间。此外，蒸汽机需要高温高压蒸气，启动之前还需要一段时间的预热，使用起来既不安全也不方便。于是人们试图研究一种效率更高，不需要燃烧室和锅炉的安全热能机械。莱诺、奥托、狄塞尔等人实现了这一想法，内燃机从此登上了历史舞台。

1860 年，法国发明家莱诺制造了历史上第一台实用内燃机，这是一种无压缩、电点火、使用煤气为燃料的内燃机，故称为煤气机。这台煤气机的热效率仅为 4%左右。

1862 年，法国科学家罗沙对内燃机热力过程进行理论分析之后，提出提高内燃机效率的方法，这就是最早的四冲程工作循环。1876 年，德国发明家奥托运用罗沙的原理，研制成功第一台往复活塞式单缸四冲程内燃机，仍以煤气为燃料，热效率达到 14%。奥托内燃机具有效率高、体积小、质量轻和功率大等一系列优点。在 1878 年巴黎万国博览会上，它被誉为“瓦特以来动力机方面最大的成就”。奥托内燃机虽然比瓦特蒸汽机具有更大的优越性，但是，煤气机需要庞大的煤气发生炉和管道系统提供，而且煤气的热值低、转速慢、比功率小，另外，这种内燃机无法在车、船这种远程移动性机械上使用。

到 19 世纪下半叶，随着石油工业的兴起，燃料工业发生了一次巨大的变革，用石油产品取代煤气做燃料已成为必然趋势。

1883 年，德国的戴姆勒研制成功第一台立式汽油机。在发动机上安装了化油器，还用白炽灯管解决了点火问题。它的特点是功率大、质量轻、体积小、转速快和效率高，特别适用于交通工具。与此同时，人们研制成功了现在仍在使用的点火装置和水冷式冷却器，并且发明了以汽油内燃机作引擎的三轮和四轮汽车，从而引发了陆路运输的另一场革命。1903 年，在美国工程师莱特兄弟制造的飞机上安装的一台 8 马力(1 马力约 735 W)的汽油内燃机，使人类进入了航空运输时代。

1892 年，另一位德国工程师狄塞尔博士造出一台用柴油作燃料的高压缩型自动点火内燃机，故称为柴油机。这种机器由于增加了压缩过程，使热效率进一步提高，效率达到 26%。压缩点火式内燃机的问世，引起了世界机械业的极大兴趣，压缩点火式内燃机也以发明者而命名为狄塞尔引擎。1898 年，柴油机首先用于固定式发电机组，1903 年用作商船动力，1904 年装于舰艇，1913 年第一台以柴油机为动力的内燃机车制成，1920 年左右开始用于汽车和农业机械。从此，柴油机这种马力大、体积小、质量轻、效率高、经久耐用、寿命长的新式动力机逐渐取代了蒸汽机,成为工业上的主要动力机。通过100多年的改造,柴油机的效率已达到60%以上。内燃机具有热机效率高、结构紧凑、机动性强、运行维护简便等优点,现代内燃机已成为当今用量最大、用途最广的热能机械。内燃机的发明,不仅是动力史上的一次大飞跃,而且其应用范围之广、数量之多也是当今任何一种其他动力机械无法比拟的。可以说,内燃机的发明,引发了第二次动力革命,正像蒸汽机的发明及其实用化构成了第一次技术革命的主要内容一样,内燃机作为一种新的动力机械与电动机一起,掀起了第二次技术革命的高潮。

内燃机种类繁多,按所用燃料可分为柴油机、汽油机、煤气(包括各种气体燃料)机等;按一个工作循环的冲程数,可分为二冲程和四冲程内燃机;按气缸冷却方式可分为水冷和风冷内燃机;按点火方式可分为火花点火式、压缩点火式和热泡式内燃机;按气缸排列可分为直列立式、直列卧式、星型、V型、W型、X型、I型等内燃机;按转速和活塞平均速度可分为高速、中速和低速内燃机;按气缸数目可分为单缸、多缸内燃机;按进气方式可分为增压内燃机和自然吸气内燃机;按活塞运动可分为往复活塞式、旋转活塞式和自由活塞式内燃机;按用途可分为农用、汽车用、工程机械用、拖拉机用、机车用、船用、航空用、固定动力用和发电用等内燃机。

3.6.3 往复活塞式内燃机的工作原理

下面以常见的四冲程汽油发动机为例说明往复活塞式内燃机的工作原理。

往复活塞式内燃机,主要由气缸、活塞、气缸盖、曲柄连杆机构、配气机构、供油系统、润滑系统、冷却系统、启动装置等组成。气缸是一个圆筒形金属机件。密封气缸是实现工作循环、产生动力的来源地。内燃机的工作循环由吸气、压缩、燃烧和膨胀对外做功、排气等过程组成。与其他热力发动机相比,往复活塞式内燃机热效率高,配套方便,成本较低,已成为现代动力机械中的重要组成部分,并仍在不断地发展。

常用的四冲程汽油发动机中的循环过程是一个奥托循环:一次奥托循环大致由4个分过程组成,如图3.15(a)所示。对应于活塞的4个冲程如下:

① 吸气过程:活塞外移,空气和汽油混合气体由吸气孔吸入气缸,此时缸内压强等于1个大气压,是一个等压过程,如图3.15(a)中ab段所示。

② 压缩过程:气缸封闭,活塞内移,缸内混合气体被压缩,由于压缩较快,缸壁来不及传热,这一过程可以看成是绝热过程,如图3.15(a)中bc段所示。

③ 做功过程:用火花塞点燃压缩的混合气体,气体燃烧爆炸,产生热量,气体压强突然增加,此过程非常快,活塞在这瞬间移动很小的距离,可看作是等容过程,如图3.15(a)中cd段所示。接着气体以巨大的压强推动活塞外移做功,这一过程可看成绝热过程,如图3.15(a)中de段所示。

④ 排气过程:燃烧过的高压气体迅速由排气孔排出,压强骤降至1个大气压,同时降温放热,此为一近似的等容过程,如图3.15(a)中eb段所示。而后由于飞轮惯

性带动活塞继续运动排出废气,此为等压过程,如图 3.15(a)中 *ba* 段所示。由此可知,奥托循环由两个等容过程和两个绝热过程组成,称为定容供热循环式。

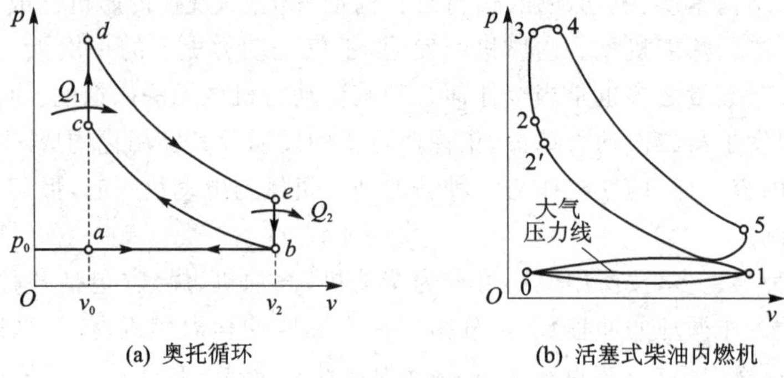

(a) 奥托循环　　(b) 活塞式柴油内燃机

图 3.15　奥托循环循环过程

实际的汽油发动机的循环是非常复杂的,因为发生了化学变化(燃烧和爆炸),系统的组成和性质也发生了变化。为了便于理论分析和计算,做了两个近似处理:一是认为循环由上述的绝热、等容、等压等过程组成,也认为系统主要在等容过程 *cd* 段吸热,而在等容过程 *eb* 段放热;二是认为系统的组成、性质和质量都保持不变,也认为这些气体混合物是理想气体,奥托循环是理想化的循环,实际汽油发动机的效率要比奥托理想循环的效率低很多,只有 50%或更小(25%左右)。

活塞式柴油内燃机工作原理如图 3.15(b)所示。

吸气冲程 0—1:进气阀开启,活塞自左向右移动,将燃料和空气的混合物经进气阀吸入气缸中,达到下死点 1 后,进气阀关闭。

压缩冲程 1—2:活塞到达下死点 1 时,进气阀关闭;活塞上行,压缩空气。

工作冲程 2—5:2—3 柴油迅速燃烧,活塞在上死点移动甚微,近似定容燃烧;3—4 活塞下行,继续喷油、燃烧,近似定压膨胀;4—5 燃气膨胀做功,压力、温度下降。

排气冲程 5—0:排气阀打开,同时,活塞自右向左移动,将废气排出气缸外。

3.6.4　燃气轮机

燃气轮机是以连续流动的气体为工质带动叶轮高速旋转,将燃料的能量转变为有用功的内燃式动力机械,是一种旋转叶轮式热力发动机。它是由压气机、燃烧室和燃气透平以及相应的辅助设备等组成的成套动力装置。

1791 年,英国人 J·巴伯首次描述了燃气轮机的工作过程。1872 年,德国人 F·施托尔策设计了一台燃气轮机。1905 年,英国人 C·勒梅尔和 R·阿芒戈制成能输出功的燃气轮机。1920 年,德国人 H·霍耳茨瓦特制成第一台实用的燃气轮机。1936 年,瑞士制成第一台能量回收装置。它是利用生产中排放的气体在透平中膨胀做功的装置。1939 年,瑞士制成了效率达 18%的 4 MW 发电用燃气轮机。1947 年,英国制造的第一艘装备燃气轮机的舰艇下水。1950 年，英国制成第一辆燃气轮机汽车。

此后，燃气轮机的功率不断增大，应用逐渐扩大，与此同时，也出现了燃气轮机与其他热机相结合的复合装置。其最早出现的是与活塞式内燃机相结合的装置，20 世纪 50—60 年代，出现了以自由活塞发动机与燃气轮机组成的自由活塞燃气轮机装置，但由于笨重和系统较复杂，到 20 世纪 70 年代就停止了生产。此外，还发展了柴油机燃气轮机复合装置；另有一类利用燃气轮机排气热量供热(或蒸汽)的全能量系统，可有效地节约能源，已用于多种工业生产过程中。

在蒸汽机的发展历史中，从往复活塞式蒸汽机到蒸汽轮机的演化，实现了热能直接转化为轴输出的转动动能。对内燃机发展也有这一演化过程，燃气轮机和旋转活塞式发动机的发明，实现了内燃机发展的这一演化过程。虽然活塞式内燃机诞生以前，人们就曾致力于研制旋转活塞式内燃机，但均未获得成功。直到 1954 年，德国工程师汪克尔解决了密封问题后，才于 1957 年研制出旋转活塞式发动机，被称为汪克尔发动机。1962 年，汪克尔三角转子发动机作为船用动力发动机，到 20 世纪 80 年代，日本东洋工业公司把它用于汽车引擎。

燃气轮机是一种以空气及燃气为工质的旋转式热力发动机，它的结构与飞机喷气式发动机一致，也类似蒸汽轮机。图 3.16 是一种燃气轮机四冲程循环——布雷顿(Braton)循环过程示意图。燃气轮机的工作原理为：压缩机从外部吸收空气，压缩后送入燃烧室，同时燃料(气体或液体燃料)也喷入燃烧室与高温压缩空气混合，在定压下进行燃烧。生成的高温高压油气在定压下进行燃烧，生成的高温高压烟气进入燃气轮机膨胀做功，推动动力叶片高速旋转，废气排入大气中或再加利用。飞机用的燃气轮机的效率大约是 20%。

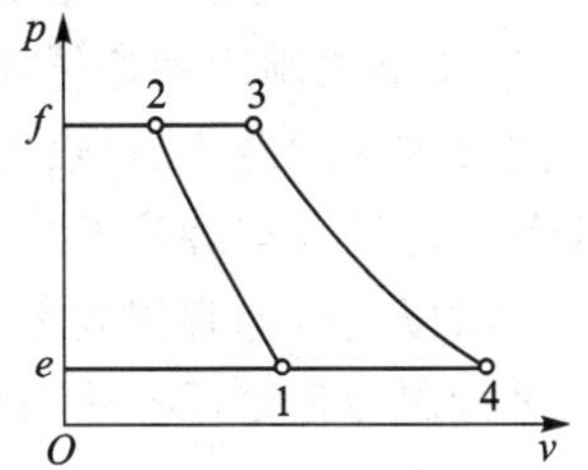

图 3.16　燃气轮机四冲程循环过程示意图

燃气轮机有重型和轻型两类。重型的零件较为厚重，大修周期长，寿命可达 10^5 h 以上。轻型的结构紧凑且轻，所用材料一般较好，其中以航机的结构最为紧凑、最轻，但寿命较短。

与活塞式内燃机和蒸汽动力装置相比较，燃气轮机的主要优点是小而轻。燃气轮机占地面积小，当用于车、船等运输机械时，既可节省空间，也可装备功率更大的燃气轮机以提高车速、船速度。燃气轮机具有效率高、功率大、质量轻、体积小、投资省、运行成本低和寿命周期较长等优点，主要用于发电、飞机、船舶和机车等工业动力。此外还有狄塞尔、萨巴德、朗肯(Rankine)循环等形式，如图 3.17 所示。

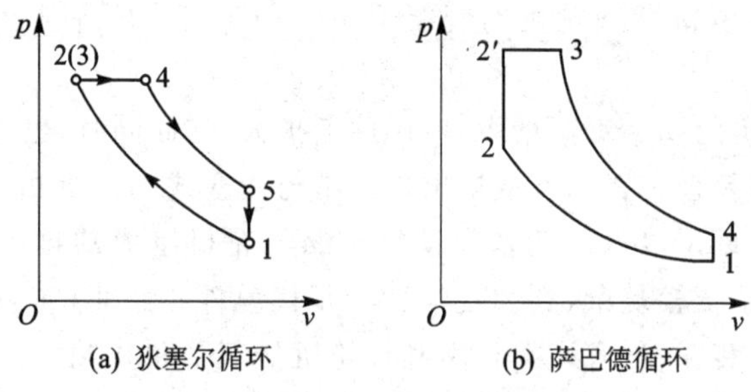

(a) 狄塞尔循环　(b) 萨巴德循环

图 3.17　其他热机循环过程

习　　题

1. 卡诺循环的过程是什么?

2. 制冷压缩机的作用是什么? 制冷系统中没有压缩机行不行?

3. 制冷压缩机分为哪几类? 活塞式、叶片式、螺杆式制冷压缩机的特点是什么? 试述活塞式压缩机的理想工作过程?

4. 蒸气、压缩式制冷理论循环中,为什么要采用干压缩制冷?

5. 试述液体的过冷度、过热度,过热液体在哪些设备中可以实现?

6. 实际制冷循环与理论循环有什么区别?

7. 什么叫压缩机的容积效率? 影响压缩机容积效率的主要因素有哪些?

8. 在进行制冷理论循环热力计算时,应确定哪些工作参数? 各系数与哪些因素有关?

第 4 章
惯性陀螺器件与导航

4.1 惯性与陀螺

陀螺的起源年代久远，现已无详细的资料可进一步参考。陀螺最早出现在后魏时期的史籍，当时称为独乐。由一般的书籍或网络资料查阅可知，在宋朝时就有一种类似陀螺游戏的小玩意儿，让它持续竖立旋转一段时间。至于陀螺这个名词，直至明朝才正式出现，陀螺成为中国民间儿童们大众化的玩具。

陀螺在旋转的时候，不但围绕本身的轴线转动，而且还围绕一个垂直轴做锥形运动。也就是说，陀螺一边围绕本身的轴线做“自转”，一边围绕垂直轴做“进动”，也即陀螺并非垂直立于地面之上，而是对地面法线存在角度偏离，向地面有一些倾斜。所以重力对陀螺的力矩不为零，而陀螺的进动角动量可以平衡重力矩的作用，所以陀螺在旋转时不会倒向地面。陀螺围绕自身轴线“自转”的快慢，决定着陀螺摆动角的大小。转得越快，摆动角越小，稳定性越好；转得越慢，摆动角越大，因而稳定性也越差。而且陀螺的外形还对陀螺的进动有影响。这和人们骑自行车的道理差不多，不同的是，一个是做直线运动，一个是做圆锥形的曲线运动。

根据陀螺的力学特性科学家研发了一种科学仪器——陀螺仪，广泛应用于科研、军事技术等领域中。

陀螺仪主要应用于测定角度(倾斜度)、速度、方位等。根据其用处不同，陀螺仪又可分为速率陀螺仪和陀螺测斜仪。速率陀螺仪主要用来测量被测物体转动的速度，以此推算出相关的数据，来达到测量的目的。陀螺测斜仪用来测量钻孔斜度和方位，主要应用于矿区、油田等。陀螺仪的种类相当多，其品种有惯性陀螺、挠性陀螺、激光陀螺、光纤陀螺等。

陀螺可以构成惯性导航系统，惯性测量装置包括加速度计和陀螺仪，又称惯性导航组合。3 个自由度陀螺仪用来测量飞行器的 3 个转动运动；3 个加速度计用来测量飞行器的3个平移运动的加速度。计算机根据测得的加速度信号计算出空间飞行器的速度和位置数据。

按照惯性导航组合在飞行器上的安装方式，可分为平台式惯性导航系统（惯性导航组合安装在惯性平台的台体上）和捷联式惯性导航系统（惯性导航组合直接安装在飞行器上）。

平台式惯性导航系统，根据建立的坐标系不同，又分为空间稳定和本地水平两种工作方式。空间稳定平台式惯性导航系统的台体，相对惯性空间稳定，用于建立惯性坐标系。地球自转、重力加速度等影响由计算机加以补偿。这种系统多用于运载火箭的主动段和一些航天器上。本地水平平台式惯性导航系统的特点是：台体上的两个加速度计输入轴所构成的基准平面，能够始终跟踪飞行器所在点的水平面（利用加速度计与陀螺仪组成舒拉回路来保证），因此加速度计不受重力加速度的影响。这种系统多用于沿地球表面做等速运动的飞行器（如飞机、巡航导弹等）。在平台式惯性导航系统中，框架能隔离飞行器的角振动，仪表工作条件较好。平台能直接建立导航坐标系，计算量小，容易补偿和修正仪表的输出，但结构复杂，尺寸大。

捷联式惯性导航系统，根据所用陀螺仪的不同，分为速率型捷联式惯性导航系统和位置型捷联式惯性导航系统。前者用速率陀螺仪输出瞬时平均角速度矢量信号；后者用自由陀螺仪输出角位移信号。捷联式惯性导航系统省去了平台，所以结构简单、体积小、维护方便，但陀螺仪和加速度计直接装在飞行器上，工作条件不佳，会降低仪表的精度。这种系统的加速度计输出的是机体坐标系的加速度分量，需要经计算机转换成导航坐标系的加速度分量，计算量较大。

为了得到飞行器的位置数据，须对惯性导航系统的每个测量通道输出积分。陀螺仪的漂移，将使测角误差随时间成正比增大，而加速度计的常值误差，又将引起与时间平方成正比的位置误差。这是一种发散的误差（随时间不断增大），可通过组成舒拉回路、陀螺罗盘回路和傅科回路3个负反馈回路的方法，来修正这种误差，以获得准确的位置数据。

舒拉回路、陀螺罗盘回路和傅科回路，都具有无阻尼周期振荡的特性。所以惯性导航系统常与无线电、多普勒和天文等导航系统组合，构成高精度的组合导航系统，使系统既有阻尼又能修正误差。

惯性导航系统的导航精度与地球参数的精度密切相关。高精度的惯性导航系统，须用参考椭球来提供地球形状和重力的参数。由于地壳密度不均匀、地形变化等因素，地球各点的参数实际值与参考椭球求得的计算值之间存在差异，并且这种差异还带有随机性，这种现象称为重力异常。

从2010年起，美国国防部高级研究计划局开展了不依赖卫星的导航系统的研发工作，旨在全面替代GPS，而不是作为GPS系统的补充。它被集成在一个仅有8 mm^3 的芯片上，芯片中集成有3个微米级的陀螺仪、加速度计和原子钟，它们共同构成了一个不依赖外界信息的自主导航系统。这种新一代导航系统将首先用于小口径导弹制导、重点人员监控，以及水下武器平台等领域。

目前市面上有一种指尖陀螺，利用手持指尖陀螺的上下盖并向其施予作用力，使指尖陀螺进行旋转摆荡，仅有单一旋转及摆荡的操作方式，且没有其他附加功能。

陀螺有两个主要特性：定轴性和进动性。应用陀螺的这两个特性制造出一系列仪表，为在空中、水上、水下和陆地运动的物体指示方向。海空重力测量就利用垂直陀螺仪表，来指示船舰、飞机的重力方向，以控制重力仪轴向与重力方向一致，消除干扰加速度的影响。垂直陀螺仪是一种简单的二自由度陀螺仪表，精度不高。应用自动控制技术将陀螺、角度转换器、放大器及校正网路和执行机构等部件，组成一个闭环系统，以自动修正方向。这种使用单自由度陀螺并加力平衡式反馈回路的系统，称为稳定平台。

陀螺稳定平台是惯性导航、惯性制导、惯性测量等惯性技术应用系统的核心部件之一，可隔离载体的扰动而保持其稳定性，为光电探测器等放置在平台上的测量元件提供准确的惯性空间指向，是伺服跟踪系统的基础。

陀螺稳定平台按结构形式可分为框架陀螺平台和浮球平台两种。

按其稳定的轴数，又分为单轴、双轴和三轴陀螺稳定平台。它主要由平台台体、框架系统(即内框架、外框架和基座)、稳定系统(由平台台体上的陀螺仪、伺服放大器和框架轴上的力矩电机等构成，又称稳定回路、伺服回路)和初始对准系统(包括平台台体上的对准敏感元件、变换放大器和稳定系统)等组成。根据稳定敏感元件，构成不同的陀螺平台，如气浮陀螺平台、液浮陀螺平台、挠性陀螺平台和静电陀螺平台等。

三轴陀螺稳定平台有 3 条稳定系统通道、2 条初始对准系统水平对准通道和1 条方位对准通道。其工作状态：一是陀螺平台不受载体运动和干扰力矩的影响，能使平台台体相对惯性空间保持方位稳定；二是在指令电流控制作用下，使平台跟踪某一参考坐标系。利用外部参考基准或平台台体上的对准敏感元件，实现初始对准。

4.2　陀螺结构与原理

1. 自由陀螺仪及其特性

(1) 自由陀螺仪(free gyroscope)的定义

陀螺仪从广义上讲就是一种能绕定点高速旋转的对称刚体。实用陀螺仪是高速旋转的对称刚体及其悬挂装置的总称。自由陀螺仪结构与旋转方向如图 4.1 所示。

按其悬挂装置不同分为单自由度陀螺仪(single-degree-of-freedom gyro)、二自由度陀螺仪(two-degree-of-freedom gyro)和三自由度陀螺仪(three-degree-of-freedom gyro)。

平衡陀螺仪(balanced gyroscope)：陀螺仪的重心(G)与中心(O)重合。

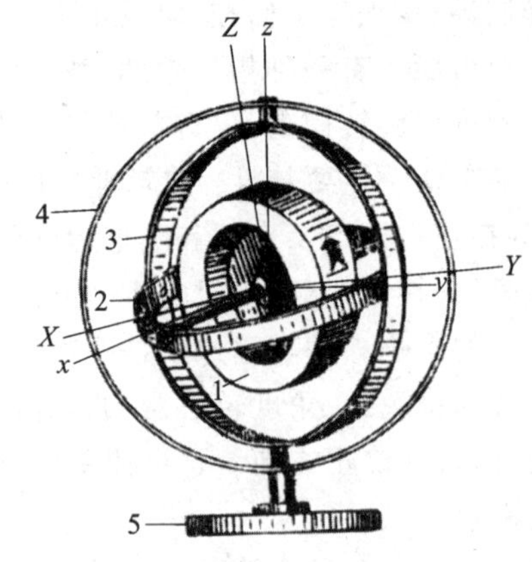

1—转子；2—内环；3—外环；4—固定环；5—基座

图 4.1　自由陀螺仪结构图

自由陀螺仪：重心(G)与中心(O)重合，不受任何外力矩作用的三自由度平衡陀螺仪。

(2) 自由陀螺仪的结构

自由陀螺仪的结构由转子(gyro wheel)、转子轴(spin axis，主轴)、内环(horizontal ring)、内环轴(horizontal axis，水平轴)、外环(vertical ring)、外环轴(vertical axis，垂直轴)、基座组成。转子的转动角速度 Ω 的方向称为陀螺仪主轴的正端。

自由陀螺仪的结构特点：有三个自由度，即主轴、水平轴和垂直轴；整个陀螺仪的重心与中心重合。

陀螺坐标系：右手坐标系，以自由陀螺仪中心(O)为坐标原点；陀螺仪主轴方向为纵坐标 Ox；水平轴为横坐标 Oy；垂直轴为垂直坐标 Oz。

(3) 自由陀螺仪的特性

1) 定轴性(gyroscopic inertia)

定轴性：高速旋转的自由陀螺仪，当不受外力矩作用时，其主轴将保持它在空间的初始方向不变。

2) 进动性(gyroscopic precession)

进动性：高速旋转的自由陀螺仪，当受外力矩(moment，用 M 表示)作用时，其主轴的动量矩(momentum moment)矢端(用 H 表示)将以捷径趋向外力矩 M 矢端做进动运动，记作 $H \rightarrow M$。

进动性的条件：自由陀螺仪转子高速旋转和受外力矩作用；主轴相对空间初始方向产生进动运动。

自由陀螺仪进动特性口诀：

陀螺仪表定向好，进动特性最重要；

要问进动何处去？H 向着 M 跑。

自由陀螺仪主轴进动角速度 ω_p 与外力矩 M 成正比，与动量矩 H 成反比。

$$\omega_p = \frac{M}{H}$$

右手定则：伸开右手，掌心对着主轴正端，四指并拢指向加力方向，拇指与四指垂直，则拇指的方向就是主轴正端进动的方向。

2. 自由陀螺仪的视运动

（1）视运动现象

自由陀螺仪主轴具有指向空间初始方向不变的定轴性，若使自由陀螺仪主轴开始时指向太阳，则它将始终指向太阳，我们将自由陀螺仪主轴的这种运动称为自由陀螺仪的视运动。

自由陀螺仪的视运动，是其主轴相对地球子午面和水平面的运动。自由陀螺仪坐标系与旋转方向如图 4.2 所示。

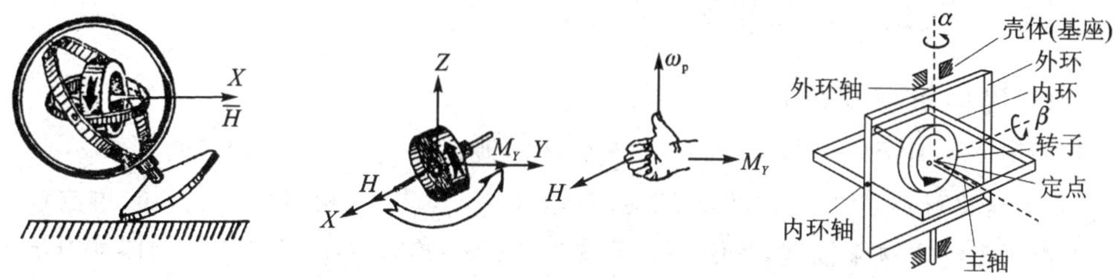

图 4.2　自由陀螺仪坐标系与旋转方向示意图

使自由陀螺仪产生视运动的原因是地球自转。

（2）自由陀螺仪的视运动规律

地球自转的角速度用 ω_e 表示，分解为沿水平方向的分量 ω_1 和沿垂直方向的分量 ω_z：

$$\omega_1 = \omega_e \cdot \cos\varphi$$

$$\omega_2 = \omega_e \cdot \sin\varphi$$

将自由陀螺仪主轴与子午面的夹角称为主轴的方位角（用 α 表示），主轴与水平面之间的夹角称为主轴的仰角（用 θ 表示）。

自由陀螺仪主轴相对子午面北纬东偏，南纬西偏；自由陀螺仪主轴相对水平面东升西降，全球一样。自由陀螺仪大地坐标系如图 4.3 所示。

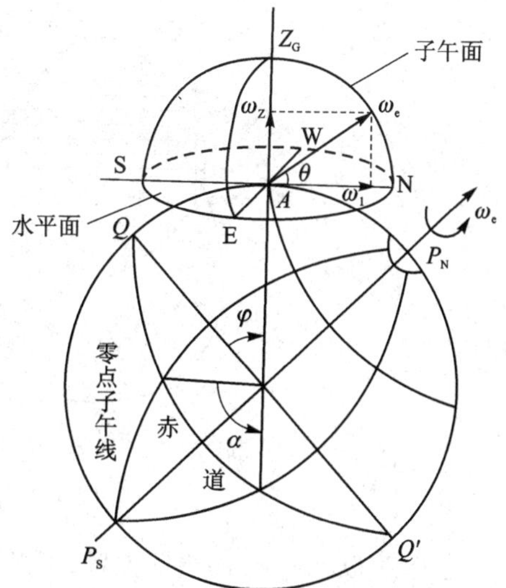

图 4.3　陀螺仪大地坐标系示意图

自由陀螺仪主轴相对子午面的视运动速度为

$V_2 = H \cdot \omega_e \sin\varphi$　（V_2 的大小随 φ 变化）

自由陀螺仪主轴相对水平面的运动视速度为

$$V_1 = H \cdot \alpha \cdot \omega_e \cos\varphi$$

V_1 的大小除了随 φ 变化外，还随主轴的方位角 α 变化。

4.3 陀螺仪的理论基础

陀螺仪是一种具有比较复杂的运动学和动力学现象的装置，它有一个高速旋转的定点运动转子，该转子的轴线具有定向性，这是陀螺的最大特点。陀螺的定向性在工程中有重要用途，如舰船和导弹的导航、稳定船舶和车辆的姿态，行驶的自行车能够不翻倒也是由于陀螺定向特性，此时自行车的两个轮子就是陀螺。

4.3.1 陀螺仪工作原理

1. 坐标系与欧拉角

如图 4.4 所示，设 $Oxyz$ 为一个正交坐标惯性系，另一个正交坐标系 $Ox_1x_2x_3$ 或 $O\xi\eta\zeta$ 绕坐标原点 O 定点转动，坐标系 $Ox_1x_2x_3$（动系）相对于 $Oxyz$ 的角位置关系可以用多种方法来描述，其中用 3 个欧拉(Euler)角 ϕ,θ,ψ 来描述是刚体动力学中常见的方法。

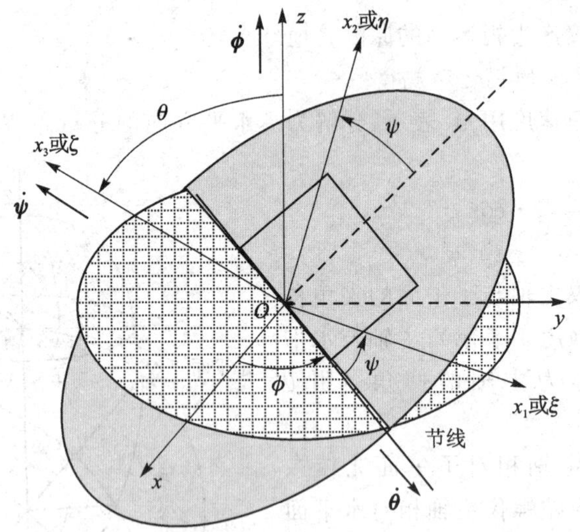

注：节线是 x_1x_2 平面与 xy 平面的交线；节线与 zx_3 平面垂直。

图 4.4 欧拉角的定义

坐标系 $Ox_1x_2x_3$ 的当前位置，可以通过将坐标系 $Oxyz$ 的对应坐标三次旋转变换实现。先将 $Oxyz$ 绕 z 轴转 ϕ 角，记为坐标系 1，其中 x 轴到达节线的位置；再将坐标系 1 绕节线转 θ 角，记为坐标系 2，这时 z 轴变为 x_3 轴；最后将坐标系 2 绕 x_3 轴转 ψ 角就得到 $Ox_1x_2x_3$，其中原来的 x 轴变为 x_1 轴、y 轴变为 x_2 轴、z 轴变为 x_3 轴。这三个角是相互独立的，分别称为动系的进动角(ϕ)、章动角(θ)和自转角(ψ)（节线绕 z 轴的转动为进动，动系绕节线的转动为章动，动系绕自转轴 x 的转动为自转)。一般情况下,它们唯一地确定动系(刚体)的瞬时角位置。

接下来再确定动系 $Ox_1x_2x_3$ 的角速度矢量 $\boldsymbol{\Omega}$。在 $t\sim t+\Delta t$ 的 Δt 时间内,设动系角位置的无穷小增量为 $\Delta\phi$、$\Delta\theta$ 和 $\Delta\psi$,动系的这种无穷小角位置的改变,可以将动系分别绕 z 轴转 $\Delta\phi$、绕节线转 $\Delta\theta$ 和绕 x_3 轴转 $\Delta\psi$ 后叠加得到,且结果与转动顺序无关。

$\Delta\phi$、$\Delta\theta$ 和 $\Delta\psi$ 的时间导数为

$$\dot{\phi}=\frac{\Delta\phi}{\Delta t},\quad \dot{\psi}=\frac{\Delta\psi}{\Delta t},\quad \dot{\theta}=\frac{\Delta\theta}{\Delta t} \tag{4.1}$$

根据角速度的定义,它们分别为动系绕 z 轴、节线和 x_3 轴的角速度,将它们按右手规则化为矢量,记为 $\dot{\boldsymbol{\phi}},\dot{\boldsymbol{\psi}},\dot{\boldsymbol{\theta}}$,由刚体角速度在同一瞬时的唯一性,$\dot{\boldsymbol{\phi}},\dot{\boldsymbol{\psi}},\dot{\boldsymbol{\theta}}$ 一定是动系 $Ox_1x_2x_3$ 角速度矢量 $\boldsymbol{\Omega}$ 在 z 轴、节线和 x_3 轴方向的分量(否则同一瞬时刚体在某个方向上会出现两种不同的角速度,这对刚体是不可能的),所以动系 $Ox_1x_2x_3$ 的角速度 $\boldsymbol{\Omega}$ 用 Euler 角表示为

$$\boldsymbol{\Omega}=\dot{\boldsymbol{\phi}}+\dot{\boldsymbol{\psi}}+\dot{\boldsymbol{\theta}} \tag{4.2}$$

$\dot{\boldsymbol{\phi}}$、$\dot{\boldsymbol{\psi}}$、$\dot{\boldsymbol{\theta}}$ 分别称为动系的进动角速度、章动角速度和自转角速度。

注意到 $\dot{\boldsymbol{\phi}}$、$\dot{\boldsymbol{\psi}}$、$\dot{\boldsymbol{\theta}}$ 这 3 个矢量不完全正交,也不完全沿动系 $Ox_1x_2x_3$ 的 x_1,x_2,x_3 三根轴,因此角速度 $\boldsymbol{\Omega}$ 沿坐标轴 x_1、x_2、x_3 的 3 个投影 Ω_1、Ω_2、Ω_3,用 Euler 角表示为

$$\begin{cases}\Omega_1=\dot{\phi}\sin\theta\sin\psi+\dot{\theta}\cos\psi\\ \Omega_2=\dot{\phi}\sin\theta\cos\psi-\dot{\theta}\cos\psi\\ \Omega_3=\dot{\phi}\cos\theta+\dot{\psi}\end{cases} \tag{4.3}$$

因为动系 $Ox_1x_2x_3$ 是任意的,故上式对于与刚体固连的主轴轴系 $O\xi\eta\zeta$ 也适用。

2. 陀螺旋转运动方程

具有质量对称轴的刚体绕对称轴上一固定点做定点转动时称为陀螺(或回转仪),如图 4.5 所示。陀螺的特点是陀螺绕对称轴高速旋转,对称轴是陀螺的一个中心惯性主轴,与对称轴垂直的任意轴亦是惯性主轴,且转动惯量相等。

取动系 $O\xi\eta\zeta$,且取上述对称轴作为 ζ 轴,即陀螺的自转轴,由陀螺的特点可知,不管 ξ、η 如何选择,总是陀螺的惯性主轴;选取 ξ 轴在陀螺的运动过程中始终与节线重合,这时陀螺相对于动系的角速度,称为陀螺的自转角速度,动系的自转角 ψ 和角速度 $\dot{\psi}$ 恒为零。而 $\dot{\phi}$、$\dot{\theta}$ 分别为动系陀螺的进动角速度、章动角速度。陀螺自转轴的方向由 ϕ、θ 唯一确定。设动系 $O\xi\eta\zeta$ 的三个轴向单位矢量为$\boldsymbol{e}_\xi,\boldsymbol{e}_\eta,\boldsymbol{e}_\zeta$。陀螺的自转角速度为

$$\tilde{\boldsymbol{\omega}}=\tilde{\omega}\boldsymbol{e}_\zeta \tag{4.4}$$

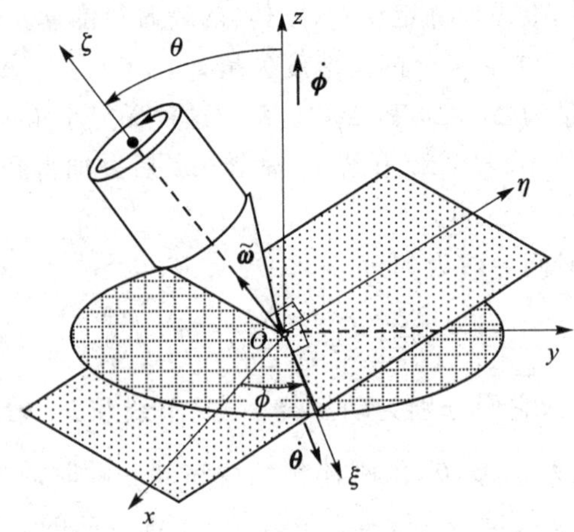

图 4.5 陀螺仪旋转运动坐标系

动系 $O\xi\eta\zeta$ 的瞬时角速度为 $\boldsymbol{\Omega}$，其投影式为

$$\boldsymbol{\Omega}=\Omega_{\xi}\boldsymbol{e}_{\xi}+\Omega_{\eta}\boldsymbol{e}_{\eta}+\Omega_{\zeta}\boldsymbol{e}_{\zeta} \tag{4.5}$$

则陀螺的瞬时角速度 $\boldsymbol{\omega}$ 为

$$\boldsymbol{\omega}=\tilde{\boldsymbol{\omega}}+\boldsymbol{\Omega}=\Omega_{\xi}\boldsymbol{e}_{\xi}+\Omega_{\eta}\boldsymbol{e}_{\eta}+(\Omega_{\zeta}+\tilde{\omega})\boldsymbol{e}_{\zeta} \tag{4.6}$$

所以陀螺对固定点 O 的动量矩 $\boldsymbol{L}_O$ 为

$$\boldsymbol{L}_O=J_{\xi}\Omega_{\xi}\boldsymbol{e}_{\xi}+J_{\eta}\Omega_{\eta}\boldsymbol{e}_{\eta}+J_{\zeta}(\Omega_{\zeta}+\tilde{\omega})\boldsymbol{e}_{\zeta} \tag{4.7}$$

由莱沙尔(Resal)定理有

$$\frac{\mathrm{d}L_O}{\mathrm{d}t}=\sum_{i=1}^{3}\frac{\mathrm{d}L_{Oi}}{\mathrm{d}t}\boldsymbol{e}_i+\boldsymbol{\Omega}\times\boldsymbol{L}_O,\quad i=\xi,\eta,\zeta \tag{4.8}$$

而由动量矩定理有

$$\frac{\mathrm{d}\boldsymbol{L}_O}{\mathrm{d}t}=\boldsymbol{M}_O^{(e)} \tag{4.9}$$

式中：$\boldsymbol{M}_O^{(e)}$ 为陀螺上的外力对固定点 O 的主矩。考虑到所有惯性力矩恒为零，所有转动惯量为常数，且 $J_{\xi}=J_{\eta}$，可得陀螺的动力学方程为

$$\begin{cases}J_{\xi}\dot{\Omega}_{\xi}+(J_{\zeta}-J_{\eta})\Omega_{\eta}\Omega_{\zeta}+J_{\zeta}\Omega_{\eta}\tilde{\omega}=M_{\xi}^{(e)}\\ J_{\eta}\dot{\Omega}_{\eta}+(J_{\xi}-J_{\zeta})\Omega_{\xi}\Omega_{\zeta}-J_{\zeta}\Omega_{\xi}\tilde{\omega}=M_{\eta}^{(e)}\\ J_{\zeta}(\dot{\Omega}_{\zeta}+\dot{\tilde{\omega}})=M_{\zeta}^{(e)}\end{cases} \tag{4.10}$$

上式中动系 $O\xi\eta\zeta$ 的瞬时角速度分量 Ω_{ξ}、Ω_{η}、Ω_{ζ}，由方程(4.3)用 Euler 角写为

$$\Omega_{\xi}=\dot{\theta},\quad \Omega_{\eta}=\dot{\phi}\sin\theta,\quad \Omega_{\zeta}=\dot{\phi}\cos\theta \tag{4.11}$$

考虑动系的自转角速度 $\dot{\psi}\equiv 0$。因此，方程(4.10)用 Euler 角写为

$$\begin{cases}J_\xi\ddot{\theta}+(J_\zeta-J_\eta)\dot{\phi}^2\sin\theta\cos\theta+J_\zeta\dot{\phi}\tilde{\omega}\sin\theta=M_\xi^{(e)}\\J_\eta(\ddot{\phi}\sin\theta+\dot{\phi}\dot{\theta}\cos\theta)+(J_\xi-J_\zeta)\dot{\phi}\dot{\theta}\cos\theta-J_\zeta\dot{\theta}\tilde{\omega}=M_\eta^{(e)}\\J_\zeta(\ddot{\phi}\cos\theta-\dot{\phi}\dot{\theta}\sin\theta+\dot{\tilde{\omega}})=M_\zeta^{(e)}\end{cases}\tag{4.12}$$

3. 陀螺的运动规律

当陀螺以恒定转速高速自转，而其章动、进动角速度相对很小时，陀螺的瞬时角速度 $\boldsymbol{\omega}$ 近似为

$$\boldsymbol{\omega}\approx\tilde{\boldsymbol{\omega}}=\tilde{\omega}\boldsymbol{e}_\zeta\tag{4.13}$$

陀螺的动量矩$\boldsymbol{L}_O$ 近似为

$$\boldsymbol{L}_O\approx J_\zeta\tilde{\omega}\boldsymbol{e}_\zeta\tag{4.14}$$

而由方程组(4.10)的第三个方程，有

$$M_\zeta^{(e)}\approx 0\tag{4.15}$$

故

$$\boldsymbol{M}_O^{(e)}\approx M_\xi^{(e)}\boldsymbol{e}_\xi+M_\eta^{(e)}\boldsymbol{e}_\eta\tag{4.16}$$

因此，近似有

$$\boldsymbol{L}_O\perp\boldsymbol{M}_O^{(e)}\tag{4.17}$$

进而，由方程组(4.10)的第一、二两个方程可得

$$M_\xi^{(e)}\approx J_\zeta\dot{\phi}\tilde{\omega}\sin\theta,\quad M_\eta^{(e)}\approx -J_\zeta\dot{\theta}\tilde{\omega}\tag{4.18}$$

由此可知：

① 当 $M_\xi^{(e)}=0, M_\eta^{(e)}=0$ 时，由方程(4.18)得

$$\dot{\phi}=0,\quad \dot{\theta}=0\Rightarrow\phi=\text{常数},\quad \theta=\text{常数}$$

此时，陀螺既无进动也无章动。

② 当 $M_\eta^{(e)}=0$ 时，由方程(4.16)和(4.18)得

$$\boldsymbol{M}_O^{(e)}\approx M_\xi^{(e)}\boldsymbol{e}_\xi\Rightarrow\boldsymbol{M}_O^{(e)}\approx J_\zeta\dot{\boldsymbol{\phi}}\times\tilde{\boldsymbol{\omega}}\tag{4.19}$$

③ 当 $M_\xi^{(e)}=0$ 时，由方程(4.16)和(4.18)得

$$\boldsymbol{M}_O^{(e)}\approx M_\eta^{(e)}\boldsymbol{e}_\eta\Rightarrow\boldsymbol{M}_O^{(e)}\approx J_\zeta\dot{\boldsymbol{\theta}}\times\tilde{\boldsymbol{\omega}}\tag{4.20}$$

综上所述，得出以下结论：

① 当陀螺上无外力矩作用时，陀螺的自转角速度方向不变，称为陀螺的指向性。

② 要使陀螺的自转角速度方向发生进动，必须作用一个外力矩，外力矩的方向不沿进动角速度矢量 $\dot{\boldsymbol{\phi}}$ 的方向，而是力图使进动角速度矢量 $\dot{\boldsymbol{\phi}}$ 以最短的途径，向自转角速度矢量 $\tilde{\boldsymbol{\omega}}$ 方向偏转，即$\boldsymbol{M}_O^{(e)}\approx J_\zeta\dot{\boldsymbol{\phi}}\times\tilde{\boldsymbol{\omega}}$(外力矩矢量$\boldsymbol{M}_O^{(e)}$ 沿陀螺的节线)；这便是陀螺的进动规律。

③ 要使陀螺的自转角速度方向发生章动，必须作用一个外力矩，其方向不沿章动角速度矢量 $\dot{\boldsymbol{\theta}}$ 的方向，而是力图使章动角速度矢量 $\dot{\boldsymbol{\theta}}$，以最短的途径向自转角速度

矢量 $\tilde{\boldsymbol{\omega}}$ 方向偏转，即$\boldsymbol{M}_O^{(e)} \approx J_\zeta \dot{\boldsymbol{\theta}} \times \tilde{\boldsymbol{\omega}}$；这便是陀螺的章动规律。

4. 陀螺力矩与陀螺效应

当章动角速度 $\dot{\theta} \equiv 0$，即 $\theta =$ 常数时，陀螺的进动称为规则进动。这时，

$$M_\eta^{(e)} \equiv 0, \quad M_O^{(e)} \equiv M_\xi^{(e)} \boldsymbol{e}_\xi \tag{4.21}$$

由方程(4.18)，规则进动角速度为

$$\dot{\phi} \approx \frac{M_O^{(e)}}{J_\zeta \tilde{\omega} \sin\theta} \tag{4.22}$$

陀螺规则进动时，陀螺必有一个与外作用力矩$\boldsymbol{M}_O^{(e)}$ 等值反向的力矩$\boldsymbol{M}_G$ 反作用于外界刚体（如轴承、支架）上，这个反作用力矩称为陀螺力矩；工程中把产生陀螺力矩的现象称为陀螺效应。显然：

$$\boldsymbol{M}_G = -\boldsymbol{M}_O^{(e)} = J_\zeta \tilde{\boldsymbol{\omega}} \times \dot{\boldsymbol{\phi}} \quad 或 \quad M_G = -J_\zeta \tilde{\omega} \dot{\phi} \sin\theta \tag{4.23}$$

4.3.2 陀螺进动分析

1. 陀螺进动

传统的机械转子式陀螺仪定义：对称平衡的高速旋转刚体，用专门的悬挂装置支承起来，使旋转的刚体能绕与自转轴不相重合或平行的另一条轴或另两条轴转动的专门装置。图 4.6 所示为机械转子式陀螺仪的物理模型，一般由陀螺转子、内环、外环及基座组成。图中 A 是高速旋转的陀螺仪转子，x 轴就是陀螺仪的自转轴。转子安装在一个水平框架中，称为内环，转子连同内环一起可以绕着 y 轴转动。在图 4.6(a)中内环通过水平轴支承在陀螺仪的底座上。在图 4.6(b)中，内环支承在一个垂直的框架内，称为外环。外环通过一对轴承支承在陀螺仪的底座上(外壳体)，陀螺转子连同内环、外环一起可以相对壳体绕 z 轴转动。陀螺仪的主轴、内环轴和外环轴相交于一点，该点称为陀螺仪的支点。

陀螺仪绕垂直于自转轴方向的转动称为进动。图 4.6(a)中的陀螺仪，陀螺转子除了绕自转轴 x 转动外，只能绕 y 轴一根轴进动，所以称为单自由度陀螺仪(有的把自转的自由度也算上，从转动定义上讲，称为双自由度陀螺仪)。图 4.6(b)中的陀螺仪，除绕自转轴 x 轴转动外，它还可以绕另外两根与自转轴互相正交的 y 轴和 z 轴进动，所以称为双自由度陀螺仪(与单自由度陀螺仪相似，从转动定义上讲，也称为三自由度陀螺仪)。

陀螺转子轴永远跟不上外力矩向量，因此转子轴就不断进动，大箭头即陀螺的进动方向。陀螺进动角速度的方向符合右手定则：使角动量 $\boldsymbol{H}$ 沿最短路径趋向于外力矩 M 的方向，即为进动角速度的方向。陀螺进动过程如图 4.7 所示。

下面从动量矩定理的角度，分析双自由陀螺仪的进动性。

根据动量矩定理式(4.23)，当 $M \neq 0$ 时，定义：

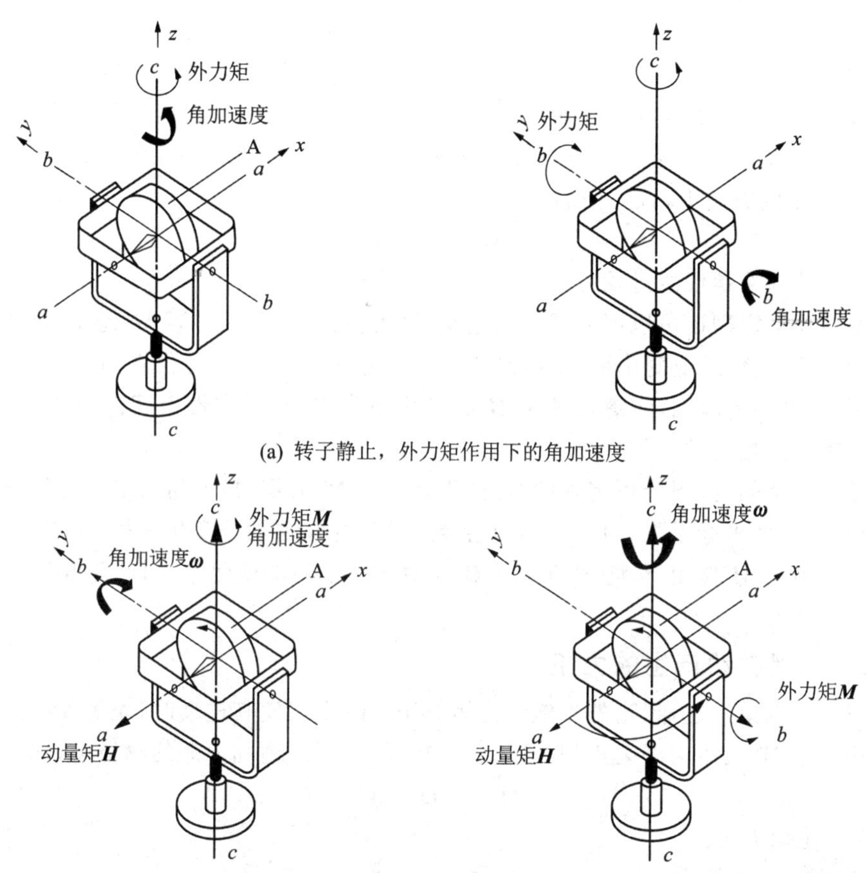

(a) 转子静止，外力矩作用下的角加速度

(b) 转子高速旋转，外力矩作用下的角加速度

图 4.6　陀螺仪进动物理模型

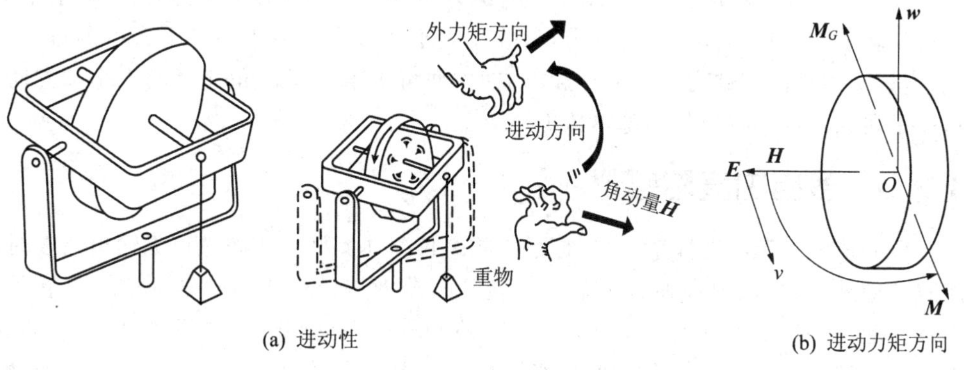

(a) 进动性

(b) 进动力矩方向

图 4.7　陀螺进动示意图

$$\boldsymbol{v}_H = \boldsymbol{M} \tag{4.24}$$

是角动量 $\boldsymbol{H}$ 的矢端 $\boldsymbol{B}$ 的速度，即

$$\boldsymbol{v}_H = \tilde{\boldsymbol{\omega}} \times \boldsymbol{H} \tag{4.25}$$

式(4.25)说明角动量的矢端速度大小 $\boldsymbol{v}_H = |\boldsymbol{M}|$,方向平行于$|\boldsymbol{M}|$,由于矢端速度的存在,所以角动量 $\boldsymbol{H}$ 绕支点 O 旋转,转子绕点 O 做旋转运动,陀螺仪发生进动。

因为 $\boldsymbol{\omega}$ 是由矢端速度 $\boldsymbol{v}_H$ 存在而引起的,$\boldsymbol{\omega}$ 垂直于 $\boldsymbol{H}$ 和 $\boldsymbol{v}_H$ 所在的平面,所以 $\boldsymbol{\omega}$ 位于 $\boldsymbol{H}\times\boldsymbol{M}$ 的方向上,该方向的单位矢量为

$$\boldsymbol{M} = \boldsymbol{\omega} \times \boldsymbol{H} \tag{4.26}$$

式(4.26)即为陀螺仪的进动方程。

由角动量定理还可以解释陀螺仪进动的“无损性”。在外力矩 $\boldsymbol{M}$ 施加的瞬间,陀螺角动量 $\boldsymbol{H}$ 立刻出现变化率,相对惯性空间改变方向,因此陀螺仪立即出现进动;在外力矩 $\boldsymbol{M}$ 去除的瞬间,陀螺角动量 $\boldsymbol{H}$ 的变化率为零,相对惯性空间保持方向不变,因此陀螺仪停止进动。

需要注意的是,当分析定轴性时,由于外力矩 $\boldsymbol{M}$ 为零,根据角动量定理和哥氏定理,分析在地球坐标系下,地球上的观察者所见的陀螺主轴的变化规律;对于进动性,是分析外力矩 $\boldsymbol{M}$ 作用下,陀螺角动量 $\boldsymbol{H}$ 相对惯性空间的变化率,因此陀螺进动是相对惯性空间的。

2. 陀螺进动产生的力矩

根据牛顿第三定律,当外界施加力矩作用于陀螺仪使其进动时,陀螺仪必然产生反作用力矩,其大小与外力矩相等,而方向相反,作用在施加力矩的物体上,即

$$\boldsymbol{M}_G = -\boldsymbol{M} = -\boldsymbol{\omega} \times \boldsymbol{M} = \boldsymbol{H} \times \boldsymbol{\omega} \tag{4.27}$$

$\boldsymbol{M}_G$ 即为陀螺力矩。

由式(4.27)可以看出:

① 陀螺力矩 $\boldsymbol{M}_G$,是由角速度 $\boldsymbol{\omega}$ 所引起的惯性力矩,其大小和方向按式(4.27)来确定,可根据它来确定转子平衡环的力。

② 在角动量 $\boldsymbol{H}$ 为常值的情况下,陀螺力矩 $\boldsymbol{M}_G$ 与角速度 $\boldsymbol{\omega}$ 成正比。由于陀螺力矩是转子作用在平衡环上的外力矩,故其大小和方向可在平衡环上进行测量。因此,当设法测量出陀螺力矩的大小和方向时,便可等值测量出角速度的大小和方向,这就是研究角速率陀螺仪的基本依据。

4.3.3 多自由度陀螺仪

取 $Oxyz$ 为壳体坐标系,该坐标系与陀螺仪壳体固联。当陀螺仪无输出角度时,陀螺仪的外环轴 A、内环轴 B 及转子自转轴 S 分别与 Ox、Oy、Oz 轴重合。让转子、内环一起绕 Ox 旋转角度 α,得到外环坐标系 $Oxyz$,再让转子绕内环轴 Oy 旋转角度 β,得到内环坐标系 $Oxyz$,称为陀螺坐标系。其中,Ox 并不与外环轴重合,而 Oy 轴与内环轴重合,Oz 轴与转子轴 S 重合,但不参与转子自转运动。当陀螺仪输出角 $\alpha\neq0$,$\beta\neq0$ 时,坐标系 $Oxzyz$ 经过两次旋转得到坐标系 $Oxyz$,如图 4.8 所示。

设陀螺转子的角动量为 H,陀螺内环组件(包括转子和内环框架)绕内环轴的转

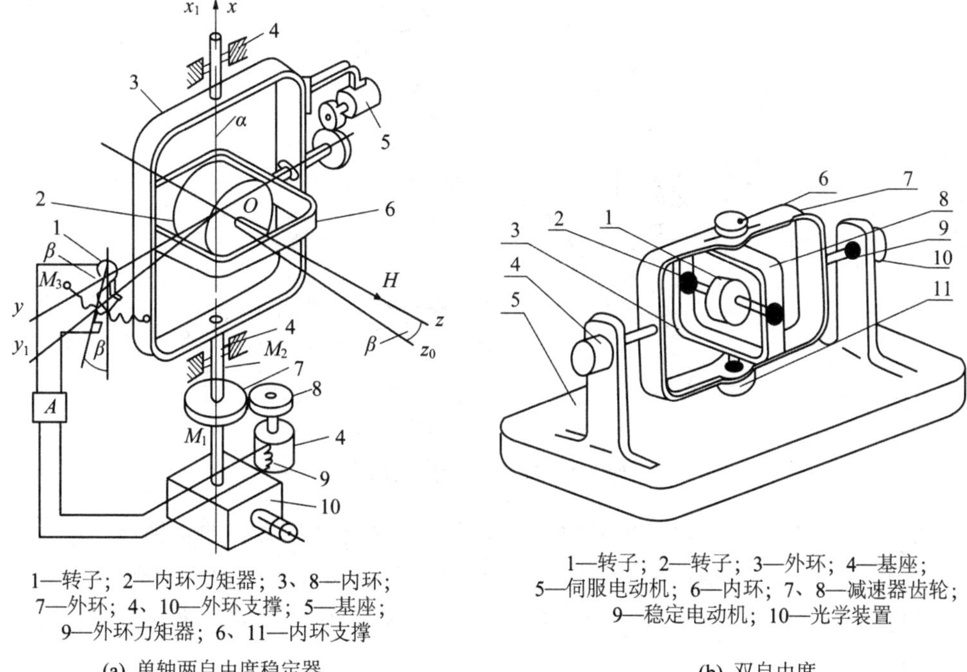

1—转子；2—内环力矩器；3、8—内环；7—外环；4、10—外环支撑；5—基座；9—外环力矩器；6、11—内环支撑

(a) 单轴两自由度稳定器

1—转子；2—转子；3—外环；4—基座；5—伺服电动机；6—内环；7、8—减速器齿轮；9—稳定电动机；10—光学装置

(b) 双自由度

图 4.8　不同自由度陀螺仪结构

动惯量为 J_y，陀螺外环组件(包括内环组件和外环框架)绕外环轴的转动惯量为 J_x，在内、外环轴上作用的外力矩分别为 M_x 和 M_y，基座具有的角速度 w 在陀螺坐标系。

4.4　陀螺罗经结构与原理

为了克服由于地球自转角速度的垂直分量 ω_2 使自由陀螺仪主轴相对子午面的视运动，向陀螺仪施加的控制力矩(controlling moment)(用 M_y 表示)，控制力矩必须作用于陀螺仪的水平轴。陀螺罗经指北原理如图 4.9 所示。

安许茨系列罗经是将双转子陀螺仪固定、密封在金属球内。陀螺球具有主轴(Ox 轴)、水平轴(Oy 轴)和垂直轴(Oz 轴)。陀螺球的重心 G 不在其中心 O，而是沿垂直轴下移几毫米。

当 $t=t_1$ 时，陀螺球位于 A_1 处，此时主轴水平指东，$\theta=0$，重力 mg 作用线通过陀螺仪中心 O，重力 mg 不产生力矩(虽有力但力臂为零)。

当 $t=t_2$ 时，随着地球自转，陀螺球位于 A_2 处，此时主轴上升了一个 θ 角($\theta \neq 0$)，重力 mg 作用线不通过陀螺球中心 O(有力臂 a)，重力 mg 的分力 $mg\sin\theta$ 产生沿水平轴 Oy 向的重力控制力矩 M_y，即

$$M_y = mg\sin\theta \cdot a \approx mga \cdot \theta = M \cdot \theta \tag{4.28}$$

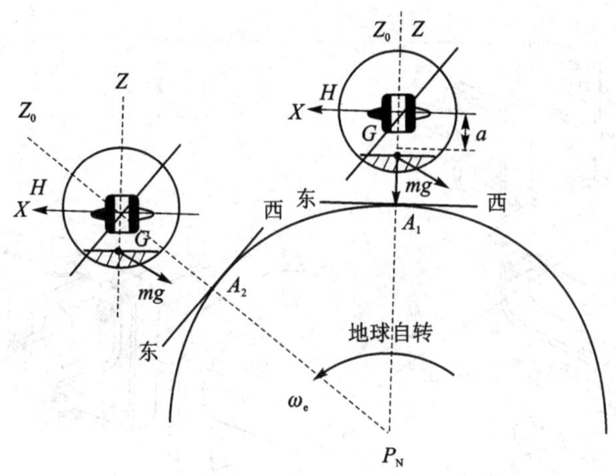

图 4.9 陀螺罗经指北原理

$M=mga$ 为最大控制力矩,控制力矩的大小与罗经结构参数和主轴高度角 θ 有关,控制力矩 M_y 使主轴产生进动速度 u_2,它使主轴正端自动找北(向子午面进动)。

根据莱沙尔定理:动量矩 H 矢端的线速度矢量 $\boldsymbol{U}$ 与外力矩矢量 $\boldsymbol{M}$ 的大小相等方向相同:

$$\boldsymbol{U}=\boldsymbol{M} \tag{4.29}$$

陀螺罗经控制力矩 M_y 使罗经主轴产生的进动速度为

$$U_2=M_y=M\cdot\theta \tag{4.30}$$

安许茨系列罗经称为下重式陀螺罗经,属于机械摆式罗经。

4.4.1 陀螺罗经稳定指北

1. 使陀螺罗经稳定指北的措施

阻尼力矩(damping moment):为了使陀螺罗经稳定指北而对陀螺仪施加的力矩。

阻尼设备(damper)(阻尼器):陀螺罗经产生阻尼力矩的设备(器件)。

陀螺罗经的阻尼方式:水平轴阻尼方式(damping mode of horizotal axis)和垂直轴阻尼方式(damping dode of vertical axis)。

2. 安许茨系列罗经采用液体阻尼器

液体阻尼器由固定在陀螺球主轴两端的两个相互连通的液体容器组成,内充一定数量的高粘度硅油。连通两个容器的导管很细,使容器内液体流动滞后于主轴俯仰约四分之一个自由摆动周期$\left(\frac{T_0}{4}\right)$。

当罗经主轴自动找北时,主轴的俯仰使两个容器中的液体数量不相等,多余液体

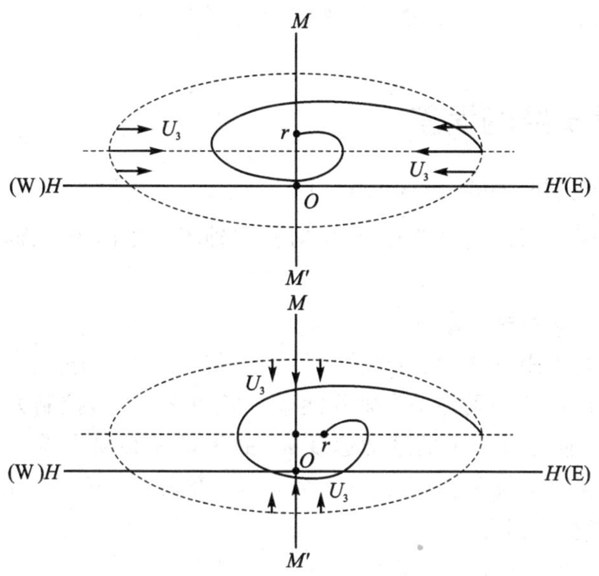

图 4.10　罗经液体阻尼器

的重力在陀螺球水平轴产生阻尼力矩，属于水平轴阻尼方式。阻尼力矩的大小用下式表示：

$$M_y D = C \cdot \chi$$

式中：C 为最大阻尼力矩，由罗经结构参数决定；χ 为多余液体角，阻尼力矩的最大值方向超前于控制力矩 90°，也就是说阻尼力矩使罗经主轴始终向子午面方向进动，进动速度用 U_3 表示：

$$U_3 = M_y D = C \cdot \chi \tag{4.31}$$

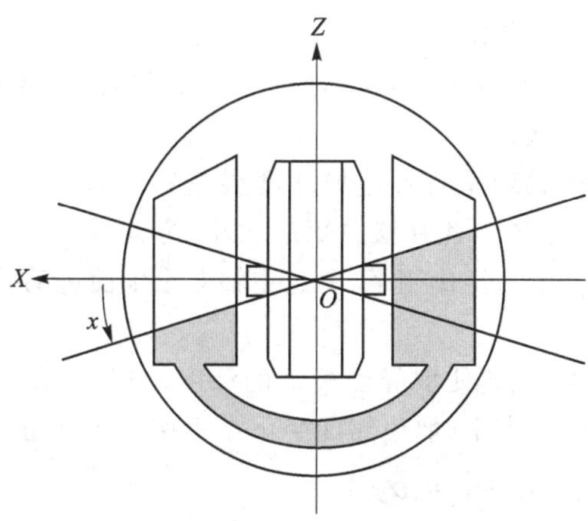

图 4.11　陀螺罗经阻尼力矩

在阻尼力矩的作用下，罗经主轴的方位角 α 和高度角 θ 不断减小，最终使方位角

α 为零，罗经主轴稳定指北。这种采用液体阻尼器获得阻尼力矩的罗经又称为液体阻尼器罗经。

4.4.2 陀螺罗经的误差

1. 纬度误差(latitude error, $\alpha_{r\varphi}$)

采用垂直轴阻尼法的陀螺罗经，稳定时其主轴不是指向子午面，而是偏离子午面的一个方位角 α。

(1) 产生纬度误差的原因

罗经采用垂直轴阻尼法，是否产生纬度误差与罗经型号有关。

陀螺罗经稳定指北的条件是主轴视运动的速度 V_1、V_2，控制力矩使主轴进动的速度 u_2，阻尼力矩使主轴产生的进动速度 u_3 的矢量和必须为零。当 $u_2=V_2$ 时，要使 $V_1=u_3$，就必须使主轴偏离子午面一个 α 角，否则 V_1、V_2、u_2、u_3 的矢量和不为零，罗经主轴不能稳定指北。

(2) 纬度误差的大小及变化规律

纬度误差的大小为

$$\alpha_{r\varphi}=\frac{M_{\mathrm{D}}}{M}\cdot\tan\varphi \quad \text{(液体连通器罗经)}$$

或

$$\alpha_{r\varphi}=\frac{K_z}{K_y}\cdot\tan\varphi \quad \text{(电控罗经)} \tag{4.32}$$

$\frac{M_D}{M}$ 或 $\frac{K_z}{K_y}$ 是陀螺罗经阻尼力矩与控制力矩的比值，由罗经结构参数决定。

纬度误差的方向：

北纬时，纬度误差的符号为“偏东”(＋)；南纬时，纬度误差的符号为“偏西”(－)。

(3) 消除纬度误差的方法

内补偿法(into-compensation)，又称为力矩补偿法，是现代陀螺罗经普遍采用的一种消除纬度误差的方法。

向陀螺球(仪)水平轴或垂直轴施加纬度误差补偿力矩(compensating moment of latitude error)$M_{y\varphi}$ 或 $M_{z\varphi}$，此补偿力矩的大小、方向及变化规律完全与纬度误差相适应。在纬度误差补偿力矩作用下，罗经主轴向子午面进动并稳定指示子午面，纬度误差就被消除了。

在罗经使用过程中，只要使罗经面板上的纬度旋钮(latitude)指示船位纬度，就消除了纬度误差。通常情况下，船位纬度变化 5°重调一次旋钮。

2. 速度误差(speed error, α_{rv})

当船舶恒速恒向航行时，船上的陀螺罗经主轴由静止基座(船速为零)时的稳定指北状态改变为航速为 V 时的新的稳定指北状态，α_{rv} 是主轴两种指北状态之间的水平夹角。

罗经产生速度误差的原因是船舶恒速恒向运动。

V 分解为南北分量 V_N 和东西分量 V_E：

$$V_N = V \cdot \cos C$$
$$V_E = V \cdot \sin C$$

当船舶向北(或南)航行时，船速北向分量 V_N 将使陀螺罗经所在水平面之北的半部分下降(或上升)，若把水平面看作静止不动，船速北向分量 V_N 将使陀螺罗经主轴相对水平面上升(或下降)，如图 4.12 所示。

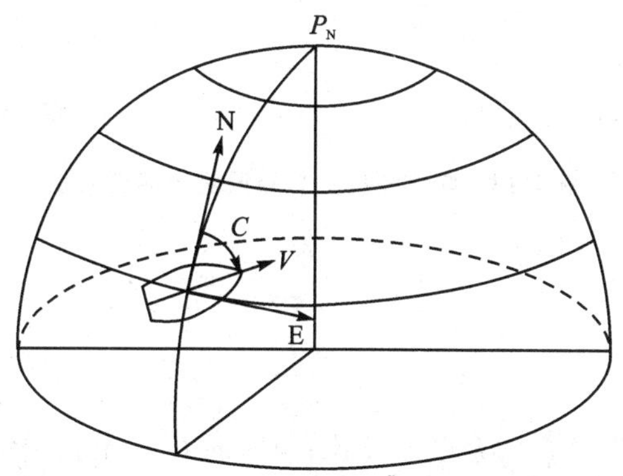

图 4.12　罗经所在水平面北半部分方向

船舶向东(或西)航向航行时，船速东向分量 V_E 将使陀螺罗经所在水平面之东的半部分下降(或上升)，若把水平面看作静止不动，当罗经主轴偏离子午面一个方位角 α 时，主轴也会相对水平面上升或下降。

同样道理，船舶在其他航向航行时，也会引起陀螺罗经主轴相对水平面的上升或下降。我们把船速使陀螺罗经主轴上升或下降，称为船速引起的罗经主轴的视运动。若把船速引起的罗经主轴的视运动速度用 V_3 表示，则 V_3 的大小可由下式表示：

$$V_3 = H \cdot \frac{V\cos C}{R_e}$$

式中：R_e 是地球半径，约等于 6 370 300 m；动量矩 H 为定量；V_3 随船速 V 和航向 C 变化。

船舶航行时，使罗经主轴运动的速度比无船速时的静止基座 V_1、V_2、u_2、u_3 多出了一个 V_3，而罗经主轴稳定指北的条件是 V_1、V_2、u_2、u_3、V_3 的矢量和为零。若假设船速为零时罗经主轴指示子午面 $\alpha = 0°$，则使 V_1、V_2、u_2、u_3、V_3 矢量和为零的条件是罗经主轴偏离子午面一个方位角 α，这个方位角 α 就是陀螺罗经的速度误差 α_{rv}，如图 4.13 所示。

速度误差的变化为

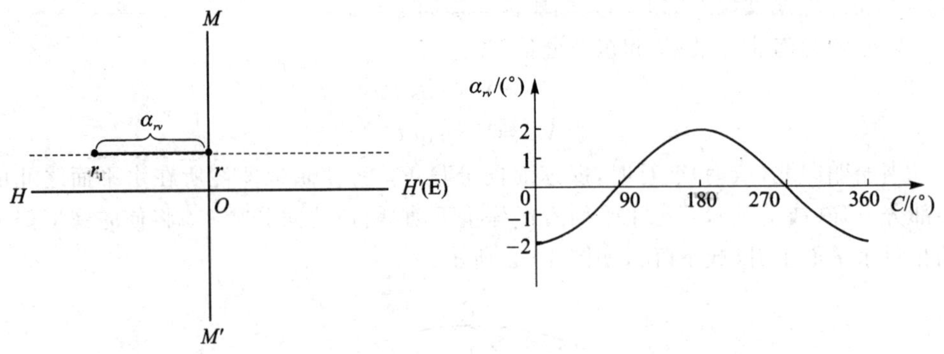

(a) 陀螺罗经的位置误差 (b) 陀螺罗经的速度误差

图 4.13 陀螺罗经的位置误差和速度误差

$$\alpha_{rv}=\frac{V\cos C}{R_e\cos\varphi}\quad（弧度）$$

或

$$\alpha_{rv}=\frac{V\cos C}{5\pi\cos\varphi}\quad（度）$$

与船速 V 成正比；与纬度 φ 的余弦成反比；与航向 C 成余弦规律变化。

航向为 0°或 180°时，速度误差最大。航向为 90°或 270°时，速度误差最小（为零）。

由航向 C 决定，当航向 C 在 0°～90°和 270°～360°的范围内时，速度误差为“偏西”(－)。当航向 C 在 90°～270°的范围内时，速度误差为“偏东”(＋)，如图 4.14 所示。

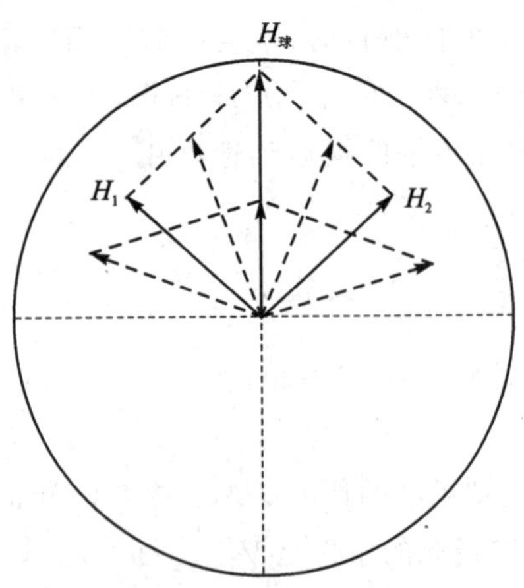

图 4.14 陀螺罗经方向

3. 摇摆误差(swing error，α_{rr})

船舶在海上航行受风浪的影响而产生摇摆，安装在船上的陀螺罗经就会受船舶

摇摆产生的惯性力的影响而产生指向误差，误差大小为

$$\alpha_{rr}=\frac{M_D^2\cdot\beta_0\cdot\omega_r^4\sin^2 C}{4\cdot H\cdot g^2\omega_e\cdot\cos\varphi}$$

式中：D 为罗经的安装位置到船舶摇摆轴的垂直距离；β_0 为船舶的最大摇摆角；ω_r 为船舶的摇摆角频率；C 为船舶的摇摆方位；ω_e 为地球自转。

4.4.3　陀螺盘的章动和进动分析

图 4.15 所示为陀螺盘原理性示意图。陀螺盘由陀螺电机带动，以恒定角速度绕自转轴 ζ 转动，自转轴与内环连接。内环与外环用水平轴 ξ 连接，内环可以绕 ξ 轴相对于外环转动。外环用铅垂轴 z 轴与机架连接，机架固定不动，外环可绕 z 轴做绝对转动。对照图 4.15 和前面的论述可知，内环的转动为章动，外环的转动为进动。

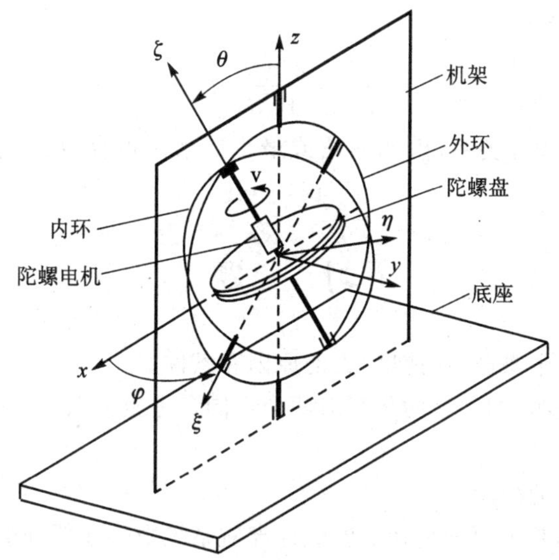

图 4.15　陀螺盘原理性示意图

在内环和外环轴的端部安装了测角模块，可以实时测出陀螺仪的章动和进动。

陀螺仪移动平衡物 W 使陀螺仪 AB 轴（x 轴）在水平位置平衡，用拉线的方法使陀螺仪盘绕 x 轴转动（尽可能提高转速）如图 4.16 所示，此时陀螺仪具有常数的角动量 L，即

$$L=I_P\cdot\omega R \tag{4.33}$$

当在陀螺仪的另一端挂上砝码 m(50 g)时，就会产生一个附加的力矩 M^*，这将使原来的角动量发生改变，即

$$\frac{\mathrm{d}L}{\mathrm{d}t}=M^*=m^*gr^* \tag{4.34}$$

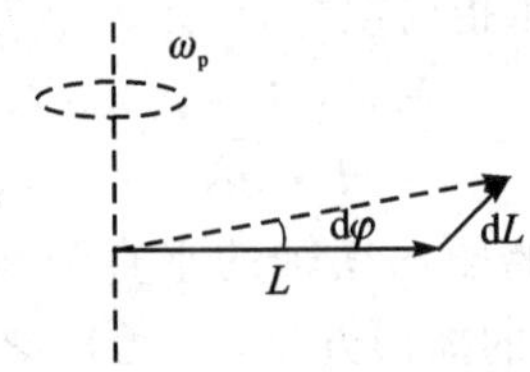

图 4.16　陀螺仪进动的矢量图

由于附加的力矩 M^* 的方向垂直于原来的角动量的方向，使角动量 L 变化 dL，由图可见：$dL = L d\varphi$。

这时陀螺仪不会倾倒，在附加的力矩 M^* 的作用下将会发生进动。进动的角速度 ω_P 为（$\omega_P = 2\pi/t_P$，$\omega_R = 2\pi/t_R$）：

$$\omega_P = \frac{d\varphi}{dt} = \frac{1}{L}\frac{dL}{dt} = \frac{1}{I_P\omega_R}\frac{dL}{dt} = \frac{m^* g r^*}{I_P\omega_P} \tag{4.35}$$

所以可得到以下关系式：

$$\frac{1}{t_R} = \frac{m^* g r^*}{4\pi^2 I_P} t_P \tag{4.36}$$

其中，I_P 与 $1/t_R$ 是线性关系，由作图法或最小二乘法拟合数据，求出陀螺仪的转动惯量。

习　题

1. 举例说明产生哥氏（加速度）力的原因和条件。

2. 哥氏定理表明，同一个向量相对两个不同参考坐标系关于时间的导数之间的关系。

3. 说明舒拉摆的概念。

4. 惯性导航的基本原理是什么？惯性导航系统由哪几部分组成？

5. 说明指北方位、自由方位、游移方位三种导航系统的异同。

6. 导航平台的主要性能指标有哪些？说明其意义。

7. 平台式惯性导航和捷联式惯性导航有什么区别？

8. 惯性导航系统常用的坐标系有哪些？为什么要建立参考坐标系？

9. 姿态矩阵在捷联式惯性导航系统中的作用如何？

10. 影响平台式惯性导航系统的误差源有哪些？陀螺漂移、加速度计以及初始对准误差，对惯性导航系统误差有何影响？

11. 从结构上看，机械转子式陀螺仪，一般包括哪些部分？

12. 陀螺仪的自由度是如何定义的？

13. 什么叫陀螺仪的定轴性和进动性？如何理解陀螺仪的定轴性？试举例说明。

14. 二自由度陀螺仪的基本特性是什么？其产生进动的原因是什么？

15. 说明陀螺力矩的物理意义。

16. 以单(双)轴自由度陀螺仪为例，分析机械转子式陀螺仪敏感角速度的原理。

17. 以单(双)轴陀螺稳定平台为例，说明如何实现平台的稳定和修正。

18. 惯导的基本误差特性是由哪 3 种振荡运动合成的？说明 3 种振荡运动产生的原因。

19. 惯导系统的初始对准解决什么问题？

20. 什么叫陀螺漂移？可以用哪些模型描述，各有什么作用？

21. 什么叫罗经效应？在初始对准过程中，如何实现罗经的测漂？

22. 为何把惯导的对准分为水平对准和方位对准？简要说明它们的基本原理。

23. 陀螺漂移、加速度计误差、初始对准误差，对系统误差有何影响？

第二部分　提高篇

第5章
机械结构与振动

5.1 振　动

1. 振动概念

振动，是自然界最普遍的现象之一。大至宇宙，小至亚原子粒子，无不存在振动。各种形式的物理现象，包括声、光、热等都包含振动。人们在生活中也离不开振动，如心脏的跳动、耳膜和声带的振动，都是人体不可缺少的功能；人的视觉靠光的刺激，而光本质上也是一种电磁振动；生活中不能没有声音和音乐，而声音的产生、传播和接收都离不开振动。在工程技术领域中，振动现象也比比皆是。例如，桥梁和建筑物在阵风或地震作用下的振动，飞机和船舶在航行中的振动，机床和刀具在加工时的振动，各种动力机械的振动，控制系统中的自激振动等。

在许多情况下，振动被认为是消极因素。例如，振动会影响精密仪器设备的功能，降低加工精度和光洁度，加剧构件的疲劳和磨损，从而缩短机器和结构物的使用寿命，振动还可能引起结构的大变形破坏，有的桥梁曾因振动而坍毁；飞机机翼的颤振、机轮的抖振往往会造成事故；强烈的振动噪声会形成严重的公害。

然而，振动也有它积极的一面。例如，振动现象是通信、广播、电视、雷达等工作的基础。20世纪50年代以来，陆续出现许多利用振动的生产装备和工艺。例如，振动传输、振动筛选、振动研磨、振动抛光、振动沉桩、振动消除内应力等。它们改善了劳动条件，提高了劳动生产率。可以预期，随着生产实践和科学研究的不断进展，振动的利用还会与日俱增。

各个不同领域中的振动现象，虽然各具特色，但往往有着相似的数学力学描述。在这种共性的基础上，可以建立某种统一的理论来处理各种振动问题。振动力学就是这样一门基础学科，它借助于数学、物理、实验和计算技术，探讨各种振动现象的机理，阐明振动的基本规律，克服振动的消极因素，为合理解决实践中遇到的各种振动问题提供理论依据。

2. 分　类

按能否用确定的时间函数关系式描述，将振动分为两大类，即确定性振动和随机振动（非确定性振动），后者无确定性规律，如车辆行进中的颠簸。确定性振动，可以用确定的数学关系式来描述，对于指定的某一时刻，可以确定一相应的函数值。随机振动具有随机特点，每次观测的结果都不相同，无法用精确的数学关系式来描述，不能预测未来任何瞬间的精确值，而只能用概率统计的方法来描述这种规律。例如：地震就是一种随机振动。

确定性振动又分为周期振动和非周期振动。周期振动包括简谐周期振动和复杂周期振动。简谐周期振动只含有一个振动频率。而复杂周期振动含有多个振动频率，其中任意两个振动频率之比都是有理数。非周期振动包括准周期振动和瞬态振动。准周期振动没有周期性，在所包含的多个振动频率中，至少有一个振动频率与另一个振动频率之比为无理数。瞬态振动是一些可用各种脉冲函数或衰减函数描述的振动。

3. 广义上的振动

从广义上说，振动是指描述系统状态的参量（如位移、电压）在其基准值上下交替变化的过程。狭义的是指机械振动，即力学系统中的振动。力学系统能维持振动，必须具有弹性和惯性。由于具有弹性，系统偏离其平衡位置时，会产生恢复力，促使系统返回原来位置；由于具有惯性，系统在返回平衡位置的过程中积累了动能，从而使系统越过平衡位置向另一侧运动。正是由于弹性和惯性的相互影响，才造成系统的振动。按系统运动自由度分，有单自由度系统振动（如钟摆的振动）和多自由度系统振动。

有限多自由度系统与离散系统相对应，其振动由常微分方程描述；无限多自由度系统与连续系统（如杆、梁、板、壳等）相对应，其振动由偏微分方程描述。

方程中不显含时间的系统称自治系统，显含时间的系统称非自治系统。按系统受力情况分，有自由振动、衰减振动和受迫振动。按弹性力和阻尼力性质分，有线性振动和非线性振动。

振动是自然界和工程界常见的现象。振动的消极影响是：影响仪器设备功能，降低机械设备的工作精度，加剧构件磨损，甚至引起结构疲劳破坏；振动的积极影响是：有许多需利用振动的设备和工艺（如振动传输、振动研磨、振动沉桩等）。

4. 机械振动

自由振动：去掉激励或约束之后，机械系统所出现的振动。振动只靠其弹性恢复力来维持，当有阻尼时，振动便逐渐衰减。自由振动的频率，取决于系统本身固有的物理特性，称为系统的固有频率。

受迫振动：机械系统受外界持续激励所产生的振动。简谐激励是最简单的持续激励。受迫振动包含瞬态振动和稳态振动。在振动开始一段时间内所出现的随时间变化的振动，称为瞬态振动。经过短暂时间后，瞬态振动即消失。系统从外界不断地获得能量来补偿阻尼所耗散的能量，因而能够做持续的等幅振动，这种振动的频率与激励频率相同，称为稳态振动。

例如，在两端固定的横梁的中部装一个激振器，激振器启动短暂时间后，横梁所做的持续等幅振动就是稳态振动，振动的频率与激振器的频率相同。

系统受外力或其他输入作用时，其相应的输出量称为响应。当外部激励的频率接近系统的固有频率时，系统的振幅将急剧增加。当激励频率等于系统的共振频率时产生共振。在设计和使用机械时必须防止共振。例如，为了确保旋转机械安全运转，轴的工作转速应处于其各阶临界转速的一定范围之外。

自激振动：在非线性振动中，系统只受其本身产生的激励所维持的振动。自激振动系统本身除具有振动元件外，还具有非振荡性的能源、调节环节和反馈环节。因此，当不存在外界激励时，它也能产生一种稳定的周期振动、维持自激振动的交变力，这种力是由运动本身产生的且由反馈和调节环节所控制。振动一旦停止，此交变力也就随之消失。自激振动与初始条件无关，其频率等于或接近于系统的固有频率。

如飞机飞行过程中机翼的颤振、机床工作台在滑动导轨上低速移动时的爬行、钟表摆的摆动和琴弦的振动都属于自激振动。

5. 振动的应用

振动在机械中的应用非常普遍，例如在振动筛分行业中的基本原理，是由于电机轴上下端所安装的平衡重锤，将电机的旋转运动转变为水平、垂直、倾斜的三次元运动，再把这个运动传达给筛面。若改变上下部重锤的相位角则可改变原料的行进方向。生产中接触到的振动源如下：

① 铆钉机、凿岩机、风铲等风动工具。

② 电钻、电锯、林业用油锯、砂轮机、抛光机、研磨机、养路捣固机等电动工具。

③ 内燃机车、船舶、摩托车等运输工具。

④ 拖拉机、收割机、脱粒机等农业机械。

振动对人体各系统的影响如下：

① 引起脑电图改变；条件反射潜伏期改变；交感神经功能亢进；血压不稳、心律不稳等；皮肤感觉功能降低，如触觉、温热觉、痛觉，尤其是振动感觉最早出现迟钝。

② 40～300 Hz 的振动，能引起周围毛细血管形态和张力的改变，表现为末梢血管痉挛、脑血流图异常；心脏方面可出现心动过缓、窦性心律不齐，以及房内、室内、房室间传导阻滞等。

③ 握力下降，肌电图异常，肌纤维颤动，肌肉萎缩和疼痛等。

④ 40 Hz 以下的长时间大振幅振动，易引起骨和关节的改变，骨的 X 光底片上，可见到骨质疏松、骨关节变形和坏死等。

⑤ 振动引起的听力变化以 125～250 Hz 频段的听力下降为特点，但在早期仍以高频段听力损失为主，而后才出现低频段听力下降。振动和噪声有联合作用。

⑥ 长期使用振动工具可产生局部振动病。局部振动病是以末梢循环障碍为主的疾病，亦可累及肢体神经及运动功能。发病部位一般多在上肢末端，典型表现为发作性手指变白（简称白指）。

⑦ 影响振动作用的因素是振动频率、加速度和振幅。人体只对 1～1 000 Hz 的振动产生振动感觉。频率在发病过程中有重要作用。30～300 Hz 主要是引起末梢血管痉挛，发生白指。频率相同时，加速度越大，其危害也越大。振幅大、频率低的振动主要作用于前庭器官，并可使内脏产生移位。频率一定时，振幅越大，对机体影响越大。寒冷是振动病发病的重要外部条件之一，寒冷可导致血流量减少，使血液循环发生改变，导致局部供血不足，引起振动病发生。接触振动时间越长，振动病发病率越高。

6. 振动危害的控制

实际振动问题往往错综复杂，它可能同时包含识别、分析、综合等几方面的问题。通常将实际问题抽象为力学模型，实质上是系统识别问题。针对系统模型列式求解的过程，实质上是振动分析的过程。分析并非问题的终结，分析的结果还必须用于改进设计或排除故障（实际的或潜在的），这就是振动综合或设计的问题。

解决振动问题的方法不外乎通过理论分析和实验研究，二者是相辅相成的。在振动的理论分析中大量应用数学工具，特别是数字计算机的日益发展，为解决复杂振动问题提供了强有力的手段。

振动的特性，一方面可以利用材料的固有振动频率产生谐振，另一方面也可以充分利用振动的性能进行生产加工。

7. 振动分析方法

线性多自由度系统存在与自由度 n 相等的多个固有频率，每个固有频率对应于系统的一种特定的振动形态，称为模态。系统以任意固有频率所做的振动称为主振动，利用模态矩阵进行坐标变换后的新坐标称为主坐标。应用主坐标能使多自由度系统的振动转化为 n 个独立的主振动的叠加，这种分析方法称为模态叠加法，是线性多自由度系统的基本分析方法。

线性多自由度系统自由振动问题被归结为刚度矩阵和质量矩阵的广义本征值问题。里兹法可同时计算几个低阶固有频率和模态。矩阵迭代法可依次计算系统的最低机械固有频率和模态，初始的假设模态仅影响收敛速度。实际工程应用组成的连续系统，是具有连续分布的质量和弹性的系统，连续系统具有无限多个自由度，其动力学方程为偏微分方程，只能对一些简单情形求得精确解，对于较复杂的连续系统，必须利用各种近似方法简化成离散系统求解。

5.2 结构振动微分方程

近几十年来，结构动力学由于有限元法、子结构综合法等方法的出现，取得了巨大的进展。结构动力学所依据的数学模型,按系统参数的空间分布,分为离散型和连续型两大类。离散系统的运动为常微分方程所支配,而连续系统的运动则为偏微分方程所支配。描述一个系统运动所需的独立坐标的最小数目称为系统的自由度,对于完整系,自由度与广义坐标的数目相同。通常称描述动力位移的数学表达式为结构的运动方程。研究不同自由度系统的运动时,应首先建立运动(振动)控制微分方程。

5.2.1 运动方程的建立

最方便直接的建立运动方程的方法是动静法。根据达朗贝原理和采用等效粘滞阻尼理论,将惯性力、阻尼力假想地作用于质量上,再考虑作用于结构上的动荷载。于是作用于质量上的所有力保持动力平衡,这样就把动力问题转化成假想的力系平衡的静力问题,用写静力方程的方法写出体系的运动方程。当进行体系的位移和内力等响应计算时,按动力平衡概念,仍可采用结构静力学方法计算。

用动静法(或称直接平衡法)建立有限自由度体系运动方程的一般步骤为:①根据问题的具体情况和对计算精度的要求,确定动力自由度数目,建立计算模型(建模)。②建立坐标系,给出各自由度的位移参数。③沿质量各自由度方向加上惯性力和阻尼力。④通过分析质量平衡或考虑变形协调,建立体系的运动方程,具体方法有两种:刚度法(列动力平衡方程)和柔度法(列位移方程)。

刚度法取每一运动质量为隔离体,分析质量所受的全部外力。它既有动荷载、惯性力和阻尼力,还有体系变形所产生的阻止质量,沿自由度方向运动的恢复力(也称约束反力、弹性力)。建立质量各自由度的瞬时“动平衡”方程,即可得到体系的运动方程。

柔度法以结构整体为研究对象,假想加上全部惯性力和阻尼力,与动荷载一起在任意 t 时刻视作静力荷载,用结构静力分析中计算位移的方法,求 j 自由度方向单位广义力($X_j=1$)作用下,第 $i(i=1,2,\cdots)$ 自由度方向的位移系数 δ_{ij} 和荷载引起的 i 自由度方向位移 $\Delta_i P$,然后根据叠加原理列出该时刻第 i 自由度方向位移的协调条件,即可得到体系的运动方程。

另外,还可应用虚位移原理和哈密顿原理,建立结构体系运动微分方程。对于更复杂的体系,特别是对质量和弹性只在有限区域是分布的体系,不直接利用作用于体系内的惯性力或保守力,而用体系的动能和位能的变分来代替这些力的作用,有时更能奏效。引入广义坐标 q_i 的概念和拉格朗日系统,定义拉格朗日函数 $L=T-V$(也称动势,其中 T 为体系动能,V 为体系位能),则运动方程可取拉格朗日方程的形式,即

$$\frac{\mathrm{d}}{\mathrm{d}t}\left(\frac{\partial L}{\partial \dot{q}_i}\right)-\frac{\partial L}{\partial q_i}=Q_i^* \quad (i=1,2,\cdots,n) \tag{5.1}$$

式中:Q_i^* 为与非有势力(如阻尼力)相对应的广义力。上式构成 n 个非齐次、非线

性、二阶微分方程组。非线性微分方程组的一般解是不存在的，在给定情况下，可采用某种简化假定，把方程线性化后再求解。

5.2.2 建立运动方程实例

在实际问题中，可能有干扰力不直接作用在质点上，如图 5.1(a)所示。这时用动静法中的柔度法较为简便。写出质点在各外力作用下的位移为

$$y=\delta_{11}I+\delta_{12}P(t)=\delta_{11}(-m\ddot{y})+\delta_{12}P(t)$$

整理即得质点 m 的振动微分方程为

$$m\ddot{y}+k_{11}y=\frac{\delta_{12}}{\delta_{11}}P(t)\quad\left(\text{其中 }k_{11}=\frac{1}{\delta_{11}}\right)\tag{5.2}$$

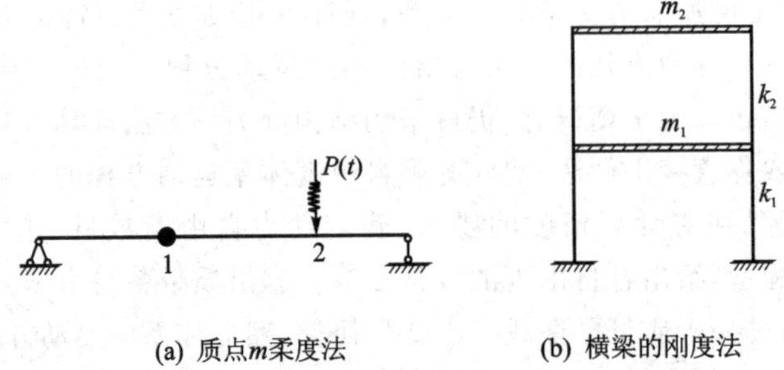

(a) 质点m柔度法　　(b) 横梁的刚度法

图 5.1　建立运动方程实例

对于典型的二层剪切型框架，如图 5.1(b)所示，只考虑横梁的质量(m_1 和 m_2)，而不考虑其变形，层间刚度为 k_1 和 k_2，不考虑柱的质量。采用动静法中的刚度法列出自由振动的运动方程时，可先求出结构的刚度系数，如 $k_{11}=k_1+k_2$，$k_{21}=k_{12}=-k_2$，$k_{22}=k_2$，考虑各质量在水平方向上的动力平衡，列出平衡方程，即得运动微分方程为

$$\begin{cases}m_1\ddot{y}_1+k_{11}y_1+k_{12}y_2=0\\m_2\ddot{y}_2+k_{21}y_1+k_{22}y_2=0\end{cases}\tag{5.3}$$

对上述框架应用拉格朗日方程，考虑在自由振动中，体系虽不受任何外力，但应把弹性反力作为质点所受主动力看待，弹性反力为有势力。设 m_1 和 m_2 的水平位移分别为 $w_1(x,t)$ 和 $w_2(x,t)$，这时动能 T 和位能(势能)V 分别为

$$T=\frac{1}{2}(m_1\dot{w}_1^2+m_2\dot{w}_2^2),\quad V=\frac{1}{2}k_2(w_2-w_1)^2+\frac{1}{2}k_1w_1^2$$

以 $L=T-V$ 代入式(5.1)，可得运动方程：

$$\begin{cases}m_1\ddot{w}_1-k_2(w_2-w_1)+k_1w_1=0\\m_2\ddot{w}_2+k_2(w_2-w_1)=0\end{cases}\tag{5.4}$$

与式(5.3)一致。

用动静法列运动方程时，也可以应用虚位移原理。只是在列虚功方程时，需要把

所有非理想约束的约束反力，作为主动力。如图 5.2(a)所示，两根刚杆 AB 与 BC 以铰链 B 相连。刚杆 AB 具有均布质量，其集度为 $\bar{m}$，BC 为无重刚杆。两个弹簧的刚度分别为 k_1、k_2，两个阻尼器的阻尼常数分别为 c_1、c_2，轴向力 N 不随时间变化。显然，这是一个具有理想约束的单自由度体系，但体系较复杂。若用虚功原理列其运动方程，将更为方便。

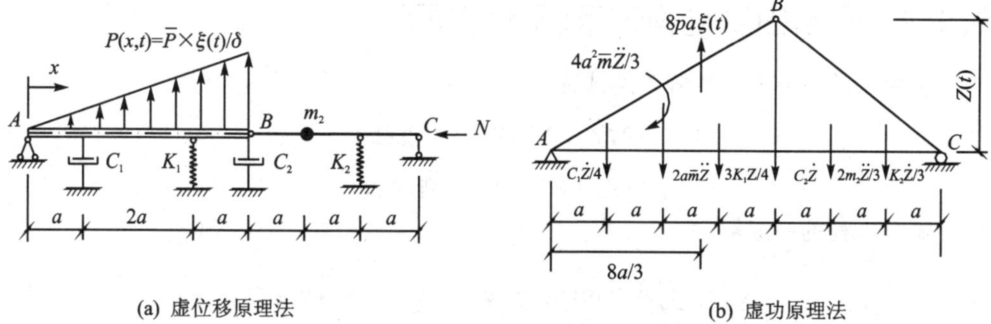

图 5.2　虚功原理求解示意图

选取 B 点的竖向位移 $Z(t)$ 为广义坐标。当以体系的平衡位置，作为运动起始的零位置时，质量对运动不起影响。外力、弹性反力、阻尼力都视为主动力，再加上假想的惯性力和惯性力矩，体系受力及可能位移如图 5.2(b)所示。其中，

$$J_0\ddot{\varphi}(t)=\frac{\bar{m}L^3}{12}\,\frac{\ddot{Z}(t)}{4a}=\frac{4}{3}a^2\bar{m}\ddot{Z}(t)$$

式中暂不考虑轴向力 N 的影响(产生几何刚度，可使广义刚度减小)，写出诸外力在虚位移 δZ 上所做的虚功为

$$-\left[\left(a\bar{m}+\frac{a\bar{m}}{3}+\frac{4}{9}m_2\right)\ddot{Z}+\left(\frac{c_1}{16}+c_2\right)\dot{Z}+\left(\frac{9}{16}K_1+\frac{1}{9}K_2\right)Z-\frac{16}{3}\bar{p}a\zeta(t)\right]\delta Z=0$$

由于虚位移 δZ 是任意的，所以方括号内必为零，即得出系统运动方程(简化形式)：

$$\tilde{m}\ddot{Z}(t)+\tilde{c}\dot{Z}(t)+\tilde{K}Z(t)=\tilde{P}(t)\tag{5.5}$$

式中：广义质量 $\tilde{m}=\frac{4}{3}\bar{m}a+\frac{4}{9}m_2$；广义阻尼系数 $\tilde{c}=\frac{1}{16}c_1+c_2$；广义刚度 $\tilde{K}=\frac{9}{16}K_1+\frac{1}{9}K_2$；广义荷载 $\tilde{P}=\frac{16}{3}\bar{p}a\zeta(t)$，它们都对应于该体系的广义坐标 $Z(t)$。

5.2.3　单自由度结构体系

无阻尼自由振动微分方程为

$$\ddot{y}+\omega^2 y=0$$

有阻尼自由振动微分方程($\xi<1$)为

$$\ddot{y}+2k\dot{y}+\omega^2 y=0$$

式中：k 为衰减系数，$2k=c/m$，c 为阻尼系数，m 为质量。阻尼比 $\xi=k/\omega=c/c_{cr}$。

强迫振动微分方程为

$$m\ddot{y}+k_{11}y=P(t) \quad （不计阻尼）$$

$$\ddot{y}+2\xi\omega\dot{y}+\omega^2 y=P(t)/m \quad （计阻尼）$$

5.2.4 多自由度结构体系(不计阻尼)

自由振动微分方程矩阵表达式为

$$\delta\boldsymbol{M}\ddot{Y}+Y=0 \quad （柔度法）$$

$$\boldsymbol{M}\ddot{Y}+\boldsymbol{K}Y=0 \quad （刚度法）$$

微分方程的一般解为

$$y_i=\sum_{j=1}^{n}A_{ij}\sin(\omega_j t+\varphi_j) \quad (i=1,2,\cdots,n)$$

多自由度体系在简谐荷载作用下的强迫振动微分方程(不计阻尼)为

$$\delta\boldsymbol{M}\ddot{Y}+Y=\Delta P\sin\theta t \quad （柔度法）$$

$$\boldsymbol{M}\ddot{Y}+\boldsymbol{K}Y=P\sin\theta t \quad （刚度法）$$

多自由度体系有阻尼时的运动方程，一般形式为

$$\boldsymbol{M}\ddot{Y}+\boldsymbol{C}\dot{Y}+\boldsymbol{K}Y=\boldsymbol{F} \quad （刚度法）$$

式中：$\boldsymbol{M}$、$\boldsymbol{C}$、$\boldsymbol{K}$ 为动力特性矩阵，分别称质量、阻尼、刚度矩阵（方阵），$\boldsymbol{F}$ 为动荷载阵列。

需要指出，体系运动方程中的柔度矩阵与刚度矩阵互为逆矩阵，但对应矩阵元素不存在互为倒数的关系，而且柔度矩阵和刚度矩阵，并不等同于力法或位移法中的柔度矩阵和刚度矩阵，因为前者的质量自由度数不同于后者的基本未知量数。

5.2.5 无限自由度结构体系

梁自由振动基本微分方程为

$$EI\frac{\partial^4 y}{\partial x^4}+m\frac{\partial^2 y}{\partial t^2}=0 \tag{5.6}$$

通解为

$$y(x,t)=\sum_{i=1}^{\infty}Y_i(x)\sin(\omega_i t+\varphi_i)$$

自振频率为

$$\omega_i=k_i^2\sqrt{EI/m} \quad (i=1,2,3,\cdots;k_i\ 为频率特征值)$$

振型函数为

$$Y_i(x)=A\cosh k_i x+B\sinh k_i x+C\cos k_i x+D\sin k_i x \tag{5.7}$$

实际的无限自由度体系，常用以下三种方法简化为有限自由度体系：①集中质量法，将结构的分布质量按一定规则集中到结构的某个或某些位置上，认为其他地方没有质量，形成有限个质点；②广义坐标法，当用一系列满足位移边界条件的位移函数的线性组合来近似表示位移曲线时，组合系数即为体系的广义坐标，其个数与自由度数相等，具体应用如 Ritz 法和振型分解法；③有限单元法，将结构划分为若干个具有分布质量的单元。体系的自由度数，为单元结点可发生的独立位移未知量的总个数。此外，还可用其他能量法，求连续分布质量的无限自由度体系的基频。

5.3　结构的动力特性

动荷载是时间和位置（坐标）的函数，有确定性与非确定性之分。结构受确定性荷载（周期或非周期）作用时的响应分析，通常称为结构振动分析。结构在非确定性荷载（随机荷载）作用下的响应分析，称为结构的随机振动分析。脉动风和地震的运动，对建筑物产生的荷载以及车辆荷载都是随机荷载，但已发生的地震作用等荷载（样本）却都是确定性荷载。

在动力分析中，结构的动力响应，不仅与荷载的幅值及其变化规律有关，而且还与结构的动力特性有关。由结构质量、刚度分布和能量耗散等导出的结构自振频率、结构振型、结构阻尼，称为结构动力特性。

对于动力特性相同的不同结构，在相同的动荷载作用下，它们的动力响应（位移、速度和加速度等）是一样的。

5.3.1　结构的自振频率

结构在外界干扰消失后，仍在其静力平衡位置附近继续振动，这样的振动称为结构的自由振动。自由振动时的频率，称为自振频率（或固有频率）。一般来说，自振频率的个数与结构的动力自由度数目相等。自振频率，按从小到大的顺序排列成频谱，不同类型的结构，频谱具有稀疏型或密集型等不同的特点。频谱中最小的频率称为结构的基本频率（简称基频）。

单自由度体系的自振频率为

$$\omega=\sqrt{k/m}\quad (k、m\text{ 为结构的刚度和质量}) \tag{5.8}$$

有阻尼的自振频率：$\omega_{\mathrm{d}}=\omega\sqrt{1-\xi^2}$，其小于无阻尼自振频率，但二者差异甚小，实际分析中一般不计阻尼对频率的影响。

多自由度体系的自振频率由如下频率方程（特征方程）求得：

$$|\boldsymbol{K}-\omega^2\boldsymbol{M}|=0\quad \text{或}\quad |\boldsymbol{\delta M}-\boldsymbol{\lambda I}|=0 \tag{5.9}$$

式中：$\boldsymbol{K}$、$\boldsymbol{\delta}$、$\boldsymbol{M}$ 都是结构动力特性矩阵。质量矩阵 $\boldsymbol{M}$ 有集中质量矩阵和一致质量矩阵之分，前者是对角阵，在分析中可消去转动自由度，进行静力凝聚。而一致质量矩阵采用计算刚度系数时所用的插值函数,集成的方法也同刚度矩阵,因而有许多非对角线项,导致质量耦合,在分析中必须包括所有的转动和平移自由度。

5.3.2 结构的振型

当结构按频谱中的某一自振频率做自由振动时,各质点的位移相互间比值不随时间变化,任何时刻都保持特定的位移形状的振动模式,称为结构的主振型(简称振型)。与基频对应的振型称结构的基本振型。对线性系统(线弹性),结构的位移响应可用结构振型的线性组合来表示。

位移幅值向量 $\boldsymbol{\varphi}$ 的齐次方程为

$$(\boldsymbol{K}-\omega_i{}^2\boldsymbol{M})\boldsymbol{\varphi}=0 \quad 或 \quad (\boldsymbol{\delta M}-\boldsymbol{\lambda}_i\boldsymbol{I})\boldsymbol{\varphi}=0 \tag{5.10}$$

称为振型矩阵方程,$\boldsymbol{\varphi}$ 称为振型向量矩阵。振型向量具有正交性。n 个自由度体系有 n 个振型向量 $\boldsymbol{\varphi}_i(i=1,2,\cdots,n)$,存在:

$$\boldsymbol{\phi}_i^{\mathrm{T}}\boldsymbol{M}\boldsymbol{\phi}_j=0 \quad (i\neq j) \quad 和 \quad \boldsymbol{\phi}_i^{\mathrm{T}}\boldsymbol{K}\boldsymbol{\phi}_j=0 \quad (i\neq j) \tag{5.11}$$

即振型向量,对应于不同自振频率的振型向量,存在着对质量矩阵 $\boldsymbol{M}$ 和刚度矩阵 $\boldsymbol{K}$ 的权正交。正交性可用来检验所求得的振型是否正确;在已知振型的情况下,可用于计算该振型对应的自振频率。振型向量的正交性也是振型叠加法计算动力响应的理论依据。

5.3.3 结构的阻尼

由于振动过程存在能量耗散,实际结构的自由振动总是衰减的,直到最后恢复静止的平衡。能量的耗散作用称为阻尼。产生阻尼的因素很多,作用机理尚未搞清楚,目前通常采用等效粘滞阻尼理论假设,即作用于质量的阻尼力与质量的运动速度成正比,与速度方向相反。

在多自由度体系的运动方程中,引入阻尼矩阵 $\boldsymbol{C}$,其元素 c_{ij} 的物理意义是:第 j 个位移方向单位速度,所引起的第 i 个位移方向的阻尼力,称为粘阻影响系数。在用振型叠加法时,为了使方程解耦,假设体系的阻尼矩阵对振型满足正交性条件,并引入广义粘阻系数 C_j^*。通常假设阻尼矩阵 $\boldsymbol{C}$ 为质量矩阵 $\boldsymbol{M}$ 和刚度矩阵 $\boldsymbol{K}$ 的线性组合,表达为:$\boldsymbol{C}=a\boldsymbol{M}+b\boldsymbol{K}$,称为比例阻尼或瑞利(Rayleigh)阻尼,式中,a、b 为两个常数,则

$$C_j^*=\boldsymbol{\phi}_j^{\mathrm{T}}(a\boldsymbol{M}+b\boldsymbol{K})\boldsymbol{\phi}_j=aM_j^*+bK_j^* \tag{5.12}$$

而 $K_j^*=\omega_j^2M_j^*$,且 $C_j^*/M_j^*=2\xi_j\omega_j$,于是可得 $\xi_j=\frac{1}{2}\left(\frac{a}{\omega_j}+b\omega_j\right)$,在实际问题中通常根据两个已知的不相等的 ω_j 和由实验测得的阻尼比 ξ_j 来计算 a、b 的值。

5.4　振型叠加法和直接积分法

5.4.1　结构体系运动方程

结构体系运动方程是一个二阶线性微分方程组，方程表示与加速度有关的惯性力，与速度有关的阻尼力以及与位移有关的弹性力等左边项，与右边项外荷载的动力平衡。方程用矩阵表示为

$$M\ddot{Y}+C\dot{Y}+KY=F \tag{5.13}$$

式中右边项，地震荷载表示为 $F(t)=-m\ddot{u}(t)$，$\ddot{u}(t)$ 为地面运动加速度；风荷载$F=F_d+F_a$，第一项指紊流引起的受迫干扰力，第二项指引起自激振动的空气力；在桥梁车振运动方程中，右边项 $F=F_{vb,r}$ 为车辆-桥梁的相互作用力等效到自由度 r 的作用力。

在数学上，该运动方程可以用求解常系数微分方程的标准过程来求得方程组的解。但矩阵阶数高、方程耦联，除非利用系数矩阵的特殊性质，否则计算工作量相当大。在实际上，主要采用两种求解方法进行动力分析：一是频域的振型叠加法（也称振型分解法）；二是时域的直接积分法（也称逐步积分法）。

初看起来，这两种方法似乎完全不同，但事实上它们有着密切的关系。振型叠加法的本质，是把平衡方程中的有限元位移（几何坐标）基变换为广义位移（正则坐标）基。实用有效的变换矩阵是振型向量矩阵。多自由度体系的动力位移，一般主要由前几阶较低频率的振型组成，高阶振型的影响较小，可只取少数几个振型参与计算，使得到的新系统刚度、质量和阻尼矩阵带宽比原来系统矩阵小，而且振型的正交性使原微分方程解耦，大大减少了计算工作量。

然而直接积分法在数值积分前，没有把方程变换成另一种形式，有限元网格的拓扑结构，决定了系统矩阵的高阶和稀疏（优化编码所得到的最小带宽是有限的），其分析计算量相当大。

5.4.2　结构振型分解法

进行正规坐标变换，把一个多自由度体系的 n 个耦合的运动方程，转换成一组 n 个非耦合方程，是动力分析振型叠加法的基础。该方法能用于解任何线性结构的动力响应。把结构的位移向量 $\boldsymbol{Y}$ 按振型进行分解，阻尼用振型阻尼比表示，利用振型的正交性，得到相互独立的关于正则坐标的 n 个单自由度运动方程，简化为 n 个单自由度体系的计算问题，再分别用杜哈梅积分按照各正则坐标求解后，转换为几何坐标。因此解法的实质和关键就是将动位移 Y 分解为各主振型的叠加，求出各质点位移后，即可计算其他动力响应，如加速度、惯性力、动内力等。其方法步骤如下：

① 求体系的自振频率 ω_i 和对应的振型 $\boldsymbol{\phi}_i(i=1,2,\cdots,n)$。

对于无阻尼自由振动，矩阵运动方程归结为特征问题，用式(5.9)和式(5.10)确定振型矩阵 $\boldsymbol{\Phi}$ 和频率向量 $\boldsymbol{\omega}$。

② 计算广义质量和广义荷载 $\boldsymbol{M}_i^* = \boldsymbol{\phi}_i^{\mathrm{T}} \boldsymbol{M} \boldsymbol{\phi}_i, \boldsymbol{F}_i^*(t) = \boldsymbol{\phi}_i^{\mathrm{T}} \boldsymbol{F}(t), (i=1,2,\cdots,n)$。

依次取每一个振型向量 $\boldsymbol{\phi}_i$ 计算。然后用每个振型的广义质量、广义力、振型频率 ω_i 和给定的振型阻尼比 ξ_i 写出 n 个振型的解耦的运动方程：

$$\ddot{x}_i + 2\xi_i \omega_i \dot{x}_i + \omega_i^2 x_i = \frac{F_i^*(t)}{M_i^*} \quad (i=1,2,\cdots,n) \tag{5.14}$$

③ 用杜哈梅积分求解正则坐标下，单自由度振动方程对荷载的振型响应：

$$x_i(t) = \frac{1}{M_i^* \omega_i} \int_0^t F_i^*(\tau) \sin \omega_i (t-\tau) \mathrm{d}\tau \quad (i=1,2,\cdots,n)(\text{无阻尼}) \tag{5.15}$$

④ 计算体系的位移响应向量(几何坐标) $\boldsymbol{Y} = \sum_{i=1}^{n} x_i \boldsymbol{\phi}_i$。

上式表示各振型作用的叠加。对于大多数类型的荷载，频率最低的振型所起的作用最大，高振型则趋于减小。因而叠加过程，通常不需要包含所有的高振型，根据计算精度和可靠性要求，限定所要考虑的振型数。

所求出的结构位移函数，可作为动力荷载作用下结构响应的基本度量，其他响应都能直接由位移求出。但在计算力时，所包含的振型分量比计算位移时更多一些，以确保精度。

⑤ 求质点 m_i 处的动弯矩：

$$M_i(t) = \sum I_i \delta_{ij} + M_{st}$$

其中，$I_i = -m_i \ddot{y}_i$。

多自由度结构在简谐荷载作用下的强迫振动，在考虑纯强迫振动计算最大动位移和动内力时，可将惯性力和干扰力的最大值(力幅)，当作静力荷载加于结构上，由非齐次方程组：

$$(\delta \boldsymbol{M} - \boldsymbol{E}/\theta^2) Y^0 + \Delta \boldsymbol{P}/\theta^2 = 0 \quad \text{和} \quad (\delta - \boldsymbol{M}^{-1}/\theta^2) \boldsymbol{I}^0 + \Delta \boldsymbol{P} = 0 \tag{5.16}$$

求得各质点的振幅和惯性力数值，并由此得到最大动内力响应(如动弯矩等)。

例：振型叠加法计算一个简单系统的位移响应。该系统的控制平衡方程组为

$$\begin{bmatrix} 2 & 0 \\ 0 & 1 \end{bmatrix} \begin{Bmatrix} \ddot{U}_1 \\ \ddot{U}_2 \end{Bmatrix} + \begin{bmatrix} 6 & -2 \\ -2 & 4 \end{bmatrix} \begin{Bmatrix} U_1 \\ U_2 \end{Bmatrix} = \begin{Bmatrix} 0 \\ 10 \end{Bmatrix} \tag{5.17}$$

上式是两个耦合的方程。计算变换矩阵 $\boldsymbol{\Phi}$，以振型向量为基向量建立解耦的平衡方程组，通过精确地积分两个解耦平衡方程中的每一个方程，计算精确响应。首先解广义特征问题：

$$\begin{bmatrix} 6 & -2 \\ -2 & 4 \end{bmatrix} \boldsymbol{\Phi} = \omega^2 \begin{bmatrix} 2 & 0 \\ 0 & 1 \end{bmatrix} \boldsymbol{\Phi} \tag{5.18}$$

得

$$\omega_1^2=2,\quad \boldsymbol{\phi}_1=\begin{bmatrix}-\dfrac{1}{\sqrt{3}} & \dfrac{1}{\sqrt{3}}\end{bmatrix}^{\mathrm{T}}$$

$$\omega_2^2=5,\quad \boldsymbol{\phi}_2=\begin{bmatrix}\dfrac{1}{2}\sqrt{\dfrac{2}{3}} & -\sqrt{\dfrac{2}{3}}\end{bmatrix}^{\mathrm{T}}$$

$$\boldsymbol{\Phi}=[\phi_1 \quad \phi_2]$$

算出$({\omega_1}^2,\phi_1)$和$({\omega_2}^2,\phi_2)$后，依次计算广义质量和广义力，得到对应两个振型的解耦的运动方程为

$$\ddot{\boldsymbol{X}}(t)+\begin{bmatrix}2 & 0\\0 & 5\end{bmatrix}\boldsymbol{X}(t)=\begin{bmatrix}\dfrac{10}{\sqrt{3}}\\-10\sqrt{\dfrac{2}{3}}\end{bmatrix} \tag{5.19}$$

对于各单自由度系统的动力平衡方程，利用杜哈梅积分(一般必须用数值积分)和运动的初始条件，求得$x_i(t)$的精确解为

$$x_1=\frac{5}{\sqrt{3}}(1-\cos\sqrt{2}t),\quad x_2=2\sqrt{\frac{2}{3}}(-1+\cos\sqrt{5}t),\quad \boldsymbol{X}=[x_1 \quad x_2]^{\mathrm{T}}$$

将每一振型的响应叠加就得到所求质点的完整的位移响应：

$$\boldsymbol{U}(t)=\boldsymbol{\Phi X}(t)=\begin{bmatrix}\dfrac{1}{\sqrt{3}} & \dfrac{1}{2}\sqrt{\dfrac{2}{3}}\\ \dfrac{1}{\sqrt{3}} & -\sqrt{\dfrac{2}{3}}\end{bmatrix}\begin{Bmatrix}\dfrac{5}{\sqrt{3}}(1-\cos\sqrt{2}t)\\ 2\sqrt{\dfrac{2}{3}}(-1+\cos\sqrt{5}t)\end{Bmatrix} \tag{5.20}$$

5.4.3 直接积分法

对运动微分方程(5.13)逐步进行数值积分。直接积分时，只在相隔Δt的一些离散的时间区间上，而不是在任一时刻t上满足运动平衡方程，即包含有惯性力和阻尼力作用的静力平衡(由动静法)是在求解时域的一些离散点上获得的，因此，静力分析的方法在直接积分法中也能够有效使用。其次，假定位移、速度和加速度在每一时间区间Δt内变化。根据假定的形式不同，得出几种常用而有效的直接积分法，如中心差分法(线性加速度法)，Wilson θ法和Newmark β法等，并由此决定解的精度、稳定性和求解过程的迭代次数。

求解时，把时间全程T划分为几个相等的时间区间Δt(即$\Delta t=T/n$，称时间步长)，所用的积分格式，是在时刻0、$\Delta t,2\Delta t,3\Delta t,\cdots,t,t+\Delta t,\cdots,T$上确定方程的近似解，假定在时刻$0$、$\Delta t,2\Delta t,\cdots,t$的解为已知，推导出求时刻$t+\Delta t$的解的算法。根据时间积分格式编制程序，在计算机上运行实现。

桥梁车振时，分析中使用Newmark积分格式的整个算法如下：

(1) 初始计算

① 形成刚度矩阵$\boldsymbol{K}$、质量矩阵$\boldsymbol{M}$及阻尼矩阵$\boldsymbol{C}$。

② 计算初始值、有限元位移 $\boldsymbol{U}_0$、速度 $\dot{\boldsymbol{U}}_0$ 及加速度 $\ddot{\boldsymbol{U}}_0$。

③ 选择时间步长 Δt、参数 α 和 δ，并计算积分常数：

$$\delta \geqslant 0.50,\quad \alpha = 0.25(0.5+\delta)^2$$

$$a_0 = \frac{1}{\alpha \Delta t^2},\quad a_1 = \frac{\delta}{\alpha \Delta t}$$

$$a_2 = \frac{1}{\alpha \Delta t},\quad a_3 = \frac{1}{2\alpha} - 1,\quad a_4 = \frac{\delta}{\alpha} - 1,\quad a_5 = \frac{\Delta t}{2}\left(\frac{\delta}{\alpha} - 2\right)$$

$$a_6 = \Delta t(1-\delta),\quad a_7 = \delta \Delta t$$

④ 形成有效的刚度矩阵 $\hat{\boldsymbol{K}}$：

$$\hat{\boldsymbol{K}} = \boldsymbol{K} + a_0\boldsymbol{M} + a_1\boldsymbol{C}$$

⑤ 对 $\hat{\boldsymbol{K}}$ 进行三角分解：

$$\hat{\boldsymbol{K}} = \boldsymbol{LDL}^{\mathrm{T}}$$

(2) 对每一时间步长循环

① 计算在时刻 $t+\Delta t$ 的有效荷载：

$$\hat{\boldsymbol{R}}_{t+\Delta t} = \boldsymbol{R}_{t+\Delta t} + \boldsymbol{M}(a_0\boldsymbol{U}_t + a_2\dot{\boldsymbol{U}}_t + a_3\ddot{\boldsymbol{U}}_t) + C(a_1\boldsymbol{U}_t + a_4\dot{\boldsymbol{U}}_t + a_5\ddot{\boldsymbol{U}}_t)$$

② 求解在时刻 $t+\Delta t$ 的位移：

$$\boldsymbol{LDL}^{\mathrm{T}}\boldsymbol{U}_{t+\Delta t} = \hat{\boldsymbol{R}}_{t+\Delta t}$$

③ 计算在时刻 $t+\Delta t$ 的加速度和速度：

$$\ddot{\boldsymbol{U}}_{t+\Delta t} + a_6(\boldsymbol{U}_{t+\Delta t} - \boldsymbol{U}_t) - a_2\dot{\boldsymbol{U}}_t - a_3\ddot{\boldsymbol{U}}_t$$

$$\dot{\boldsymbol{U}}_{t+\Delta t} = \dot{\boldsymbol{U}}_t + a_6\ddot{\boldsymbol{U}}_t + a_7\ddot{\boldsymbol{U}}_{t+\Delta t}$$

Newmark 积分格式，可认为是线性加速度的推广，假设：

$$\dot{\boldsymbol{U}}_{t+\Delta t} + \dot{\boldsymbol{U}}_t + [(1-\delta)\ddot{\boldsymbol{U}}_t + \delta\ddot{\boldsymbol{U}}_{t+\Delta t}]\Delta t \tag{5.21}$$

$$\boldsymbol{U}_{t+\Delta t} = \boldsymbol{U}_t + \dot{\boldsymbol{U}}_t\Delta t + [(0.5-\alpha)\ddot{\boldsymbol{U}}_t + \alpha\ddot{\boldsymbol{U}}_{t+\Delta t}]\Delta t^2 \tag{5.22}$$

并满足 $t+\Delta t$ 时刻的平衡方程：

$$M\ddot{U}_{t+\Delta t} + C\dot{U}_{t+\Delta t} + KU_{t+\Delta t} = R_{t+\Delta t} \tag{5.23}$$

根据积分的精度和稳定性要求来确定参数 α 和 δ。当 $\delta=1/2$，$\alpha=1/6$ 时，相应于线性加速度法和 Wilson θ 法(取 $\theta=1$ 时)。Newmark 最初提出以恒定——平均加速度法，作为无条件稳定的格式，此时 $\delta=1/2$，$\alpha=1/4$。

考虑式(5.17)所示简单振动系统，其控制方程组中：

$$\boldsymbol{M} = \begin{bmatrix} 2 & 0 \\ 0 & 1 \end{bmatrix},\quad \boldsymbol{K} = \begin{bmatrix} 6 & -2 \\ -2 & 4 \end{bmatrix},\quad \boldsymbol{R} = \begin{Bmatrix} 0 \\ 10 \end{Bmatrix}$$

用 Newmark 法计算该系统的位移响应，取 $\alpha=0.25$，$\delta=0.5$，考虑 $\Delta t=0.28$，计算得

$$\boldsymbol{U}_0=\begin{Bmatrix}0\\0\end{Bmatrix},\quad \dot{\boldsymbol{U}}_0=\begin{Bmatrix}0\\0\end{Bmatrix},\quad \ddot{\boldsymbol{U}}_0=\begin{Bmatrix}0\\10\end{Bmatrix}$$

积分常数为

$$a_0=51.0,\quad a_1=7.14,\quad a_2=14.3,\quad a_3=1.00$$
$$a_4=1.00,\quad a_5=0.00,\quad a_6=0.14,\quad a_7=0.14$$

有效刚度矩阵为

$$\hat{\boldsymbol{K}}=\begin{bmatrix}6 & -2\\-2 & 4\end{bmatrix}+51.0\begin{bmatrix}2 & 0\\0 & 1\end{bmatrix}=\begin{bmatrix}108 & -2\\-2 & 55\end{bmatrix}$$

对每一时间步长计算：

$$\hat{\boldsymbol{R}}_{t+\Delta t}=\begin{Bmatrix}0\\10\end{Bmatrix}+\begin{Bmatrix}2 & 0\\0 & 1\end{Bmatrix}(51.0\boldsymbol{U}_t+14.3\dot{\boldsymbol{U}}_t+1.0\ddot{\boldsymbol{U}}_t)$$

$$\hat{\boldsymbol{K}}\boldsymbol{U}_{t+\Delta t}=\hat{\boldsymbol{R}}_{t+\Delta t}$$

$$\ddot{\boldsymbol{U}}_{t+\Delta t}=51.0(\boldsymbol{U}_{t+\Delta t}-\boldsymbol{U}_t)-14.3\dot{\boldsymbol{U}}_t-1.0\ddot{\boldsymbol{U}}_t$$

$$\dot{\boldsymbol{U}}_{t+\Delta t}=\dot{\boldsymbol{U}}_t+0.14\ddot{\boldsymbol{U}}_t+1.0\ddot{\boldsymbol{U}}_{t+\Delta t}$$

直接积分计算结果如表 5.1 所列。

表 5.1　直接积分法计算结果

时　间	Δt	$2\Delta t$	$3\Delta t$	$4\Delta t$	$5\Delta t$	$6\Delta t$	$7\Delta t$	$8\Delta t$	$9\Delta t$	$10\Delta t$	$11\Delta t$	$12\Delta t$
U_1	0.00673	0.0504	0.189	0.485	0.961	1.58	2.23	2.76	3.00	2.85	2.28	1.40
U_2	0.364	1.35	2.68	4.00	4.95	5.34	5.13	4.18	3.64	2.90	2.41	2.31

由式(5.20)得到的精确解，如表 5.2 所列。

表 5.2　位移响应精确解

时　间	Δt	$2\Delta t$	$3\Delta t$	$4\Delta t$	$5\Delta t$	$6\Delta t$	$7\Delta t$	$8\Delta t$	$9\Delta t$	$10\Delta t$	$11\Delta t$	$12\Delta t$
U_1	0.006	0.045	0.170	0.520	1.05	1.72	2.338	2.861	3.052	2.801	2.130	1.157
U_2	0.379	1.42	2.79	4.12	5.04	5.33	4.985	4.277	3.457	2.806	2.434	2.489

5.5　连续弹性体的振动

这里主要描述杆、梁、板振动响应分析的结论。

5.5.1　直杆的纵向振动

杆的结构如图 5.3 所示。

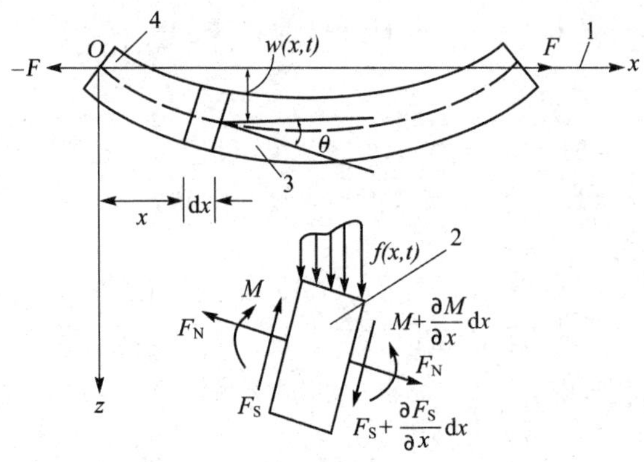

1—方向；2—截面；3—微变；4—基座

图 5.3　杆件结构图

1. 建　模

微元体(x,t)，质量$(\mathrm{d}m=\rho A(x)\mathrm{d}x)$，加速度 $\ddot{u}$。

牛顿定律：

$$\rho A(x)\frac{\partial^2 u}{\partial t^2}=N+\frac{\partial N}{\partial x}\mathrm{d}x-N=\frac{\partial N}{\partial x}$$

胡克定律：

$$N=A\sigma=AE\varepsilon=AE\frac{\partial u}{\partial x}$$

$$\rho A(x)\frac{\partial^2 u}{\partial t^2}=E\frac{\partial}{\partial x}\left[A(x)\frac{\partial u}{\partial x}\right]$$

等直杆满足：

$$\rho A\frac{\partial^2 u}{\partial t^2}=EA\frac{\partial^2 u}{\partial x^2}$$

$$\frac{\partial^2 u}{\partial t^2}=a^2\frac{\partial^2 u}{\partial x^2}\tag{5.24}$$

式中：$a=\sqrt{\dfrac{E}{\rho}}$ 为弹性波的纵向传播速度。

2. 解——分离变量法

设：$u(x,t)=U(x)\cdot T(t)$，代入式(5.24)得

$$U(x)\ddot{T}(t)=a^2U''(x)T(t)$$

或

$$\frac{\ddot{T}(t)}{T(t)}=a^2\frac{U''(x)}{U(x)}=-\omega^2=\text{常数}$$

得

$$\ddot{T}(t)+\omega^2T(t)=0\tag{5.25}$$

$$U''(x)+\frac{\omega^2}{a^2}U(x)=0 \tag{5.26}$$

解式(5.25)得

$$T(t)=C\sin(\omega t+\varphi)$$

解式(5.26)得

$$U(x)=A\sin\frac{\omega}{a}x+B\cos\frac{\omega}{a}x$$

通解为

$$u(x,t)=\left(A'\sin\frac{\omega}{a}x+B'\cos\frac{\omega}{a}x\right)\sin(\omega t+\varphi) \tag{5.27}$$

边界条件和初始条件决定待定常数。

(1) 两端固支

边界条件：

$$u(0,t)=u(l,t)=0$$

代入振型：

$$B'=0,\quad \sin\frac{\omega}{a}l=0 \quad \text{（频率方程）}$$

解得

$$\omega_n=\frac{n\pi}{l}\cdot a=\frac{n\pi}{l}\cdot\sqrt{\frac{E}{\rho}} \quad (n=1,2,3,\cdots)$$

主振型：

$$U_n(x)=A'_n\sin\frac{\omega_n}{a}x=A'_n\sin\frac{n\pi}{l}x$$

主振型(求解后的)：

$$u_n(x,t)=A'_n\sin\frac{n\pi}{l}x\cdot\sin(\omega_n t+\varphi_n)$$

(2) 一端固定、一端自由

边界条件：

$$u(0,t)=0,\quad \left.\frac{\partial u}{\partial x}\right|_{x=l}=0$$

代入振型：

$$B'=0,\quad A'\frac{\omega}{a}\cos\frac{\omega}{a}l=0$$

频率方程：

$$\sin\frac{\omega}{a}l=0$$

固有频率：

$$\omega_n=\frac{n\pi}{2l}\cdot a=\frac{n\pi}{2l}\cdot\sqrt{\frac{E}{\rho}}$$

主振型：

$$U_n(x)=A'_n\sin\frac{n\pi}{2l}x$$

5.5.2 板的横向振动

板的结构如图 5.4 所示。

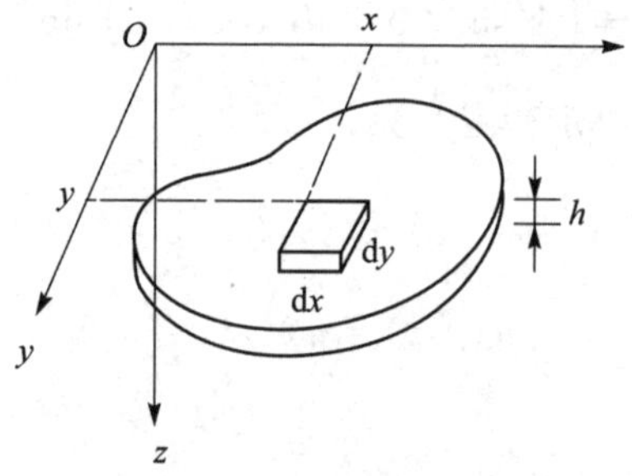

图 5.4 板的结构图

1. 建模——矩形板

$$\frac{\partial^4 w}{\partial x^4}+2\frac{\partial^4 w}{\partial x^2\partial y^2}+\frac{\partial^4 w}{\partial y^4}=\frac{q(x,y)}{D},\quad \nabla^2\nabla^2 w=\frac{q}{D},\quad \nabla^2=\frac{\partial^2}{\partial x^2}+\frac{\partial^2}{\partial y^2} \tag{5.28}$$

式中：$D=\dfrac{Eh^3}{12(1-\mu^2)}$。

惯性载荷：

$$q(x,y,t)=-\rho h\frac{\partial^2 w}{\partial t^2}$$

$$\nabla^2\nabla^2 w=-\frac{\rho h}{D}\frac{\partial^2 w}{\partial t^2}$$

2. 求解——分离变量法

设：$w(x,y,t)=W(x,y)\cdot T(t)$，得

$$\ddot{T}(t)+\omega^2 T(t)=0,\quad \nabla^2\nabla^2 W-\frac{\omega^2}{\beta^2}W=0 \tag{5.29}$$

式中：$\beta=\sqrt{\dfrac{D}{\rho h}}$。

5.5.3　梁的横向振动

1. 建　模

(1) 梁的基本方程

胡克定律：

$$M = EJ\frac{\mathrm{d}^2 y}{\mathrm{d}x^2}$$

剪力：

$$Q = \frac{\mathrm{d}M}{\mathrm{d}x} = \frac{\mathrm{d}}{\mathrm{d}x}\left(EJ\frac{\mathrm{d}^2 y}{\mathrm{d}x^2}\right)$$

载荷：

$$q = \frac{\mathrm{d}Q}{\mathrm{d}x} = \frac{\mathrm{d}^2}{\mathrm{d}x^2}\left(EJ\frac{\mathrm{d}^2 y}{\mathrm{d}x^2}\right)$$

惯性载荷集度：

$$q = -\rho A\frac{\partial^2 y}{\partial t^2}$$

(2) 振动方程

$$\frac{\partial^2}{\partial x^2}\left(EJ(x)\frac{\mathrm{d}^2 y}{\mathrm{d}x^2}\right) = -\rho A\frac{\partial^2 y}{\partial t^2} \tag{5.30}$$

等直梁满足：

$$\frac{\partial^2 y}{\partial t^2} + a^2\frac{\partial^4 y}{\partial x^4} = 0 \tag{5.31}$$

式中：$a = \sqrt{\dfrac{EJ}{\rho A}}$。

2. 求解——分离变量法

设：$y(x,t) = Y(x)\cdot T(t)$，代入式(5.31)得

$$Y(x)\cdot\ddot{T}(t) + a^2 Y^{(4)}(x)T(t) = 0$$

或

$$\frac{a^2 Y^{(4)}(x)}{Y(x)} = -\frac{\ddot{T}(t)}{T(t)} = \text{常数} = \omega^2$$

$$\ddot{T}(t) + \omega^2 T(t) = 0$$

$$Y^{(4)} - \frac{\omega^2}{a^2}Y = 0$$

得

$$Y^{(4)} - k^4 Y = 0$$

$$k^4 = \frac{\omega^2}{a^2}$$

得

$$y(x,t)=[A\sin(kx)+B\cos(kx)+C\sinh(kx)+D\cosh(kx)]\sin(\omega t+\varphi) \tag{5.32}$$

其中频率和主振型由边界条件确定。

5.5.4 固有频率的近似解法

里兹法 Ritz，是建立在哈密顿（Hamilton）变分原理基础上的，是将变分问题转换为求多个变量函数的极值问题。对无阻尼自由振动，虚功 $\delta W=0$，哈密顿原理的表达式为

$$\delta S=\delta\int_{t_1}^{t_2}(T-U)\,\mathrm{d}t=0 \tag{5.33}$$

式中：T 和 U 分别表示系统的动能和势能，S 称为泛函。

对于简谐振动，若上式积分区间选为一个周期，则式(5.33)，可以变为

$$\delta S=\delta(T_{\max}-U_{\max})=0 \tag{5.34}$$

这是一个关于振型函数的泛函变分问题。假设振型函数为一系列已知函数 $u_1(x,y,z)$，$u_2(x,y,z)$，…，$u_n(x,y,z)$ 的线性组合，即

$$u(x,y,z)=\sum_{i=1}^{n}a_iu_i(x,y,z) \tag{5.35}$$

式中 $u_i(x,y,z)$ 必须满足几何边界条件，称为坐标函数（或基础函数）。a_i 是待定参数，也就是广义坐标。

$$S(a_1,a_2,\ldots,a_n)=\omega^2\sum_{i=1}^{n}\sum_{j=1}^{n}m_{ij}a_ia_j-\sum_{i=1}^{n}\sum_{j=1}^{n}k_{ij}a_ia_j \tag{5.36}$$

对于梁的横向自由振动有：

$$S=T_{\max}-U_{\max}=\frac{1}{4}T_0\int_0^l\{\rho A\omega^2Y^2(x)-EJ([Y''(x)]^2)\}\,\mathrm{d}x \tag{5.37}$$

式中：T_0 为简谐振动的周期。设振型函数为一系列已知函数 $Y_1(x)$，$Y_2(x)$，…，$Y_n(x)$ 的线性组合，即

$$Y(x)=\sum_{i=1}^{n}a_iY_i \tag{5.38}$$

式中 $Y_i(x)$ 必须满足几何边界条件。代入式(5.38)即可得到式(5.37)形式的二次型函数：

$$S=\frac{1}{4}T_0\left(\omega^2\sum_{i=1}^{n}\sum_{j=1}^{n}m_{ij}a_ia_j-\sum_{i=1}^{n}\sum_{j=1}^{n}k_{ij}a_ia_j\right) \tag{5.39}$$

式中：

$$m_{ij}=\int_0^l\rho AY_iY_j\,\mathrm{d}x \tag{5.40}$$

$$k_{ij}=\int_0^lEJY_i''Y_j''\,\mathrm{d}x \tag{5.41}$$

求解式(5.39)得到一组关于 a_i 的线性代数方程组：

$$\sum_{j=1}^{n}(k_{ij}-\omega^2 m_{ij})a_j=0 \tag{5.42}$$

式(5.42)中若要求 a_j 有非 0 解，则要求系数行列式等于零，即

$$\begin{vmatrix} k_{11}-\omega^2 m_{11} & k_{12}-\omega^2 m_{12} & \cdots & k_{1n}-\omega^2 m_{1n} \\ k_{21}-\omega^2 m_{21} & k_{22}-\omega^2 m_{22} & \cdots & k_{2n}-\omega^2 m_{2n} \\ \vdots & \vdots & & \vdots \\ k_{n1}-\omega^2 m_{n1} & k_{n2}-\omega^2 m_{n2} & \cdots & k_{nn}-\omega^2 m_{nn} \end{vmatrix}=0 \tag{5.43}$$

式(5.43)即为关于 ω^2 的频率方程，从中可以解出 n 个根，此 n 个根就是系统固有频率的近似解。从式(5.42)中可以求出关于 a_j 的 n 组比值，从这 n 组比值可得到关于 $Y(x)$ 的 n 组振型，这就是系统的近似主振型。

5.6　受迫振动与实验

5.6.1　梁的受迫振动计算

【例 5.1】　现有一根钢板，长 $L=40$ cm，宽 $c=5$ cm，厚 $b=0.5$ cm。用它做成插入端悬臂梁(见图 5.5 和图 5.6)。

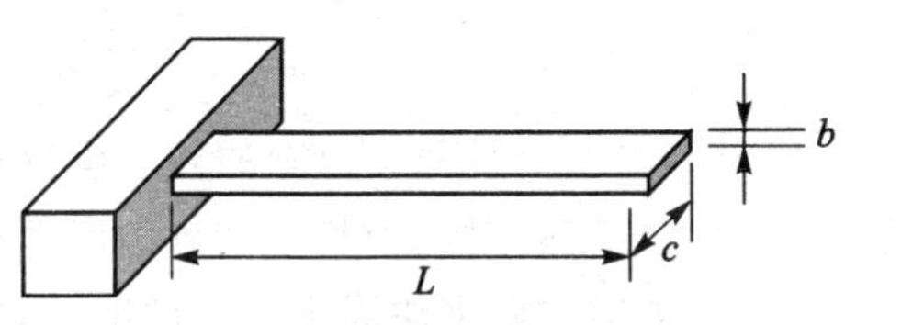

图 5.5　梁的结构示意图

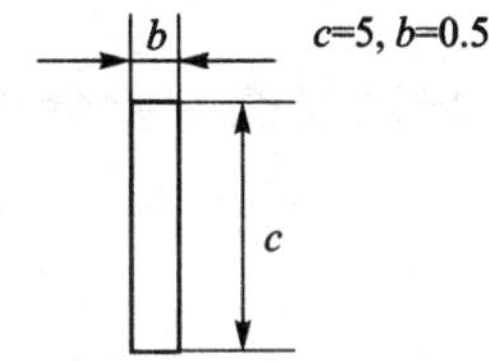

图 5.6　梁的横截面

外伸臂长可调节成三种长度：$L_1=30$ cm，$L_2=25$ cm，$L_3=20$ cm，试计算该三种长度下悬臂梁的一阶固有频率 f_0。

插入端悬臂梁固有频率 f_0 的计算公式为

$$f_0=\frac{a^2}{2\pi L^2}\sqrt{\frac{EI_0}{\rho L}} \tag{5.44}$$

式中：a 为振型常数，一阶振型时，$a=1.875$；L 为悬臂梁外伸长度(cm)；E 为梁的弹性模量(kgf/cm^2，1 kgf=9.806 65 N)；I_0 为梁的截面惯性矩(kgf · s^2/ cm^2)。

梁的尺寸为：L 可调；横截面积为：$b\times c$。

设 $L=40$ cm，而

$$E=2.1\times 10^6\ \text{kgf/cm}^2$$

$$I_0=\frac{cb^3}{12}=\frac{5\ \text{cm}\times(0.5\ \text{cm})^3}{12}=0.052\ \text{cm}^4$$
$$=5.2\times10^{-2}\ \text{cm}^4$$
$$\rho L=\rho V\cdot b\cdot c=7.8(\text{g/cm}^3)\times0.5\ \text{cm}\times5\ \text{cm}$$
$$=19.5(\text{g/cm})=19.5\times10^{-3}\ \text{kg/cm}$$

式中：ρV 为梁的单位体积质量，式中单位 kg 转化为工程质量单位后：

$$1\ \text{kg}=\frac{1}{9.8}\ \text{kgf}\cdot\text{s}^2/\text{m}$$
$$\rho L=\frac{19.5}{9.8}\times10^{-3}\ \frac{\text{kgf}\cdot\text{s}^2}{\text{m}}\cdot\frac{1}{\text{cm}}$$
$$=1.99\times10^{-5}\ \text{kgf}\cdot\text{s}^2/\text{cm}^2$$

将各参数数值代入式(5.44)中：

$$f_0=\frac{1.875^2}{2\pi\cdot40^2}\sqrt{\frac{2.1\times10^6\times5.2\times10^{-2}}{1.99\times10^{-5}}}$$
$$=\frac{162.5}{2\pi}=25.88(\text{Hz})$$

所以 $L=30$ cm，$f_0=25.88$ Hz；$L=25$ cm，$f_1=33.80$ Hz；$L=20$ cm，$f_2=103.52$ Hz。

5.6.2 振动模态实验

1. 振动模态实验分析

实际工程中的许多振动都可以简化抽象为由两个及两个以上的独立坐标来描述的振动模型。这就是多自由度系统振动问题。本实验对两个和三个自由度系统振动问题进行测试分析，实验模型是将两个或三个集中质量钢块固定在钢丝绳上，用不同质量的质量块 G 来调整钢丝绳的张力(如图 5.7(a)所示)，固定在钢丝绳上的集中质量钢块在铅垂平面内沿垂直方向振动时，钢丝绳的张力相当于一个弹簧，忽略钢丝绳的质量，则整个系统就可以简化为多自由度系统振动的力学模型(如图 5.7(b)所示)。

振动系统有多少个自由度，从理论上讲就应当有多少个固有频率。如果振动系统受到简谐力的激励，系统发生振动，则振动响应是其主振型的叠加。当激振力的频率与系统的某一阶固有频率相同时，系统就发生共振响应，这时候系统的振动响应就是这阶固有频率的主振型，而其他振型的影响可忽略不计。因此，可以利用这种共振现象来判定多自由度系统的固有频率。在测定系统振动的固有频率时，从低频到高频连续调整激振频率，当系统出现某阶振型且振幅最大时，此时的激振频率即为该阶固有频率，这样依此可找到系统的各阶固有频率。

n 个自由度系统振动微分方程为

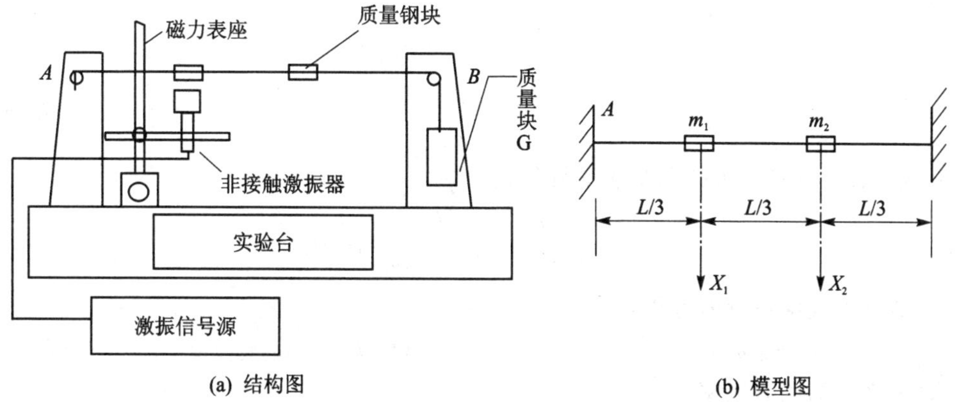

图 5.7　多自由度系统振动及其简化力学模型

$$\boldsymbol{M}\ddot{\boldsymbol{X}}+\boldsymbol{C}\dot{\boldsymbol{X}}+\boldsymbol{K}\boldsymbol{X}=\boldsymbol{F} \tag{5.45}$$

式中：$\boldsymbol{M}$ 为质量矩阵；$\boldsymbol{C}$ 为阻尼矩阵；$\boldsymbol{K}$ 为刚度矩阵；$\boldsymbol{X}$ 为位移列向量；$\boldsymbol{F}$ 为激振力列向量。

为了讨论 n 个自由度系统振动的固有频率和主振型，不考虑阻尼和外力，则其振动微分方程为

$$\boldsymbol{M}\ddot{\boldsymbol{X}}+\boldsymbol{K}\boldsymbol{X}=\boldsymbol{0} \tag{5.46}$$

根据微分方程组和模态分析理论，假定系统的自由振动响应为

$$x_i=\phi_i\sin(\omega t+\theta)\quad(i=1,2,\cdots,n) \tag{5.47}$$

将(5.47)式代入式(5.46)，得

$$[-\lambda\boldsymbol{M}+\boldsymbol{K}]\{\phi\}=\{0\} \tag{5.48}$$

式中：$\lambda=\omega^2$。式(5.48)是关于列向量$\{\phi\}$的齐次代数方程，由此可得系统频率方程为

$$|-\lambda\boldsymbol{M}+\boldsymbol{K}|=0 \tag{5.49}$$

式(5.49)即为系统的特征方程，其根称为特征值，它是无阻尼自由振动固有频率的平方，将特征值 λ_i 代入式(5.48)，得相应的特征向量$\{\phi_i\}$：

$$[-\lambda_i\boldsymbol{M}+\boldsymbol{K}]\{\phi_i\}=\{0\} \tag{5.50}$$

或

$$\boldsymbol{K}\{\phi_i\}=\lambda_i\boldsymbol{M}\{\phi_i\}\quad(i=1,2,\cdots,n) \tag{5.51}$$

特征向量在振动分析中就是系统的固有振型或主振型。假定式(5.49)没有重根，存在 n 个特征值，则相应有 n 个特征向量，这 n 个特征向量可以组成一个矩阵，该振型矩阵为

$$\boldsymbol{\Phi}=\phi[\phi_1,\phi_2,\cdots,\phi_n] \tag{5.52}$$

若系统为图 5.8 所示的两自由度系统，则

$$\boldsymbol{M}=\begin{bmatrix} m_1 & 0 \\ 0 & m_2 \end{bmatrix} \tag{5.53}$$

$$\boldsymbol{K}=\begin{bmatrix} k_{11} & k_{12} \\ k_{21} & k_{22} \end{bmatrix} \tag{5.54}$$

$$\boldsymbol{X}=\begin{Bmatrix} x_1 \\ x_2 \end{Bmatrix} \tag{5.55}$$

根据式(5.49),可得系统频率行列式:

$$\begin{vmatrix} k_{11}-\lambda m_1 & k_{12} \\ k_{21} & k_{22}-\lambda m_2 \end{vmatrix}=0$$

展开上式即得频率方程:

$$m_1 m_2 \lambda^2-(m_2 k_{11}+m_1 k_{22})\lambda+(k_{11}k_{22}-k_{12}k_{21})=0 \tag{5.56}$$

解之得系统的固有频率:

$$\lambda_{1,2}=\omega_{1,2}^2=\frac{k_{11}m_2+k_{22}m_1}{2m_1 m_2}\mp\sqrt{\frac{1}{4}\left(\frac{k_{11}}{m_1}-\frac{k_{22}}{m_2}\right)^2+\frac{k_{12}k_{21}}{m_1 m_2}} \tag{5.57}$$

由上式可知,λ 即 ω^2 的两个根都是实数,而且都是正数。其中第一个根 ω_1 较小,称为第一固有频率;第二个根 ω_2 较大,称为第二固有频率。

取 $m_1=m_2=m$,钢丝绳的张力为 T,则系统的刚度矩阵为

$$\boldsymbol{K}=\frac{T}{L}\begin{bmatrix} 6 & -3 \\ -3 & 6 \end{bmatrix} \tag{5.58}$$

求得系统固有一阶固有圆频率和频率:

$$\omega_1^2=\frac{3T}{mL},\quad f_1=\frac{1.732}{2\pi}\sqrt{\frac{T}{mL}} \tag{5.59}$$

二阶固有圆频率和频率:

$$\omega_2^2=\frac{9T}{mL},\quad f_2=\frac{3}{2\pi}\sqrt{\frac{T}{mL}} \tag{5.60}$$

系统的主振型 $\phi_i(i=1,2)$:

$$\phi_1=\begin{Bmatrix} 1 \\ 1 \end{Bmatrix},\quad \phi_2=\begin{Bmatrix} 1 \\ -1 \end{Bmatrix}$$

各阶主振型如图 5.8 所示。

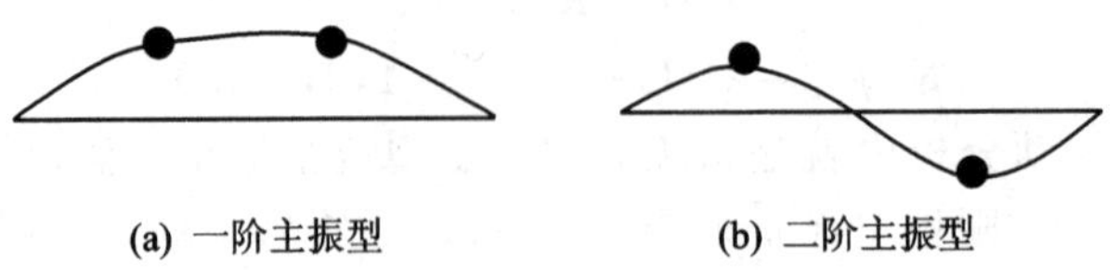

(a) 一阶主振型　　(b) 二阶主振型

图 5.8　两自由度系统振动的主振型

对于三自由度系统振动,若取 $m_1=m_2=m_3=m$,A、B 两点距离为 L,三个质量钢块之间的距离为 $L/4$,则可得系统相应的质量矩阵、刚度矩阵和位移列向量:

$$\boldsymbol{M}=\begin{bmatrix} m & 0 & 0 \\ 0 & m & 0 \\ 0 & 0 & m \end{bmatrix} \tag{5.61}$$

$$\boldsymbol{K}=\frac{T}{L}\begin{bmatrix} 8 & -4 & 0 \\ -4 & 8 & -4 \\ 0 & -4 & 8 \end{bmatrix} \tag{5.62}$$

$$\boldsymbol{X}=\begin{Bmatrix} x_1 \\ x_2 \\ x_3 \end{Bmatrix} \tag{5.63}$$

将式(5.61)和式(5.62)代入式(5.49)，得系统的频率方程，由此可求得三自由度系统振动的固有频率。

一阶固有圆频率和频率：

$$\omega_1^2=2.343\frac{T}{mL},\quad f_1=\frac{1.531}{2\pi}\sqrt{\frac{T}{mL}} \tag{5.64}$$

二阶固有圆频率和频率：

$$\omega_2^2=8\frac{T}{mL},\quad f_2=\frac{2.828}{2\pi}\sqrt{\frac{T}{mL}} \tag{5.65}$$

三阶固有圆频率和频率：

$$\omega_3^2=13.656\frac{T}{mL},\quad f_3=\frac{3.695}{2\pi}\sqrt{\frac{T}{mL}} \tag{5.66}$$

系统的主振型 $\phi_i(i=1,2,3)$：

$$\phi_1=\begin{Bmatrix} 1 \\ \sqrt{2} \\ 1 \end{Bmatrix},\quad \phi_2=\begin{Bmatrix} 1 \\ 0 \\ -1 \end{Bmatrix},\quad \phi_3=\begin{Bmatrix} 1 \\ -\sqrt{2} \\ 1 \end{Bmatrix}$$

各阶主振型如图 5.9 所示。

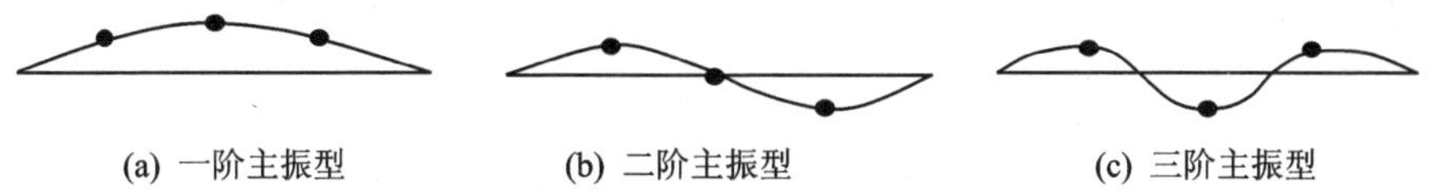

(a) 一阶主振型　　(b) 二阶主振型　　(c) 三阶主振型

图 5.9　三自由度系统振动的主振型

多自由度系统在任意初始条件下的振动响应是其主振型的叠加，主振型与固有频率一样只取决于系统本身的物理性质，而与初始条件无关。

2. 自由系统模态范例

系统有多个固有频率，从小到大，称为第 1 阶、第 2 阶，等等。每个频率有一对应的振型和阻尼值。同一阶的固有频率、振型和阻尼值一起，称为模态。

振型是各自由度坐标的比例值，振型具有正交性。可以观察到钢弦出现 1 阶、2 阶和 3 阶自振现象，如图 5.10 所示。

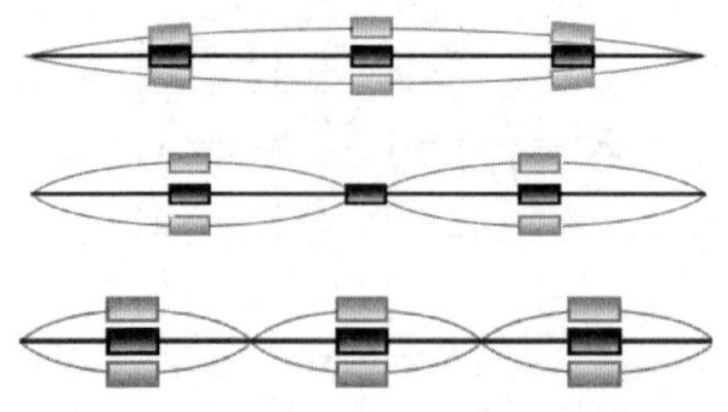

图 5.10　多自由度钢弦的前三阶振型

习　　题

1. 试举例说明，振动在日常生活、生产中的有益与无益的现象。
2. 何谓振动模态的正交性？如何对振动信号进行分析？
3. 试说明杆、梁、板等不同类型物体振动的振型、模态。
4. 何谓做振动信号模态的本征(固有)频率？
5. 受迫振动与自由振动的区别是什么？
6. 物体的振动、扭振有何区别？如何减振与强化？

第 6 章

矿物、选矿与造粒成球

6.1 矿　物

6.1.1 非金属矿物

众所周知，现代化的工业、农业、国防和科学技术的发展，都离不开矿物原料。矿物的利用形式也是多种多样的，有的是利用矿物的化学或物理成分，有的是利用矿物所特有的物理性质或化学性质。

工业方面：冶金工业上需要各种矿石，如硅、砷、硫、硝石、萤石、重晶石、石英、长石、蛭石、高岭石等作为添加剂或催化剂，制炼各种钢材、合金和纯金属，以满足机器制造业、造船业、车辆、飞机等的需要。化学工业则需要有大量的黄铁矿、硫、硝石、萤石以及钾、钠、镁、硼等矿物。橡胶工业和纺织工业需要硫、滑石、高岭石和重晶石等。陶瓷工业、耐火材料工业和绝缘材料工业则需要大量的石英、长石、铬铁矿、高铝矿物、高岭石、菱镁矿、滑石、云母、石棉、蛭石等矿物。

农业方面：为了增加单位面积的粮食产量，需要大量的钾盐、磷盐、硝石、石膏、硫、菱镁矿等作为生产化肥的原料；需要砷、硫以及溴、钡、锌的化合物作为生产农药的原料；还需要沸石、石膏等矿物来改良土壤墒情等。

国防方面：要实现国防现代化，首要的任务是研制和生产先进的武器装备，这就需要从金刚石、压电石英、冰洲石、蓝石棉等各种非金属矿物中提炼，作为研制武器的原料和材料。

科学技术方面：以原子能利用、电子计算技术、航天技术、海洋科学的发展为主要标志的现代化科学技术，非金属矿物原料在国民经济建设中起着重要作用。

1. 长　石

长石，是地表岩石最重要的造岩矿物，是长石族矿物的总称，是一类常见的含钙、钠和钾的铝硅酸盐类造岩矿物。

长石有很多种，如钠长石、钙长石、钡长石、钡冰长石、微斜长石、正长石，透长石等。它们都具有玻璃光泽，颜色多种多样，有无色、白色、黄色、粉红色、绿色、灰色，黑色等，它们有些透明，有些半透明。长石本身应该是无色透明的，之所以有色或不完全透明，是因为含有其他杂质。长石的形状有块状、板状、柱状、针状等。

富含钾或钠的长石主要用于陶瓷工业、玻璃工业及搪瓷工业；含有铷和铯等稀有元素的长石可作为提取这些元素的矿物原料；色泽美丽的长石可作为装饰石料和次等宝石。

《本草纲目》里介绍：长石即俗称硬石膏，状似软石膏而块不扁，性坚硬洁白，有粗理起齿棱，击之则片片横碎，光莹如云母、白石英，亦有墙壁，似方解石，但不作方块尔。烧之亦不粉烂而易散，方解烧之亦然，但烢声为异尔。昔人以此为石膏，又以为方解，今人以此为寒水石，皆误矣。但与方解乃一类二种，故亦名方石，气味功力相同，通用无妨。唐、宋诸方所用石膏，多是此石，昔医亦以取效，则亦可与石膏通用，但不可解肌发汗耳。

2. 蛭　石

蛭石是一种天然、无机、无毒的矿物质，在高温作用下会膨胀。它是一种比较少见的矿物，属于硅酸盐。其晶体结构为单斜晶系，从它的外形看很像云母。蛭石是由一定的花岗岩水合而产生的。它一般与石棉同时伴生。由于蛭石有离子交换的能力，它对土壤的营养有极大作用。2000 年世界的蛭石总产量超过 50 万吨，最主要的出产国是中国、南非、澳大利亚、津巴布韦和美国。

蛭石矿物的名称来自拉丁文，带有“蠕虫状”“虫迹形”的意思。蛭石是一种与蒙脱石相似的粘土矿物，为层状结构的硅酸盐。一般由黑云母经热液蚀变或风化形成。它有时以粗大的黑云母样子出现（这是蛭石的黑云母假象），有时则细微的成为土壤状。把蛭石加热到 300 ℃时，能膨胀 20 倍并发生弯曲。这时的蛭石有点像水蛭（俗称蚂蟥），因此它就有了这么一个名字。蛭石一般为褐、黄、暗绿色，有油一样的光泽，加热后变成灰色。蛭石可用作建筑材料、吸附剂、防火绝缘材料、机械润滑剂、土壤改良剂等，用途广泛。

蛭石片经过高温焙烧其体积可迅速膨胀 6～20 倍，膨胀后的体积质量为 60～180 kg/m^3，具有很强的保温隔热性能。

3. 温石棉

温石棉为蛇纹石石棉的统称。蛇纹石（$Mg_6[Si_4O_{10}](OH)_8$）是由硅氧（SiO_2）四面体和氢氧化镁石（$Mg(OH)_2$）八面体组成的双层型结构的硅酸盐矿物。由于四面体层和八面体层之间不协调，因此形成三种不同的基本结构，构成三种矿物，即具有平整结构的板状蛇纹石，具有交替波状结构的叶蛇纹石，具有卷曲状圆柱形结构的纤蛇纹石。在自然界纤蛇纹石矿物产出广泛，而且结晶程度高，可分性能良好；丝状特征显著的纤蛇纹石，为有用的工业矿物，也可称为纤蛇纹石石棉。

石棉分为蛇纹石石棉（温石棉）和角闪石类石棉（青石棉、直闪石石棉、铁石棉、透闪石石棉）两类。中国石棉资源绝大部分为温石棉，温石棉占石棉总产量的 95%以上。石棉使用的安全性是矿物工业产业一个具有争议性的话题。石棉所致职业病中，对人体危害最严重的是石棉肺、肺癌以及间皮瘤。在所有种类的石棉中，致病能力最强的是青石棉，对于温石棉潜在致癌、致纤维化的能力还存在争议。

4. 硅灰石

硅灰石（wollastonite）的分子式是 $Ca_3[Si_3O_9]$；为三斜晶系，属于单链硅酸盐矿物；通常呈片状、放射状或纤维状集合体；白色微带灰色；玻璃光泽，解理面上珍珠光泽；硬度 4.5～5.0；主要用作高聚物基复合材料的增强填料，如塑料、橡胶、陶瓷、涂料、建材等的原料或填料，气体过滤材料和隔热材料，冶金的助熔剂等。

2017 年 10 月 27 日，在世界卫生组织国际癌症研究机构公布的致癌物清单中，硅灰石为 3 类致癌物。

硅灰石完全溶于浓盐酸，一般情况下耐酸、耐碱、耐化学腐蚀，吸湿性小于 4%，吸油性低、电导率低、绝缘性较好。硅灰石是一种典型的变质矿物，主要产于酸性岩与石灰岩的接触带，与石榴石等共生，还见于深变质的钙质结晶片岩、火山喷出物及某些碱性岩中。硅灰石是一种无机针状矿物，其特点无毒、耐化学腐蚀、热稳定性及尺寸稳定良好，有玻璃和珍珠光泽，低吸水率和吸油值，力学性能及电性能优良。硅灰石产品，纤维长而易分离，含铁量低，白度高。

硅灰石还具有独特的工艺性能，如使用硅灰石原料后，可以有效减少坯体收缩率，而且能够降低坯体的吸湿膨胀，防止陶瓷坯体的后期干裂等。含硅灰石的坯体还具有较高的机械强度和较低的介电损失。引入硅灰石的坯体，在烧结过程中成熟速度加快，可以在十几分钟至几十分钟内使坯体成熟，大大降低了单位制品的热损耗，其烧成周期也从过去的 90 h，下降为 50 min。硅灰石最先引入到釉面砖坯料配方中，使面砖的烧成热能损耗由 3 600 kcal/kg，下降为 1 850 kcal/kg。除釉面砖外，硅灰石原料已扩大了其应用范围。其节能降耗的效果，已为陶瓷业界人士有目共睹。

造纸级硅灰石粉经过特殊加工工艺后，仍能保持其独特的针状结构，使添加了硅灰石粉的白板纸，提高了白度、不透明度（面层遮盖度）、平整度、平滑度、适应性，减少了定量横差和纸板湿变形，提高了印刷适应性，并且可大幅度降低其他各种原材料的使用量，从总体上降低纸制品成本。

硅灰石可制刹车片、陶瓷釉面等，广泛应用于汽车、冶金、陶瓷、塑料等工业生产中。其中，目前世界上硅灰石消费前景最看好的领域是工程塑料行业，硅灰石作为塑料橡胶工业的填料和补强剂，在工业制成品中越来越多地替代金属部件，市场对其需求增长迅速。

由于加工方法的改进，超细粒物质的获得，使硅灰石的用途日渐广泛。据国外专家预测，未来硅灰石应用领域所占比例：陶瓷工业及有关部门6%，涂料、塑料和装饰材料22%，石棉替代品5%，日常生活绝缘物品用绝缘陶瓷泡沫12%，造纸生产40%等。

5. 叶蜡石

叶蜡石是一种含羟基的层状铝硅酸盐矿物；化学式 $Al_2[Si_4O_{10}](OH)_2$；单斜晶系，迄今未发现独立的完整晶体，多呈隐晶质块状或微晶鳞片集合体，偶见纤维状放射状集合体；白色，或因含杂质的不同而呈黄、浅黄、淡绿、灰绿、褐绿、淡蓝、浅褐等色。

叶蜡石中的Al可以被少量的 Fe^{2+}、Fe^{3+}、Mg^{2+} 代替；颜色一般为白色，微带浅黄或淡绿色，条痕白色；玻璃光泽，有珍珠状晕彩；密度为2.65～2.90(或2.84)g/cm^3(或2.75～2.80 g/cm^3)；硬度小(1～1.5或1～2)，解理为平行{001}；具有滑腻感。叶蜡石化学性能稳定，一般与强酸、强碱不反应，只有在高温下才能被硫酸分解；具有较好的耐热性和绝缘性，是一种密封传压的介质材料。

根据化学、矿物组成，叶蜡石可分为蜡石质叶蜡石、水铝石质叶蜡石、高岭石质叶蜡石、硅质叶蜡石等。

叶蜡石具有低铝高硅的特性，可以用来生产耐碱砖。同时，还可以利用叶蜡石生产钢包内衬材料：一是利用叶蜡石受热后具有不太大的膨胀性，有利于提高砌筑体的整体性，降低熔渣对砖缝的侵蚀作用；二是熔渣与砖面接触后，能形成1～2 mm的粘度很强的硅酸盐熔融物，阻碍了熔渣向砖内的渗透，从而提高了制品的抗熔渣侵蚀能力。

6. 沸　石

沸石(zeolite)是一种矿石，最早于1756年发现。瑞典的矿物学家克朗斯提(Cronstedt)发现了一类天然硅铝酸盐矿石，在灼烧时会产生沸腾现象，因此命名为“沸石”(瑞典文zeolit)。在希腊文中意为“沸腾”(zeo)的“石头”(lithos)。

沸石是沸石族矿物的总称，是一种含水的碱或碱土金属铝硅酸盐矿物。目前已发现天然沸石40多种，其中最常见的有斜发沸石、丝光沸石、菱沸石、毛沸石、钙十字沸石、片沸石、浊沸石、辉沸石和方沸石等。沸石族矿物所属晶系不一，晶体多呈纤维状、毛发状、柱状，少数呈板状或短柱状。

天然沸石一般为浅灰色，有时为肉红色。沸石内部充满了细微的孔穴和通道，比蜂房要复杂得多，用它来筛选分子，能获得很好的效果。这对在工业废液中回收铜、铅、镉、镍、钼等金属微粒具有特别重要的意义。

沸石具有吸附性、离子交换性、催化和耐酸耐热等性能，因此被广泛用作吸附剂、离子交换剂和催化剂，也可用于气体干燥、净化和污水处理等方面。沸石还具有“营养”价值，在饲料中添加5%的沸石粉，能使禽畜生长加快，体壮肉鲜，产蛋率高。

由于沸石的多孔性硅酸盐性质，小孔中存有一定量的空气，常被用于防暴沸。在加热时，小孔内的空气逸出，起到了气化核的作用，小气泡很容易在其边角上形成。

在医学上，沸石用于血液、尿中氮量的测定。沸石还被开发成为保健用品，用于抗衰老，去除体内积累的重金属。在生产中沸石常用于砂糖的精制。

随着实心粘土砖逐步退出历史舞台，新型墙体材料应用比例已达到 80%，墙体材料生产企业以煤矸石、粉煤灰、炉渣、轻质工业废渣、重质建筑垃圾、沸石等为主料。

7. 高岭土

高岭土是一种非金属矿产，是一种以高岭石族粘土矿物为主的粘土和粘土岩。因呈白色而又细腻，又称白云土。又因产于江西省景德镇高岭村而得名高岭土。

质纯的高岭土呈洁白细腻、松软土状，具有良好的可塑性和耐火性等理化性质。其矿物成分主要由高岭石、水云母、蒙脱石以及石英、长石等矿物组成。高岭土用途十分广泛，主要用于造纸、陶瓷和耐火材料，其次用于涂料、橡胶填料、搪瓷釉料和白水泥原料，少量用于塑料、油漆、颜料、砂轮、铅笔、日用化妆品、肥皂、农药、医药、纺织、石油、化工、建材、国防等工业部门。

陶瓷工业是应用高岭土最早、用量较大的行业。陶瓷不仅对高岭土的可塑性、结合性、干燥收缩、干燥强度、烧结收缩、烧结性质、耐火度及烧后白度等有严格要求，而且涉及化学特性，特别是铁、钛、铜、铬、锰等致色元素的存在，使烧后白度降低，产生斑点。

对高岭土的粒度要求，一般是越细越好，使瓷泥具有良好的可塑性和干燥强度，但对要求快速浇铸、加快注浆速度和脱水速度的浇铸工艺，需提高配料的粒度。此外，高岭土中高岭石结晶程度的差异，也将显著影响瓷坯的工艺性能，结晶程度好，则可塑性、结合能力就低，干燥收缩小，烧结温度高，其杂质含量也减少；反之，则其可塑性就高，干燥收缩大，烧结温度较低，相应杂质含量也偏高。

8. 膨润土

膨润土也叫斑脱岩、皂土或膨土岩。我国开发使用膨润土的历史悠久，原来只是作为一种洗涤剂。四川仁寿地区数百年前就有露天矿，当地人称膨润土为土粉。膨润土真正被广泛应用，只有百来年历史。美国最早在怀俄明州的古地层中发现，呈黄绿色的粘土，加水后能膨胀成糊状，后来人们就把凡是有这种性质的粘土，统称为膨润土。其实膨润土的主要矿物成分是蒙脱石，含量在 85%～90%，膨润土的一些性质也都是由蒙脱石所决定的。蒙脱石可呈各种颜色如黄绿、黄白、灰、白色等，既可以成致密块状，也可为松散的土状，用手指搓磨时有滑感，小块体加水后体积胀大数倍至 20～30 倍，在水中呈悬浮状，水少时呈糊状。蒙脱石的性质和它的化学成分和内部结构有关。

膨润土(蒙脱石)由于有良好的物理化学性能，可做净化脱色剂、粘结剂、悬浮剂、稳定剂、充填料、饲料、催化剂等，广泛用于农业、轻工业及化妆品、药品等领域，所以蒙脱石是一种用途广泛的天然矿物材料。

膨润土可用作防水材料，如防水毯、防水板及其配套材料，采用机械固定法铺设。在 pH 值为 4～10 的地下环境，或含盐量较高的环境应采用经过改性处理的膨润土，并应在检测合格后使用。

9. 硅藻土

硅藻土是一种硅质岩石，主要分布在中国、美国、日本、丹麦、法国、罗马尼亚等国，是一种生物成因的硅质沉积岩，主要由古代硅藻的遗骸组成。其化学成分以 SiO_2 为主，可用 $SiO_2 \cdot nH_2O$ 表示，矿物成分为蛋白石及其变种。

硅藻土的工业填料应用范围：农药、复合肥料、橡胶、塑料、建筑保温隔热、隔音建筑材料、水泥添加剂等。

硅藻土具有优良的延伸性，较高的冲击强度、拉伸强度、撕裂强度，质轻软、内磨性好，抗压强度好等方面的特点，在造纸、油漆涂料、饲料等也有广泛的应用。

10. 滑　石

滑石是热液蚀变矿物。富镁矿物经热液蚀变，常变为滑石，故滑石常呈橄榄石、角闪石、透闪石等矿物假象。滑石是一种常见的硅酸盐矿物，它非常软并且具有滑腻的手感。人们曾选出 10 个矿物来表示 10 个硬度级别，称为摩氏硬度。在这 10 个级别中，第一个（也就是最软的一个）就是滑石。柔软的滑石可以代替粉笔画出白色的痕迹。滑石一般呈块状、叶片状、纤维状或放射状，颜色为白色、灰白色，并且会因含有其他杂质而呈各种颜色。滑石的用途很多，如做耐火材料、造纸、橡胶的填料、农药吸收剂、皮革涂料、化妆材料及雕刻用料等。

① 对皮肤、黏膜的保护作用。滑石粉外用，撒布于发炎或破损组织的表面时，可形成保护性膜，既可减少局部摩擦，防止外来刺激，又能吸收大量化学刺激物或毒物，并有吸收分泌液，促进干燥、结痂作用；内服时可以保护胃肠黏膜而发挥镇吐、止泻作用，还可阻止毒物在胃肠道的吸收。

② 抗菌作用。将 10％的滑石粉加入培养基内（平板法），可见到滑石粉对伤寒杆菌、副伤寒杆菌有抑制作用；用纸片法，则仅对脑膜炎双球菌有轻度的抑菌作用。

在《医学启源》《汤液本草》《药性论》《本草通玄》古代医学文献中均有论述。

11. 石　墨

石墨是矿物中一种最软的矿物，它的用途包括制造铅笔芯和润滑剂。碳是一种非金属元素。

石墨由于其特殊结构，而具有如下特殊性质：

① 耐高温性。石墨的熔点为（3 850±50 ℃），沸点为 4 250 ℃，即使经超高温电弧灼烧，质量的损失很小，热膨胀系数也很小。石墨强度随温度提高而加强，在 2 000 ℃时，石墨强度提高 1 倍。

② 导电、导热性。石墨的导电性比一般非金属矿高 100 倍。导热性超过钢、铁、铅等金属材料。导热系数随温度升高而降低，在极高的温度下，石墨成绝热体。石墨

能够导电是因为石墨中每个碳原子与其他碳原子只形成 3 个共价键，每个碳原子仍然保留 1 个自由电子来传输电荷。

③ 作耐磨润滑材料。石墨在机械工业中常作为润滑剂。润滑油往往不能在高速、高温、高压的条件下使用，而石墨耐磨材料可以在 200～2 000 ℃的高温、高速下工作。许多输送腐蚀介质的设备，广泛采用石墨材料制成活塞杯、密封圈和轴承，它们运转时不需要加入润滑油。

④ 石墨具有良好的化学稳定性。经过特殊加工的石墨，具有耐腐蚀、导热性好，以及渗透率低等特点，大量用于制作热交换器、反应槽、凝缩器、燃烧塔、吸收塔、冷却器、加热器、过滤器、泵等设备。其广泛应用于石油化工、湿法冶金、酸碱生产、合成纤维、造纸等工业部门，可节省大量的金属材料。

⑤ 作铸造、翻砂、压模及高温冶金材料。由于石墨的热膨胀系数小，而且能耐急冷急热的变化，因此可作为玻璃器的铸模。使用石墨后，黑色金属得到的铸件尺寸精确、表面光洁、成品率高，不经加工或稍做加工就可使用，因而节省了大量金属。单晶硅的晶体生长坩埚、精炼容器、支架夹具、感应加热器等都是用高纯石墨加工而成的。此外石墨还可作真空冶炼的石墨隔热板和底座，高温电阻炉炉管、棒、板等元件。

⑥ 用于原子能工业和国防工业。石墨是良好的中子减速剂，可用于原子反应堆中，铀-石墨反应堆，是应用较多的一种原子反应堆。在国防工业中还用石墨制造固体燃料火箭的喷嘴、导弹的鼻锥、宇宙航行设备的零件、隔热材料和防射线材料。

⑦ 石墨还能防止锅炉结垢，在水中加入一定量的石墨粉(每吨水用 4～5 g)能防止锅炉表面结垢。此外石墨涂在金属烟囱、屋顶、桥梁、管道上可以防腐防锈。

⑧ 石墨可作铅笔芯、颜料、抛光剂等。

12. 萤石-氟石

在中国古代，萤石被应用于雕塑。古罗马时期，萤石作为名贵石料，广泛用于酒杯和花瓶的制作，古罗马人甚至迷信萤石酒杯会使人千杯不醉。萤石的开采及挖掘起源于古埃及时期，当时人们用萤石制作塑像及圣甲虫形状的雕刻。

1825 年 Fluorescence 一词诞生，意为荧光，源于萤石在紫外线照射下可以散发荧光的属性。

1886 年法国化学家莫桑(Moissan)首次从萤石中分离出气态的氟元素，揭示出萤石是由钙元素和氟元素化合组成的矿物，定名为氟化钙(CaF_2)。后来化学家们又研制了氟化铝(AlF_2)、冰晶石(Na_3AlF_6)等助熔剂，为炼铝工业开辟了新的时代。萤石的开采大约是 1775 年始于英国，1800—1840 年间美国的许多地方也相继开采，但大量开采是在发展和推广平炉炼钢以后，萤石的熔点为 1 360 ℃。

当红萤石及绿萤石被加热至 100 ℃以上时会产生磷光。在紫外线照射下，萤石会发出荧光，呈蓝色、紫色、绿色、红色或黄色。部分萤石光感较强，直接暴露于光线中或摩擦其表面会使其发光。

与萤石共生的矿物有：钠长石、菱锰矿、重晶石、黄铁矿、方解石、闪锌矿、白云母、石英、方铅矿、黄铜矿、白钨矿、磷灰石、黄玉、锡石和黑钨矿等。

萤石是唯一一种可以提炼大量氟元素的萤石单晶矿物。同时其还被用于炼钢中的助溶剂。光学领域对于萤石的需求量较大。其人工合成晶体长大后，可以制成多种特殊的透镜，在制作生产部分类型的玻璃和搪瓷时也有应用。

萤石的颜色鲜艳丰富，晶体光滑无瑕，被称为“世界上最鲜艳的宝石”。但因其硬度低，所以通常情况下不能被用作珠宝。但正因萤石质地柔软，所以当出现足够大的晶体时，便可以相对容易地用它来雕刻装饰物。该矿物在矿石收藏家中十分流行。尤其是一些品相良好的标本价格很高。

6.1.2 金属矿物

冶金工业上需要各种矿石，如铁、锰、铜、铅、锌、镍、钴、钼、钨、钒、钛和铝等，制炼各种钢材、合金和纯金属，以满足机器制造业、造船业、汽车、机车、飞机制造以及国防工业等的需要。化学工业则需要有大量的黄铁矿、硫、硝石、萤石以及钾、钠、镁、硼等矿物。橡胶工业和纺织工业需要硫、滑石、高岭石和重晶石等。陶瓷工业、耐火材料工业和绝缘材料工业则需要大量的石英、长石、铬铁矿、高铝矿物、高岭石和菱镁矿等矿物。

1. 铅

铅(Pb)是柔软和延展性强的弱金属，有毒，也是重金属。铅的本色为青白色，在空气中表面很快被一层暗灰色的氧化物覆盖。其可用于建筑、铅酸蓄电池、弹头、炮弹、焊接物料、渔业用具、防辐射物料、奖杯和部分合金，例如电子焊接用的铅锡合金。其合金可作铅字、轴承、电缆包皮等之用，还可作体育运动器材铅球。

2017 年 10 月 27 日，世界卫生组织国际癌症研究机构公布的致癌物清单，铅在 2B 类致癌物清单中。

2. 锌

锌(Zn)是一种浅灰色的过渡金属，也是第四“常见”的金属，仅次于铁、铝及铜(地壳含量最丰富的元素前几名分别是氧、硅、铝、铁、钙、钠、钾、镁)。一般情况下，锌的外观呈现银白色，在现代工业中对于电池制造上有不可磨灭的地位，是相当重要的金属。此外，锌也是人体必需的微量元素之一，在人体生长发育、生殖遗传、免疫及内分泌等重要的生理过程中，都起着极其重要的作用。

锌是一种常用有色金属，是古代铜、锡、铅、金、银、汞、锌 7 种有色金属中，提炼最晚的一种。锌能与多种有色金属制成合金，其中最主要的是锌与铜、锡、铅等组成的黄铜等，还可与铝、镁、铜等组成压铸合金。锌主要用于钢铁、冶金、机械、电气、化工、轻工、军事和医药等领域。

锌在自然界中，多以硫化物状态存在，主要含锌矿物是闪锌矿，也有少量氧化矿。

常见的含有锌的合金：马口铁——镀锡薄钢板；黄铜——锌和铜的合金，早已被古人利用。黄铜的生产可能是冶金学上最早的偶然发现之一。我国古代按照锡和铜 3∶7 的比例制作磷青铜。

3. 锡

锡(Sn)是大名鼎鼎的“五金”：金、银、铜、铁、锡之一。早在远古时代，人们便发现并使用锡了。在我国的一些古墓中，常发掘到一些锡壶、锡烛台之类的锡器。据考证，我国周朝时，锡器的使用就已十分普遍了。在埃及的古墓中，也发现有锡制的日常用品。

一把好端端的锡壶，会“自动”变成一堆粉末。这种锡的“疾病”还会传染给其他“健康”的锡器，被称为“锡疫”。造成锡疫的原因，是由于锡的晶格发生了变化：在常温下，锡是正方晶系的晶体结构，叫作白锡。当一根锡条弯曲时，常可以听到一阵嚓嚓声，这是因为正方晶系的白锡晶体间在弯曲时相互摩擦发出了声音。在−13.2 ℃以下，白锡转变成一种无定形的灰锡，于是成块的锡就变成了一团粉末。

锡不仅怕冷，而且怕热。在 161 ℃以上，白锡又转变成具有斜方晶系的晶体结构的斜方锡。斜方锡很脆，一敲就碎，展性很差，叫作“脆锡”。白锡、灰锡、脆锡，是锡的三种同素异形体。

锡具有储茶色不变，盛酒冬暖夏凉，淳厚清冽之功效。锡茶壶泡茶特别清香，用锡杯喝酒清冽爽口，锡瓶插花不易枯萎。在 18 世纪末和 19 世纪初，常用锡来做保鲜罐头。

当 5%的铜和 95%的锡铸成合金时，就会产生青铜，其不仅会使熔点变低，而且更易于加工，但生产出来的金属则会更坚硬，是工具和武器的理想材料。青铜在人类文明史上写下了极为辉煌的一页，这便是“青铜器时代”，龙泉宝剑堪称是青铜工艺史上的经典之作。

金属锡可以用来制成各种各样的锡器和工艺品，如锡壶、锡杯、锡餐具等，我国制作的很多锡器和锡美术品，自古以来就畅销世界许多国家，并深受这些国家人民的喜爱。

金属锡还可以做成锡管和锡箔，用在食品工业上，可以保证清洁无毒。如包装糖果和香烟的锡箔，既防潮又好看。

金属锡的一个重要用途是用来制造镀锡铁皮。一张铁皮一旦穿上锡的“外衣”之后，既能抗腐蚀，又能防毒。这是由于锡的化学性质十分稳定，不和水、较难和各种酸类和碱类发生化学反应的缘故。在工业上，还常把锡镀到铜线或其他金属上，以防止这些金属被酸碱等腐蚀。

锡可以和许多金属在一起，合成许多性质各异、用途广泛的合金。最常见的合金有锡和锑、铜合成的锡基轴承合金，以及与铅、锡、锑合成的铅基轴承合金，它们可以用来制造汽轮机、发电机、飞机等承受高速高压机械设备的轴承。如果在黄铜中加入锡，就成了锡黄铜，它多用于制造船舶零件和船舶焊接条等，素有“海军黄铜”之称。至于锡和铅的合金，那是大家最熟悉的，它就是通常的焊锡，在焊接金属材料时很有用。

在印刷工厂里，所用的铅字，也就是锡的合金。不过由于激光印刷技术的推广，铅字将被逐渐淘汰掉。

4. 钨

钨(W)，一种金属元素；原子序数 74，原子量 183.84；钢灰色或银白色，硬度高，熔点高，常温下不受空气侵蚀；钨是熔点最高的难熔金属。一般熔点高于 1 650 ℃并有一定储量的金属以及熔点高于锆熔点(1 852 ℃)的金属称为难熔金属。典型的难熔金属有钨、钽、钼、铌、铪、铬、钒、锆和钛。作为一种难熔金属，钨最重要的优点是有良好的高温强度，对熔融碱金属和蒸气有良好的耐蚀性能，钨只有在 1 000 ℃以上才出现氧化物挥发和液相氧化物。钨具有塑性—脆性转变温度较高，在室温下难以塑性加工的缺点。以钨为代表的难熔金属在冶金、化工、电子、光源、机械工业等部门得到了广泛应用。中国是世界上最大的钨储藏国。

可用重选(摇床、跳汰等)、浮选、溜槽等方法得到黑钨精矿或白钨精矿。

5. 砷

砷(As)，俗称砒，是一种类金属元素，主要以硫化物矿的形式(如雄黄 As_2S_2、雌黄 As_2S_3 等)存在于自然界中。元素砷基本无毒。但其氧化物及砷酸盐毒性较大，三价砷毒性较五价砷强。三氧化二砷在中国古代文献中称为砒石或砒霜。这个“砒”字由“貔”而来。貔传说是一种吃人的凶猛野兽。这说明中国古代人们早已认识到砒霜的毒性，并常常出现在中国古典小说和戏剧中。

中国炼丹家称硫黄、雄黄和雌黄为三黄，视为重要的药品。公元 4 世纪前半叶中国炼丹家、古药学家葛洪(283—363 年)在《抱朴子·内篇》卷十一《仙药》中记述：“又雄黄……饵服之法，或以蒸煮之；或以酒饵；或先以硝石化为水，乃凝之；或以玄胴肠裹蒸于赤土下；或以松脂和之；或以三物炼之，引之如布，白如冰……”。这是葛洪讲述服用雄黄的方法：或者蒸煮它，或者用酒浸泡，或者用硝酸钾(硝石)溶液溶解它。用硝酸钾溶解它会生成砷酸钾 K_3AsO_4，受热会分解生成三氧化二砷 As_2O_3，砒霜。或者与猪油(玄胴肠或猪大肠)共热；或者与松树脂(松脂)混合加热。猪油和松树脂都是含碳的有机化合物，受热会炭化生成炭。炭会使雄黄转变成的砒霜生成单质砷。或者用硝石、猪油、松树脂三物与雄黄共同加热(“或以三物炼之”)，就得到三氧化二砷和砷的混合物(“引之如布，白如冰”)。

砷的许多化合物都含有致命的毒性，常被加在除草剂、杀鼠药等中。砷为电的导体，被使用在半导体上。其化合物通称为砷化物，常用于涂料、壁纸和陶器的制作。

砷作合金添加剂生产铅制弹丸、印刷合金、黄铜(冷凝器用)、蓄电池栅板、耐磨合金、高强度结构钢及耐蚀钢等。黄铜中含有砷时可防止脱锌。高纯砷是制取化合物半导体砷化镓、砷化铟等的原料，也是半导体材料锗和硅的掺杂元素，这些材料广泛用于二极管、发光二极管、红外线发射器、激光器等中。砷的化合物还用于制造农药、防腐剂、染料和医药等。昂贵的白铜合金就是用铜与砷合炼的。

6.2 选 矿

选矿的概念如下：

① 有用矿物，能为人类利用的矿物。

② 矿石，在含有有用矿物的矿物集合体中，有用成分的含量，在当前技术经济条件下，能够富集加以利用的矿物集合体。

③ 脉石，在矿石中含有目前无法富集或工业尚不能利用的一些矿物。(对于煤炭来说，不能作煤使用而以 SiO_2 为主要成分的矿石叫矸石。)

④ 选矿，利用矿物性质(如物理或物理化学性质)的差异，借助各种选矿设备将矿石中的有用矿物与脉石矿物分离，并达到使有用矿物相对富集的过程。

⑤ 精矿，选矿选出的经富集的有用矿物。

⑥ 尾矿，弃之的无用产物称为尾矿。

对煤炭而言，将煤和矸石分离，从而获得质量不同的产物，称为选煤。

我国是一个历史悠久、文化发达的古老国家，远在 4 000 多年前就开始铜的冶炼。1637 年明朝宋应星所著《天工开物》就记载了许多有关应用重力分选的实例。如：用风车风选谷物、用水力分级方法提取瓷土，用淘洗法选收铁砂和锡砂等。

我国的大小选煤厂有数千座，均有重选设备。其中有小型的重选设备，又有大型现代化的重选设备。

6.2.1 重力选矿

重力选矿方法的主要依据，是品位或灰分不同的物料，在密度上的差别。

对于细粒及微细粒级的物料，按粒度分级，依据颗粒粒度不同，在介质中沉降速度存在差异。

重选过程是在运动过程中逐步完成分离的。重力设备，应具有使性质不同的矿粒，有不同的运动状况(运动的方向、速度、加速度及运动轨迹等)。重选过程是在介质中进行的。介质密度高、性质不同的矿粒在运动状态上的差别大，因而分选效果就好。

重力选矿过程中所用的介质有：空气、水、重液(密度大于水的液体或高密度盐类的水溶液)及悬浮液(固体微粒与水的混合物)，也可用固体微粒与空气的混合物，即空气重介质。

物体不仅受重力的作用，还承受介质作用于物体上的浮力及介质对运动物体的阻力。

重力选矿程中，应降低矿粒的粒度和形状对分选结果的影响，以便使矿粒间的密度差别在分选过程中，能起主导作用。重力分选过程中介质的流动形式有：连续上升、间断上升、间断下降、上下交变、倾斜流、旋转流。

重力选矿法是根据各种矿物的比重和粒度的差异进行分选的，但在一定程度上与矿物的颗粒形状有关。

常见的重选方法有：重介质选矿、跳汰选矿、旋转介质流分选、摇床分选、斜槽分选等。

6.2.2 水力分级选矿

水力分级是根据矿粒在运动介质中沉降速度的不同，将粒度级别较宽的矿粒群分成若干窄粒度级别产物的过程。

水力分级与筛分的性质相同。

筛分按几何尺寸分开，筛分产物具有严格的粒度界限。

水力分级是按沉降速度差分开，矿粒的形状、密度以及沉降条件对按粒度分级均有影响，因而分级不是严格按粒级进行的，具有较宽的粒度范围。水力分级与筛分的主要区别如表 6.1 所列。

表 6.1 水力分级与筛分的区别

类　别	工作原理	产物特性	工作效率	应用范围
筛分	按粒度分级	同级产物中粒度大小比较均匀，平均直径相同	对细粒物料筛分效率较低	大于 2～3 mm 的物料
水力分级	按沉降速度分级	产物中主要是等降颗粒	对细粒物料效率高	不小于 2～3 mm 的物料

1. 分级的界限粒度

(1) 分级产物的粒度

分级产物的粒度以该产物的粒度范围（如 0.25～0.5 mm）表示，或分级产物的粒度（如大于或小于 0.074 mm）在该产物中的含量表示。

它仅说明分级产物的粒度范围，而不能表示出两种分级产品的分界粒度。

(2) 分级的分界粒度

分级粒度是指按沉降速度计算分开两种产物临界颗粒的粒度。

分离粒度是指实际进入沉砂和溢流中分配率各占 50%的极窄粒级的平均粒度。

大于分离粒度的颗粒大多进入沉砂中，小于分离粒度的颗粒大多进入溢流中。

2. 分级过程

分级过程中的垂直运动。

$$v = v_0 - v_a \tag{6.1}$$

式中：v_0 为矿粒在静止介质中的沉降末速；v_a 为上升介质流速，接近水平或回转。

分级过程示意图如图 6.1(a)所示，沉降末速大于上升介质流速的矿粒，下沉到分级设备的底部，作为沉砂或底流排出；沉降末速小于上升介质流速的细粒级产物从上端溢出，成为溢流。如果要得到多个粒级产物，将溢流(或沉砂)在依次减小(或增大)的上升水流中继续进行分级。

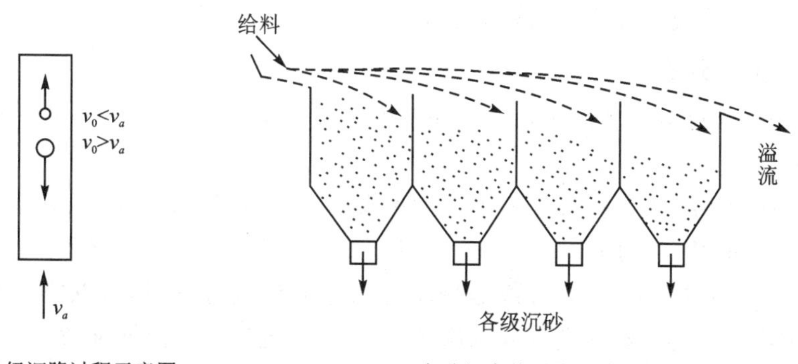

(a) 分级沉降过程示意图　　(b) 各分级室装置分级过程图

图 6.1　颗粒分级示意图

在接近水平流动中进行分级时，最粗的颗粒较早地沉降下来，中等及细粒级颗粒依次沉降下来，故在各分级室可得到不同粒度的沉砂，如图 6.1(b)所示。最细粒级由分级室末端溢出。

在回转流中，颗粒根据径向速度差分离。介质向心运动速度是决定分级粒度的基本因素。

水力分析(简称水析)是通过测定颗粒的沉降速度间接测量颗粒粒度组成的方法。

范围：常用于小于 0.1 mm 物料的粒度组成测定。

常用水析法有三种：重力沉降法、上升水流法和离心沉降法。

测定条件：自由沉降，悬浮液的固体容积浓度小于 3%。

斯托克斯沉降速度公式：

$$v_0=\frac{h}{t}=\frac{\mathrm{Re}\,\mu}{\rho d}=\frac{d^2(\delta-\rho)g}{18\mu}$$

$$d=\left[\frac{18\mathrm{Re}}{g}\cdot\frac{\mu^2}{\rho(\delta-\rho)}\right]^{\frac{1}{3}}$$

式中：v_0 为沉降速度，m/s；d 为沉降距离，m；t 为沉降时间，s。

为了防止水析过程中固体颗粒团聚，通常加入水玻璃等分散剂，浓度为 0.01%～0.02%。

串联旋流分级器原理：使分级过程在离心力场中进行。旋流水析器内颗粒的径向沉降速度，可按斯托克斯公式求出，仅需用离心加速度取代重力加速度。

离心沉降法所用装置：串联旋流分级器，也称旋流水析器，其基本原理结构如

图 6.1(b)所示。它是由 4 个倒置(底流口垂直向上)的水力旋流器互相串联并平行排列所组成的。

以此类推,由第 1 号到第 4 号旋流器溢流口和进料口直径,依次逐渐减小,旋流器分级粒度也相应逐渐减小。因此,物料分级完成后,第一个旋流器底流产品粒级最粗,最后一个旋流器底流产品粒级最细。

3. 水力分级设备

水力分级设备是利用矿粒在水介质中沉降速度的不同,在重力场或离心力场中,完成分级过程的。

在选煤厂中,水力分级主要用于煤泥水的处理过程,包括沉淀、浓缩、脱水,属于选煤工艺过程中的辅助作业。

在金属选矿厂中,水力分级是用于对入选原料进行分级,以获得几个窄级别物料,分别给入重选设备中进行分级选矿,或用于重选厂原矿前期准备。

水力分级设备有机械分级机和水力旋流器两种类型,这里介绍水力旋流器(见图 6.2)。

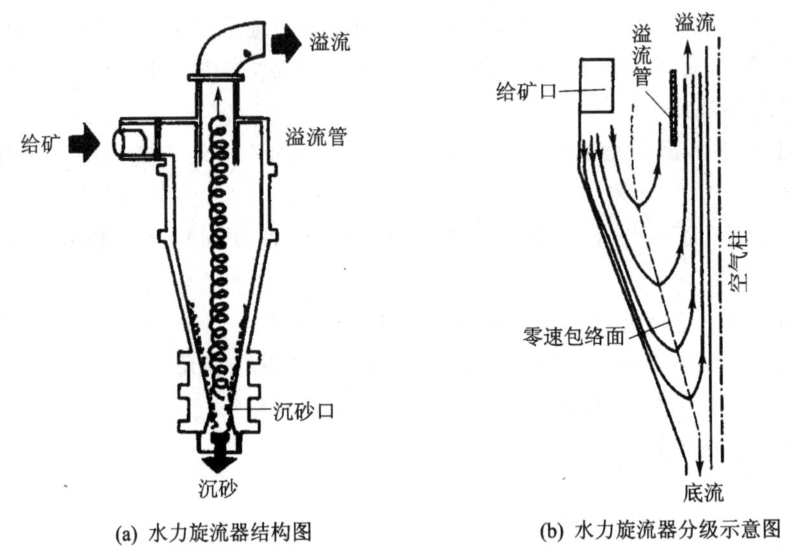

(a) 水力旋流器结构图　　(b) 水力旋流器分级示意图

图 6.2　水力旋流器

在重力场中,由于重力加速度 g 为定值,使微细颗粒的沉降速度受到限制,设备的处理能力和分选效果也难以提高。

为了强化分级和选分作业,利用回转流产生的惯性离心力,大大提高了颗粒的运动速度。

(1) 实现矿浆做回转运动的方法

① 矿浆在压力作用下,沿切线给入圆形分选容器中,例如各种形式的旋流器。

② 借回转的圆鼓，带动矿浆做圆周运动，例如，各种卧式离心选矿机和卧式离心脱水机。

离心加速度为

$$a=\omega^2 r=\frac{v_t^2}{r}$$

式中：r 为圆形分选器的半径，m；ω 为回转运动的角速度，r/s；v_t 为回转运动的切向速度，m/s。

离心力强度为

$$i=\frac{a}{g}=\frac{\omega^2 r}{g}$$

在重力选矿中，所用离心力有的可比重力大数十倍以上，因此大大强化了分选过程。

分级的设备，也可用于浓缩、脱泥（也可以脱砂）、分选。它的构造简单，便于制造，处理量大，且工艺效果良好，因而在问世后迅速得以推广应用。

（2）水力旋流器分级原理

矿浆在一定压力下，通过切向进料口给入旋流器，于是在旋流器内形成一个回转流。在旋流器中心处，矿浆回转速度达到最大，因而产生的离心力也最大。矿浆向周围扩展运动的结果，在中心轴周围形成了一个低压带。此时通过沉砂口吸入空气，在中心轴处形成一个低压空气柱。

作用于旋流器内矿粒上的离心力，与矿粒的质量成正比，因而在矿粒密度接近时便可按粒度大小分级。

矿浆在旋流器内既有切向回转运动，又有向内的径向运动，而靠近中心的矿浆又沿轴向向上（溢流管）运动，外围矿浆则主要向下（沉砂口）运动，所以它属于三维空间运动。

零速包络面：在轴向，矿浆存在一个方向转变的零速点，连接各点在空间构成的一近似锥形的面（见图 6.3）。

细颗粒离心沉降速度小，被向心的液流推动进入零速包络面排出成为溢流产物；而较粗颗粒则借较大离心力作用，保留在零速包络面外，最后由沉砂口排出，成为沉砂产物。零速包络面的位置大致决定了分级粒度。

（3）影响水力旋流器的因素

影响水力旋流器工作的因素包括结构参数、操作条件和矿石性质等。旋流器的直径 D、给矿口直径 d_G 和溢流口直径 d_y，是影响处理量 Q 和分级粒度 d_F 的主要结构参数。

矿浆体积处理量与旋流器直径的关系为

$$Q\propto D^2$$

分级粒度与旋流器直径的关系为

$$d_F \propto D$$

因此，进行粗分级时常选用较大直径旋流器；在细分级时则用小直径旋流器。当处理能力不够时，可以将多台并联使用。

1）给矿管直径 d_G 对旋流器工作的影响

给矿口的横断面形状以矩形为好，而纵断面常为图 6.3(a)所示的切线形。

由于这种进料方式，易使矿浆在进入旋流器时，与器壁冲击产生局部旋涡影响分级效率，出现了如图 6.3(b)所示的渐开线形及其他形式的给矿管。

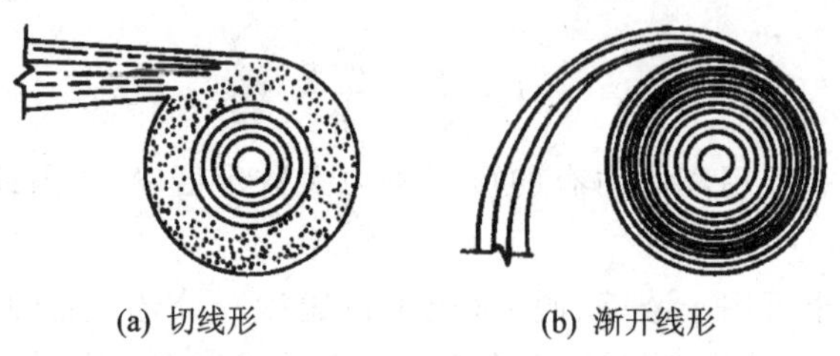

(a) 切线形　　(b) 渐开线形

图 6.3　切线形与渐开线形给矿管

2）溢流管直径 d_y 对旋流器工作的影响

溢流管大小应与旋流器直径呈一定比例，一般为 $d_y=(0.2\sim0.4)D$。增大溢流管直径，溢流量增加，溢流粒度变粗，沉砂中细粒级减少，沉砂浓度增加。

3）锥角对旋流器工作的影响

细分级或脱水用较小的锥角，最小为 1°～15°；粗分级或浓缩用用大锥角，为 20°～45°。

4）给矿性质对旋流器工作的影响

给矿浓度高，分级粒度变粗，分级效率将降低。当分级粒度为 0.074 mm 时，给矿浓度以 10%～20% 为宜；分级粒度为 0.019 mm 时，给矿浓度应取 5%～10%。

用于分级的旋流器最佳工作状态应是沉砂呈伞状喷出，伞的中心有不大的空气吸入口。旋流器底流不同排出物料如图 6.4 所示。

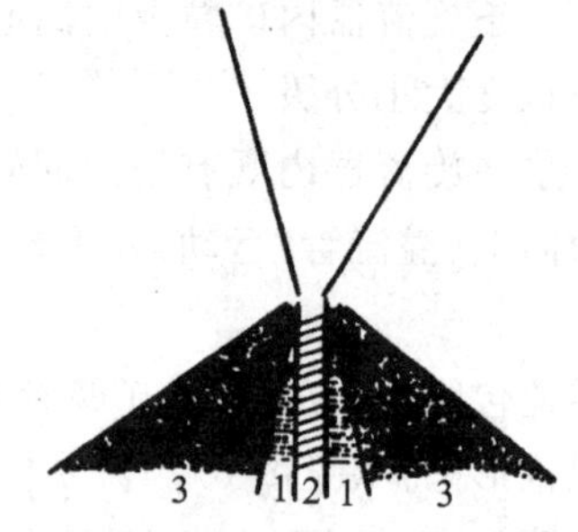

1—伞状；2—绳状（底流口很小）；3—大锥角伞状（底流口很大）

图 6.4　旋流器底流不同排出物料示意图

4. 水力分级在选矿中的应用

① 与磨矿作业构成闭路作业，及时分出合格粒度产物，以减少过磨。

② 在某些重选作业（如摇床选、溜槽选等）之前，作为准备作业，对原料进行分级，分级后的产物，分别给入不同设备或在不同操作条件下进行分选。

③ 对原矿或选后产物进行脱泥或脱水。

④ 在实验室内，测定微细物料的粒度组成。

6.2.3 跳汰选矿

跳汰选矿：矿物颗粒混合物在垂直脉动介质流作用下，按密度差异进行分层和分离过程，称为跳汰。

水力、风力跳汰床层：物料给入跳汰机筛板，形成一定厚度的物料层。

在脉动水流的作用下，物料按密度分层。

在水流上升期间，床层被抬起松散开，重矿物向底层转移，水流转而向下运动时，床层的松散度减少，开始粗颗粒的运动变困难，以后床层越来越紧密，只有细小的矿物颗粒可以穿过间隙向下运动，称为钻隙运动。下降水流停止，分层也停止。直到第二周期开始，又继续进行这样的分层运动，如此循环。

最后密度大的矿粒集中到了底层，密度小的矿粒进入到上层，完成了按密度分层，用特殊的排料装置分别排出后，即可得到不同密度的矿物。物料在一个周期内的松散与分层过程如图 6.5 所示。

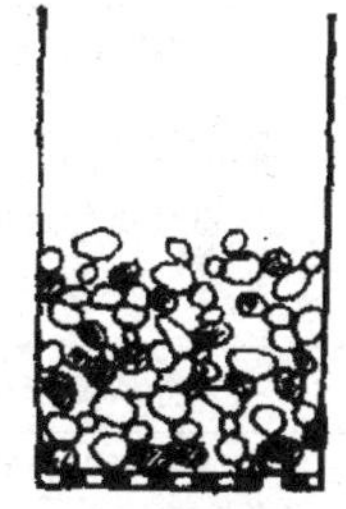
(a) 分层前矿粒混杂床层紧密

(b) 水流上升床层冲起

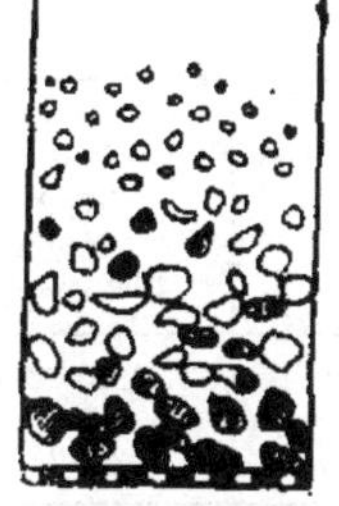
(c) 床层分层水流上升逐渐终止转而下降

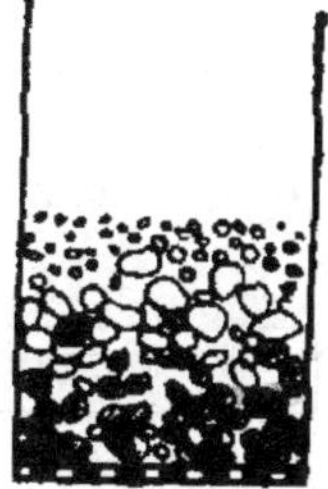
(d) 水流下降床层紧密

图 6.5　物料在一个周期内的松散与分层示意图

跳汰选矿具有工艺系统简单、操作维修方便、处理量大和投资少，且有足够分选精度等优点。因而在煤的可选性适宜时，被优先采用。

煤炭分选，跳汰选煤的比重很大，全世界有 50％的洗选煤炭是跳汰选，我国和德国占 60％左右，远超过其他选煤方法。

跳汰机适应性强，除极难选煤外，均可采用跳汰法。跳汰选矿的适用范围如表 6.2 所列。

1. 跳汰选矿原理

(1) 位能分层观点

这一观点是迈耶尔(Mayer，1947)提出的，它是从群粒角度分析跳汰分层过程机理的各学说中具有代表性的学说。

表 6.2　跳汰选矿的适用范围

有用矿物类型		有用成分密度/(g·cm^{-3})	跳汰入料粒径/mm	可选用的其他设备
黑色金属	褐铁矿	3.5	3～50	溜槽
	假象赤铁矿	5.3	3～50	溜槽
	硬锰矿	4.2	0.2～50	重介质分选机
	水锰矿	4.3	0.2～50	重介质分选机
	软铁矿	4.8	0.5～1.0	重介质分选机
	磁铁矿-赤铁矿	5.2	0.05～25	重介质分选机
	磁铁矿-假象赤铁矿		0.05～25	磁选机
砂矿	锡石、锰矿、铁矿、铌矿	6～8	0.05～25	溜槽和螺旋分选机
	钛锆矿、钍矿	4.2～5.2	0.05～25	溜槽和螺旋分选机
	黄金、白金	15.6	0.05～25	溜槽和螺旋分选机
	金刚石	3.5	0.05～25	溜槽和螺旋分选机
原生矿	钨锰矿、锡石	7.35～6.95	0.3～6	溜槽和摇床
煤	烟煤	1.2	0.5～13 13～100 0.5～50	重介质旋流器和摇床 重介质分选机
	无烟煤	1.8～2.0	13～100	重介质分选机
可燃性页岩		2～2.2	25～150	重介质分选机

在自然界中各种物理和化学的变化过程中，热力学第二定律认为：任何体系都倾向于自由能降低。也就是说，一种过程如果在变化前到变化后，伴随着能量降低，那么这个过程必将自发地进行。

迈耶尔认为：将床层视为一个整体，提出床层分层前所具有的位能，高于分层后所具有的位能。因此，只要给床层创造一个适当的松散条件，重物料就必然自发地进入床层的下层。

分层是通过性质不同的颗粒，在床层中重新分布，而达到床层内部位能降低的过程。而床层位能降低的速度就是床层的分层速度。

悬浮体进行的分层，下层集中着粗粒和重粒，上层集中着轻粒和细粒，位能的主要部分都转化为克服颗粒之间的各种阻力的功。

以物料分层前后床层位能的变化，来分析跳汰过程的能量传递与转换。某一系统开始时是混合均匀的，其重心位于 $H/2$ 处，它的位能为 E_1。物料分层前后床层位能变化如图 6.6 所示。

由于在分层过程中，床层内轻重物料各自的数量不发生变化，$\frac{h_1+h_2}{2}$ 及 A 为定

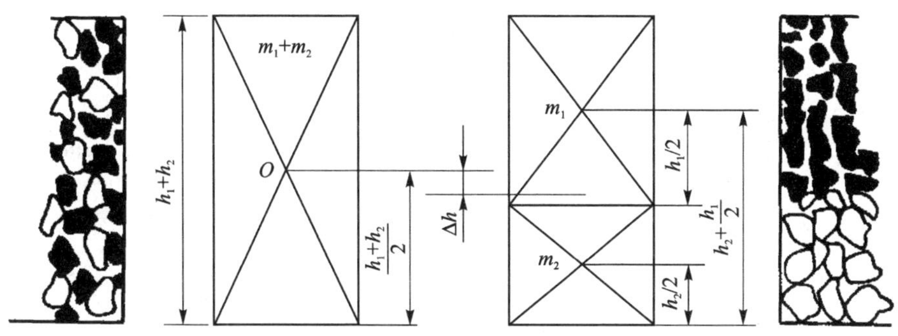

m_1、m_2—床层内轻、重物料的质量；h_1、h_2—床层内轻、重物料的堆积高度

图 6.6　物料分层前后床层位能的变化

值，当分层过程可以发生时，则ΔE 为正值。

粒度相同而密度不同的两种矿粒，在自然堆积时，其容积浓度是相同的；分层结果必然是高密度矿粒位于下层，低密度矿粒位于上层。若密度相同而粒度不同的两种矿粒，在自然堆积时，大粒度固体容积浓度高，分层结果必然是粒度大的位于下层，粒度小的位于上层。

(2) 分层过程的动力学学说

从个别颗粒的运动差异中，探讨分层原因的学说提出最早，先后有：按颗粒的自由沉降速度差分层学说、按颗粒的干涉沉降速度差分层学说、按颗粒的初加速度差分层学说，以及按干涉沉降、吸吸作用分层学说等。

维诺格拉道夫(1952 年)以数学形式，将各项因素加以概括，列出力学微分方程式，在垂直交变流动中，床层中的颗粒所受到的作用力有：颗粒在介质中的重力、介质阻力、介质被带动做加速运动的附加惯性阻力、介质本身做加速运动的附加推力及床层中其他颗粒对运动颗粒的摩擦碰撞机械阻力等。

2. 跳汰机结构

跳汰机(鲍姆式跳汰机) 分为分级煤用跳汰机、块煤跳汰机、末煤跳汰机，筛侧空气室跳汰机结构如图 6.7 所示。

跳汰机由机体、风阀、筛板、排料装置和排矸道组成。

机体有跳汰室和空气室。风阀将压缩空气给入空气室使跳汰室内产生脉动水流。补充水有筛下水、水平水流。原料由机头给入。产品(矸石、中煤)经各段的排料装置排到各自的排料道，与透筛的重产物经脱水斗提机排出，精煤由溢流口排出。跳汰筛板上为分层空间，承托床层，控制透筛排料速度和重产物床层的水平移动速度。筛板要有一定的刚性，耐磨性和坚固耐用性。倾角、孔形、开孔率选择要合理。跳汰机筛孔结构如图 6.8 所示。

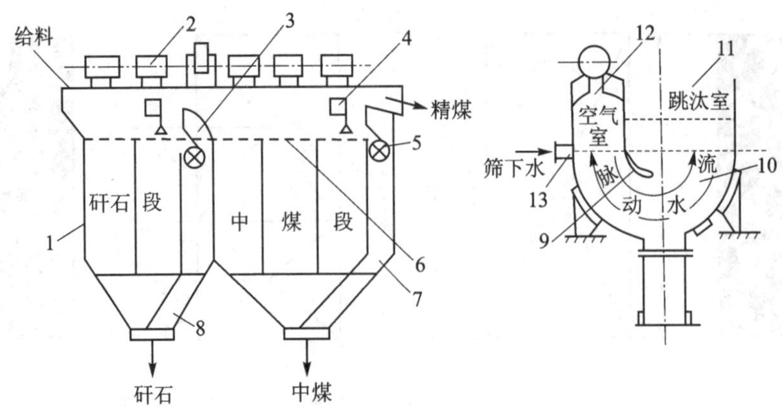

1—机体；2—风阀；3—溢流堰；4—自动排矸装置的浮标传感器；5—排矸轮；6—筛板；7—排中煤道；8—排矸道；9—分隔板；10—脉动水流；11—跳汰室；12—空气室；13—顶水进水管

图 6.7　筛侧空气室跳汰机结构

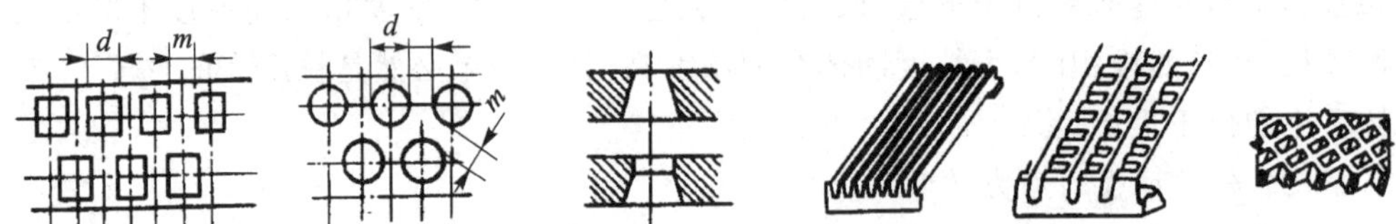

图 6.8　跳汰机筛孔结构

6.2.4　重介质选矿

任何重力分选过程，都是在一定的介质中进行的。若所使用的分选介质其密度大于 1 g/cm^3 时，这种介质称为重介质。矿石或煤炭在该介质中分选，称为重介质选矿或重介质选煤。

1926 年苏联工程师 E·A·斯列普诺夫，首先提出使用稳定悬浮液的重介质选煤法。以后，重介质选矿法便开始逐渐获得广泛应用。

至今，除重介质选煤是选煤的重要方法之外，还可应用于金属矿石、黑色金属矿石、贵金属矿石、稀有金属矿石及其他物料的分选。

1. 重介质选矿分选原理

根据阿基米德定理，小于重介质密度的颗粒将在介质中上浮，大于重介质密度的颗粒在介质中下沉。

重介质的密度 ρ_{zj} 应在轻产物 ρ_q 和重产物密度 ρ_z 之间。

$$\rho_q < \rho_{zj} < \rho_z$$

其中，重介质密度即为分选密度。

在重介分选机中，原煤进入后，就会按密度分为两个产品，分别收集这两种产品，可达到按密度分选的目的。

采用重介质分选法时，对加重质的选择十分重要。因为加重质的密度、粒度、硬度及磁性等，对其所配制的悬浮液性质(密度、粘度和稳定性)，均有直接影响。而悬浮液性能的优劣又直接影响重介质分选的效果、分选设备的生产能力、重介质的制备和回收、设备的选择以及选矿(煤)成本等。

2. 旋转重介质选矿

物料在介质中的运动速度差，是重力选矿的主要依据。

物体在介质中的沉降速度 v_0，不但与物体本身的性质有关，而且与重力加速度的 0.5～1 次方成正比。所以，假若可能，提高作用于物体上的重力加速度，是改善重力选矿过程的有效途径。但在整个重力场中，重力加速度为常数。从 20 世纪 50 年代，人们开始研究离心力场中进行的选矿过程。在离心力场中离心加速度，可比重力加速度大几十倍甚至几百倍。

因此，特别是细粒和密度差别小的物料，在旋转流造成的离心力场中进行筛选，比重力场中有效得多，而重介旋流器则正利用了这一原理。

近年来，由于机械化采煤的发展，煤质不断变坏，末煤量迅速增加，以及用户对精煤质量的要求不断提高，从而使重介旋流器得到广泛的应用。国内外实践证明，发展重介质旋流器选煤非常必要。重介质旋流器分选过程如图 6.9 所示。

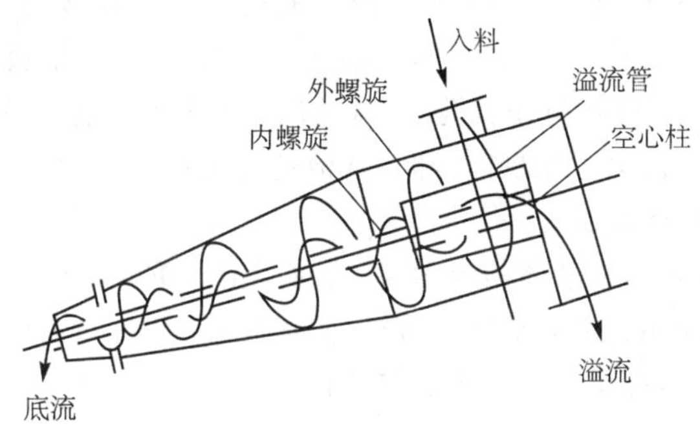

图 6.9　重介质旋流器分选过程

影响重介质旋流器工作的因素如下：

(1) 进料压力

进料压力高，悬浮液的速度大，离心力升高，分选速度提高，分选效果改善，处理量大。

(2) 入料固液比(矿粒与悬浮液的体积比)

矿粒与悬浮液的体积比影响处理量及分选效果，当矿粒与悬浮液的体积比增加时，处理量增大，过程慢，效果差。一般矿粒的固液比为 1∶4～1∶6，极难选煤的固液比为 1∶8。

(3) 悬浮液密度

悬浮液密度高,旋流器内物料实际分选度越大。实际入料悬浮液密度与实际分选密度差值,可通过改变给料压力及底流口孔径调节。

(4) 给料料度

上限不超过入料口或底流孔径的 1/4;下限不必太细,太细易造成脱介难,不经济,入料中虽然细物料分选效果差,但它不影响粗粒分选。

(5) 旋流器锥角

旋流器锥角增大,悬浮液浓缩作用强,分离密度大,悬浮液密度分布不均,效果降低。

6.2.5 干法选煤

在我国占可采储量 2/3 以上的煤炭产地位于山西、陕西、内蒙古西部和宁夏等严重缺水地区,因而无法大量采用现在耗水量较大的湿法选煤方法来提高煤质。我国自行研制的气-固两相流空气重介质流化床选煤技术及复合式干法分选机,能较好地满足干旱缺水地区和易泥化煤炭的分选要求。

空气重介质流化床干法选煤的基本原理和特点如下:

(1) 流态化的过程

空气重介质流态化,是一种使微粒固体介质通过与气体接触,而变成类似流体状态的过程。一个具有垂直器壁的容器,下部装一分布器,其上堆放有许多均匀微细颗粒,在颗粒层下部装一 U 形测压管孔,气流从底部经分布器流入颗粒床层,然后再由容器顶部排出。当气流通过床层时,随着气流速度的增加而增加。

(2) 流化床的似流体性质

气-固流化床能否具有液体的流动性,这对于空气重介质流化床分选技术来说是十分重要的。研究表明:完全流化后的气-固流化床,其气-固运动看起来很像沸腾的液体,并在很多方面都呈现类似于流体的性质。

6.3 造粒与成球

制粒是指往粉末状的物料中,加入适宜的润湿剂和粘合剂,经加工制成具有一定形状与大小的颗粒状物体的操作。

日常生活中的许多球形颗粒形状,如元宵等手工搓捻成型的,都可以采用这类成型设备完成,实现自动化的规模生产。

在颗粒剂中颗粒即是产品,如元宵、肉丸等搓成的丸制食品,以及在预加水成球中的煤球,或者是烧结过程中的球形矿物原料。而在片剂生产中的颗粒则是中间体,还需要其他工艺过程,再将颗粒制品制作为其他类型的产品。

无论是最终产品还是中间产品,制粒都是为了达到以下目的:

① 增加物料的流动性：细粉流动性差，增加片剂的重量差异；颗粒能增加流动性。粉末休止角 65°，颗粒休止角一般为 45°。

② 避免粉末分层：压片机振动，使重粉下沉，轻粉上浮而分层。

制粒的方法有湿法制粒与干法制粒两种。这里介绍湿法制粒方法。

1. 挤出制粒

药粉加入粘合剂制成软材，用强制挤压的方式，使其通过具有一定孔径的筛网或孔板而制粒的方法，称为挤出制粒。

挤出制粒的设备有摇摆式制粒机、旋转式制粒机等。挤出制粒用于制药、食品、冲剂、化工、固体饮料等行业，将搅拌好的物料制成所需颗粒，特别适用对粘性较高的物料。

2. 高速搅拌制粒(混合制粒机)

药粉、辅料、粘合剂加入容器内，因高速旋转的搅拌器的作用混合并制成颗粒的方法，称为高速搅拌制粒。其由容器、搅拌桨、切割刀所组成。

搅拌桨以一定的转速转动，使物料形成从盛器底部沿器壁抛起旋转的波浪，波峰正好通过高速旋转的制粒刀，使均匀混合的物料被切割成带有一定棱角的小块，小块间互相摩擦形成球状颗粒。通过调整搅拌桨叶和制粒刀的转速可控制粒度的大小，在同一封闭容器内完成干混—湿混—制粒工艺过程。混合制粒机有立式快速混合制粒机和卧式快速混合制粒机两种形式。

3. 滚转法制粒

现在许多颗粒成球法，都采用这种方法，如：水泥、元宵、药片制剂生产前的预准备等。

将浸膏或半浸膏细粉与适宜的辅料混匀，然后放入包衣锅或适宜的容器中转动，在滚转中，另外将润湿剂乙醇或水呈雾状喷入容器中，使原来细小的辅料颗粒润湿逐渐变成大的球形状颗粒，继续滚转至颗粒干燥。

此法适用于中药浸膏粉、半浸膏粉及粘性较强的药物细粉制粒。

在物料粉末中加入一定的量的粘合剂，在转动、摇动、搅拌等作用下，使粉末结聚成具有一定强度的球形颗粒的方法称为滚转法制粒。滚转法制粒粒度分布较宽，在使用中受到一定限制，多用于药丸的生产，可制备 2～3 mm 以上大小的药丸。滚转法与离心制粒如图 6.10 所示。

此外，还有流化喷雾制粒、喷雾干燥制粒、液相中晶析制粒法，干法制粒有滚压法和重压法制粒两种。复合型制粒机是搅拌制粒、转动制粒、流化床制粒等各种制粒技能结合在一起，使混合、捏合、制粒、干燥、包衣等多元单个操作在一个机器内进行的新型设备，多以流化床为母体进行的多种组合。

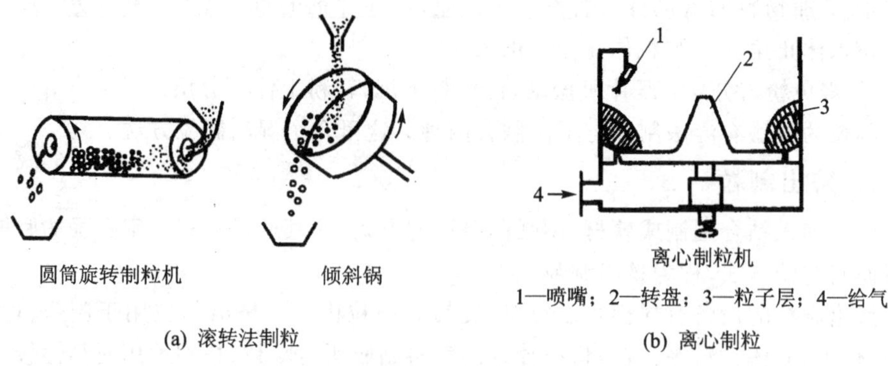

(a) 滚转法制粒　　(b) 离心制粒

图 6.10　滚转法与离心制粒示意图

习　题

1. 矿物有哪两种类型？试列举矿物原料在日常生活中的具体应用。

2. 何谓矿床、矿石、矿物和精矿？

3. 试列举铁、铜、铝、铅、锌、镁、锡、镍、钛、钼、钨等常用金属的最常见矿物的名称，指出其中哪些金属矿物原料是以硫化矿物为主？哪些属于氧化矿物。

4. 为什么要选矿？选矿生产工艺过程分几个阶段？各起什么作用？

5. 选矿方法有哪些？如何选用？衡量选矿效果有哪些技术经济指标？

6. 常用的矿石破碎和磨矿机械有哪些？其破碎原理是什么？如何选用？

7. 何谓筛分效率和筛分网目？矿物筛分常用什么机械？各有何优缺点？

8. 重力选矿法有哪几种？其基本原理是什么？

9. 浮选法选矿的基本原理是什么？常用的浮选药剂有哪几类？各起什么作用？

10. 为什么选矿过程常分为粗选、精选和扫选三个工序进行作业？对应产品分别是什么？

11. 矿物原材料在分选过程中，有哪几种常用分选类型？列举在日常生活中的分选方法。

12. 在矿物原料筛选过程中，有哪些不同类型的参数影响矿物筛选的效果？

13. 在矿物原料的造粒、成球过程中，有哪些方法？试列举日常生活中的应用案例。

第 7 章 超声波与测向原理

7.1 超声波原理

1830 年，F·Savart 曾用齿轮，第一次产生 2.4×10^4 Hz 的超声，1876 年 F·Galton 用气哨产生 3×10^4 Hz 的超声。1912 年 4 月 10 日，泰坦尼克号邮轮触冰山沉没，引起科学界注意，希望可以探测到水下的冰山。直到第一次世界大战，德国大量使用潜艇，击沉了协约国的大量舰船，探测潜艇的任务又提到科学家的面前。当时的科学家郎之万和他的朋友，利用当时已出现的功率很大的放大器和石英压电晶体结合起来，能向水下发射几十千赫兹的超声波，成功地将超声波应用到实际中。

新中国成立前，我国超声研究是个空白，超声学的研究始于 1956 年的“12 年科学规划”。1959 年超声应用（探伤、加工、种子处理、显示、医疗、粉碎、乳化等）取得了进展。在基础研究方面也有相当深度，如棒的声振动、超声乳化和水中气泡的超声吸收问题；建立了分子声学试验设备，对弛豫吸收、悬浮体的声吸收，进行了系列研究；建立了固体中超声衰减的测量设备；对粘弹性和可压缩流体的声速和衰减，进行了深入研究。1965 年开始研究了声表面波换能器。进入 20 世纪 80 年代，我国超声学面向实际应用。B 超医疗开始投入生产；超声加工、超声研磨、超声焊接、超声清洗、超声催化与滤矿及超声技术育种等，逐步开始形成一定规模的产业。压电复合换能器研制成功，窄脉冲短余振探头问世，高频压电材料 $LiNbO_3$ 与 PVDF 新颖压电薄膜换能器及超声显微镜研制成功并走向实用。

超声技术是一门以物理、电子、机械及材料学为基础的，各行各业都要涉及的通用技术之一。近年来，对超声技术的应用研究十分活跃，涉及的应用范围非常广泛。归纳起来是两大类：第一类是超声加工和处理技术；第二类是超声检测与控制技术，其他的超声理论和实验，实际上都是为这两类应用服务的。

超声加工和处理技术，是利用高强度的超声波，改变物质的性质和状态的技术。

超声钻孔、清洗、焊接、粉碎、凝聚、萃取、催化等都是这类技术中的典型应用。

超声检测与控制技术，是利用较弱的超声波，进行各种检验和测量，必要时可以进行自动控制的技术。在检验技术方面，最典型的应用就是超声探伤和超声检漏等。在测量技术方面，媒质的许多非声学特性和媒质的某些状态参量，都可以通过超声方法测定。

不论是超声加工处理技术，还是超声检测与控制技术，都要涉及超声波的产生和接收，即超声换能技术。超声波的应用或超声换能器的设计，涉及超声波的传播理论和某些效应和作用。

所谓超声波，是指人耳听不见的声波。正常人的听觉可以听到 20 Hz～20 kHz 的声波，低于 20 Hz 的声波称为次声波或亚声波，超过 20 kHz 的声波称为超声波。超声波是声波大家族中的一员，和可闻声本质上是一致的，它们的共同点都是一种机械振动，通常以纵波的方式在弹性介质内传播，是一种能量和动量的传播形式，其不同点是超声频率高，波长短，在一定距离内沿直线传播，具有良好的束射性和方向性。

与可闻波相比，超声波由于频率高、波长短，在传播过程中具有许多特有的性质：

① 方向性好。由于超声波的频率高，其波长较同样介质中的声波波长短得多，衍射现象不明显，所以超声波的传播方向好。

② 能量大。超声波在介质中传播，当振幅相同时，振动频率越高能量越大。因此，它比普通声波具有大得多的能量。

③ 穿透能力强。超声波虽然在气体中衰减很快，但在固体和液体中衰减较弱。在不透明的固体中，超声波能够穿透几十米的厚度，所以超声波在固体和液体中应用较广。

④ 引起空化作用。在液体中传播时，超声波与声波一样，是一种疏密的振动波，液体受拉时而逐级拉伸，产生近于真空或含少量气体的空穴。在声波压缩阶段，空穴被压缩直至崩溃。在空穴崩溃时产生放电和发光现象，这种现象称为空化作用。

也正是因为这些特点，使得超声波在工农业生产中有极其广泛的应用，如超声波检测、超声波探伤、功率超声、超声波处理、超声波诊断、超声波治疗等。超声波在工业中可用于对材料进行检测和探伤，可以测量气体、液体和固体的物理参数，可以测量厚度、液面高度、流量、粘度和硬度等，还可以对材料的焊缝、粘接等进行检查。超声波清洗和加工处理，可以应用于切割、焊接、喷雾、乳化、电镀等工艺过程中。超声波清洗是一种高效率的方法，已经用于尖端和精密工业。大功率超声可用于机械加工，使超声波在拉管、拉丝、挤压和铆接等工艺中得到应用。应用在医学中的超声波诊断发展很快，已成为医学上三大影像诊断方法之一，与 X 线、同位素分别应用于不同场合，例如超声波理疗、超声波诊断、肿瘤治疗和结石粉碎等。在农业中，可以用超声波对有机体细胞的杀伤特性来进行消毒灭菌，对作物种子进行超声波处理，有利于种子发芽和作物增产。此外超声波的液体处理和净化，可应用于环境保护中，例如超声波水处理、燃油乳化、大气除尘等。微波超声的重点放在微波电子器件，已经制成了超声波延迟线、声电放大器、声电滤波器、脉冲压缩滤波器等。

7.2　多普勒效应及其应用

多普勒效应是一个重要的物理概念，是波源和观察者有相对运动时，观察者接收到的波频率与波源发出的频率不同的现象。这一现象最初是由奥地利物理学家多普勒发现的，他于 1842 年首先提出了这一理论，为纪念多普勒而命名为多普勒效应。多普勒效应被天文学家用来测量恒星的视向速度，现已广泛应用于各种技术中。

远方疾驶过来的火车鸣笛声变得尖细(即频率变高，波长变短)，而离去的火车鸣笛声变得低沉(即频率变低，波长变长)，就是多普勒效应的现象。把声波视为有规律间隔发射的脉冲，可以想象若每走一步，便发射一个脉冲，那么在之前的每一个脉冲都比原来站立不动时更接近自己。而在后面的声源则比原来不动时远了一步。或者说，之前的脉冲频率比平常高，而之后的脉冲频率比平常低。

多普勒效应，不仅仅适用于声波，它也适用于所有类型的波，包括光波、电磁波。科学家哈勃利用多普勒效应得出宇宙正在膨胀的结论。

光的多普勒效应，又被称为多普勒-斐索效应。因为法国物理学家斐索在 1848 年独立地对来自恒星的波长偏移做了解释，指出了利用这种效应测量恒星相对速度的办法。光波与声波的不同之处在于，光波频率的变化使人感觉到是颜色的变化。如果恒星远离我们而去，则光的谱线就向红光方向移动，称为红移；如果恒星朝向我们运动，则光的谱线就向紫光方向移动，称为蓝移。

对于确定的介质，波的传播速度是一个定值。所以，当波在某一确定的介质中传播时，它的波长与它的周期成正比(与频率成反比)。波的频率越高，周期越小，其波长越短；反之，波的频率越低，周期越大，其波长越长。

一物体沿直线运动，靠近与远离观察者时的声波的变化，如图 7.1 所示，声波沿物体运动方向传播，当声波入射到运动物体上时要发生反射，根据多普勒效应原理，沿物体运动方向反射波的频率与入射波的频率有如下关系：

$$f=\frac{u}{u-v}f_{\mathrm{S}} \tag{7.1}$$

式中：f 为反射波频率；f_{S} 为入射波频率；u 为声波在空气中速度；v 为物体运动速度，物体运动方向与反射波传播方向相同取 $v>0$，物体运动方向与反射波传播方向相反取 $v<0$。

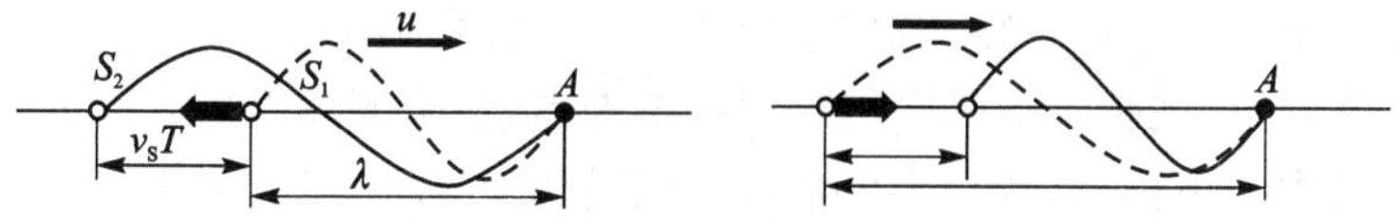

图 7.1　靠近与远离观察者时的测速示意图

一般 v 比 u 小很多，则 f 与 f_S 相差不大，将反射波与入射波在同方向叠加产生"拍"现象，设拍频为 $f_{拍}$ 有：

$$f_{拍}=f-f_S \tag{7.2}$$

将式(7.1)代入式(7.2)有：

$$f_{拍}=\frac{v}{u-v}f_S \tag{7.3}$$

考虑 $v \ll u$ 的情况，则上式近似为

$$f_{拍}\cong\frac{v}{u}f_S \tag{7.4}$$

假设物体做匀变速直线运动，并且设时间 $t=0, v=0$ 有：

$$v=at \tag{7.5}$$

式中：a 是物体运动加速度，将式(7.5)式代入式(7.4)式得

$$f_{拍}=\frac{af_S}{u}t \tag{7.6}$$

式(7.6)就是当物体做匀变速直线运动时，拍频 $f_{拍}$ 随时间变化的关系式，其斜率为

$$K=\frac{af_S}{u} \tag{7.7}$$

则

$$a=\frac{Ku}{f_S} \tag{7.8}$$

已知 u 和 f_S，测出不同时刻 $f_{拍}$，然后作图，根据式(7.8)可以得到物体加速度。同样已知 a 和 f_S，根据式(7.8)可测声速 u。

检查机动车速度的雷达测速仪，就是利用这种多普勒效应的。交通警察向行进中的车辆发射频率已知的电磁波，通常是红外线，同时测量接收到的反射波频率，根据反射波频率变化的多少就可以计算车辆的速度。

7.3 超声波装置与应用

下面对超声波装置典型功能部件进行阐述。

1. 超声波传感器

由于许多仪器及控制应用中，均涉及超声波传感器，尤其是在流量测量、材料无损检验及物位测量等方面，超声波传感器的应用尤为普遍。

广义上讲，超声波传感器是在超声频率范围内，将交变的电信号转换成声信号或者将外界声场中的声信号，转换为电信号的能量转换器件，又称为超声波换能器或者超声波探头。

超声波传感器，分为发射换能器和接收换能器，既能发射超声波又能接收发射出

去的超声波的回波。发射换能器利用压电元件的逆压电效应，而接收换能器则是利用压电效应。超声换能器的种类很多，按照其结构可分为直探头（纵波）、斜探头（横波）、表面波探头、双探头（一个发射，一个接收）、聚焦探头（将声波聚集成一束）、水浸探头（可浸在液体中）以及其他专用探头。按照实现超声换能器机电转换的物理效应的不同，可将换能器分为电动式、电磁式、磁致式、压电式和电致伸缩式等。

超声波换能器的材料也有多种选择，某些电介质（例如晶体、陶瓷、高分子聚合物等）在其适应的方向施加作用力时，内部的电极化状态会发生变化，在电介质的某相对两表面内，会出现与外力成正比的、符号相反的束缚电荷，这种由于外力作用，使电介质带电的现象，叫作压电效应。相反地，若在电介质上加一外电场，在此电场作用下，电介质内部电极化状态会发生相应的变化，产生与外加电场强度成正比的应变现象，这一现象叫作逆压电效应。压电陶瓷是目前最有可为的压电材料，其无论在数量上还是在质量上均处于支配地位，其优点如下：

① 所用原材料价廉且易得；

② 具有非水溶性，遇潮不易损坏；

③ 压电性能优越；

④ 品种繁多、性能各异，可满足不同的设计要求；

⑤ 机械强度好，易于加工成各种不同的形状和尺寸；

⑥ 采用不同的形状和不同的电极化轴，可以得到所需的各种振动模式；

⑦ 制作工艺较简单，生产周期较短，价格适中。

根据不同的实际应用情况，超声波传感器产生不同频率，声波的频率在 30 kHz～5 MHz 之间；应用在物位测量领域时，声波的频率会低一些，一般在 30 kHz～200 kHz 之间。

2. 超声波测距

超声波因其指向性强，能量消耗缓慢，在介质中传播距离远等特点，而经常用于各种测量。如利用超声波在水中的发射，可以测量水深、液位等。

超声波测距的原理：是利用超声波在空气中的传播速度已知，测量声波在发射后遇到障碍物反射回来的时间，根据发射和接收的时间差，计算出发射点到障碍物的实际距离。由此可见，超声波测距原理与雷达原理是一样的。

测距的公式表示为

$$L = V \cdot T$$

式中：L 为测量的距离长度；V 为超声波在空气中的传播速度；T 为测量距离传播的时间差（T 为发射到接收时间数值的一半）。

超声波测距主要应用于倒车提醒、建筑工地、工业现场等的距离测量，虽然目前的测距量程上能达到百米，但测量的精度往往只能达到厘米数量级。

由于超声波具有易于定向发射、方向性好、强度易控制、与被测量物体不需要直接接触的优点，因此是作为液位等恶劣环境测量的理想手段。

超声波液位测量,主要是以超声波测距为原理。如图 7.2 所示,在离水塔底部高 H 处,安装设计好的超声波液位计,液位计向水面垂直发出超声波,当超声波遇到水面经液面向上反射到液位计,液位计接收到反射回的超声波时,由单片机计算出超声波往返一次所用的时间,即可算出液位计到水面的距离 L,液位高度可由公式:$h=H-Vt/2$ 算出。其中,V 为超声波在空气中的传播速度,t 为超声波由液位计到水面往返一次的时间。

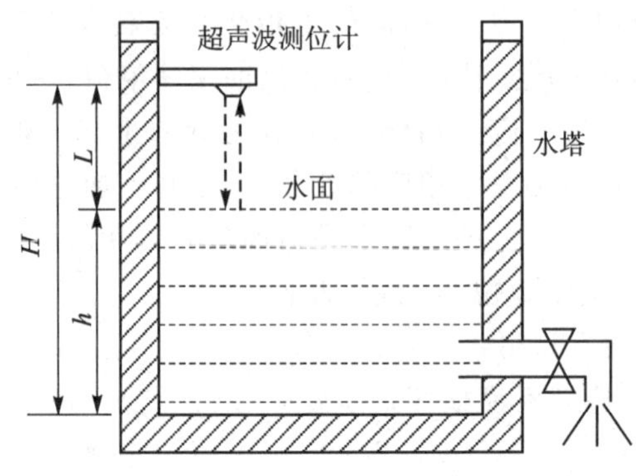

图 7.2　超声波液位测量示意图

利用超声波发生器,实现一定频率的振荡是很容易的,并且方法有多种,超声波在空气中一般可以实现有效传播,只要外部的环境不是特别的恶劣,所受到的干扰并不是很大,测量结果不会有太大的误差。

3. 超声波测流量

超声波流量计是一种非接触式仪表,适于测量不易接触和观察的流体以及大管径流量。它与水位计联动进行敞开水流的流量测量。使用超声波测流量不会改变流体的流动状态,不产生附加阻力,仪表的安装及检修均不影响生产管线运行,是一种理想的节能型流量计。

各类超声波流量计,均可管外安装、非接触测流,仪表造价基本上与被测管道口径大小无关,而其他类型的流量计随着口径增加,造价大幅度增加,因此口径越大超声波流量计比相同功能其他类型流量计的性价比越优越。超声波流量计被认为是较好的大管径流量测量仪表,多普勒法超声波流量计可测双相介质的流量,故可用于下水道及排污水等脏污流的测量。在发电厂中,用便携式超声波流量计测量水轮机进水量、汽轮机循环水量等大管径流量,比过去使用皮脱管流速计方便得多。超声波流量计也可用于气体测量。管径的适用范围 2 cm～5 m,从几米宽的明渠、暗渠到 500 m 宽的河流都可适用。

另外,超声测量仪表的流量测量准确度几乎不受被测流体温度、压力、粘度、密度等参数的影响,可制成非接触及便携式测量仪表,故可解决其他类型仪表所难以测量的强腐蚀性、非导电性、放射性及易燃易爆介质的流量测量问题。另外,鉴于非接触测量特点，再配以合理的电子线路，一台仪表可适应多种管径测量和多种流量范围的测量。

超声波流量计存在的缺点主要是：可测流体的温度范围受超声波换能器及换能器与管道之间的耦合材料耐温程度的限制；高温下被测流体传声速度的原始数据不全。目前我国超声波流量计只能用于测量 200 ℃以下的流体。

超声波流量计换能器的压电元件，常做成圆形薄片，沿厚度振动。薄片直径超过厚度的 10 倍，以保证振动的方向性。压电元件材料多采用锆钛酸钡。为固定压电元件，使超声波以合适的角度射入到流体中，需把元件放入声楔中，构成换能器整体（又称探头）。声楔的材料不仅要求强度高、耐老化，而且要求超声波经声楔后能量损失小即透射系数接近 1。常用的声楔材料是有机玻璃，因为它透明，可以观察到声楔中压电元件的组装情况。另外，某些橡胶、塑料及胶木也可作声楔材料。

根据对信号检测的原理，超声波流量计大致分为传播速度差法（包括：直接时差法、时差法、相位差法、频差法）、波束偏移法、多普勒法、相关法、空间滤波法及噪声法等。由于直接时差法、时差法、相位差法和频差法的基本原理都是通过测量超声波脉冲顺流和逆流传播时速度之差来反映流体的流速的，故又统称为传播速度差法。其中频差法和时差法克服了声速随流体温度变化带来的误差，准确度较高，所以被广泛采用。按照换能器的配置方法不同，传播速度差法又分为：Z 法（透过法）、V 法（反射法）、X 法（交叉法）等。

波束偏移法是利用超声波束在流体中的传播方向随流体流速变化，而产生偏移来反映流体流速的，低流速时，灵敏度很低适用性不大。

多普勒法是利用声学多普勒原理，通过测量不均匀流体中散射体散射的超声波多普勒频移来确定流体流量的，适用于含悬浮颗粒、气泡等流体流量测量。

相关法是利用相关技术测量流量，该原理方法测量准确度与流体中的声速无关，因而与流体温度、浓度等无关，测量准确度高，适用范围广。

噪声法（听音法）原理及结构简单，是利用管道内流体流动时产生的噪声与流体、流速的有关原理，通过检测噪声表示流速或流量值。其方法简单，设备价格便宜，但准确度低。

多普勒船舶声呐测速仪，一般安装在船体底部，由一个发射器和一个接收器组成，如图 7.3 中 O 点，多普勒测速示意如图 7.3 所示。

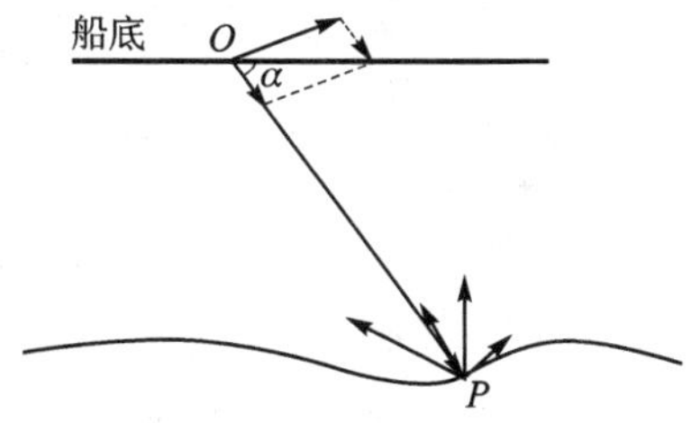

图 7.3　多普勒测速示意图

此时，船上接收器接收到的频率为

$$f = f_0 \frac{u + v\cos\alpha}{u - v\cos\alpha}$$

以上几种方法各有特点，应根据被测流体性质、流速分布情况、管路安装地点以及对测量准确度的要求等因素进行选择。一般来说，由于工业生产中工质的温度常不能保持恒定，因此多采用频差法及时差法。只有在管径很大时才采用直接时差法。对换能器安装方法的选择原则一般是：当流体沿管轴平行流动时，选用Z法；当流动方向与管轴不平行或管路安装地点使换能器安装间隔受到限制时，采用V法或X法。当流量分布不均匀而表前直管段又较短时，也可采用多声道（例如双声道或四声道）来克服流速扰动带来的流量测量误差。多普勒法适于测量两相流，可避免常规仪表由悬浮粒或气泡造成的堵塞、磨损、附着而不能运行的弊病，因而得以迅速发展。

7.4 均匀声呐线阵列

7.4.1 均匀线阵列指向性函数

超声换能器产生的超声波形成超声辐射场，其波动能量（声压或声强）具有一定的空间分布状态。指向性图案中有一系列超声波束，辐射能量最集中或接收灵敏度最高的波束，称为主波束（相当于主瓣），主波束旁侧的一系列次波束即相当于副瓣，主波束或主瓣两侧的两个方向之间的夹角称为波束宽度。

线阵列是指阵元布放在一条直线上的基阵。它一般具有如下指向性：

$$D(\alpha)=\frac{\sin\left[M\dfrac{2\pi d}{\lambda}(\sin\alpha-\sin\alpha_0)\right]}{M\sin\left[\dfrac{2\pi d}{\lambda}(\sin\alpha-\sin\alpha_0)\right]} \tag{7.9}$$

式中：α 是实际信号入射方向；M 为阵元个数；d 为相邻两阵元间距；λ 为入射信号的波长；α_0 为基阵的指向性确定的主极大所指向的角度，即信号若从该角度 α_0 入射则可以得到最大值。线阵列元测向示意图如图7.4所示。

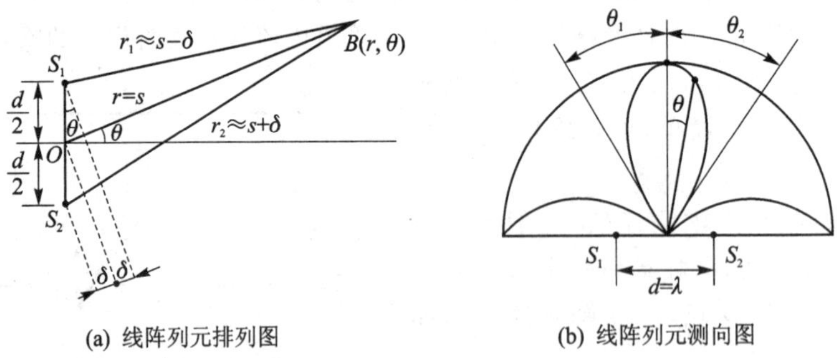

(a) 线阵列元排列图　　(b) 线阵列元测向图

图7.4　线阵列元测向示意图

7.4.2 波束形成的技术原理

一般均匀线阵列的自然指向，累加极大值是阵列的法线方向，即信号从法线方向入射可以得到最大的响应，因为在该方向上信号同相叠加，在其他方向上入射各阵元上的信号都会有一个相位延迟，从而会抵消掉一部分信号。信号源在不同方向时，各阵元接收信号与基准矢量的相位差不同，因而会造成各阵元接收的信号和输出信号的幅度不同，即阵的响应不同，这是基阵具有方向性的基本原理。而常规波束形成技术则是利用相位延迟这一点，选择适当的加权系数，补偿掉这个延迟，可以让波束的主极大指向任意的方向。波束形成技术，是指将按照一定几何形状（如直线、圆柱等）排列的多元基阵各阵元输出，经过处理形成空间指向性的方法。一般地说，波束形成技术是将一个多元阵，经适当处理使其对某些空间方向的声波具有所需响应的方法。

7.4.3　声呐波束的形成

声呐波束形成的目的，是使多阵元构成的基阵，经过适当处理后得到在预定方向上形成特定的指向性。对于一个发射系统，具有指向性，意味着发射能量可集中在某一方向，这样可以利用较小的能量探测到较远的目标。接收系统的指向性，可使系统定向接收，从而抑制其他方向的干扰和噪声。此外，利用接收系统的指向性，可以准确测定目标方位，达到目标方位估计的作用。目标方位估计，就是给定一组空域传播信号在基阵各阵元上的测量值，通过对这些测量值进行适当的处理，从中确定传播信号到达基阵的方位，通常称为 DOA（Direction of Arrival）估计问题。

由图 7.4(b)中的波束图可以看出其指向性特点，即基阵输出幅度对信号源所在的方向上的角度的响应。在某一方位上，幅度达到最大，说明在此角度下，入射信号入射到各通道时，均为同相信号，即相干信号。将它们相加之后，幅值达到最大。将其进行归一化处理后，即得到图 7.4 所示结果。此时，该角度是记录角度，并不是线阵列中心法线与声源夹角。也就是说线阵列转动了大约某一角度，输出幅度达到最大值。这与理论、实验情形是相符的。由此可以验证，均匀线阵列的中心的法线方向，就是其声波的主极大方向。

同时由波束图也可看出，不加窗时旁瓣级大约可以达到最大值；加上切比雪夫窗后，主瓣与旁瓣相差了超过某一范围。由此可见加窗可以优化波束图，压低旁瓣。同时也可以从图中看出，加窗后的波束图的主瓣比未加窗时略微宽一些，因而在设计和选用加权系数时，需在旁瓣级的高度和主瓣的宽度之间做平衡，因为这两个因素是互相冲突的。

可以充分利用声波的互易原理，既可以利用波束成形方法产生不同方向的射束波，也可以通过检测信号的波谱大小判断声波的方向。

对于波束形成技术，它确定了信号入射方向，实质上等效于一个空域滤波器，在空间上对特定方向入射的信号有较大响应，对其他方向来的信号有抑制作用。然而目标方位的估计事先是不知道目标的具体位置，它是通过对入射来的信号进行预处理，先构造一个空间功率谱，然后寻找其谱峰的位置，再用对应的角度方位来估计入射信号的方位。是否已知入射方向是发射与接收这两种波束分析方法的最根本区别。

习　题

1. 什么叫声呐？声呐可以完成哪些任务？

2. 为什么说声呐对于海、陆、空载体以及水下航行的潜艇至关重要。

3. 什么叫作多普勒效应？声呐信号参数选择的基本原则有哪些？

4. 推导声呐以某一速度径向接近运动目标时的多普勒回波表达式。

5. 信号的固有分辨率与测量精度有何差别？

6. 信号的固有时间分辨率和固有频率分辨率，分别取决于信号的哪些参数？

7. 主动与被动声呐接收，如何确定采用听觉知识方式进行最大值测向的定向精度？

8. 波束形成的基本原理是什么？

9. 为什么采用相对法定向时，多采用多元阵分成两个等效两元阵列，而不直接分成两元阵列？

第 8 章

编码与解码原理

熵是信息论与编码理论的中心概念。熵是刻画信息的多少或者不确定性的，至于条件熵以及互信息都是某种意义上的熵。

假定熵的定义公式中对数都是以 2 为底，那么一个字符序列的熵就是用二进制代码来表示这个字符序列的每个字的最少平均长度，也就是平均每个字最少要用几个二进制代码，这是熵的本质意义所在。所以熵天然地和编码联系在一起，用来描述编码的程度或者效率。

信息论创始人 Claude E. Shannon 引出了熵的具体数学形式之后，并应用在通信领域，明确了下面几个概念。

消息：指包含有信息的语言、文字和图像等。

信号：是信息的载荷子或载体，是物理性的，如电信号、光信号等。

信息：指各个事物运动的状态及状态变化的方式。

编码熵的应用，是一种把信息赋予能量特性的物质概念，也正是信息就是生产力的概念。

8.1 算术编码原理

8.1.1 算术编码

1948 年，Shannon 在提出信息熵理论的同时，也给出了一种简单的编码方法——Shannon 编码。Shannon 提出将信源符号依其出现的概率进行降序排列，用符号序列累计概率的二进制作为对信源的编码，并从理论上论证了它的优越性。早期的编码方法揭示了变长编码的基本规律，也确实可以取得一定的压缩效果。

第一个实用编码方法是由 D. A. Huffman 在 1952 年的论文《最小冗余度代码的构造方法》中提出的。直到今天，许多《数据结构》教材讨论二叉树时，仍要提及这种被后人称为Huffman(霍夫曼)编码的方法。Huffman编码在计算机界是如此著名，以至于连编码的发明过程本身也成了人们津津乐道的话题。据说，1952年时，年轻的Huffman还是麻省理工学院的一名学生，他为了向老师证明自己可以不参加某门功课的期末考试，才设计了这个看似简单，但却影响深远的编码方法。

Huffman编码效率高，运算速度快，实现方式灵活，在数据压缩领域得到了广泛的应用。例如，早期UNIX系统上一个不太为现代人熟知的压缩程序COMPACT，就是Huffman 0阶自适应编码的具体实现。1960年伊莱亚斯(Peter Elias)发现无需排序，只要编码、解码端使用相同的符号顺序即可，并提出了算术编码的概念。伊莱亚斯没有公布他的发现，因为他知道算术编码在数学上虽然成立，但不可能在实际中实现。1976年，帕斯科(R. Pasco)和瑞萨尼恩(J. Rissanen)分别用定长的寄存器实现了有限精度的算术编码。

20世纪80年代初，Huffman编码又出现在CP/M和DOS系统中，其代表程序叫SQ，在许多知名的压缩工具和压缩算法(如WinRAR、gzip和JPEG)里，都有Huffman编码的身影。不过，Huffman编码所得的编码长度只是对信息熵计算结果的一种近似，还无法真正逼近信息熵的极限。正因为如此，现代压缩技术通常只将Huffman视作最终的编码手段，而非数据压缩算法的全部。

学者们一直没有放弃向信息熵极限挑战的理想。之后，人们又将算术编码与J. G. Cleary和I. H. Witten于1984年提出的部分匹配预测模型(PPM)相结合，开发出了压缩效果近乎完美的算法。1987年，威滕(Witten)等人发表了一个实用的算术编码程序。同期，IBM公司发表了著名的Q编码器(用于JPEG和JBIG图像压缩标准)。从此，算术编码迅速得到了广泛的注意。

1. 熵的直观意义

对于一个离散的随机变量 X，取值为{x_1,x_2,…,x_n}，相应的概率为{p_1,p_2,…,p_n}。熵的定义为 $H(X)$=Sum_{i}p_i * lg(1/p_i)。

这里假定公式中出现的对数(log)都是以2为底的。从对数的定义可以知道lg(N)可以理解为用二进制来表示 N 大约需要多少位。比如lg(7)≈2.807 4，用二进制表示7为三位数字111。那么概率的倒数(1/p)是什么意思呢？概率我们知道可以理解为频率，比如一个字符在一个字符序列中出现的概率(频率)是0.1，那么，频率的倒数1/0.1=10。按照比例的意思来理解就是大约在长度为10的字符串中这个字符很可能出现一次，因为这样频率才能是1/10等于概率0.1。所以一个概率事件的信息量，就是观测到这个字符一次(这个事件发生一次)相应的字符串大约多长(用相应的二进制代码长度)。

一个概率事件的信息量，按照以上的二进制代码长度来理解之后，熵的意义就很明显了。就是所有概率事件的相应的二进制代码的平均长度。小的概率事件含有很大的信息量，大的概率事件含有较少的信息量。

下面用一个具体例子，用Huffman码，对符号序列进行二进制编码，说明熵的意义。

【例 8.1】 X 表示全空间为符号序列{贤者辟世 其次辟地 其次辟色 其次辟言}的随机变量。用符号出现频率来计算概率。可知：

$$P[X=\text{贤}]=1/16,\quad P[X=\text{者}]=1/16,\quad P[X=\text{辟}]=4/16$$
$$P[X=\text{世}]=1/16,\quad P[X=\text{其}]=3/16,\quad P[X=\text{次}]=3/16$$
$$P[X=\text{地}]=1/16,\quad P[X=\text{色}]=1/16,\quad P[X=\text{言}]=1/16$$

熵可以计算为

$$H(X)=6\times\frac{1}{16}\lg 16+\frac{1}{14}\lg 14+2\times\frac{3}{16}\lg\frac{16}{3}=2.946\ 4$$

Huffman 码的编排思想即选择较少两个概率进行组合，概率相加，一直到只有两个分支为止。其实质就是建立了一个二分支的树的结构，再根据此树的结构进行唯一确定的二进制编码。将以上概率从小到大排成一列，如表 8.1 所列。

表 8.1　Huffman 码的编码过程

<table>
<tr><td>P[X=贤]=1/16</td><td rowspan="2">1/8</td><td rowspan="4">4/16</td><td rowspan="7">9/16</td></tr>
<tr><td>P[X=者]=1/16</td></tr>
<tr><td>P[X=世]=1/16</td><td rowspan="2">1/8</td></tr>
<tr><td>P[X=地]=1/16</td></tr>
<tr><td>P[X=色]=1/16</td><td rowspan="2">1/8</td><td rowspan="3">5/16</td></tr>
<tr><td>P[X=言]=1/16</td></tr>
<tr><td>P[X=其]=3/16</td><td></td></tr>
<tr><td>P[X=次]=3/16</td><td></td><td rowspan="2" colspan="2">7/16</td></tr>
<tr><td>P[X=辟]=4/16</td><td></td></tr>
</table>

表中，从右到左按照上为 0 下为 1 的二分岔规则编码，就得到了 Huffman 码：贤 0000，者 0001，世 0010，地 0011，色 0100，言 0101，其 011，次 10，辟 11。

原文二进制代码为{0000，0001，11，0010；011，10，11，0011；011，10，11，0100；011，10，11，0101}共计 47 个代码。而 $16\times H(X)=16\times 2.946\ 4=47.142\ 4$。两者相当之接近。

如果用等长代码，由于有 9 个不同源符号，需要用 4 位二进制代码，那么原文的二进制代码总长为 $16\times 4=64$。可见 Huffman 码的效率高，接近了熵的估计值。这个例子也印证了以上熵的解释。

2. 信息熵(entropy)

信息熵的定义式如下：

$$H(X)=-\sum_{x\in X}P(x)\cdot\lg P(x)$$

式中：$P(x)$是变量出现的概率。从直观上，信息熵越大，变量包含的信息量越大，变量的不确定性也越大。一个事物内部会存在随机性，也就是不确定性，而从外部消除这个不确定性唯一的办法是引入信息。如果没有信息，则任何公式或者数字的游戏，无法排除不确定性。几乎所有的自然语言处理，信息与信号处理的应用，都是一个消除不确定性的过程。

3. 条件熵(conditional entropy)

知道的信息越多，随机事件的不确定性就越小。

条件熵的定义式如下：

$$H(X \mid Y) = -\sum_{x \in X, y \in Y} P(x \mid y) \cdot \lg P(x \mid y)$$

4. 联合熵

设 X、Y 为两个随机变量，对于给定条件 $Y=y$ 下，X 的条件熵定义为

$$X(X \mid Y) = -\sum_{x \in X}\sum_{y \in Y} p(x, y) \cdot \lg p(x, y)$$

5. 左右熵

左右熵一般用于统计方法的新词发现。

计算一对词之间的左熵和右熵，熵大，则说明是个新词。因为熵表示不确定性，所以熵越大，不确定性越大，也就是这对词左右搭配越丰富，选择越多。如“粉丝”这个词，我们希望左右熵都很大，希望粉丝这个词左右边搭配尽可能丰富，如左边：这粉丝、圈粉丝、热粉丝；右边：粉丝的，粉丝样、粉丝命等，左右搭配丰富。

6. 互信息(mutual information)

两个事件的互信息定义为：$I(X;Y)=H(X)+H(Y)-H(X,Y)$，也就是用来衡量两个信息相关性大小的量。

互信息是计算语言学模型分析的常用方法，它度量两个对象之间的相关性。

互信息的定义式如下：

$$I(X;Y) = -\sum_{x \in X, y \in Y} P(x, y) \cdot \lg \frac{P(x, y)}{P(x)P(y)}$$

熵作为理论上的平均信息量，即编码一个信源符号所需的二进制位数，在实际的压缩编码中的码率很难达到熵值，但熵可以作为衡量一种压缩算法的压缩比好坏的标准，码率越接近熵值，压缩比越高。

在许多场合下，并不知道要编码数据的统计特性，也不一定允许事先获知它们的编码特性，因此算术编码在不考虑信源统计特性的情况下，只监视一小段时间内码出现的概率，不管统计是平稳的或非平稳的，编码的码率总能趋近于信源的熵值。

8.1.2 算术编码算法

实现算术编码，首先需要知道信源发出每个符号的概率大小，然后再扫描符号序列，依次分割相应的区间，最终得到符号序列所对应的码字。整个编码需要两个过程，即概率模型建立过程和扫描编码过程。

算术编码的基本原理是：根据信源不同符号序列出现的概率，把[0,1]区间划分为互不重叠的子区间，子区间的宽度恰好是各符号序列的概率。这样信源发出的不同符号序列将与各子区间一一对应，因此每个子区间内的任意一个实数，表示对应的符号序列，这个数就是该符号序列所对应的码字。

显然，一串符号序列发生的概率越大，对应的子区间就越宽，要表达它所用的比特数就减少，因而相应的码字就越短。

算术编码在图像数据压缩标准（如 JPEG、JBIG）中扮演了重要的角色。在算术编码中，信息用 0～1 之间的实数进行编码，算术编码用到两个基本的参数：符号的概率和它的编码间隔。信源符号的概率决定压缩编码的效率，也决定编码过程中信源符号的间隔，而这些间隔包含在 0～1 之间。编码过程中的间隔决定了符号压缩后的输出。算术编码器的编码过程可用下面的例子加以解释。

【例 8.2】 有一序列 $S=011$，这种 3 个二元符号的序列可按自然二进制排列，000，001，010，…，则 S 的积累概率为

$$P(S)=p(000)+p(001)+p(010)$$

如果 S 后面接一个“0”，则积累概率为

$$\begin{aligned}P(S_0)&=p(0000)+p(0001)+p(0010)+p(0011)+p(0100)+p(0101)\\&=p(000)+p(001)+p(010)=P(S)\end{aligned}$$

如果 S 后面接一个“1”，则积累概率为

$$\begin{aligned}P(S_1)&=p(0000)+p(0001)+p(0010)+p(0011)+p(0100)+p(0101)+p(0110)\\&=P(S)+p(0110)\\&=P(S)+p(S)P_0\end{aligned}$$

上面两式可统一为

$$p(S_r)=P(S)+p(S)P_r,\quad r=0,1$$

一般的递推公式为

$$P(S_r)=P(S)+p(S)P_r$$

实际编码过程：先置两个存储器 C 和 A，起始时可令

$$A(\varnothing)=1,\quad C(\varnothing)=0$$

其中，$\varnothing$ 代表空集。每输入一个信源符号，存储器 C 和 A 就按照上式更新一次，直至程序结束，就可将存储器 C 的内容作为码字输出。

【例 8.3】 有简单的 4 个符号 a，b，c，d 构成序列 $S=$abda，各符号、概率与算术编解码过程如图 8.1 所示，设起始状态为空序列 φ，则 $A(\varphi)=1$，$C(\varphi)=0$。

符 号	符号概率 p_i	符号累积概率 P_j	符 号	符号概率 p_i	符号累积概率 P_j
a	0.100(1/2)	0.000	c	0.001(1/8)	0.110
b	0.010(1/4)	0.100	d	0.001(1/8)	0.111

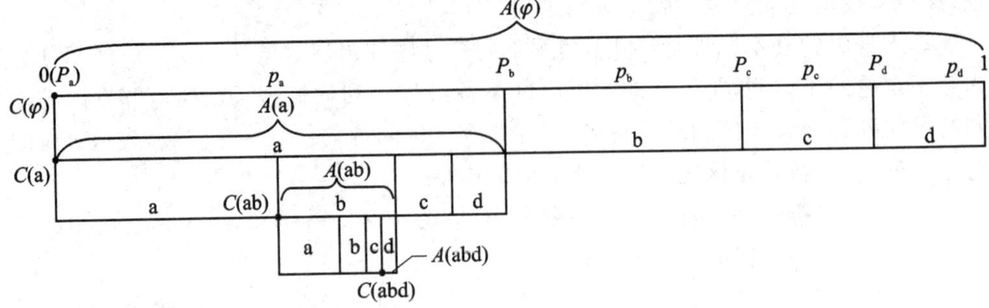

图 8.1　各符号、概率与算术码编码过程

$$\begin{cases} C(\varphi_a)=C(\varphi)+A(\varphi)P_a=0+1\times 0=0 \\ A(\varphi_a)=A(\varphi)P_a=1\times 0.1=0.1 \end{cases}$$

$$\begin{cases} C(ab)=C(a)+A(a)P_b=0+0.1\times 0.1=0.01 \\ A(ab)=A(a)p_b=0.1\times 0.01=0.001 \end{cases}$$

$$\begin{cases} C(abd)=C(ab)+A(ab)P_d=0.01+0.001\times 0.111=0.010\ 111 \\ A(abd)=A(ab)p_d=0.001\times 0.001=0.000\ 001 \end{cases}$$

$$\begin{cases} C(abda)=C(abd)+A(abd)P_a=0.010\ 111+0.000\ 001\times 0=0.010\ 111 \\ A(abda)=A(abd)P_a=0.000\ 001\times 0.1=0.000\ 0001 \end{cases}$$

根据递推公式的相反过程，译出符号。具体译码顺序是后编的先译，故称为LIFO算术码，步骤如下：

$C(abda)=0.010\ 111<0.1\in[0,0.1)$，第一个符号为 a；放大至$[0,1)$：$C(abda)\times 2^1=0.101\ 11\in[0.1,0.110)$，第二个符号为 b；去掉累积概率 P_b：$0.101\ 11-0.1=0.001\ 11$ 放大至$[0,1)$：$0.001\ 11\times 2^2=0.111\in[0.111,1)$，第三个符号为 d；去掉累积概率 P_d：$0.111-0.111=0$ 放大至$[0,1)$：$0\times 2^3=0\in[0,0.1)$第四个符号为 a。

在上面的例子中，我们假定编码器和译码器都知道信息的长度，因此译码器的译码过程不会无限制地运行下去。实际上在译码器中需要添加一个专门的终止符，当译码器看到终止符时就停止译码。

【例 8.4】 一个实现算术编码的示例。要编码的是一个来自 4 符号信源{A,B,C,D}的由 5 个符号组成的符号序列：ABBCD。假设已知各信源符号的概率分别为：$P(A)=0.1,P(B)=0.4,P(C)=0.2,P(D)=0.3$。

编码时，首先根据各个信源符号的概率将区间$[0,1]$分成 4 个子区间。符号 A 对应$[0,0.1]$，符号 B 对应$[0.1,0.5]$，符号 C 对应$[0.5,0.7]$，符号 D 对应$[0.7,1.0]$。

如果二进制信息序列的输入为:CADACDB。编码时首先输入的符号是 C,找到它的编码范围是[0.5,0.7]。由于信息中第二个符号 A 的编码范围是[0,0.1],因此它的间隔就取[0.5,0.7]的第一个十分之一作为新间隔[0.5,0.52]。依此类推,编码第三个符号 D 时取新间隔为[0.514,0.52],编码第四个符号 A 时,取新间隔为[0.514,0.514 6],…。信息的编码输出可以是最后一个间隔中的任意数。编码过程如表 8.2 所列。

表 8.2　算术编码过程

步　骤	符　号	编码间隔	编　码	判　决
1	C	[0.5,0.7]		符号的间隔范围[0.5,0.7]
2	A	[0.5,0.52]	[0.5,0.7]	间隔的第一个 1/10
3	D	[0.514,0.52]	[0.5,0.52]	间隔的最后一个 1/10
4	A	[0.514,0.514 6]	[0.514,0.52]	间隔的第一个 1/10
5	C	[0.514 3,0.514 42]	[0.514,0.514 6]	间隔的第五个 1/10 开始,2 个 1/10
6	D	[0.514 384,0.514 42]	[0.514 3,0.514 42]	间隔的最后 3 个 1/10
7	B	[0.514 383 6,0.514 402]	[0.514 384,0.514 42]	间隔的 4 个 1/10,从第一个 1/10 开始
8	从[0.514 387 6,0.514 402]中选择一个数作为输出:0.514 39			

8.1.3　数字信号算术编码过程

【例 8.5】 假设信源符号为{00,01,10,11},这些符号的概率分别为{0.1,0.4,0.2,0.3},根据这些概率可把间隔[0,1)分成 4 个子间隔:[0,0.1),[0.1,0.5),[0.5,0.7),[0.7,1)。

假设二进制信息序列的输入为:10 00 11 00 10 11 01。编码时首先输入的符号是 10,找到它的编码范围是[0.5,0.7)。由于信息中第二个符号 00 的编码范围是[0,0.1),因此它的间隔就取[0.5,0.7)的第一个十分之一作为新间隔[0.5,0.52)。依此类推,当编码第三个符号为 11 时,取新间隔为[0.514,0.52);当编码第四个符号为 00 时,取新间隔为[0.514,0.514 6)…。信息的编码输出可以是最后一个间隔中的任意数。编码过程和译码过程如表 8.3 和表 8.4 所列。

表 8.3　编码过程

步　骤	符　号	编码间隔	编　码	判　决
1	10		[0.5,0.7)	符号的间隔范围[0.5,0.7)
2	00	[0.5,0.52)	[0.5,0.7)	间隔的第一个 1/10
3	11	[0.514,0.52)	[0.5,0.52)	间隔的最后一个 1/10

续表 8.3

步　骤	符　号	编码间隔	编　码	判　决
4	00	[0.514,0.514 6)	[0.514,0.52)	间隔的第一个 1/10
5	10	[0.514 3,0.514 42)	[0.514,0.514 6)	间隔的第五个 1/10 开始，2 个 1/10
6	11	[0.514 384,0.514 42)	[0.514 3,0.514 42)	间隔的最后 3 个 1/10
7	01	[0.514 383 6,0.514 402)	[0.5143 84,0.514 42)	间隔的 4 个 1/10，从第一个 1/10 开始
8	从[0.514 387 6,0.514 402)中，选择一个数作为输出：0.514 387 6			

表 8.4　译码过程

步　骤	间　隔	译码符号	译　码	判　决
1	[0.5,0.7)	10	0.514 39	在间隔 [0.5,0.7)
2	[0.5,0.52)	00	0.514 39	在间隔 [0.5,0.7)的第一个 1/10
3	[0.514,0.52)	11	0.514 39	在间隔[0.5,0.52)的第七个 1/10
4	[0.514,0.514 6)	00	0.514 39	在间隔[0.514,0.52)的第一个 1/10
5	[0.514 3,0.514 42)	10	0.514 39	在间隔[0.514,0.514 6)的第五个 1/10
6	[0.514 384,0.514 42)	11	0.514 39	在间隔[0.514 3,0.514 42)的第七个 1/10
7	[0.514 39,0.5143 948)	01	0.514 39	在间隔[0.514 39,0.514 394 8)的第一个 1/10
8	译码的信息：10 00 11 00 10 11 01			

8.2　几种编码方法

8.2.1　霍夫曼(Huffman)编码

Huffman 编码过程如下：

① 将 n 个信源信息符号按其出现的概率大小依次排列：

$$p(x_1) \geqslant p(x_2) \geqslant \cdots \geqslant p(x_n)$$

② 取两个概率最小的字母分别配以 0 和 1 两码元，并将这两个概率相加作为一个新字母的概率，与未分配的二进制符号的字母重新排队。

③ 对重排后两个概率最小的符号重复步骤②的过程。

④ 不断继续上述过程，直到最后两个符号配以 0 和 1 为止。

⑤ 从最后一级开始，向前返回得到各个信源符号所对应的码元序列，即相应的码字。

Huffman 编码过程如表 8.5 所列。

表 8.5　Huffman 编码过程

信源符号x_i	概率$p(x_i)$	编码过程	码字W_i	码长K_i
x_1	0.20	0.20　0.26　0.35　0.39　0.61 0　1.0	00	2
x_2	0.19	0.19　0.20　0.26　0.35 0　0.39 1	01	2
x_3	0.18	0.18　0.19　0.20 0　0.26 1	100	3
x_4	0.17	0.17　0.18 0　0.19 1	101	3
x_5	0.15	0.15 0　0.17 1	110	3
x_6	0.10	0　0.11 1	1110	4
x_7	0.01	1	1111	4

该 Huffman 码的平均码长为

$$\bar{K}=\sum_{i=1}^{7}p(x_i)K_i=2.72\text{ 码元 / 符号}$$

信息传输速率为

$$R=\frac{H(X)}{\bar{K}}=\frac{2.61}{2.72}=0.959\,6\text{ 比特 / 码元}$$

Huffman 码的平均码长最小，信息传输速率最大，编码效率最高。

Huffman 编码方法得到的码并非是唯一的，造成非唯一的原因如下：

每次对信源缩减时，赋予信源最后两个概率最小的符号，用 0 和 1 是可以任意的，所以可以得到不同的 Huffman 码，但不会影响码字的长度。

对信源进行缩减时，当两个概率最小的符号合并后的概率与其他信源符号的概率相同时，这两者在缩减信源中进行概率排序，其位置放置次序可以是任意的，故会得到不同的 Huffman 码。此时将影响码字的长度，一般将合并的概率放在上面，这样可获得较小的码方差。

Huffman 码用概率匹配方法进行信源编码，有两个明显特点：①Huffman 码的编码方法保证了概率大的符号对应于短码，概率小的符号对应于长码，充分利用了短码；②缩减信源的最后两个码字总是最后一位不同，保证了 Huffman 码是即时码。

8.2.2　游程编码

在二元序列中，只有两种符号，即“0”和“1”，这些符号可连续出现，连“0”这一段称为“0”游程，连“1”这一段称为“1”游程。它们的长度分别称为游程长度 $L(0)$ 和 $L(1)$。

对于多元序列也存在相应的游程序列。例如 m 元序列中，可有 m 种游程。连着出现符号 r 的游程，其长度 $L(\mathrm{r})$ 就是“r”游程长度。

设有多元信源序列$(x_1,x_2,\cdots,x_{m1},y,y,\cdots,y,x_{m1+1},x_{m1+2},\cdots x_{m2},y,y,\cdots)$其中 x 是含有信息的代码，取值于 m 元符号集 A，可称为信息位；y 是冗余位，它们可

为全0,即使未曾传送,在接收端也能恢复。序列可用下列两个序列来代替:

$$111,\cdots,100,\cdots,000111,\cdots,111000$$

$$x_1,x_2,\cdots,x_{m1},x_{m1+1},x_{m1+2},\cdots,x_{m2},\cdots$$

前一个序列中,用“1”表示信息位,用“0”表示冗余位;后一个序列是取消冗余位后留下的所有信息位。

8.2.3 算术编码与 Huffman 编码的区别

算术编码的基本原理是将编码的信息表示为实数 0 和 1 之间的一个间隔,信息越长,编码表示它的间隔就越小,表示这一间隔所需的二进制位就越多。

算术编码是一种无失真的编码方法,能有效地压缩信源冗余度,属于熵编码的一种。算术编码的一个重要特点,就是可以按分数比特逼近信源熵,突破了 Huffman 编码每个符号只能按整数个比特逼近信源熵的限制。自适应算术编码在对符号序列进行扫描的过程中,可一次完成概率估计模型和当前符号序列中各符号出现的频率统计,自适应地调整各符号的概率估计值,同时完成编码。

算术编码是一种到目前为止编码效率最高的统计熵编码方法,它比著名的 Huffman 编码效率提高 10%左右,但由于其编码的复杂性和实现技术的限制以及一些专利权的限制,所以并不像 Huffman 编码那样应用广泛。算术编码有两点优于 Huffman 码:①它的符号表示更紧凑;②它的编码和符号的统计模型是分离的,可以和任何一种概率模型协同工作。后者非常重要,因为只要提高模型的性能就可以提高编码效率。

Huffman 编码,属于码字长度可变的编码类,即从下到上的编码方法。同其他码字长度可变的编码一样,可区别的不同码字的生成是基于不同符号出现的不同概率。生成 Huffman 编码算法基于一种称为“编码树”的技术。采用 Huffman 编码时,是可变长度码,因此很难随意查找或调用压缩文件中间的内容,然后再译码,这就需要在存储代码之前加以考虑。

Huffman 码字必定是整数的比特长,这样就会产生问题:假如一个符号的编码最优比特数大约是 1.6,那么 Huffman 不得不将其码字设为 1 比特或 2 比特,并且每种选择都会得到比理论上可能的长度更长的压缩信息。而算术编码可以解决这个问题。算术编码是一种高效清除字串冗余的算法。它避开用一个特定码字代替一输入符号的思想,而用一个单独的浮点数来代替一串输入符号,避开了 Huffman 编码中比特数必须取整的问题。但是算术编码的实现有两大缺陷:① 很难在具有固定精度的计算机上完成无限精度的算术操作。② 高度复杂的计算量不利于实际应用。

8.3　非接触式 IC 卡(RFID)与曼彻斯特编码

8.3.1　非接触式 IC 卡的工作原理

相对于接触式 IC 卡，非接触式 IC 卡需要解决的问题主要有以下 3 个方面：

① 非接触式 IC 卡，如何取得工作电压。

② 读/写器与 IC 卡之间，如何交换信息。

③ 防冲突问题，多张卡同时进入读/写器发射的能量区域(即发生冲突)时，如何对卡逐一进行处理。

1. 非接触式 IC 卡的信息与能量传递

非接触式 IC 卡在卡的表面上无触点，IC 卡与读/写器之间通过无线方式(即发射和接收电磁波)进行通信，因此非接触式 IC 卡的使用依赖于射频识别(RFID)技术的发展，故又将非接触式 IC 卡称为射频卡(RFIC)。典型的射频识别系统由应答器和寻呼器组成，非接触式 IC 卡的读/写器就是寻呼器，而卡则是应答器，如图 8.2 所示。

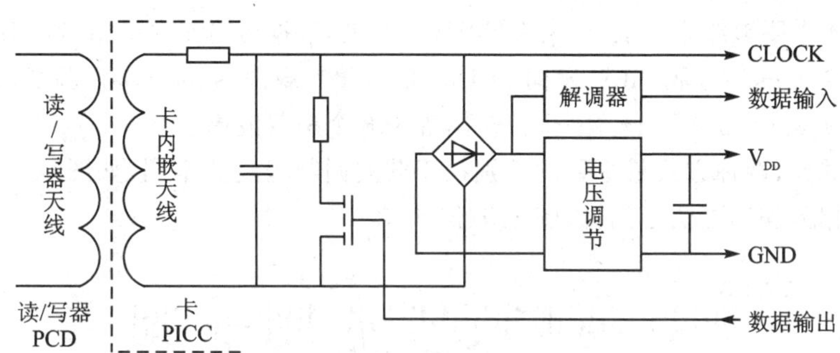

图 8.2　IC 卡读/写器发射和接收线圈

2. 非接触式 IC 卡与读/写器的信号接口

非接触式 IC 卡和读/写器均设有发射和接收射频用的线圈(天线)。由于卡内无电源，因此 IC 卡工作所需的电压和功率也是通过线圈发送的，如图 8.3 所示。

读/写器和 IC 卡之间的工作关系如下：

① 读/写器发射激励信号(一组固定频率的电磁波)。

② IC 卡进入读/写器工作区内，被读/写器信号激励。在电磁波的激励下，卡内的 LC 串联谐振电路产生共振，从而使电容内有了电荷，在这个电容的另一端，接有一个单向导通的电子泵，将电容内的电荷送到另一个电容内储存，当所积累的电荷达到 2 V 时，此电容可以作为电源为其他电路提供工作电压，供卡内集成电路工作

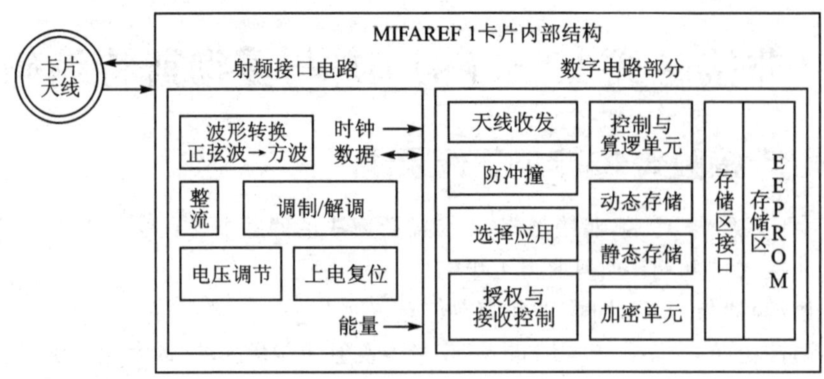

图 8.3　IC 卡内部结构

所需。

③ 同时卡内的电路对接收到的信息进行分析，判断发自读/写器的命令，如需在 EEPROM 中写入或修改内容，还需将 2 V 电压提升到 15 V 左右，以满足写入 EEPROM 的电压要求。

④ IC 卡对读/写器的命令进行处理后，发射应答信息给读/写器。

⑤ 读/写器接收 IC 卡的应答信息。

图 8.4 中阴影部分为 f_c=13.56 MHz 的载波，数据传输速率=13.56 MHz/128=106 kb/s(9.4 μs/b)，从 PICC 发向 PCD 的信号用副载波(subcarrier)调制，副载波的频率 $f_s=f_c/16$=847 kHz。一个位时间等于 8 个副载波周期。

可以看到，两种方式最主要的区别在于载波调制程度的不同，如图 8.4(a)所示；二进制数据的编码方法不同，如图 8.4(b)所示。

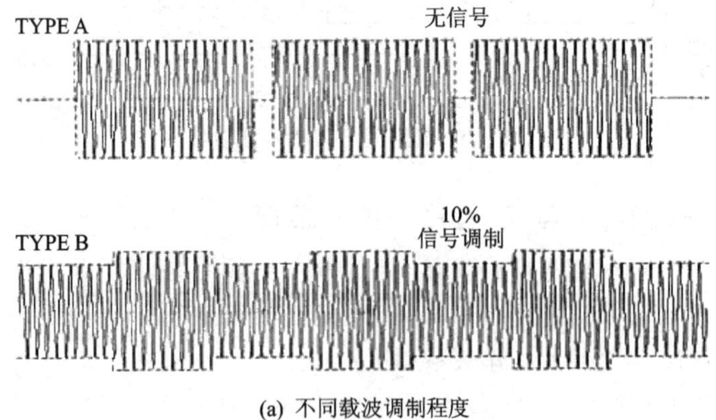

(a) 不同载波调制程度

图 8.4　二进制数据编码的载波调制

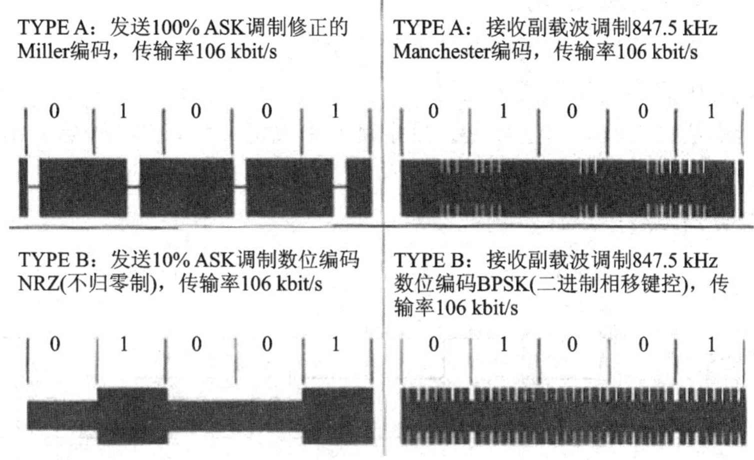

(b) 不同二进制数据编码方法

图 8.4　二进制数据编码的载波调制(续)

8.3.2　曼彻斯特(Manchester)编码

1948 年，Shannon 在提出信息熵理论的同时，也给出了一种简单的编码方法——Shannon 编码。基带传输在基本不改变数字数据信号频带(即波形)的情况下，直接传输数字信号，可以达到很高的数据传输速率与系统效率；在基带传输数字数据信号的编码方式主要有：非归零码(NRZ)、归零码(RZ)、曼彻斯特(Manchester)编码、差分曼彻斯特(difference Manchester)编码等，其中的极性归零有以下定义：

单极性码：只用一种电压($+E$ 或$-E$)和 0 电压表示数据。

双极性码：用$+E$ 和$-E$ 两种电压表示数据。

不归零信号：在传输一位数据所占用的时钟周期内，信号电压保持不变。

归零信号：在传输一位数据时钟周期结束前(如半周期时刻)，信号电压提前回到 0 等。

1. 曼彻斯特码

数据代码中的“1”前半周期用$-E$ 电压，后半周期用$+E$ 电压表示，“0” 前半周期用$+E$，后半周期用$-E$ 电压表示。

曼彻斯特编码的规则如下：

① 每比特的周期 T，分为前 $T/2$ 与后 $T/2$ 两部分。

② 通过前 $T/2$ 传送该比特的反码，通过后 $T/2$ 传送该比特的原码。

曼彻斯特编码的每个比特的中间，有一次电压跳变，两次电压跳变的时间间隔，其可以是 $T/2$ 或 T；利用电压跳变，可以产生收发双方的同步信号；发送时无需另发同步信号。

2. 差分曼彻斯特编码

差分曼彻斯特编码是对曼彻斯特编码的改进。

每比特的中间跳变仅做同步之用。

每比特的值根据其开始边界是否发生跳变来决定；一个比特开始处出现电压跳变，表示传输二进制 0；不发生跳变，表示传输二进制 1。

差分曼彻斯特编码过程如图 8.5 所示。

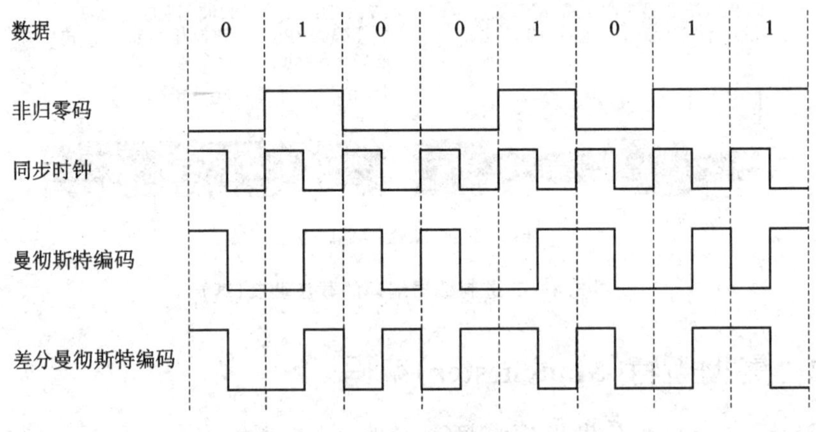

图 8.5　差分曼彻斯特编码过程

8.3.3 格雷码

1. 二进制格雷码

在精确定位控制系统中，检测位置的办法有两种：其一是使用位置传感器，测量到的位移量，由变送器经 A/D 转换成数字量，送至系统进行进一步处理。其二是采用光电轴角编码器，进行精确位置控制。根据光电轴角编码器刻度方法及信号输出形式，可分为增量式、绝对式以及混合式三种。而绝对式编码器是直接输出数字量的传感器，它是利用自然二进制或循环二进制（格雷码）方式进行光电转换的，编码的设计一般是采用自然二进制码、循环二进制码、二进制补码等。绝对式编码器的特点：不要计数器，在转轴的任意位置都可读出一个固定的与位置相对应的数字码；抗干扰能力强，没有累积误差；电源切断后位置信息不会丢失，但分辨率是由二进制的位数决定的，根据不同的精度要求，可以选择不同的分辨率即位数。目前有 10 位、11 位、12 位、13 位、14 位或更高位等多种。

其中采用循环二进制编码的绝对式编码器，其输出信号是一种数字排序，不是权重码，每一位没有确定的大小，不能直接进行比较大小和算术运算，也不能直接转换成其他信号，要经过一次码变换，变成自然二进制码，再由上位机读取以实现相应的控制。而在码制变换中有不同的处理方式，这里介绍二进制格雷码与自然二进制码的互换。

格雷码(又叫循环二进制码或反射二进制码),在数字系统中只能识别 0 和 1,各种数据要转换为二进制代码才能进行处理,格雷码是一种无权码,采用绝对编码方式。典型的格雷码,是一种具有反射特性和循环特性的单步自补码,它的循环、单步特性消除了随机取数时出现重大误差的可能,它的反射、自补特性使得求反非常方便。

格雷码属于可靠性编码,是一种错误最小化的编码方式。自然二进制码可以直接由数/模转换器转换成模拟信号,但某些情况,例如,从十进制的 3 转换成 4 时,二进制码的每一位都要变,使数字电路产生很大的尖峰电流脉冲。而格雷码没有这一缺点,它是一种数字排序系统,其中的所有相邻整数在它们的数字表示中只有一个数字不同。它在任意两个相邻的数之间转换时,只有一个数位发生变化,大大减少了由一个状态到下一个状态时逻辑的混乱。另外由于最大数与最小数之间也仅一个数不同,所以通常又叫格雷反射码或循环码。表 8.6 为几种自然二进制码与格雷码的对照表。

表 8.6　自然二进制码与格雷码的对照表

十进制数	自然二进制数	格雷码	十进制数	自然二进制数	格雷码
0	0000	0000	8	1000	1100
1	0001	0001	9	1001	1101
2	0010	0011	10	1010	1111
3	0011	0010	11	1011	1110
4	0100	0110	12	1100	1010
5	0101	0111	13	1101	1011
6	0110	0101	14	1110	1001
7	0111	0100	15	1111	1000

2. 二进制格雷码与自然二进制码的互换

(1) 自然二进制码转换成二进制格雷码

自然二进制码转换成二进制格雷码,其法则是保留自然二进制码的最高位,作为格雷码的最高位,而次高位格雷码为二进制码的高位与次高位相异或,而格雷码其余各位与次高位的求法相类似。二进制码与格雷码的转换如图 8.6 所示。

(2) 二进制格雷码转换成自然二进制码

二进制格雷码转换成自然二进制码,其法则是保留格雷码的最高位作为自然二进制码的最高位,而次高位自然二进制码为高位,自然二进制码与次高位格雷码相异或,而自然二进制码的其余各位与次高位自然二进制码的求法相类似。

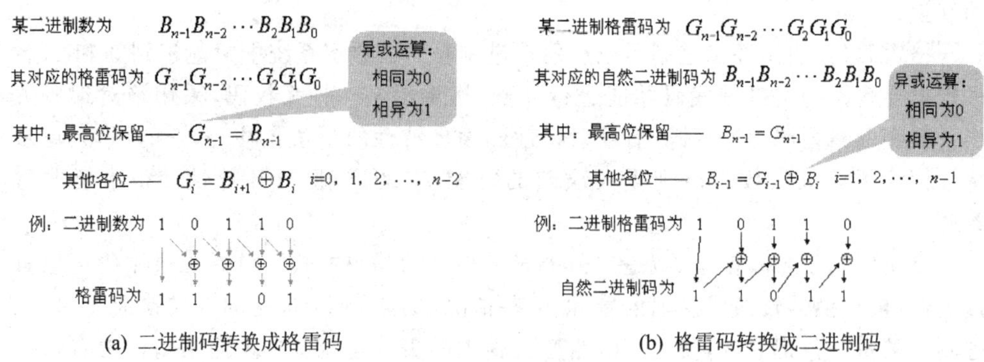

(a) 二进制码转换成格雷码　　(b) 格雷码转换成二进制码

图 8.6　二进制码转换成格雷码

8.4　条形码编码

8.4.1　条形码

条码最早出现在 20 世纪 40 年代，但得到实际应用和发展还是在 70 年代前后。现在世界上的各个国家和地区都已普遍使用条码技术，而且它正在快速地向世界各地推广，其应用领域越来越广泛，并逐步渗透到许多技术领域。

条码是由一组按一定编码规则排列的条、空符号，用以表示一定的字符、数字及符号组成的信息。条码系统是由条码符号设计、制作及扫描阅读组成的自动识别系统。在进行辨识的时候，是用条码阅读机扫描，得到一组反射光信号，此信号经光电转换后变为一组与线条、空白相对应的电子信号，经解码后还原为相应的文字或数字，再传入电脑。目前条码辨识技术已相当成熟，其读取的错误率约为百万分之一，首读率大于 98%，是一种可靠性高、输入快速、准确性高、成本低、应用面广的资料自动收集技术。

世界上约有 225 种以上的条形码，每种条形码都有自己的一套编码规则，规定每个字母（可能是文字或数字或字符）是由几个线条（Bar）及几个空白（Space）组成。Code39 码（标准 39 码）、Codebar 码（库德巴码）、Code25 码（标准 25 码）、UPC－A 码、UPC－E 码、EAN－13 码（EAN－13 国际商品条码）、EAN－8 码（EAN－8 国际商品条码）、中国邮政码（矩阵 25 码的一种变体）、Code－B 码、Code93 码、ISBN 码、ISSN 码、Code128 码（Code128 码，包括 EAN128 码）等条形码。

简单来说，条码是用来方便人们输入资料的一种方法，这种方法是将要输入电脑内的所有字符，以宽度不一的线条（Bar）及空白（Space）组合，表示每一字符相对应的码（Code）。其中空白也可视为一种白色线条，不同的条形码规格有不同的线条组合方式。

在一个条码的起始及结束的地方，都会放入起始码及结束码，用以辨识条码的起始及结束，不同条码规格的起始码及结束码的图样并不完全相同。

每一种条码规格所能表示的字符组合，有不同的范围及数目，有些条码规格只能表示数字，如 UPC 码、EAN 码；有些则能表示大写英文及数字，甚至能表示出全部 ASCII 字符表上的 128 字符，如 39 码、128 码。

依据条码被解读时的特性可将条码规格分成两大类：

① 分布式，每一个字符可以独自地解码，打印时每个字符与旁边的字符间，是由字间距分开的，而且每个字符固定是以线条作为结束。然而，并不一定是字符间距的宽度大小都必须相同，可以允许某些程度的误差，只要彼此差距不大即可，如此，对条码打印机的机械规格要求可以比较宽松，如 39 码与 128 码。

② 连续式，字符之间没有字间距，每个字符都是线条开始，空白结束，且在每一个字的结尾后，马上就紧跟下一个字符的开始。由于无字间距的存在，所以在同样的空间内，可打印出较多的字符数，但相对地，因为连续式条码的密度比较高，其对条码机的打印精度的要求也较高，如 UPC 码和 EAN 码。

条码的编码方式，是由许多粗细不一的线条及空白组合，表示不同的字符码。大多数的条码规格都是只有粗和细两种线条，但也有些条码使用到两种以上不同粗细的线条。

固定或可变长度，指在条码中包含的资料长度是固定或可变的，有些条码规格因限于本身结构的关系，只能使用固定长度的资料，如 UPC 码、EAN 码。

自我校验检查，指某个条码是否有自我检测错误的能力，不会因一个打印上的小缺陷，而可使一个字符被误判成为另外一个字符。有自我检查能力的条码大多没有硬性规定要使用“校验码”。

1. UPC 码

UPC 码（Universal Product Code）是最早大规模应用的条码，其特性是一种长度固定、连续的条码，目前主要在美国和加拿大使用，由于其应用范围广泛，故又被称万用条码。UPC 码如图 8.7 所示。

图 8.7　UPC 码

UPC 码仅可用来表示数字，故其字码集为数字 0～9。UPC 码共有 A、B、C、D、E 五种版本，各版本的 UPC 码格式与应用对象如表 8.7 所列。

表 8.7　UPC 码的各种版本

版　本	应用对象	格　式
UPC-A	通用商品	SXXXXX XXXXXC
UPC-B	医药卫生	SXXXXX XXXXXC
UPC-C	产业部门	XSXXXXX XXXXXCX
UPC-D	仓库批发	SXXXXX XXXXXCXX
UPC-E	商品短码	XXXXXX

注：S 为系统码，X 为资料码，C 为校验码。

2. EAN 码

EAN 码的全名为欧洲商品条码(European Article Number),源于 1977 年,是由欧洲 12 个工业国家共同发展出来的一种条码。目前已成为一种国际性的条码系统。EAN 条码系统的管理是由国际商品条码总会(International Article Numbering Association)负责各会员国的国家代表号码的分配与授权,再由各会员国的商品条码负责机构,对其国内的制造商、批发商、零售商等授予厂商代表号码。如 00~09 代表美国、加拿大;45~49 代表日本;690~692 代表中国大陆,471 代表中国台湾地区,489 代表中国香港特区。EAN 码如图 8.8 所示。

图 8.8 EAN 码

① EAN 码的特性如下:

➢ 只能存储数字。

➢ 可双向扫描处理,即条码可由左至右或由右至左扫描。

➢ 必须有一校验码,以防读取资料的错误情形发生,位于 EAN 码中的最右边处。

➢ 具有左护线、中线及右护线,以分隔条码上的不同部分与适当的安全空间来处理。

② EAN 码按结构的不同,可区分为:

➢ EAN-13 码:由 13 个数字组成,为 EAN 的标准编码形式。

➢ EAN-8 码:由 8 个数字组成,属于 EAN 的简易编码形式。

3. ISBN 与 ISSN

ISBN 与 ISSN 的用途很广,除了我国的商品条码 CAN 以及日本商品条码 JAN 外,目前国际认可的书籍代号与期刊号的条码,也都是由 EAN 码变身而来的。书籍的国际认可代号称为国际标准书号(International Standard Book Number,ISBN),期刊的国际认可代号则称为国际标准期刊号(International Standard Serial Number,ISSN),原本 ISBN 与 ISSN 的条码编号申请是独立于国家 EAN 编号系统的,不过 1991 年国际标准书号总部为提倡图书与期刊条码化,函告各出版社,其出版品的 ISBN 与 ISSN 可并入 EAN 系统,不必再向该国 EAN 负责机构申请条码编号,也不需要再付任何费用。

4. 39 码

39 码是 Intermec 公司于 1975 年推出的一种条形码，具有编码规则简单，误码率低，所能表示的字符个数多等特点，因此在各个领域有着极为广泛的应用。我国也制定了相应的国家标准(GB12908—91)。39 码仅有两种单元宽度：宽单元和窄单元。宽单元的宽度为窄单元的 1～3 倍，一般多选用 2 倍、2.5 倍或 3 倍。39 码的每一个条码字符由 9 个单元组成，其中有 3 个宽单元，其余是窄单元，因此称为 39 码。而 Code 93 码与 39 码具有相同的字符集，但它的条码密度要比 39 码高，所以在面积不足的情况下，可以用 93 码代替 39 码。

39 码能表示字母、数字和其他一些符号共 44 个字符：A～Z，0～9，-、.、$、/、+、%、* 和空格。

条码的长度是可变化的，通常以"*"号作为起始、终止符，校验码不用，代码密度介于每英寸 3～9.4 个字符。空白区是窄条的 10 倍，用于工业、图书，以及票证自动化管理。

39 码的构成元素如下：起始码+资料码+终止码。

5. 128 码

128 码于 1981 年推出，是一种长度可变、连续性的字母数字条码。与其他条形码比较起来，128 码是较为复杂的条码系统，而其所能支持的字符也相对比其他条形码更多，并且还有不同的编码方式可供交互运用，因此其应用弹性较大。

128 码的内容大致分为起始码、资料码、终止码、校验码 4 部分，如图 8.9 所示。

图 8.9　128 码的结构

128 码有三种不同类型的编码方式，而想选择何种编码方式，则决定于起始码内容。

无论采用 A、B、C 何种编码方式，128 码的终止码均为固定的一种型态，其逻辑型态皆为 1100011101011。

目前我国所推行的 128 码是 EAN-128 码，EAN-128 码是根据 EAN/UCC-128 码定义标准将资料转变成条码符号，并采用 128 码逻辑，具有完整性、紧密性、连结性及高可靠度的特性。辨识范围涵盖生产过程中一些补充性质且易变动的资讯，如生产日期、批号、计量等。可应用于货运标签、携带式资料库、连续性资料段、流通配送标签等。

8.4.2 二维码

条形码所携带的信息量有限，如商品上的条码仅能容纳13位(EAN-13码)阿拉伯数字，更多的信息只能依赖商品数据库的支持，离开了预先建立的数据库，这种条码就没有意义了，因此在一定程度上也限制了条码的应用范围。基于这个原因，在20世纪90年代发明了二维码。二维码除了具有一维条码的优点外，同时还有信息量大、可靠性高、保密、防伪性强等优点。

目前二维条码主要有PDF417码、Code49码、Code 16K码、Data Matrix码、MaxiCode码等，主要分为堆积或层排式和棋盘或矩阵式两大类。二维PDF417条码如图8.10所示。

图8.10 二维PDF417条码

习 题

1. 信号编码的意义？
2. 为什么要对信息进行编码？试列举日常生活中的应用。
3. 编码方法有哪些？解释其在计算机数据处理中的应用。
4. 如何尽可能地保持编码与解码间的熵不变？
5. 试说明RFID编、解码(曼彻斯特编码)的具体过程。

第三部分　进阶篇

第9章

坐标与投影变换

不同的数学、物理系统，进行运算的时候，要建立不同的参考坐标系。不同的专业、行业，甚至国家，采用的系统也是有差异的。古代的时候，根据群星围绕北极做周天旋转，中国采用所谓的“赤道式”系统，把群星看作分布在一个有两极和赤道的大圆球上，这个球现在通称为天球。在它上面各种星象发生的位置，都可用它们和赤道的夹角以及相互之间在东西方向上的夹角来确定，就像地面上的位置可以用经纬度来测定一样，这正是现代天文学通用的系统。而西方受希腊文化影响的地区，则长期沿用黄道式系统，其是以太阳在天球上群星之间运行的轨迹，也就是被称为“黄道”的大圆圈为确定位置的标准。再例如，由于一年的时间约为 365 天，中国古代把圆周分为 365°，使太阳平均每天在天球上运行 1°，一年周而复始。但受古巴比伦文化影响的地区，则把圆周分为 360°，现在通行于世。此外，二十四节气是中国独创的。每月在中国分为三旬，而在西方则分为四周。

再如，为确定季节而进行的星象观测，中国古代以黄昏天空所见的星为主，而西方则完全注意黎明的星空。以上种种都足以说明古代中外天文学是独立发展的。

当然，古代中外天文学也有很多相似或共同的地方，例如，中国把黄道和赤道附近的星宿分为二十八宿和十二次，古巴比伦也有类似的分法，但跨度和界限各不相同。由于甲骨文中已有一些星宿的名称，因此很难说在当时的交通条件下，这种相似是相互影响的结果。

9.1 几何变换

坐标变换，提供了用矩阵运算把二维、三维甚至高维空间中的一个点集，从一个坐标系变换到另一个坐标系的有效方法。

矩阵可以表示无穷远的点。在 $n+1$ 维的齐次坐标中，如果 $n=0$，则实际上就表示了 n 维空间的一个无穷远点。

投影与坐标变换，涉及图像信息处理领域，特别是当下推广的智能信息技术，如视觉、三维传感信号检测，均与坐标与投影变换相关。

9.1.1 二维变换矩阵

$$[x' \quad y' \quad 1] = [x \quad y \quad 1] \cdot \boldsymbol{T}_{2D} = [x \quad y \quad 1] \cdot \begin{bmatrix} a & b & p \\ c & d & q \\ l & m & s \end{bmatrix} \tag{9.1}$$

上面矩阵每一个元素都是有特殊含义的，可对矩阵进行缩放、旋转、对称、错切等变换。

$$\boldsymbol{T}_1 = \begin{bmatrix} a & b \\ c & d \end{bmatrix}, \quad \boldsymbol{T}_2 = [l \quad m], \quad \boldsymbol{T}_3 = \begin{bmatrix} p \\ q \end{bmatrix}, \quad \boldsymbol{T}_4 = [s] \tag{9.2}$$

其中，$\boldsymbol{T}_{2D} = \boldsymbol{T}_1 \boldsymbol{T}_2 \boldsymbol{T}_3 \boldsymbol{T}_4$，$\boldsymbol{T}_1$ 是对图形复合变换，$\boldsymbol{T}_2$ 是对图形进行平移变换，$\boldsymbol{T}_3$ 是对图形做投影变换，$\boldsymbol{T}_4$ 则是对图形整体进行缩放变换。

9.1.2 几何变换

图形的几何变换，是指对图形的几何信息经过平移、比例、旋转等变换后，产生新的图形，是图形在方向、尺寸和形状方面的变换。

基本几何变换，都是相对于坐标原点和坐标轴进行的几何变换。

1. 平移变换

平移，是指将 p 点沿直线路径，从一个坐标位置移到另一个坐标位置的重定位过程。平移变换如图 9.1 所示。

$$[x' \quad y' \quad 1] = [x \quad y \quad 1] \begin{bmatrix} 1 & 0 & 0 \\ 0 & 1 & 0 \\ T_x & T_y & 1 \end{bmatrix} = [x + T_x \quad y + T_y \quad 1] \tag{9.3}$$

2. 比例变换

比例变换，是指对 p 点相对于坐标原点，沿 x 方向放缩 s_x 倍，沿 y 方向放缩 s_y 倍。其中 s_x 和 s_y 称为比例系数。比例变换如图 9.2 所示。

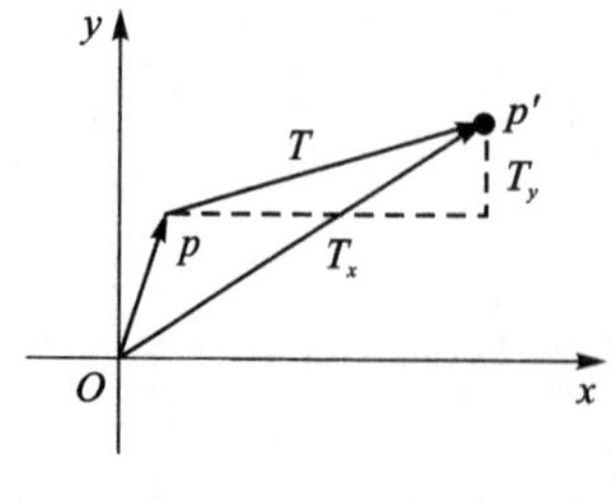

图 9.1 平移变换

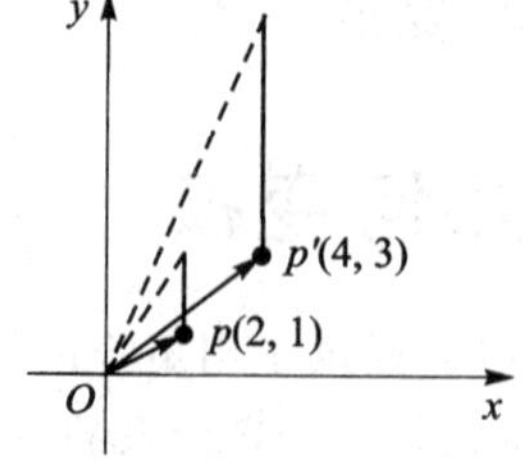

图 9.2 比例变换（$s_x = 2, s_y = 3$）

变换后有

$$\begin{cases} x' = x \cdot s_x \\ y' = y \cdot s_y \end{cases}$$

$$[x' \quad y' \quad 1] = [x \quad y \quad 1]\begin{bmatrix} s_x & 0 & 0 \\ 0 & s_y & 0 \\ 0 & 0 & 1 \end{bmatrix} = [s_x \cdot x \quad s_y \cdot y \quad 1] \tag{9.4}$$

3. 旋转变换

二维旋转，是指将 p 点绕坐标原点转动某个角度（逆时针为正，顺时针为负），得到新的点 p' 的重定位过程。正旋转变换如图 9.3 所示，负旋转变化如图 9.4 所示。

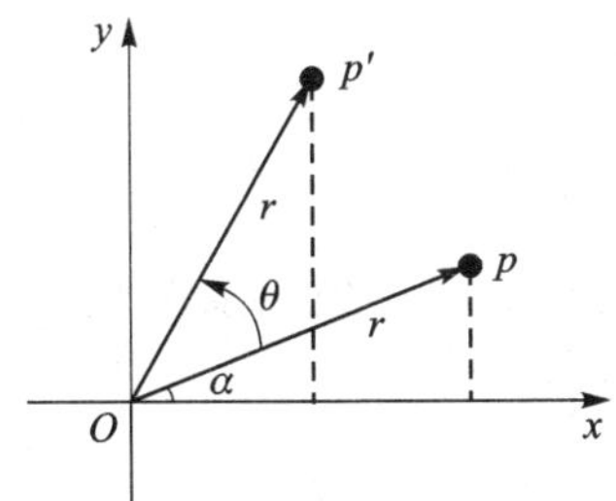

图 9.3　正旋转变换

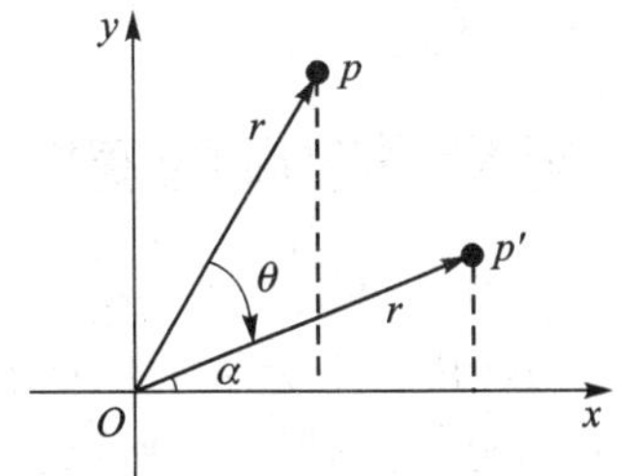

图 9.4　负旋转变换

对于给定的点 $p(x,y)$，其极坐标形式为

$$x = r\cos\alpha$$

$$y = r\sin\alpha$$

于是 $p'(x',y')$ 为

$$x' = r\cos(\alpha+\theta) = r\cos\alpha\cdot\cos\theta - r\sin\alpha\cdot\sin\theta = x\cos\theta - y\sin\theta$$

$$y' = r\sin(\alpha+\theta) = r\cos\alpha\cdot\sin\theta + r\sin\alpha\cdot\cos\theta = x\sin\theta + y\cos\theta$$

$$[x' \quad y' \quad 1] = [x \quad y \quad 1]\begin{bmatrix} \cos\theta & \sin\theta & 0 \\ -\sin\theta & \cos\theta & 0 \\ 0 & 0 & 1 \end{bmatrix}$$

$$[x' \quad y' \quad 1] = [x \quad y \quad 1]\begin{bmatrix} 1 & \theta & 0 \\ -\theta & 1 & 0 \\ 0 & 0 & 1 \end{bmatrix} \tag{9.5}$$

4. 对称变换

对称变换后的图形，是原图形关于某一轴线或原点的镜像，也称为反向变换或镜像变换。镜像旋转如图 9.5 所示。

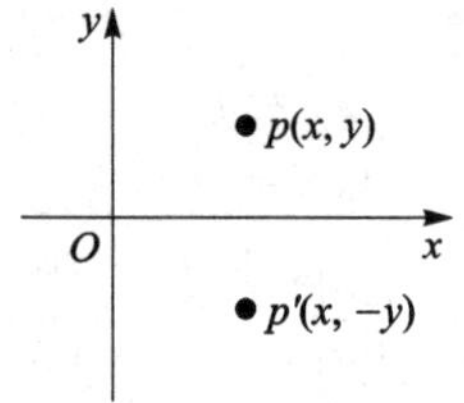

图 9.5　镜像变换(关于 x 轴对称)

关于 x 轴对称

$$[x' \quad y' \quad 1]=[x \quad y \quad 1]\begin{bmatrix}1 & 0 & 0\\0 & -1 & 0\\0 & 0 & 1\end{bmatrix}=[x \quad -y \quad 1] \tag{9.6}$$

9.1.3　坐标系之间的变换

将空间上某点 $p(x_p,y_p)$从 xOy 坐标系变换到 $x'O'y'$坐标系。坐标变换如图 9.6 所示。怎样用新坐标系 $x'O'y'$表示空间上的点?

变换过程分析,如图 9.7 所示。

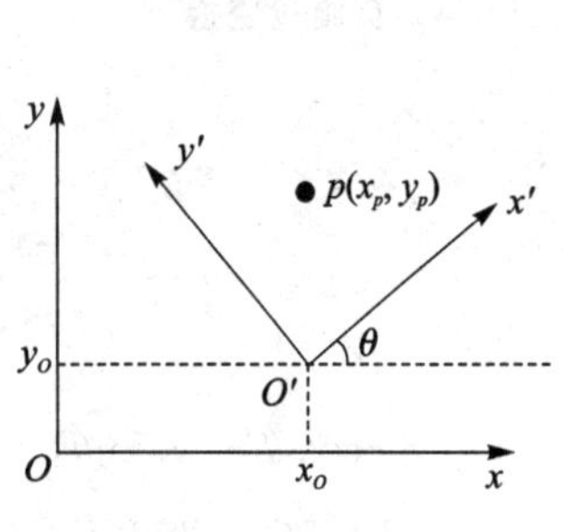

图 9.6　坐标变换

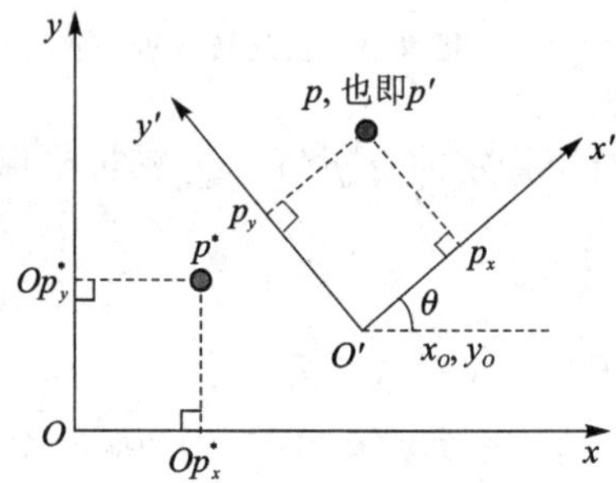

图 9.7　坐标变换示意图

坐标变换可以分两步进行,如图 9.8 和图 9.9 所示,首先将 xOy 坐标系的原点平移到 $x'O'y'$坐标系的原点 O',然后将 x'轴旋转到 x 轴上。

$$\boldsymbol{T}_t=\begin{bmatrix}1 & 0 & 0\\0 & 1 & 0\\-x_0 & -y_0 & 1\end{bmatrix} \tag{9.7}$$

$$\boldsymbol{T}_R=\begin{bmatrix}\cos(-\theta) & \sin\theta & 0\\\sin(-\theta) & \cos(-\theta) & 0\\0 & 0 & 1\end{bmatrix} \tag{9.8}$$

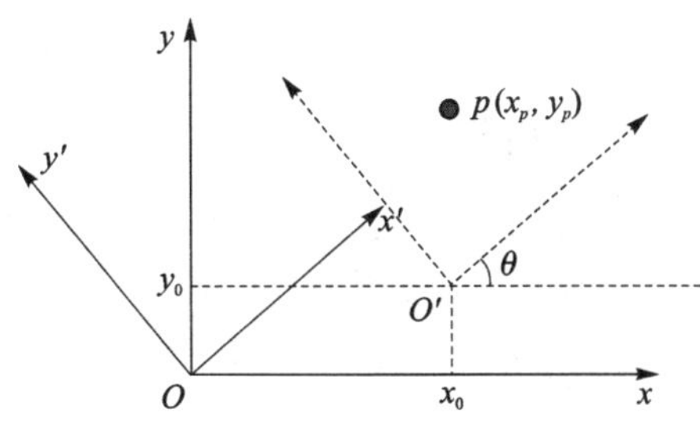

图 9.8　坐标变换分步骤平移变换图

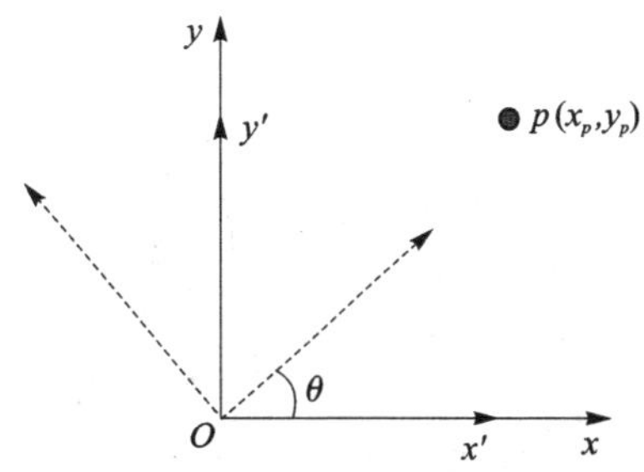

图 9.9　坐标变换分步骤旋转变换图

于是

$$\begin{aligned} \boldsymbol{p}' &= [x'_p \quad y'_p \quad 1] = [x_p \quad y_p \quad 1] \cdot \boldsymbol{T} \\ &= p \cdot \boldsymbol{T} = p \cdot \boldsymbol{T}_t \cdot \boldsymbol{T}_R \end{aligned} \tag{9.9}$$

9.2　投影变换

9.2.1　二维射影变换

定义 9.1　两平面的点之间的透视对应，就是两个平面之间点的一一对应，使得对应的连线共点。

定义 9.2　两个平面的一一对应，如果满足下列条件：

① 保持点和直线的结合性；

② 任何共线四点的交比等于其对应四点的交比，

则此一一对应叫作射影对应。

由射影定义可以看到射影对应有下列性质：

① 两平面点之间的透视对应必是射影对应；

② 若干次透视对应(透视链)的结果必为射影对应；

③ 两平面间的射影对应是一种等价关系。

定义 9.3　在定义 9.2 中，如果两对应平面是重合的，则所建立的射影叫作该平面的射影变换。

9.2.2　二维射影坐标

仿射坐标变换，仿射坐标系示意图如图 9.10 所示。

若平面内任何一点 P 的仿射坐标为(x, y)，则

$$\boldsymbol{OP} = \boldsymbol{OP}_1 + \boldsymbol{OP}_2 = x\boldsymbol{OE}_1 + y\boldsymbol{OE}_2 \tag{9.10}$$

其中

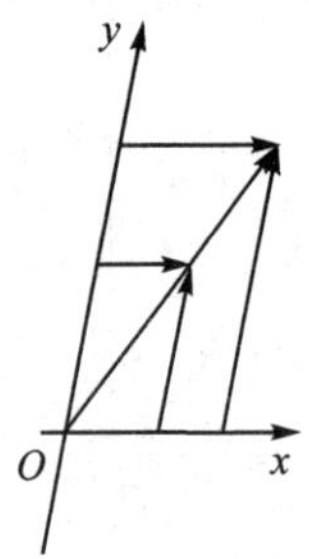

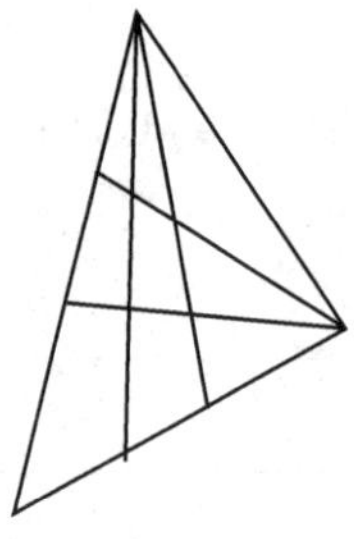

图 9.10　仿射坐标系示意图

$$x=\frac{\boldsymbol{OP}_1}{\boldsymbol{OE}_1}=\frac{\boldsymbol{P}_1\boldsymbol{O}}{\boldsymbol{E}_1\boldsymbol{O}}=(\boldsymbol{P}_1\boldsymbol{E}_1\boldsymbol{O}),\quad y=\frac{\boldsymbol{OP}_2}{\boldsymbol{OE}_2}=\frac{\boldsymbol{P}_2\boldsymbol{O}}{\boldsymbol{E}_2\boldsymbol{O}}=(\boldsymbol{P}_2\boldsymbol{E}_2\boldsymbol{O}) \tag{9.11}$$

由于 $\boldsymbol{EE}_1$、$\boldsymbol{PP}_1$ 都平行于 Oy 轴，它们都通过 Oy 轴上的无穷远点 Y_∞；同理 $\boldsymbol{EE}_2$、$\boldsymbol{PP}_2$ 都通过 Ox 轴上的无穷远点 X_∞，于是有

$$x=(\boldsymbol{P}_1\boldsymbol{E}_1,OX_\infty)$$
$$y=(\boldsymbol{P}_2\boldsymbol{E}_2,OY_\infty)$$

定义 9.4　三点形 OXY 及点 E，确定立了一个二维射影坐标系 $[O,X,Y,E]$，这四个点叫基点，OXY 称为坐标三点形，O 称为原点，E 称为单位点。

定义 9.5　$x=(\boldsymbol{P}_1\boldsymbol{E}_1,\boldsymbol{OX})$，$y=(\boldsymbol{P}_2\boldsymbol{E}_2,\boldsymbol{OY})$ 叫作 P 点的非齐次射影坐标。

由定义可知，直线 OX 上的点，满足 $y=0$，OY 上的点满足 $x=0$，而 XY 上的点无非齐次坐标。

为了讨论直线 XY 上的点坐标，引入齐次射影坐标。

定义 9.6　如果三个数 x_1,x_2,x_3 满足：

$$\frac{x_3}{x_2}=\lambda_1,\quad \frac{x_1}{x_3}=\lambda_2,\quad \frac{x_2}{x_1}=\lambda_3 \tag{9.12}$$

则 (x_1,x_2,x_3) 叫作 P 的齐次射影坐标。

显然有

$$\frac{x_1}{x_3}=\lambda_2=x$$

$$\frac{x_2}{x_3}=\frac{1}{\lambda_1}=y$$

所以，对于不在 XY 上的点 P，P 的非齐次坐标为

$$\frac{x_1}{x_3}=x$$

$$\frac{x_2}{x_3}=y$$

9.2.3　二维射影对应的坐标表示

定义 9.7　设 π 与 π' 是两个平面，在其上各建立射影(或笛氏)坐标系。

$$\begin{cases}\rho x_1'=a_{11}x_1+a_{12}x_2+a_{13}x_3\\ \rho x_2'=a_{21}x_1+a_{22}x_2+a_{23}x_3,\\ \rho x_3'=a_{31}x_1+a_{32}x_2+a_{33}x_3\end{cases}\quad |A|=|a_{ij}|\neq 0\quad (i,j=1,2,3)\tag{9.13}$$

式中：$A=\begin{vmatrix}a_{11}&a_{12}&a_{13}\\a_{21}&a_{22}&a_{23}\\a_{31}&a_{32}&a_{33}\end{vmatrix}$，$\rho\neq 0$。

这个对应，叫作非奇线性对应，A 叫作它的方阵，$|A|$ 叫作它的行列式，ρ 叫作对应的系数或参数。上式可简写成为

$$\rho x_i'=\sum_{j=1}^{3}a_{ij}x_j\quad (i=1,2,3)$$

写成矩阵的形式为

$$\rho\begin{bmatrix}x_1'\\x_2'\\x_3'\end{bmatrix}=\mathbf{A}\begin{bmatrix}x_1\\x_2\\x_3\end{bmatrix}\tag{9.14}$$

式中：$\mathbf{A}$ 为非奇线性对应的系数矩阵

$$\mathbf{A}=\begin{bmatrix}a_{11}&a_{12}&a_{13}\\a_{21}&a_{22}&a_{23}\\a_{31}&a_{32}&a_{33}\end{bmatrix}$$

注意：非奇线性是一一对应关系，且保持点与直线的结合性。它的逆对应为

$$\sigma x_i=\sum_{j=1}^{3}A_{ij}x_j'\quad (i=1,2,3)$$

式中：A_{ij} 是 a_{ij} 的代数余子式，且 $|A_{ij}|=|a_{ij}|^2\neq 0$。

如果只讨论两平面的普通点，则式(9.13)可以写成非齐次坐标的形式

$$\begin{cases}x'=\dfrac{a_{11}x+a_{12}y+a_{13}}{a_{31}x+a_{32}y+a_{33}}\\[2ex] y'=\dfrac{a_{21}x+a_{22}y+a_{23}}{a_{31}x+a_{32}y+a_{33}}\end{cases}\tag{9.15}$$

9.2.4　射影变换的不变元素

若(y_1,y_2,y_3)是某个点的射影变换不变点，则有

$$\begin{cases}\lambda y_1=a_{11}y_1+a_{12}y_2+a_{13}y_3\\ \lambda y_2=a_{21}y_1+a_{22}y_2+a_{23}y_3\\ \lambda y_3=a_{31}y_1+a_{32}y_2+a_{33}y_3\end{cases}\tag{9.16}$$

式中：$\lambda \neq 0$，整理得

$$\begin{cases}(a_{11}-\lambda)y_1+a_{12}y_2+a_{13}y_3=0\\ a_{21}y_1+(a_{22}-\lambda)y_2+a_{23}y_3=0\\ a_{31}y_1+a_{32}y_2+(a_{33}-\lambda)y_3=0\end{cases} \tag{9.17}$$

因为 y_1, y_2, y_3 不能全为 0，因此，

$$\begin{vmatrix}a_{11}-\lambda & a_{12} & a_{13}\\ a_{21} & a_{22}-\lambda & a_{23}\\ a_{31} & a_{32} & a_{33}-\lambda\end{vmatrix}=0 \tag{9.18}$$

上式为射影变换不变点存在的条件，求得 λ 值后，再代入方程组，从而求出不变点齐次坐标。

例：求射影变换的不变元素。

$$\begin{cases}\rho x'_1=-x_1\\ \rho x'_2=x_2\\ \rho x'_3=x_3\end{cases}$$

解：由方程

$$\begin{vmatrix}-1-\lambda & 0 & 0\\ 0 & 1-\lambda & 0\\ 0 & 0 & 1-\lambda\end{vmatrix}=0$$

得

$$(1-\lambda)^2(1+\lambda)=0$$

所以，$\lambda_1=1$（重根），$\lambda_2=-1$。

当 $\lambda_1=1$ 时，得不变点满足：

$$\begin{cases}(-1-1)x_1=0\\ (1-1)x_2=0\\ (1-1)x_3=0\end{cases}$$

即直线 $x_1=0$ 上的点都是不变点（不变直线不一定每一点都是不变点，只是直线的像仍为自身）。

当 $\lambda_2=-1$ 时，不变点满足

$$\begin{cases}(-1+1)x_1=0\\ (1+1)x_2=0\\ (1+1)x_3=0\end{cases}$$

即不变点为(1,0,0)。

9.3　霍夫(Hough)变换

9.3.1　Hough 变换过程

以检测直线为例：

$$y = mx + c \rightarrow c = y - mx$$

以$(x,\ y)$为自变量，$(m,\ c)$为因变量，每个点(x,y)对应于空间(m,c)上的一条直线。不同坐标参数 Hough 变换对应关系如图 9.11 所示 。

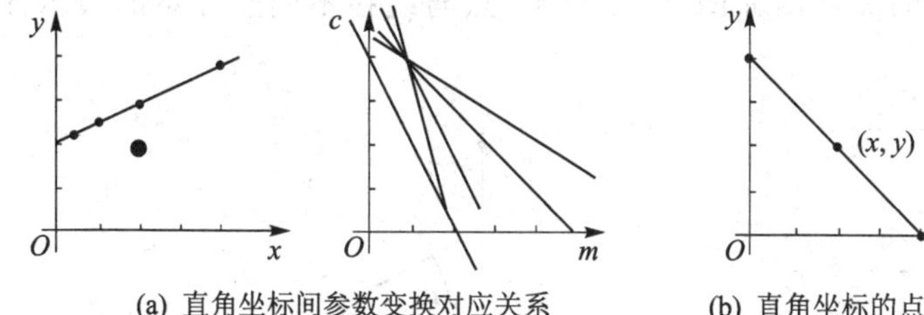

(a) 直角坐标间参数变换对应关系　　(b) 直角坐标的点与极坐标的正弦曲线对应关系

图 9.11　不同坐标参数 Hough 变换对应关系

避免垂直直线所带来的问题，采用极坐标表示为

$$\rho = x\cos\theta + y\sin\theta$$

可实现(ρ,θ)空间到(x,y)不同空间的变换。

Hough 变换，可以用于将边缘像素连接起来，得到边界曲线，它的主要优点在于受噪声和曲线间断的影响较小。

Hough 变换的基本思想：

在找出边界点集之后，需要连接，形成完整的边界图形描述。在 xOy 平面内的一条直线可以表示为 $y=ax+b$。

如图 9.12 所示，将 a、b 作为变量，aOb 平面内直线可以表示为 b 以 a 为变量的函数。

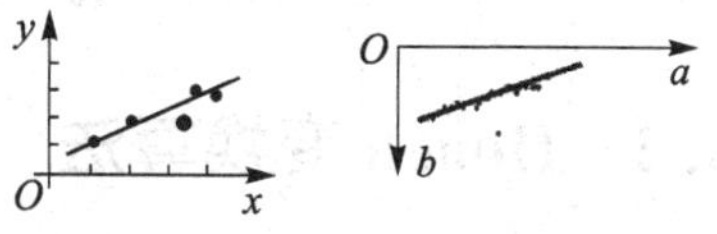

图 9.12　Hough 变换示意图

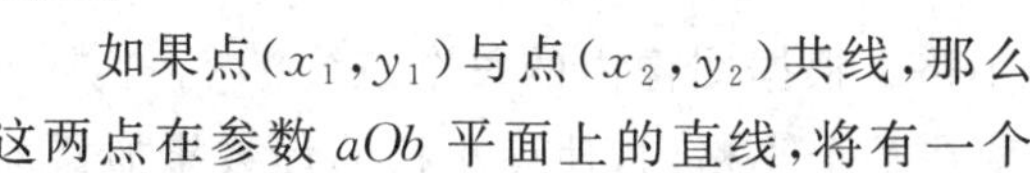

如果点(x_1,y_1)与点(x_2,y_2)共线，那么这两点在参数 aOb 平面上的直线，将有一个交点，在参数 aOb 平面上，相交直线最多的点，对应的 xOy 平面上的直线，就是求得的解，这种从线到点的变换，就是 Hough 变换，如图 9.13 所示。

得到点 $A(a,b)$是解，(a,b)对应到图像坐标系 xOy 中，为所求直线的斜率和截距。

Hough 变换点与线的关系如图 9.14 所示。

由于垂直直线的斜率 a 为无穷大，因此计算量会非常大，改用极坐标形式

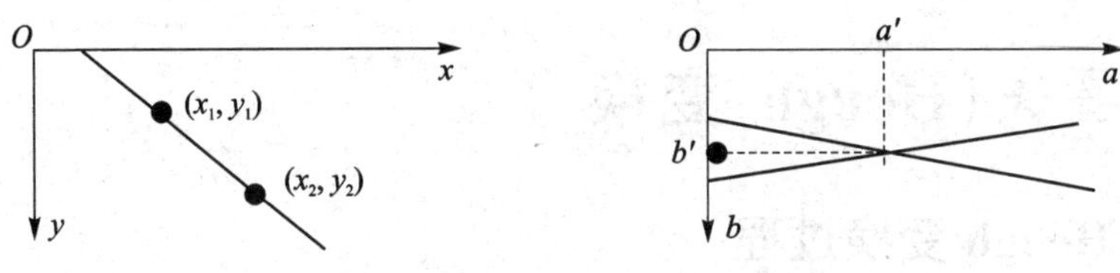

图 9.13　Hough 变换点与线的关系图

$$\rho = x\cos\theta + y\sin\theta \tag{9.19}$$

参数平面为 θ,ρ，对应的不是直线，而是正弦曲线；使用交点累加器，或交点统计直方图，找出相交线段最多的参数空间的点；再根据该点求出对应的 xOy 平面的直线段。直角坐标与极坐标的关系图如图 9.15 所示，点与线在不同坐标系的表示如图 9.16 所示。

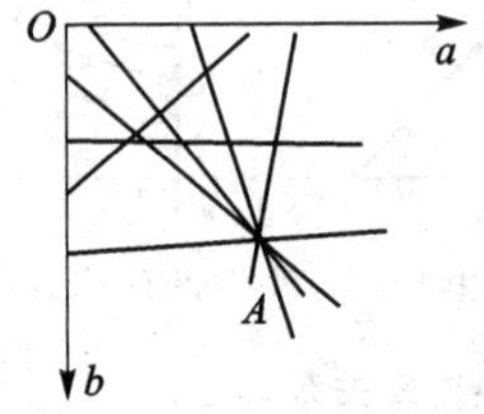

图 9.14　Hough 变换点与线的关系

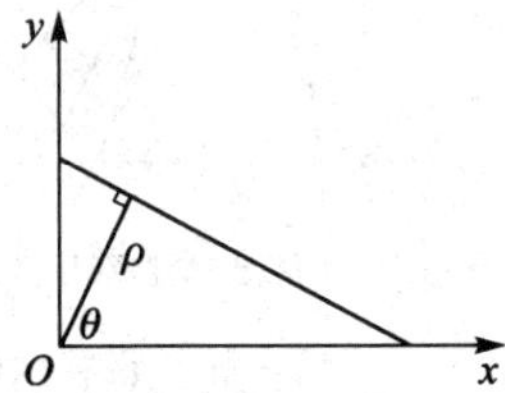

图 9.15　直角坐标与极坐标的关系图

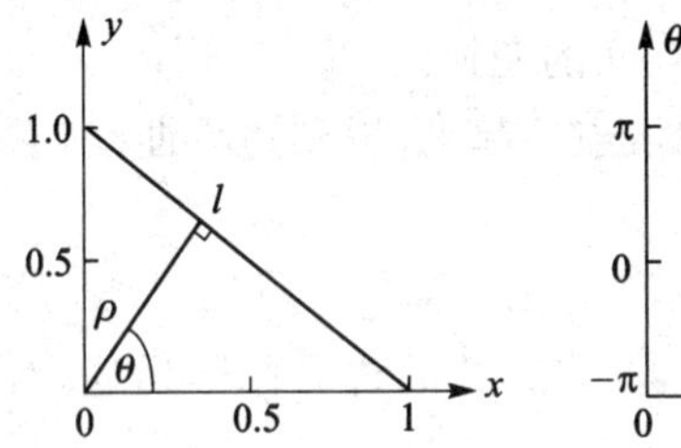

图 9.16　点与线在不同坐标系的表示

9.3.2　Hough 变换算法

算法思想：将 ρ,θ 空间量化成许多小格。根据图像内的每个点 (x_0, y_0) 代入 θ 的量化值，算出每个 ρ，所得值（经量化）落在某个小格内，使该小格的计数累加器加 1，当全部点 (x,y) 变换后，对小格进行检验，有大的计数值的小格对应于共线点，其 (ρ,θ) 值作为直线的拟合参数。

第一步：适当地量化参数空间；

第二步：假定参数空间的每一个单元都是一个累加器；

第三步：把累加器初始化为零；

第四步：对图像空间的每一点，在其所满足的参数方程对应的累加器上加 1；

第五步：累加器阵列的最大值对应模型的参数。

Hough 变换点与线的搜索过程示意图如图 9.17 所示。

(1) 算法应用

对 ρ、θ 量化过粗，直线参数就不精确，过细则计算量增加。因此，对 ρ、θ 量化要兼顾参数量化精度和计算量。

Hough 变换检测直线的抗噪性能强，能将断开的边缘连接起来。

此外，Hough 变换也可用来检测曲线，比如圆、椭圆等。

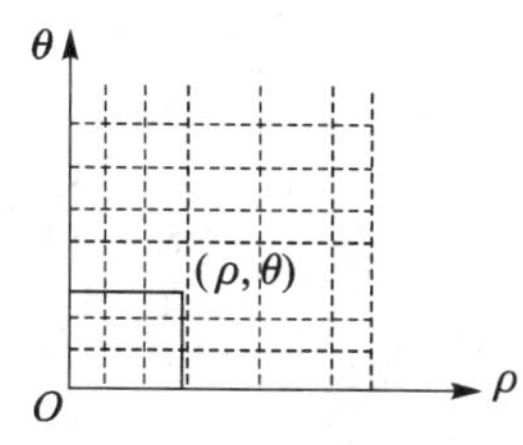

图 9.17　Hough 变换点与线的搜索过程示意图

对于图像中某些符合参数模型的主导特征，如直线、圆、椭圆等，可以通过对其参数进行聚类的方法，抽取相应的特征。

(2) Hough 的定义

如图 9.18(a)所示，在直角坐标系中有一条直线 l，原点到该直线的垂直距离为 ρ，垂线与 x 轴的夹角为 θ，则这条直线是唯一的，且其直线方程为

$$\rho = x\cos\theta + y\sin\theta$$

而这条直线用极坐标表示则为一点 (ρ,θ)。可见，直角坐标系中的一条直线，对应极坐标系中的一点，这种线到点的变换就是 Hough 变换。

在直角坐标系中过任一点 (x_0, y_0) 的直线系，满足：

$$\rho = x_0\cos\theta + y_0\sin\theta = (x_0^2 + y_0^2)^{\frac{1}{2}} \cdot \sin(\theta + \varphi) \tag{9.20}$$

式中：$\varphi = \arctan(y_0/x_0)$。

而这些直线在极坐标系中所对应的点 (ρ,θ) 构成图 9.18(d)中的一条正弦曲线。反之，在极坐标系中位于这条正弦曲线上的点，对应直角坐标系中过点 (x_0, y_0) 的一条直线，如图 9.18(c)所示。

设平面上有若干点，过每点的直线系，分别对应于极坐标上的一条正弦曲线。若这些正弦曲线有共同的交点 (ρ', θ')，如图 9.18(f)所示，则这些点共线，且对应的直线方程为

$$\rho' = x\cos\theta' + y\sin\theta' \tag{9.21}$$

这就是 Hough 变换检测直线的原理。

因此，图像空间中共线的点对应于参数空间中相交的线。反过来，在参数空间中相交于同一点的所有线在图像空间中都有共线的点与之对应，这就是点-线对偶性。因此，当给定图像空间中的一些边缘点时，就可以通过 Hough 变换确定连接这些点的直线方程，把在图像空间中的直线检测问题转换到参数空间中对点的检测问题，通过在参数空间里进行简单的累加统计即可完成检测任务。这就是 Hough 变换检测直线的原理。毋庸置疑，检测点应该比检测线容易，因而 Hough 变换简单、作用大。

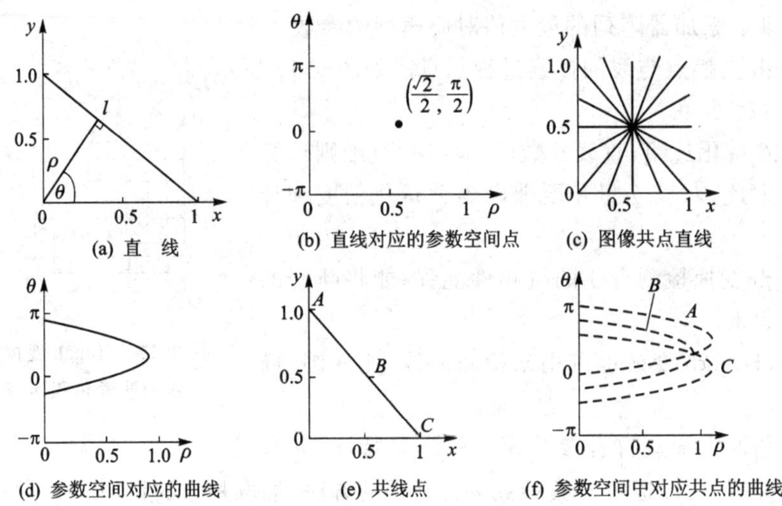

图 9.18 Hough 变换点与线的对应关系示意图

9.4 空间坐标转换

载体在运动过程中，要进行定位导航等控制操作，必须对载体的空间位置与坐标关系进行处理，不同的载体形式有不同的坐标表达形式，载体的空间位置与坐标关系如图 9.19 所示。

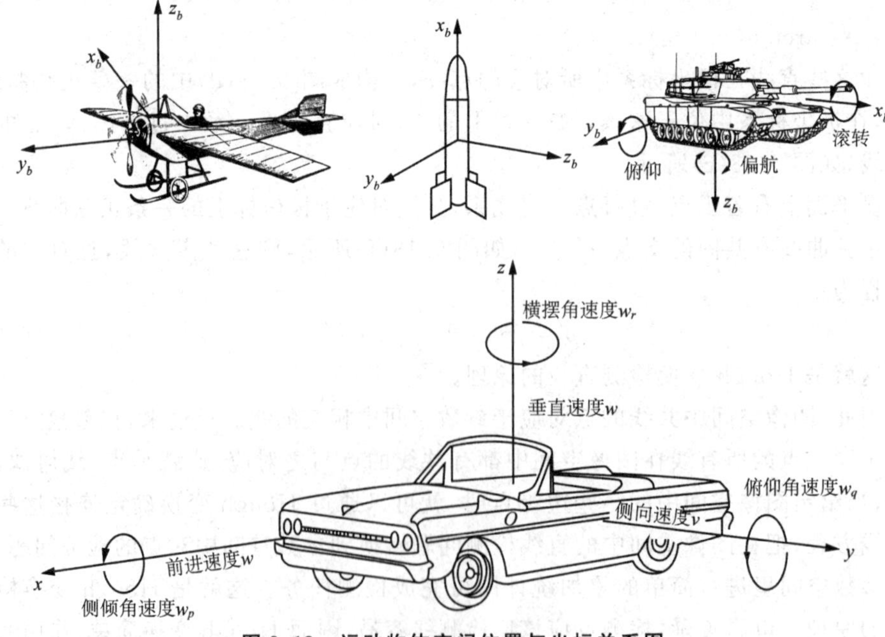

图 9.19 运动物体空间位置与坐标关系图

9.4.1　天球的主要点、线、圈

定义：以空间某一点为中心，半径为无穷大的一个圆球。

天文学中，通常把参考坐标建立在天球上，有站心天球、地心天球、日心天球不同类型。

天顶（Z）和天底（Z'）、天轴（PP'）和天极（南、北天极）、天球赤道面和天球赤道、天球子午面和天球子午圈、上子午圈和下子午圈、上赤道点 Q 和下赤道点 Q'、子午线和东西南北点（E、W、S、N），如图 9.20 和图 9.21 所示。

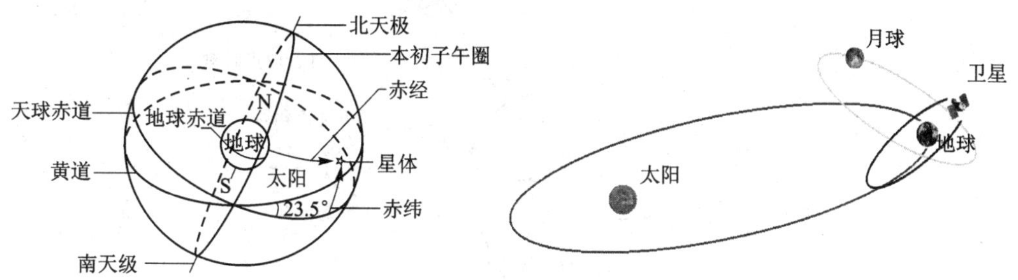

图 9.20　天体与行星位置关系图

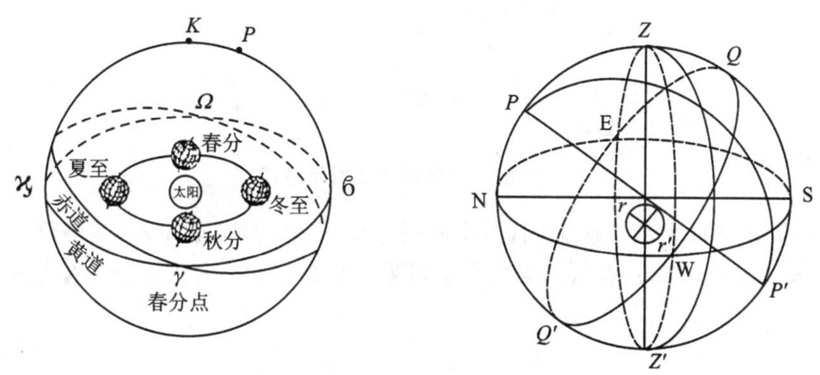

图 9.21　天球坐标系示意图

天球坐标系，是以天球及天球上的点线圈为基础，建立的坐标系依天球中心的不同来划分；日心坐标系、地心坐标系、站心坐标系，依据天球上的点线圈的不同来划分。

时角赤道坐标系，以天球赤道、子午面和上赤道点为依据，用赤纬 δ 和时角 t 表示。

赤经赤道坐标系，以天球赤道、过春分点的时圈和春分点为依据，用赤经 α 和赤纬 δ 表示黄道坐标系。

以天球黄道、过春分点的黄经圈和春分点为依据，地心、站心与日心、天球坐标系的关系如下：

地心坐标＝站心坐标＋周日视差改正

日心坐标＝地心坐标＋恒星的周年视差

轨道根数即轨道参数，在人卫轨道理论中，用来描述卫星椭圆轨道的形状、大小及其在空间的指向，及确定任一时刻 t_0 卫星在轨道上的位置的一组参数。通常采用 6 个开普勒轨道根数：升交点赤经 Ω、轨道倾角 i、长半径 r、偏心率 e、近地点角距 ω、卫星过近地点的时刻 t_0，如图 9.22 所示。

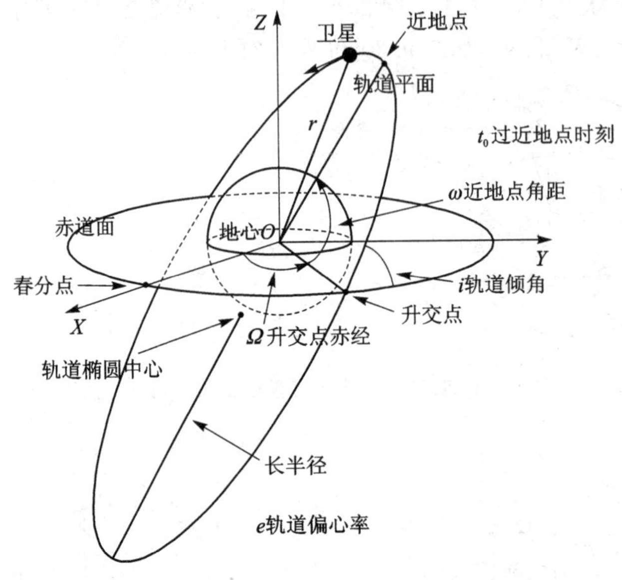

图 9.22 运行轨道参数示意图

不同天体坐标表示方法不同，恒星采用赤经 α 和赤纬 δ 表示；人造地球卫星采用赤经 α、赤纬 δ 和距离 r 表示。天球赤道极坐标系(α, δ, r) 和天球直角坐标系(x, y, z)为

$$\begin{cases} r = \sqrt{x^2 + y^2 + z^2} \\ a = \arctan \dfrac{y}{x} \\ \delta = \arctan \dfrac{x}{\sqrt{x^2 + y^2}} \end{cases} \tag{9.22}$$

天球直角坐标系(x, y, z) 和天球赤道坐标系(α, δ, r)为

$$\begin{bmatrix} x \\ y \\ z \end{bmatrix} = r \begin{bmatrix} \cos\delta\cos\alpha \\ \cos\delta\sin\alpha \\ \sin\delta \end{bmatrix} \tag{9.23}$$

9.4.2　地球坐标系

1. 地球直角坐标系的定义

原点 O 与地球质心重合，Z 轴指向地球北极，X 轴指向地球赤道面与格林尼治子午圈的交点，Y 轴在赤道平面里与 XOZ 构成右手坐标系。

2. 地球大地坐标系的定义

地球椭球的中心与地球质心重合，椭球的短轴与地球自转轴重合。空间点位置在该坐标系中表述为(L,B,H)。地球直角坐标系和地球大地坐标系，如图 9.23 所示。

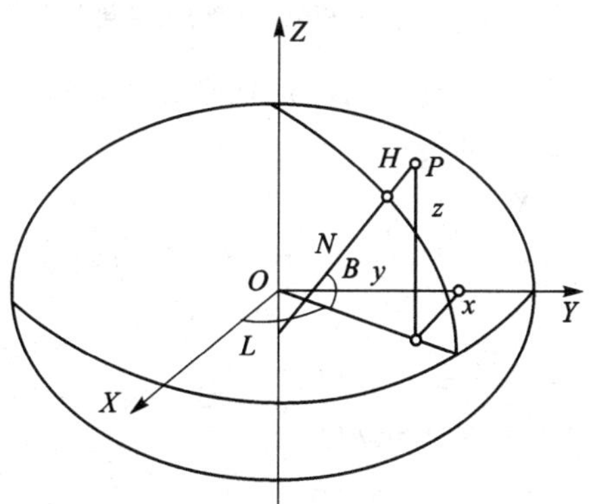

图 9.23　地球直角坐标系和大地坐标系示意图

3. 直角坐标系与大地坐标系参数间的转换

对同一空间点，直角坐标系与大地坐标系参数间，有如下转换关系：

$$\begin{cases} X=(N+H)\cos B\cos L \\ Y=(N+H)\cos B\sin L \\ Z=[N(1-e^2)+H]\sin B \end{cases} \tag{9.24}$$

$$\begin{cases} L=\arctan(Y/X) \\ B=\arctan\{Z(N+H)/[\sqrt{X^2+Y^2}(N(1-e^2)+H)]\} \\ H=Z/\sin B-N(1-e^2) \end{cases} \tag{9.25}$$

式中：$N=\dfrac{a}{\sqrt{1-e^2\sin^2 B}}$，$N$ 为该点的卯酉圈半径；$e^2=\dfrac{a^2-b^2}{a^2}$，a 和 e 分别为该大地坐标系对应椭球的长半径和第一扁心球率。

地心坐标系，坐标原点位于地球质心；参心坐标系，坐标原点不位于地球质心；地心坐标系适合于全球用途的应用，参心坐标系适合于局部用途的应用，有利于使局部大地水准面与参考椭球面符合更好。

4. 瞬时(真)地球坐标系与瞬时天球坐标系的关系

平地球坐标系和瞬时(真)地球坐标系的关系，如图 9.24 所示。

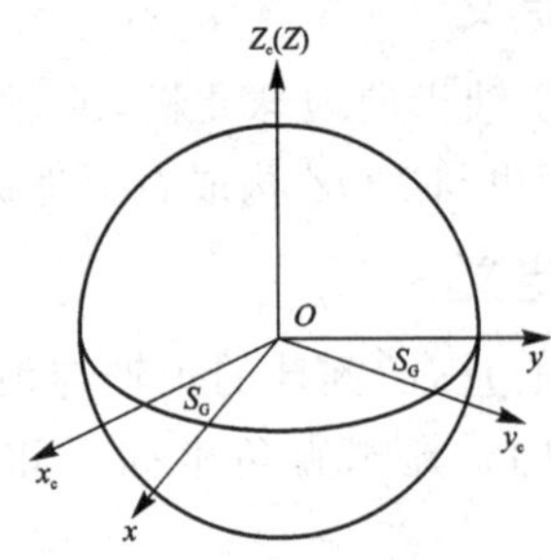

图 9.24　平地球坐标系和瞬时(真)地球坐标系示意图

Z 轴与瞬时地球自转轴重合或平行的地球坐标系，平地球坐标系坐标(X,Y,Z)和瞬时(真)地球坐标(x,y,z)的转换关系，如下：

$$\begin{bmatrix} X \\ Y \\ Z \end{bmatrix} = R_x(-Y_P)R_y(-X_P)\begin{bmatrix} x \\ y \\ z \end{bmatrix} \tag{9.26}$$

$$\begin{bmatrix} x \\ y \\ z \end{bmatrix} = R_z(S_G)\begin{bmatrix} x_c \\ y_c \\ z_c \end{bmatrix} = \begin{bmatrix} \cos S_G & \sin S_G & 0 \\ -\sin S_G & \cos S_G & 0 \\ 0 & 0 & 1 \end{bmatrix}\begin{bmatrix} x_c \\ y_c \\ z_c \end{bmatrix} \tag{9.27}$$

式中：(x,y,z)为瞬时地球坐标系下的坐标；(x_c,y_c,z_c)为瞬时天球坐标系下的坐标。

9.5 视觉成像原理与标定

在机器视觉中，在对景物进行定量分析或对物体精确定位时，都需要进行摄像机标定，即准确确定其内部和外部参数，摄像机标定技术是机器视觉研究中最为关键的技术之一，也是视觉检测中最基本、最重要的一步，故摄像机标定的精度，直接决定了检测的精度。摄像机标定，就是获得摄像机内部的几何和光学特性(内部参数)以及摄像机坐标系相对于空间坐标系的位置关系(外部参数)。

摄像机成像模型的摄像机标定，分为线性标定和非线性标定。线性标定是用线性方程求解，简单快速，但没有考虑镜头畸变，准确性欠佳。非线性标定考虑了畸变参数，引入了非线性优化，但方法较繁，速度慢，对初值选择和噪声比较敏感，且非线性搜索并不能保证参数收敛到全局最优解。根据是否有标定物的方式，分有传统的摄像机标定方法和摄像机自标定方法。后者不依赖于标定参照物，只利用摄像机在其运动过程中，其周围环境的图像与图像之间的对应关系，来对摄像机进行标定，一般应用于机器人手眼系统或主动视觉系统。前者是在一定的摄像机模型下，基于特定的实验条件，如形状、尺寸已知的标定参照物，经过对其图像进行处理，并利用数学变换和计算方法，计算摄像机模型的内部参数和外部参数，标定精度较高。

9.5.1　小孔摄像机模型

摄像机模型是光学成像几何关系的简化，分为线性和非线性两种模型。线性模型比较简单，没有考虑镜头畸变，但当计算精度要求较高，尤其是当摄像机的镜头是广角镜头时，线性模型不能准确地描述摄像机的成像几何关系，在远离图像中心处会有较大的畸变，出现成像坐标偏差。造成成像坐标偏差的因素，有透镜的径向畸变、切向畸变、偏心畸变等。其中，偏心畸变可以通过使用变焦距镜头方法，准确估算光心来克服，和切向畸变相比，径向畸变为影响工业机器视觉精度的主要因素，所以主要考虑径向透镜畸变。

带有透镜径向一阶畸变的摄像机模型，是对针孔摄像机模型的一个修正，它考虑了沿径向的畸变，如图 9. 25 所示。

设(x_w,y_w,z_w)是三维世界坐标系中物体 P 的三维坐标。(x,y,z)是同一点 P 在摄像机坐标系中的三维坐标，(X,Y)是中心在 O_i 点(光轴 z 与图像平面的交点)平行于 x,y 轴的图像坐标系。有效焦距 f 是图像平面和光学中心的距离。(X_u,Y_u)是在理想小孔摄像机模型下 P 点的图像坐标，(X_d,Y_d)是由透镜变形引起的偏离(X_u,Y_u)的实际图像坐标。但图像在计算机中的坐标(X_f,Y_f)的单位是像素数(pixels)，需要将物体点的三维坐标(x_w,y_w,z_w)变换到图像平面坐标，变换步骤如下：

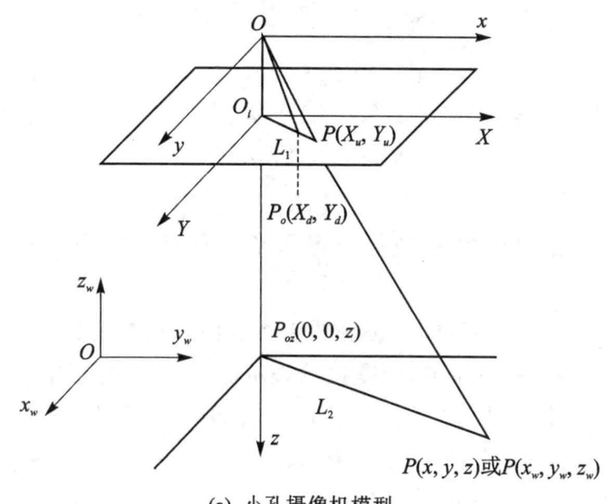

(a) 小孔摄像机模型

图 9. 25　摄像机模型与双目投影平面示意图

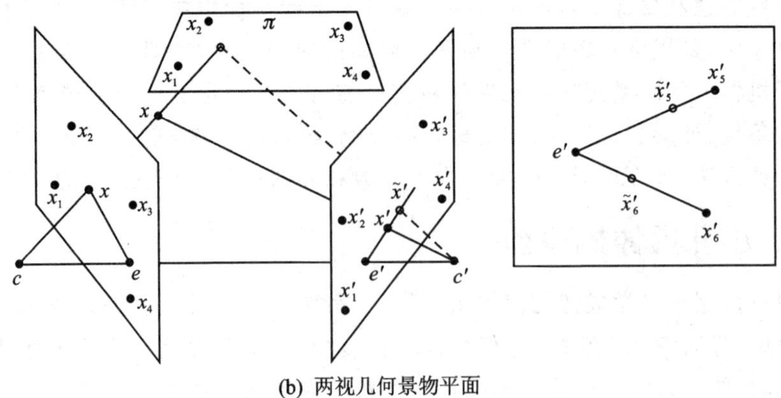

(b) 两视几何景物平面

图 9.25　摄像机模型与双目投影平面示意图(续)

① 三维空间刚体位置变换(从(x_w, y_w, z_w)到(x, y, z))：

$$\begin{bmatrix} x \\ y \\ z \end{bmatrix} = \boldsymbol{R} \begin{bmatrix} x_w \\ y_w \\ z_w \end{bmatrix} + \boldsymbol{T} \tag{9.28}$$

式中：$\boldsymbol{R}$ 为 3×3 的正交变换矩阵；$\boldsymbol{T}$ 为 3×1 的平移矢量矩阵。

② 小孔摄像机模型下的理想投影变换为

$$\begin{cases} X_u = f\dfrac{x}{z} \\ Y_u = f\dfrac{y}{z} \end{cases} \tag{9.29}$$

③ 用一个二阶多项式近似径向的透镜畸变：

$$\begin{cases} X_d = X_u(1 + kr^2)^{-1} \\ Y_d = Y_u(1 + kr^2)^{-1} \end{cases} \tag{9.30}$$

④ 实际图像坐标系到计算机图像坐标变换：

$$\begin{cases} X_f = N_x X_d + X_c \\ Y_f = N_y X_d + Y_c \end{cases} \tag{9.31}$$

式中：(X_c, Y_c)为计算图像中心坐标；(N_x, N_y)为图像平面上单位距离上的像素点数。

利用径向排列约束(RAC)求解摄像机参数：摄像机标定的参数共 12 个，其中内外参数各 6 个，外部参数相应于 $\boldsymbol{R}$，用欧拉角表示侧倾角 ψ、旋转角 φ、俯仰角 θ，以及相应于平移矢量 $\boldsymbol{T}$ 的三个分量 T_x, T_y, T_z。故旋转矩阵 $\boldsymbol{R}$ 可以表示为 ψ, φ, θ 的函数：

$$\boldsymbol{R} = \begin{bmatrix} \cos\psi\cos\theta & \cos\psi\sin\theta\sin\psi - \sin\psi\cos\varphi & \cos\psi\sin\theta\cos\varphi - \sin\psi\sin\varphi \\ \sin\psi\cos\theta & \sin\psi\sin\theta\sin\varphi + \cos\psi\cos\varphi & \sin\psi\sin\theta\cos\varphi + \cos\psi\sin\varphi \\ -\sin\theta & \cos\theta\sin\varphi & \cos\theta\cos\varphi \end{bmatrix} \tag{9.32}$$

9.5.2 标定原理

由图 9.25 可知，矢量 $\boldsymbol{L}_1$ 和矢量 $\boldsymbol{L}_2$ 有相同的方向，其中 O_i 是图像中心，P_d 是图像平面上畸变后的像点，$P(x,y,z)$ 或 $P(x_w,y_w,z_w)$ 是物体点。(x,y,z) 是 P 摄像机坐标系中的位置坐标，P_{oz} 是位于 $(0,0,z)$ 的点。

$$\boldsymbol{R}=\begin{bmatrix} r_1 & r_2 & r_3 \\ r_4 & r_5 & r_6 \\ r_7 & r_8 & r_9 \end{bmatrix},\quad \boldsymbol{T}=\begin{bmatrix} T_x \\ T_y \\ T_z \end{bmatrix} \tag{9.33}$$

由式(9.28)得

$$\begin{cases} x = r_1 x_w + r_2 y_w + r_3 z_w + T_x \\ y = r_4 x_w + r_5 y_w + r_6 z_w + T_y \\ z = r_7 x_w + r_8 y_w + r_9 z_w + T_z \end{cases} \tag{9.34}$$

RAC 条件，意味着存在：

$$\frac{x}{y}=\frac{X_d}{Y_d}=\frac{r_1 x_w + r_2 y_w + r_3 z_w + T_x}{r_4 x_w + r_5 y_w + r_6 z_w + T_y} \tag{9.35}$$

移项后两边同除以 T_y 得

$$\frac{r_1 x_w Y_d}{T_y}+\frac{r_2 y_w Y_d}{T_y}+\frac{r_3 z_w Y_d}{T_y}+\frac{Y_d T_x}{T_y}-\frac{r_4 x_w X_d}{T_y}-\frac{r_5 y_w X_d}{T_y}-\frac{r_6 z_w X_d}{T_y}=X_d \tag{9.36}$$

将式(9.36)表示为矢量形式：

$$\begin{bmatrix} x_w Y_d & y_w Y_d & z_w Y_d & Y_d & -x_w X_d & -y_w X_d & -z_w X_d \end{bmatrix}\begin{bmatrix} r_1/T_y \\ r_2/T_y \\ r_3/T_y \\ T_x/T_y \\ r_4/T_y \\ r_5/T_y \\ r_6/T_y \end{bmatrix}=X_d \tag{9.37}$$

式中，行向量 $[x_w Y_d \quad y_w Y_d \quad z_w Y_d \quad Y_d \quad -x_w X_d \quad -y_w X_d \quad -z_w X_d]$ 是已知的，而列向量 $[r_1/T_y \quad r_2/T_y \quad r_3/T_y \quad T_x/T_y \quad r_4/T_y \quad r_5/T_y \quad r_6/T_y]^{\mathrm{T}}$ 是待求参数。对于每一个物体点 P_i，已知 x_w, y_w, z_w, X_d, Y_d 都可以写成式(9.37)。直观地说，选取 7 个点，使系数矩阵满秩，就可以解出列向量中的 7 个分量，不失一般性，选取世界坐标系，并使 $z_w=0$，这样式(9.37)就可以表示为

$$\begin{bmatrix} x_w Y_d & y_w Y_d & Y_d & -x_w X_d & -y_w X_d \end{bmatrix} \begin{bmatrix} r_1/T_y \\ r_2/T_y \\ T_x/T_y \\ r_4/T_y \\ r_5/T_y \end{bmatrix} = X_d \tag{9.38}$$

求解刚体变换的困难之一是 $\boldsymbol{R}$ 有 9 个参数,但其正交性规定了 $\boldsymbol{R}$ 仅有 3 个自由度,即仅有 3 个变量是独立的,算出的 $r_1 \sim r_9$ 必须满足正交性,而若按式(9.37),解出 $r_1 \sim r_6$ 个变量未必能满足正交性。而式(9.38)可解出 r_1, r_2, r_4, r_5 共 4 个独立变量,而正交阵加上一个比例($1/T_y$),也正好有 4 个独立的变量,故可以确定(方程数>4 时)矩阵 $\boldsymbol{R}$ 和平移分量 T_x, T_y。

9.5.3 标定求解过程

摄像机的标定,需要一个放在摄像机前的特制的标定参照物,摄像机获取物体的图像,并由此计算摄像机的内外参数,标定物上每一个特定的点,相对于世界坐标系的位置应该在制作的过程中精确测定,世界坐标系可选择参照物的物体坐标系。

第一步,根据图像处理和定位算法,对采集到的图像进行处理,计算标定圆的圆心。

第二步,计算旋转矩阵 $\boldsymbol{R}$ 和平移矩阵的分量 T_x, T_y。

利用第一步的方法得到 **N** 个点的特征点的图像坐标(X_{f_i}, Y_{f_i}),$i=1,2,\cdots,N$,并设这些相应的世界坐标为(x_{w_i}, y_{w_i}),根据式(9.31)计算得

$$\begin{cases} X_{d_i} = \dfrac{X_{f_i} - X_c}{N_x} \\ Y_{d_i} = \dfrac{Y_{f_i} - Y_c}{N_y} \end{cases} \tag{9.39}$$

利用式(9.31),对每个点 P_i 可列出一个方程,联立 N 个方程:

$$\begin{bmatrix} x_{w_i} Y_{d_i} & y_{w_i} Y_{d_i} & Y_{d_i} & -x_{w_i} X_{d_i} & -y_{w_i} X_{d_i} \end{bmatrix} \begin{bmatrix} r_1/T_y \\ r_2/T_y \\ T_x/T_y \\ r_4/T_y \\ r_5/T_y \end{bmatrix} = X_{d_i} \tag{9.40}$$

式中:$i=1,2,\cdots,N$,利用最小二乘法,求解这个超定方程组($N>4$)可得如下变量:

$$r_1' = \frac{r_1}{T_y}, \quad r_2' = \frac{r_2}{T_y}, \quad T_x' = \frac{T_x}{T_y}, \quad r_4' = \frac{r_4}{T_y}, \quad r_5' = \frac{r_5}{T_y}$$

利用 $\boldsymbol{R}$ 的正交性,计算 T_y 和 $r_1 \sim r_9$,得到

$$T_y^2 = \frac{S_r' - [S_r'^2 - 4(r_1' r_5' - r_2' r_4')^2]^{\frac{1}{2}}}{2(r_1' r_5' - r_2' r_4')^2} \tag{9.41}$$

求得$|T_y|$，需要确定它的符号。由成像几何关系可知，X_d 与 x 同号，Y_d 与 y 同号，利用此关系来确定其符号，在求得 T_y 后任选一点 P_k，假设 T_y 为正，计算得

$$\begin{cases} r_1 = r_1' T_y \\ r_2 = r_2' T_y \\ T_x = T_x' T_y \\ r_4 = r_4' T_y \\ r_5 = r_5' T_y \\ x = r_1 x_w + r_2 y_w + T_x \\ y = r_4 x_w + r_5 y_w + T_y \end{cases} \tag{9.42}$$

若此时 x 与 X_d 同号，y 与 Y_d 同号，则 T_y 就为正，否则为负。利用正交性和右手系特性，可计算 $\boldsymbol{R}$ 为

$$\boldsymbol{R} = \begin{bmatrix} r_1 & r_2 & (1 - r_1{}^2 - r_2{}^2)^{\frac{1}{2}} \\ r_4 & r_5 & S(1 - r_4{}^2 - r_5{}^2)^{\frac{1}{2}} \\ r_7 & r_8 & r_9 \end{bmatrix} \tag{9.43}$$

式中：$S = -\operatorname{sgn}(r_1 r_4 + r_2 r_5)$。

根据矩阵的正交性，由前两行数值，解得 $\boldsymbol{R}$ 的另外一个解为

$$\boldsymbol{R} = \begin{bmatrix} r_1 & r_2 & -(1 - r_1{}^2 - r_2{}^2)^{\frac{1}{2}} \\ r_4 & r_5 & -S(1 - r_4{}^2 - r_5{}^2)^{\frac{1}{2}} \\ -r_7 & -r_8 & r_9 \end{bmatrix} \tag{9.44}$$

具体选用哪一个 $\boldsymbol{R}$，由试探法确定，即先选一个向下计算，若得出的 f 大于 0，则选取正确，否则放弃。

第三步，有效焦距 f 与 T_z 及透镜畸变系数 k 的计算。

对每个特征点 P_i 计算：

$$\begin{cases} y_i = r_4 x_{w_i} + r_5 y_{w_i} + T_y \\ z_i = r_7 x_{w_i} + r_8 y_{w_i} + T_z \end{cases}$$

若设 $q_i = r_7 x_{w_i} + r_8 y_{w_i}$ 不计透镜畸变即假设 $k=0$，则有

$$\frac{Y_{u_i}}{f} = \frac{y_i}{z_i}$$

展开得

$$y_i f_i - Y_{u_i} T_z = Y_{u_i} q_i$$

而 $Y_{u_i} = \dfrac{Y_{f_i} - Y_c}{N_y}$，则有

$$y_i f-(Y_{f_i}-Y_c)\frac{T_z}{N_y}=(Y_{f_i}-Y_c)\frac{q_i}{N_y}$$

将上式用矩阵表示为

$$\begin{bmatrix} y_i & \dfrac{-(Y_{f_i}-Y_c)}{N_y} \end{bmatrix}\begin{bmatrix} f \\ T_z \end{bmatrix}=\frac{(Y_{f_i}-Y_c)q_i}{N_y}$$

解上面的超定方程($i=1,2,\cdots,N$),可求出有效焦距 f 和平移分量 T_z,然后用这些值优化求解非线性方程组:

$$\begin{cases} X(1+kr^2)=f\dfrac{r_1x_{w_i}+r_2y_{w_i}+T_x}{r_7x_{w_i}+r_8y_{w_i}+T_z} \\ Y(1+kr^2)=f\dfrac{r_4x_{w_i}+r_5y_{w_i}+T_y}{r_7x_{w_i}+r_8y_{w_i}+T_z} \end{cases} \tag{9.45}$$

可得 f、T_z、k 对应参数的精确解。

习　题

1. 为什么要进行坐标变换?试列举其在日常生活中的应用。
2. 如何保持坐标旋转变换的不变性?

第10章
视觉与图像重建

10.1 视觉色彩

物体的颜色是指可见光对人眼的作用,并通过大脑产生的视觉印象。人眼中接收光信号的是视网膜的光敏层,其中杆状细胞仅能感受光的强度,对颜色不敏感,不能形成彩色印象;而锥状细胞感受一定光强的颜色信号,能在大脑中产生颜色印象;若光信号强度太低,锥状细胞也不能感受颜色信号,因此在黑夜或黑暗的环境里,人们只有“黑白”的印象;即使光强足够使人眼感受颜色,而当光强有变化时,人眼看到的颜色感觉与光的波长也不是完全对应的,据测定仅在572(黄色)、503(绿色)和478(蓝色)这三个波长的视觉特性不变,其他颜色的视觉反应随着光强度而变化,在光强增加时都略向红色或蓝色偏离。

1666年,牛顿利用三棱镜把太阳光分解成彩色光谱,并做了色光混合实验。牛顿三棱镜色散实验证明了白光是由可视光谱上的长短光波复合而成的,这些可视光的波长可对应到七个不同的颜色:红、橙、黄、绿、蓝、靛、紫。这种按一定次序排列的彩色光带称为光谱。光谱的产生表明了白光不是单色的,而是由各种色光混合成的复色光。而且各种单色光通过棱镜时偏折的角度是不同的。这说明各色光以相同的入射角射入棱镜时产生的折射角不同,可见棱镜材料对于不同的色光有不同的折射率。这种色散现象和颜色与折射率的对应关系,最早是牛顿将太阳光通过三棱镜色散实验总结出来的。牛顿找到的颜色与折射率的对应关系,正是颜色起源的正确方向。

由于各种颜色的光都占有一定的频宽,有人假设人眼视网膜上的锥状细胞可分为三种类型,每种细胞有着对某种色光敏感的特性,如同电子仪器一样有着一定的频率响应范围。三个不同种类的锥状细胞组合成一个整体,当光信号分别激励它们,将分别产生三个响应,然后互相叠加经视神经传到大脑就复合成一个与原来光信号相

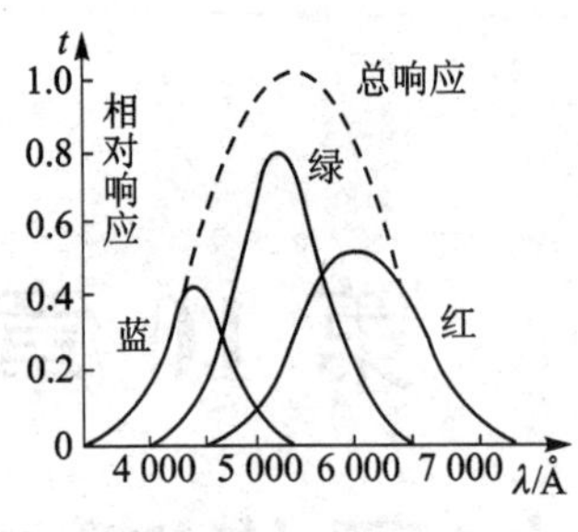

图 10.1 锥状细胞响应曲线

同的彩色印象。根据实验，可以观察到当用红、绿、蓝这三种色光以某种强度比例搭配、混色后，能在人眼中形成各种颜色印象，因此又把三种类型的锥状细胞分别假设为红、绿、蓝感受细胞。如图 10.1 所示的是几种色光进入人眼时人眼的颜色响应，黄光既能激励“红色”锥状细胞，又能激励“绿色”锥状细胞；反过来如果当红光和绿光同时到达视网膜使红、绿锥状细胞同时受到激励，在大脑中形成的色觉与单色黄光是没有区别的。不过，如氦氖激光器发出的红光，钠光灯发出的黄光等，由于频宽非常窄，它们的色觉效应就不能由其他色光来合成了。

实际上，我们所看到的自然界中物体的各种颜色，都是各种单色光的混合光，一般无法找出光谱上相应的波长，如品红色就是红色和蓝色的混合色，纯正的单色光是比较少的。

对于各种颜色的光（包括物体反射的光）在人眼中混色是用“加法原理”来实现的。一般以红、绿、蓝三种颜色作为基本色（也可用另外某三种颜色作基色）；如前所述，红、绿、蓝三种或其中两种色光以不同的频宽和强度搭配，在人眼中就形成不同的颜色。通常的三基色原理用下列公式表示：

红色＋绿色＝黄色

红色＋蓝色＝品红色

绿色＋蓝色＝青色

红色＋绿色＋蓝色＝白色

例如：在彩色电视电子显像管里就是用红、绿、蓝三色荧光粉，以某种规律排列，分别在红、绿、蓝三色电信号的激励下，发生三种强弱不同的三束色光，由于这些光点很小，人眼的分辨能力有限，于是就在人眼中混色，从而感觉到了五彩缤纷的画面。

加色法是利用增加光波的方式来产生颜色。例如，把红、橙、黄、绿、蓝、靛、紫等不同颜色的光波混合，可形成白光。加色法模式也称为 RGB 模式。如电视机的电子光枪只能发出三种颜色：红、绿、蓝。这三种颜色通过加色法来产生不同颜色的。舞台灯光也是利用加色法来产生五彩缤纷的颜色的。在 RGB 系统中，混合任两个原色，就会产生三个次原色：青、品红、黄。将光的三原色加在一起，就可以做出白光。去除这三原色的光，则产生黑色。

在实验室暗室内，用三架幻灯机（或一架带三个镜头的特殊幻灯机），分别用红、绿、蓝三色滤色镜放在镜头上，然后将这三束色光投射到白色屏幕上，并使其互相交叠，就可看到各种色光的混合，如三束色光强度适当还可合成白光。有一种大屏幕彩色投影电视机，就是用红、绿、蓝三只显像投影管，分别同时投射三种单色图像在白色屏幕上，经适当调整使三幅图像完全重叠，就产生了完整的彩色图像，这是加法原理最生动的实例。

颜料的混合是用“减法原理”混色的。这里所指的“减法原理”，是颜料从白色光中吸收某些波长的色光，而透射或反射出其余波长的色光，所感觉到的彩色印象。不过，这些透射或反射出的色光在人眼中，仍然是用“加法原理”来混色的。

必须注意的是，混合颜料应该是两种颜料的充分混合调和，如果一种颜料已干，再盖上一层不透明的颜料，如画油画或油漆物品，那么显示出的只能是最后涂上的那种颜料的颜色。

现在的彩色画页、彩色照片一般都不是将三种基色颜料进行调和制成的，而是采用透明颜料一层一层涂抹或印刷到白色底板上制成的，在透射和反射白色光时，这三层或多层颜料遵循“减法原理”进行混色。

相减混色法，就是用减少光波的方式来产生颜色。相减混色法的模式也称为 CMYK 模式，CMYK 模式就是与 RGB 模式相反的模式。由于物体颜色来自于反射的光波，此系统使用三原色来吸收物体的红光、绿光或蓝光。例如，如果减少了红光，那么多余的绿色波和蓝色波就会产生青色。例如，用来除去红光、反射绿光、蓝光的颜料就会显示青色。平面印刷设计师会使用洋红来吸收掉一部分的绿光，以及使用黄色来吸收掉一部分的蓝光。

“减法原理”的三基色（相对于“加法原理”）是品红、黄和青色，这曾被一些人误认为是红、黄、蓝三基色。品红色颜料可透射或反射红光和蓝光（人眼感觉是品红色），而吸收绿光；黄色颜料可透射或反射红光和绿光（人眼感觉是黄色），而吸收蓝光；青色颜料可透射或反射绿光和蓝光（人眼感觉是青色），而吸收红光。

需要注意的是，要产生效果良好的印刷成的彩色画页必须具备两个条件：一是颜料几乎是透明色，能透射某些色光；二是画页纸基必须十分洁白，即反射光的效率要高，否则会影响色彩的正常显现。

这样，印一张彩色画页，至少要分别印上三层不同颜色的图案（有的甚至要印上四、五种），准确地套印在一起才能逼真地重现彩色。没有印上颜料的部分，保持纸的本色，即显示白色；单单印上某一种颜料，如黄色，那么这部分颜料一方面反射黄色，另一方面自然白光透过颜料层被吸收掉其他色光，最后被白纸反射出来的仍是颜料的黄色光；如果重叠印上品红色和黄色颜料，自然白光透过两层颜料时先后被吸收掉绿光和蓝光，最后到达白纸的只有红光，再经白纸反射，显示出的是红色光；同样，重叠印上品红和青色颜料，先后被吸收掉绿光和红光，最后经白纸反射出的仅是蓝色光；重叠印上黄色和青色可显示绿色光；重叠印上品红、黄和青色颜料，由于自然白光中所含各波长的色光将分别被三层颜料所吸收，因此无色光到达白纸，人眼的感觉就是黑色。随着三种颜料深浅、部位不同的搭配，就可表示各种不同的颜色，可用图 10.2 来简单示意三层颜料的搭配及反射颜色光的情况。

彩色照片也是根据“减法原理”三基色来制作胶片和印相的。

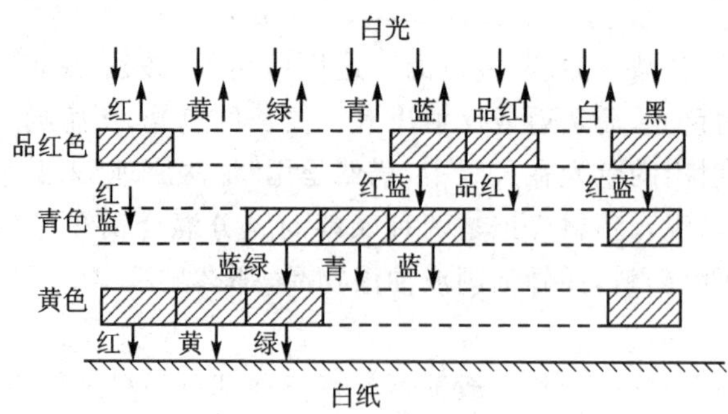

图 10.2 锥状细胞响应曲线

10.2 层析扫描技术与 Radon 变换

10.2.1 计算机层析扫描技术

CT 即计算机断层成像技术(Computed Tomography),分为医学 CT(MCT)和工业 CT(ICT),它是与一般辐射成像完全不同的成像方法。一般辐射成像是将三维物体投影到二维平面成像,各层面影像重叠,造成相互干扰,不仅图像模糊,且损失了深度信息,不能满足分析评价要求。CT 是把被测体所检测断层孤立出来成像,避免了其余部分的干扰和影响,图像质量高,能清晰、准确地展示所测部位内部的结构关系、物质组成及缺陷状况,检测效果是其他传统的无损检测方法所达不到的。

1. CT 的基本原理

CT 是一种绝妙的成像技术,早在 1917 年,丹麦数学家拉冬(J. Radon)的研究工作已为 CT 技术建立了数学理论基础。他从数学上证明了,某种物理参量的二维分布函数,由该函数在其定义域内的所有线积分完全确定。

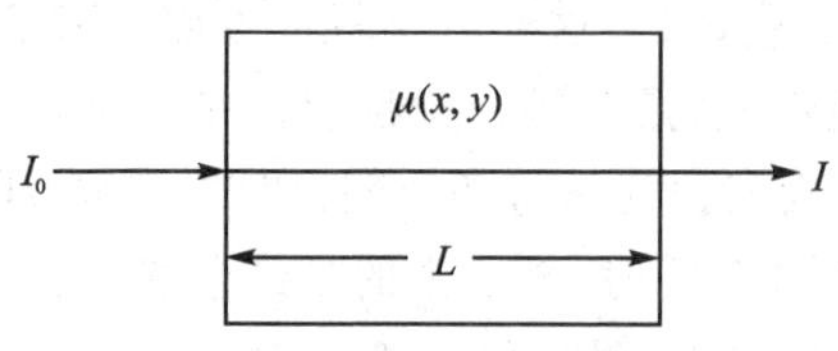

图 10.3 射线穿过衰减系数为 $\mu(x,y)$的

物理研究指出,一束射线穿过物质并与物质相互作用后,射线强度将受到射线路径上物质的吸收或散射而衰减,衰减规律由比尔定律确定。如图 10.3 所示,考虑一般性,设物质是非均匀的,一个截面上的衰减系数分布为 $\mu(x,y)$,入射强度为 I_0 的射线经衰减后,以强度 I 穿出,射线在面内的路径长度为 L,由比尔定律确定的 I_0、I 及 $\mu(x,y)$的关系如下:

$$I = I_0 \exp\left[-\int_L \mu(x,y)\mathrm{d}x\mathrm{d}y\right] \tag{10.1}$$

由式(10.1)可得

$$\int_L \mu(x,y)\mathrm{d}x\mathrm{d}y = \ln\left(\frac{I_0}{I}\right) \tag{10.2}$$

式中：I_0 和 I 可用探测器测得，则路径 L 上衰减系数的线积分即可算出，当射线以不同方向和位置穿过该物质面时，对应的所有路径上的衰减系数线积分值均可照此求出，从而得到一个线积分集合。该集合若是无穷大，则可精确无误地确定该物质面的衰减系数二维分布。反之，则是具有一定误差的估计。因为物质的衰减系数与物质的质量密度直接相关（当然还与原子序数有关），故衰减系数的二维分布，也可体现为密度的二维分布，由此转换成的断面图像能够展现其结构关系和物质组成。

有上述基础后，还需解决两个主要问题：一是如何提取检测断层衰减系数线积分的数据集；二是如何根据该数据集确定出衰减系数的二维分布。第一个问题，可采用扫描检测方法，即用射线束有规律地（含方向、位置、数量等）穿过被测体所检测的断层，并相应地进行射线强度测量，提高扫描检测效率，可采用各具特色的扫描检测模式。第二个问题，则是利用衰减系数线积分的数据集，按照一定的图像重建算法进行数学运算求解。

2. 扫描检测模式

(1) 平行束扫描检测模式

这是 CT 技术的最早使用，从而被称为第一代扫描检测模式。其基本结构特点是：射线源产生一束截面很小的射线；每个单位检测时间内，检测空间只存在这束截面很小的射线，仅有一个探测器检测该射线强度。

重建 $N\times N$ 像素阵列断层图像，一般应有由 $N\times N$ 个衰减系数线积分组成的数据集。为此，常采用从 N 个方向且每个方向均有 N 束射线供探测器检测的数据结构。此扫描检测模式如图 10.4 所示。

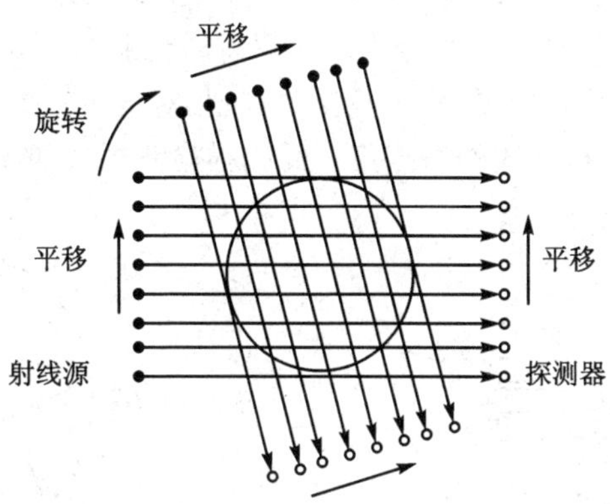

图 10.4　平行束扫描检测模式射线源

平行束扫描检测的运动方式为“平移＋旋转”。为完成扫描检测，可以有三种具体形式，即被测体固定，“射线源-探测器”组合既平移又旋转；“射线源-探测器”组合固定，被测体平移和旋转；“射线源-探测器”组合平移，被测体旋转。

此扫描检测模式虽有许多优点，但由于只用一个探测器完成 $N\times N$ 个数据检测，所以存在检测效率过低的致命弱点，实际上已被淘汰。不过，它仍不失原理说明和了解的作用。

(2) 窄角扇形束扫描检测模式

这是为改善平行束扫描检测效率太低而发展的，被称为第二代扫描检测模式。其基本结构特点是：射线源产生角度小、厚度薄的扇形射线束；使用数量不多的 n 个 ($n<N$) 检测器同时检测；断层内最多有 n 条射线路径上衰减系数线积分值可同时测量；在每个检测方位的多个检测点上射线束未能包容所测断层。

该模式的扫描检测特点与平行束扫描相似，即每个检测方位，“射线源-探测器”组合与被测体间，按等距步进量及等单位检测时间，相对平移 $\frac{N}{n}-1$ 次，穿过并遍及所测断层，取得 N 个检测数据；按设定角频进量，“射线源-探测器”组合与被测体间，以某一固定转轴线为中心相对转动一角度进量，在恢复起始位置条件下，重复前一过程，完成第二个方位对断层的检测，又获得 N 个检测数据，按此重复进行；可在 180°的圆周角上，等分 N 个检测方位，并在每个方位上完成相同检测，最终获得由 $N\times N$ 个数据所组成的数据集。此扫描检测模式如图 10.5 所示。

(3) 广角扇形束扫描检测模式

这是在窄角度扇形束扫描检测模式基础上，进一步提高扫描检测效率，被称为第三代扫描检测模式。其基本结构特点是：射线源产生角度大、厚度薄的扇形射线束；一般使用 N 个探测器同时检测；断层内最多有 N 条射线路径上衰减系数线积分值可同时测量；射线束的边缘全包容所测断层。

其扫描检测特点是：对每个检测断层，“射线源-探测器”组合与被测体间仅有相对旋转运动；在 360°的圆周角上等分为 N 个扫描检测方位，每个检测方位射线束全包容并穿过所测断层，均可取得 N 个检测数据；相对旋转一周，完成一个断层扫描检测，获得由 $N\times N$ 个数据组成的数据集。此扫描检测模式如图 10.6 所示。

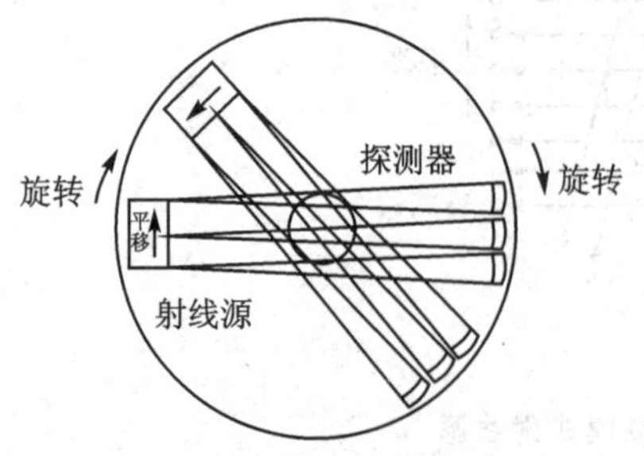

图 10.5　窄角扇形束扫描检测模式

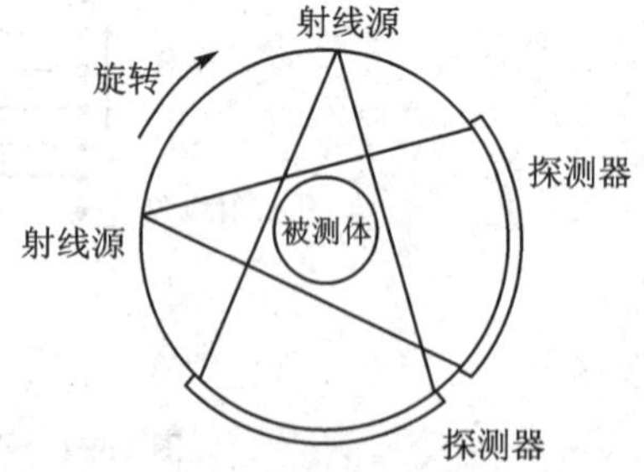

图 10.6　广角扇形束扫描检测模式

3. 图像重建

断层图像重建过程，是以扫描检测所得的衰减系数线积分数据集为基础，经必要的数据校正，按一定的图像重建算法，通过计算机运算，得到衰减系数具体的二维分布，再将其以灰度形式显示，从而生成断层图像。图像重建涉及数学知识较多，在此只作概念性介绍。

(1) 重建的初步概念

这里举出解联立方程组的方法，以建立图像重建的初步概念，为简单计算，设有由 3×3 单元组成的断层，各单元衰减系数分别为 $\mu_1 \sim \mu_9$，它们是未知待求的。显然，只要能建立包含这些变量并相互独立的 9 个方程，即可求出 $\mu_1 \sim \mu_9$ 的变量，得到该断层衰减系数的具体分布并显示为图像，从而完成图像重建。为建立这样的方程，用 9 条射线按路径互不完全重叠穿过该断层，检测它们的衰减系数线积分，基本结构如图 10.7 所示。

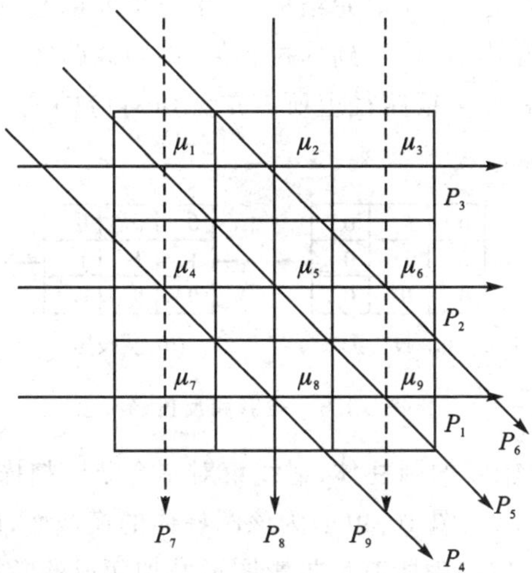

图 10.7　9 条路径互不完全重叠的射线穿过断层

由图 10.7 建立的方程组如下：

$$\begin{cases} \mu_7 + \mu_8 + \mu_9 = P_1 \\ \mu_4 + \mu_5 + \mu_6 = P_2 \\ \mu_1 + \mu_2 + \mu_3 = P_3 \\ \mu_4 + \mu_8 = P_4 \\ \mu_1 + \mu_5 + \mu_9 = P_5 \\ \mu_2 + \mu_6 = P_6 \\ \mu_1 + \mu_4 + \mu_7 = P_7 \\ \mu_2 + \mu_5 + \mu_8 = P_8 \\ \mu_3 + \mu_6 + \mu_9 = P_9 \end{cases} \tag{10.3}$$

式中：$P_1 \sim P_9$ 为不同射线路径上衰减系数线积分值，通过探测器检测得到，视为已知数。解此方程组，$\mu_1 \sim \mu_9$ 即可求出，以图像形式表示其分布，则断层图像生成，图像重建完成。

上述简单结构的例子，可推广为 $N \times N$ 的一般性结构，对 N 取值很大的实际情况，原理上虽可实现，但实际完成却很困难，故此方法无实用价值。

(2) 反投影法

这是一种古老的图像重建算法，虽图像质量不好，但却是实用的卷积反投影法的基础。

将射线穿过断层所检测到的数据称为投影，而把射线路径对应于图像上的所有像素点赋予相同的投影值则称反投影，反投影以灰度表示将形成一个图形或图案。对断层各个方向上的投影完成反投影并形成相应的图形或图案，将所有的反投影图形或图案叠加，则得到由反投影法重建的断层图像。

为简单计算，设断层是 3×3 单元结构，仅中心单元的衰减系数为 1，其余均匀为 0。当射线经中心单元穿出后，检测到的投影值(即射线路径上衰减系数线积分值)为 1，将此值反投影，即是将此射线路径上所有单元所对应的图像区全部赋予相同的投影值 1，如图 10.8 所示。

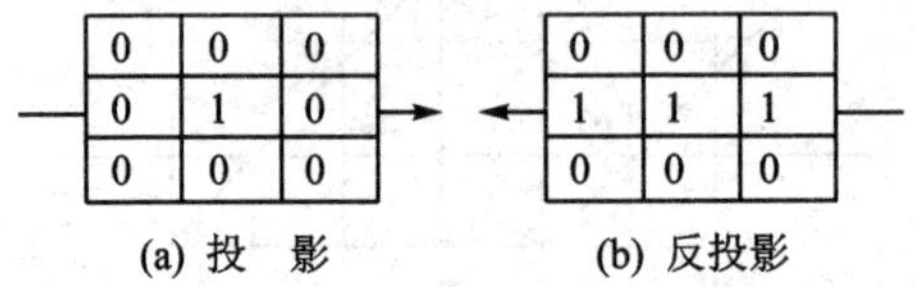

图 10.8　投影和反投影

又设一含有高密度轴线的圆柱体，射线束对一个断层扫描检测，用反投影法进行图像重建，如图 10.9 所示。图 10.9(a)为该圆柱体的横截面，图 10.9(b)为一个方向上的反投影图形，图 10.9(c)为所有反投影图形叠加而成的断层图像。

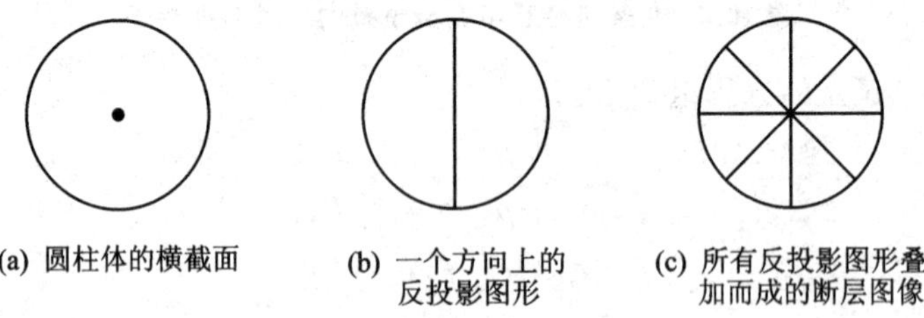

图 10.9　反投影法图像重建

(3) 卷积反投影法

这是至今为止最实用的重建算法，为 CT 设备普遍采用，因为它兼顾了图像质量和重建速度。卷积反投影法是在反投影法基础上发展起来的一种图像重建算法，由于这种算法较复杂，故仅从其实现思想来加以说明。

一幅图像是由像素点构成的面阵，可用二维函数描述，常称为图像函数。若断层物理结构对应的图像称为真实图像，其图像函数用 F 表示，反投影法重建所得图像是一幅模糊图像，其图像函数用 FB 表示，则它是真实图像函数与点扩散函数 R 卷积运算的结果，即

$$\mathrm{FB}=R*F \tag{10.4}$$

式(10.4)中的符号“$*$”表示卷积。很自然地想到，若以点扩散函数的反函数 R^{-1} 对反投影图像函数 FB 进行卷积，则可消除点扩散函数的模糊效应。遗憾的是，此扩散函数 R 我们并不知道，从而也无法准确地确定其反函数。虽然如此，我们还是可以根据造成模糊的基本机理，建立一定形式的函数对反投影图像函数进行卷积运算校正，以减弱星状模糊或点扩散函数效应的影响。该校正函数常称卷积核，其具体形式将明显影响图像质量。

在实际工作中，可以对反投影图像整体卷积修正，也可先对投影数据卷积修正后再反投影和叠加，一般以后者为主。CT 实验系统组成方框图如图 10.10 所示。

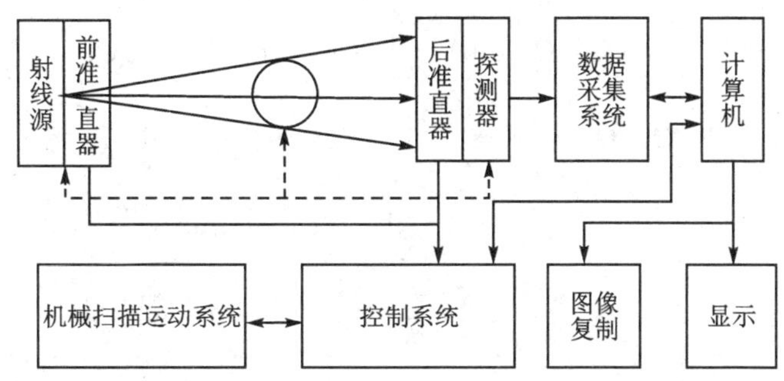

图 10.10　CT 实验系统组成方框图

10.2.2　Radon 变换的定义与应用

边缘积分，如同联合分布的边缘分布，投影积分应用较成熟。如医学 CT、工业探伤，根据具体的应用领域选用适合的曲线积分路径。

① Radon 变换：直线求和。

② Radon 正变换：

$$R_{p\tau}\{f(x,y)\}=\int_{-\infty}^{\infty}\int_{-\infty}^{\infty}f(x,y)\delta[y-(\tau+px)]\mathrm{d}y\mathrm{d}x \tag{10.5}$$

③ Radon 反变换：

$$f(x,y)=-\frac{1}{2\pi}\int_{-\infty}^{\infty}\frac{\mathrm{d}}{\mathrm{d}y}H\{R(p,y-px)\}\mathrm{d}p \tag{10.6}$$

④ 广义 Radon 变换，求和路径为曲线。数学上，求和路径为曲线，比较成熟的有沿双曲线、椭圆、抛物线的广义 Radon 变换。

广义 Radon 变换示意图如图 10.11 所示，Radon 变换的几何关系如图 10.12 所示，CT 扫描示意图如图 10.13(a)所示，坐标变换关系图如图 10.13(b)所示。

$$P_\alpha(u)=\int_{PQ线} f(t,\omega)\mathrm{d}v$$

$$\begin{cases} t=u\cos\alpha - v\sin\alpha \\ \omega = u\sin\alpha + v\cos\alpha \end{cases}$$

$$P_\alpha(u)=\int_{PQ线} f(u\cos\alpha - v\sin\alpha, u\sin\alpha + v\cos\alpha)\mathrm{d}v \tag{10.7}$$

$$\begin{aligned} R[f(t,\omega)] &= P_\alpha(u) \\ &= \int_{-\infty}^{+\infty}\int_{-\infty}^{+\infty} f(u'\cos\alpha - v'\sin\alpha, u'\sin\alpha + v'\cos\alpha)\delta(u'-u)\mathrm{d}u'\mathrm{d}v' \end{aligned} \tag{10.8}$$

$$F(\boldsymbol{\Omega}_1,\boldsymbol{\Omega}_2)=\iint f(x,y)\mathrm{e}^{-(\boldsymbol{\Omega}_1 x+\boldsymbol{\Omega}_2 y)}\mathrm{d}x\mathrm{d}y$$

$$F(\boldsymbol{\Omega}_1,\boldsymbol{\Omega}_2=0)=\iint f(x,y)\mathrm{e}^{-(\boldsymbol{\Omega}_1 x)}\mathrm{d}x\mathrm{d}y$$

$$\begin{aligned} F(\boldsymbol{\Omega}_1,\boldsymbol{\Omega}_2=0) &= \int_{-\infty}^{+\infty}\int_{-\infty}^{+\infty} f(x,y)\mathrm{e}^{-(\boldsymbol{\Omega}_1 x)}\mathrm{d}x\mathrm{d}y \\ &= \int_{-\infty}^{+\infty}\left[\int_{-\infty}^{+\infty} f(x,y)\mathrm{d}y\right]\mathrm{e}^{-(\boldsymbol{\Omega}_1 x)}\mathrm{d}x \\ &= \int_{-\infty}^{+\infty} p(u=x,\alpha=0)\mathrm{e}^{-(\boldsymbol{\Omega}_1 x)}\mathrm{d}x \\ &= \int_{-\infty}^{+\infty} p(u,\alpha=0)\mathrm{e}^{-(\boldsymbol{\Omega}_1 u)}\mathrm{d}u \end{aligned}$$

$$F_\alpha(\boldsymbol{\Omega}_1,\boldsymbol{\Omega}_2)=\int_{-\infty}^{+\infty} p_\alpha(u)\mathrm{e}^{-(\boldsymbol{\Omega} u)}\mathrm{d}u \tag{10.9}$$

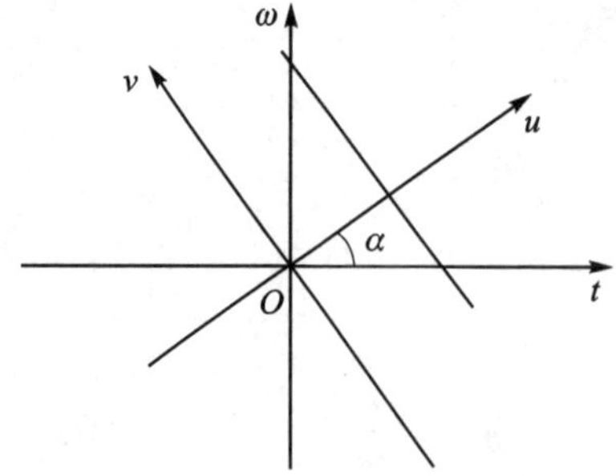

图 10.11　广义 Radon 变换示意图

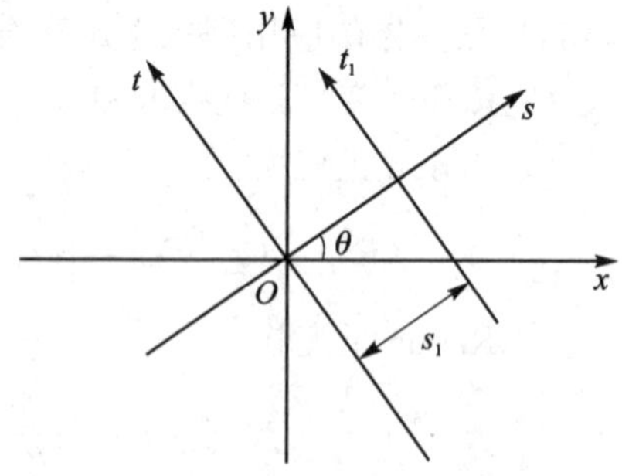

图 10.12　Radon 变换的几何关系

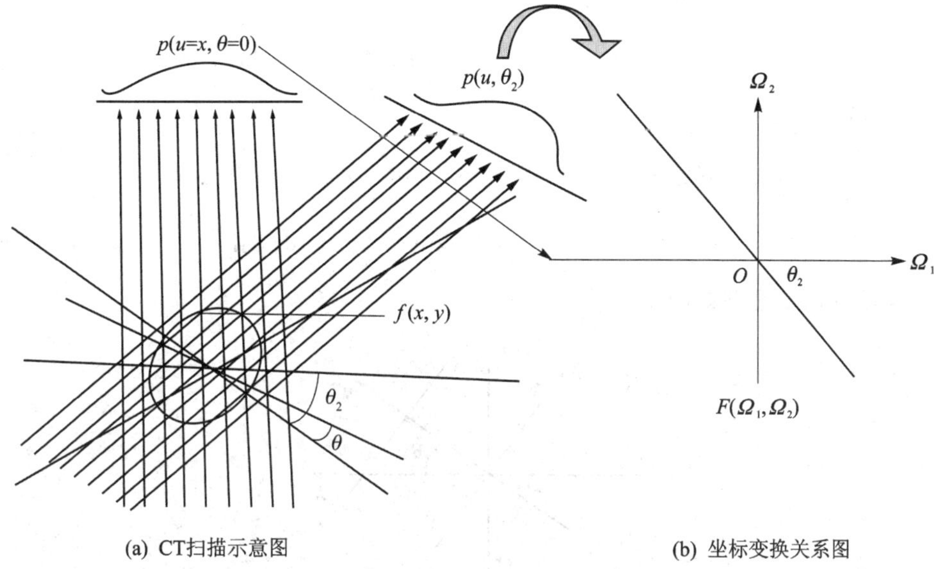

图 10.13　CT 扫描示意图及坐标变换关系图

10.3　图像重建

前面已经介绍了断层图像重建过程，下面介绍傅里叶（Fourier）变换的重建方法。

CT 图像的重建获取，共有三种信息收集方式：透射式 CT（TCT）、放射式 CT（ECT）、反射式 CT。透射式 CT 和放射式 CT 的工作原理是射线（如 γ 射线，X 射线等）通过物质时强度的衰减特性。由前述知，对确定的物质，吸收系数是空间位置的函数。

由式（10.1）知道：射线与物质相互作用的规律为

$$I = I_0 e^{-\lambda x} \tag{10.10}$$

式中：I_0 为射线入射前的强度；I 为经过 x 距离后的强度。设 $f(x,y)$ 为吸收率在二维平面内的分布，则 $f(x,y)$ 沿 l_0 的积分为

$$S(x) = \int_{-\infty}^{\infty} f(x,y)\mathrm{d}y \tag{10.11}$$

10.3.1　傅里叶（Fourier）变换的重建方法

若 $f(x,y)$ 和 $F(\mu,v)$ 是一对傅里叶变换，其中 $f(x,y)$ 是原函数，$F(\mu,v)$ 是像函数，则有如下关系：

$$F(\mu,v) = \int_{-\infty}^{\infty} f(x,y) e^{-j2\pi(\mu x+vy)} \mathrm{d}x\mathrm{d}y \tag{10.12}$$

考虑图像在 x 轴上的投影，即

$$S(x,0)=\int_{-\infty}^{+\infty} f(x,y)\mathrm{d}y \tag{10.13}$$

$S(x)$的傅里叶变换 $R(\mu)$为

$$R(\mu)=\int_{-\infty}^{+\infty} S(x)\exp(-\mathrm{j}2\pi\mu x)\mathrm{d}x$$

$$=\iint_{-\infty}^{+\infty} f(x,y)\exp(-\mathrm{j}2\pi\mu x)\mathrm{d}x\,\mathrm{d}y \tag{10.14}$$

坐标变换示意图如图 10.14 所示。

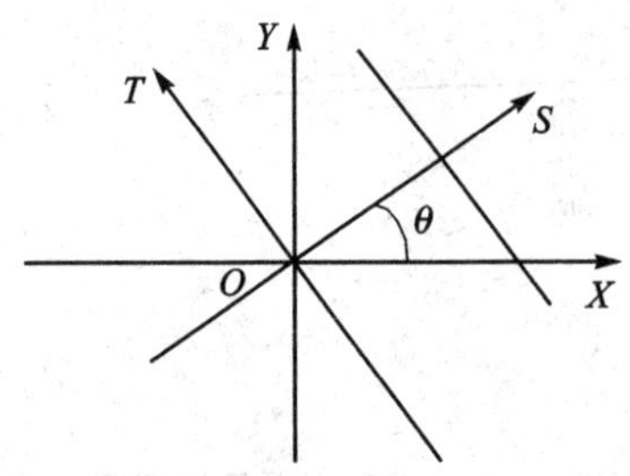

图 10.14 坐标变换示意图

比较式(10.12) 和式(10.13)可知，$R(\mu)$等于 $f(x,y)$的二维傅里叶变换 $F(\mu,v)$在 $v=0$ 时：

$$F(\mu,0)=\iint_{-\infty}^{+\infty} f(x,y)\exp(-\mathrm{j}2\pi\mu x)\mathrm{d}x\,\mathrm{d}y \tag{10.15}$$

当考虑 $f(x,y)$沿任一方向，例如某一条直线投影时，可定义一个转动坐标系，使 S 轴垂直 T 轴，S 轴与 X 轴夹角为θ，由图 10.14 得

$$\begin{cases} s=x\cos\theta+y\sin\theta \\ t=-x\sin\theta+y\cos\theta \end{cases} \tag{10.16}$$

则在新的转动坐标系中，向与 X 轴成θ 角的 S 轴方向投影，$f(x,y)$沿 t 的投影可写成：

$$g(s,\theta)=\int_{-\infty}^{\infty} f(x,y)\mathrm{d}t=\int_{-\infty}^{\infty} f(s,t)\mathrm{d}t \tag{10.17}$$

$g(s,\theta)$一维投影的傅里叶变换为

$$G(r,\theta)=\int_{-\infty}^{\infty} g(s,\theta)\exp(-\mathrm{j}2\pi sr)\mathrm{d}s=\iint_{-\infty}^{\infty} f(s,t)\exp(-\mathrm{j}2\pi rs)\mathrm{d}s\,\mathrm{d}t \tag{10.18}$$

可得

$$G(r,\theta)=\iint_{-\infty}^{\infty} f(x,y)\exp[-\mathrm{j}2\pi r(x\cos\theta+y\sin\theta)]\mathrm{d}x\,\mathrm{d}y \tag{10.19}$$

为了使它与二维傅里叶变换相等，要求指数项有

$$\mu=r\cos\theta,\quad v=r\sin\theta \tag{10.20}$$

在 θ 角不同的各个方向上获得空间域上的投影数据，根据投影切片定理，在变换域上得到对应的切片数据。因此，$f(x,y)$ 在 X 轴上投影的变换即为 $F(u,v)$ 在 u 轴上的取值，结合旋转性可得 $f(x,y)$ 在与 X 轴成 θ 角的直线上投影的傅里叶变换正好等于 $F(u,v)$ 沿与 u 轴成 θ 角的直线上的取值。

因此，如果点 (μ,v) 在固定角为 θ 到原点的距离为 r 的直线上，那么投影变换等于二维变换的一条直线，即 $F(\mu,v)=G(r,\theta)$。显然如果对所有的 r 与 θ 值的投影变换 $G(r,\theta)$ 都是已知的，那么就可以确定出二维傅里叶变换值。由投影原理可知，在不同角度 $\theta(\theta_1,\theta_2,\theta_3,\theta_4,\cdots)$ 得到的投影值取傅里叶变换，就可得相应角度上径向线的傅里叶变换值。所以，为了重建图像，就需要做逆变换运算：

$$f(x,y)=\iint F(\mu,v)\exp[\mathrm{j}2\pi(\mu x+vy)]\mathrm{d}x\mathrm{d}y \tag{10.21}$$

将二维傅里叶变换推广到三维情形。令 $f(x_1,x_2,x_3)$ 表示三维物体，则三维傅里叶变换为

$$F(\mu_1,\mu_2,\mu_3)=\iiint f(x_1,x_2,x_3)\exp[-\mathrm{j}2\pi(\mu_1x_1+\mu_2x_2+\mu_3x_3)]\mathrm{d}x_1\mathrm{d}x_2\mathrm{d}x_3 \tag{10.22}$$

变换中心剖面为

$$F(\mu_1,\mu_2,0)=\iint\left[\int_{-\infty}^{\infty}f(x_1,x_2,x_3)\mathrm{d}x_3\right]\exp[-\mathrm{j}2\pi(\mu_1x_1+\mu_2x_2)]\mathrm{d}x_1\mathrm{d}x_2 \tag{10.23}$$

函数 $f(x_1,x_2,x_3)$ 在 x_1,x_2 轴上的投影为

$$f_3(x_1,x_2)=\int_{-\infty}^{\infty}f(x_1,x_2,x_3)\mathrm{d}x_3 \tag{10.24}$$

同样，在旋转坐标系中傅里叶变换及其逆变换为

$$f(x,y)=\int_0^{\pi}\int_{-\infty}^{\infty}|R|G(r,\theta)\exp[\mathrm{j}2\pi R(x\cos\theta+y\sin\theta)]\mathrm{d}R\,\mathrm{d}\theta \tag{10.25}$$

记

$$f'(x,y,\theta)=\int_{-\infty}^{\infty}|R|G(r,\theta)\exp[\mathrm{j}2\pi R(x\cos\theta+y\sin\theta)]\mathrm{d}R$$

傅里叶投影重建图像为

$$f(x,y)=\int_0^{\pi}f'(x,y,\theta)\mathrm{d}\theta \tag{10.26}$$

10.3.2　扇形投影的重建方法

在平行投影重建图像的过程中，为了收集平行投影的数据，常采用单束扫描方式，即射线源和探测器同步地在投影的长度方向，做直线移动的方式，获得一组数据，然后将射线源和探测器同步地旋转一个角度，以同样的方式获得下一组投影数据。

另一种得到投影数据更快的方法是扇形扫描法，即用一排探测器同时收集射线源发出的扇束投影，将探测器系统和射线源同时旋转一个角度。这里仅讨论等角度间隔扇束投影的方式。由图 10.15 定义以下参数：$R_{\beta}(\gamma)$为扇束投影，γ 为射线角度位置，β 为点源 s 发射中心线 SF 与 Y 的夹角，设射线 SA 为平行投影射线，虚线 OB 垂直 SA 射线，θ 为平行投影射线的方向，OB 代表 t 值，D 为源 S 与坐标原点 O 的长度，有

$$\begin{cases}\theta=\beta+\gamma \\ t=D\sin\gamma\end{cases} \tag{10.27}$$

$$f(x,y)=\int_{0}^{\pi}\int_{-t_{\mathrm{m}}}^{t_{\mathrm{m}}} P_{\theta}(t)h_{1}(x\cos\theta+y\sin\theta-t)\mathrm{d}t\,\mathrm{d}\theta \tag{10.28}$$

式中：t_{m} 为 t 的极大值，当$|t|>t_{\mathrm{m}}$时，$P_{\theta}=0$，该方程仅利用 180°内的平均值。将 $x=r\cos\phi$，$y=r\sin\phi$ 代入式(10.28)，得

$$f(r,\phi)=\frac{1}{2}\int_{0}^{\pi}\int_{-t_{\mathrm{m}}}^{t_{\mathrm{m}}} P_{\theta}(t)h_{1}[r\cos(\theta-\phi)-t]\mathrm{d}t\,\mathrm{d}\theta \tag{10.29}$$

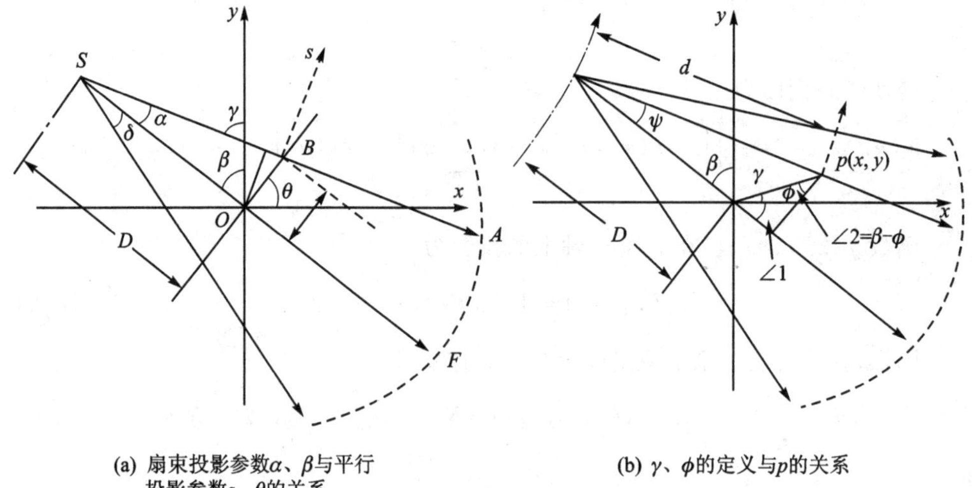

(a) 扇束投影参数α、β与平行投影参数s、θ的关系　　(b) γ、ϕ的定义与p的关系

图 10.15　扇形投影各参数几何关系图

如果采用 360°投影，则式(10.29)的积分 $0\sim\pi$ 改成 $0\sim2\pi$，利用式(10.27)和式(10.29)可改成

$$f(r,\phi)=\frac{1}{2}\int_{-\gamma}^{2\pi-\gamma}\int_{-\arcsin(t_{\mathrm{m}}/D)}^{\arcsin(t_{\mathrm{m}}/D)} P_{\beta+\gamma}(D\sin\gamma)h_{1}[r\cos(\beta+\gamma-\phi)-D\sin\gamma]D\cos\gamma\,\mathrm{d}\gamma\,\mathrm{d}\beta \tag{10.30}$$

式(10.27)对 β 的积分从$(-\gamma)$到$(2\pi-\gamma)$，由于以 β 为变量的函数是以 2π 为周期的，因此 β 的积分也可从 $0\sim2\pi$。$\arcsin(t_{\mathrm{m}}/D)$即为图(10.15)中最外侧射线 SE 的 γ 值，γ 的上下限可分别表示为 γ_{m} 和 $-\gamma_{\mathrm{m}}$；$P_{\beta+\gamma}(D\sin\gamma)$对应于平行投影 $P_{\theta}(t)$

中沿 SA 的射线的投影值，在扇形投影中，该射线积分的等同值为 $R_\beta(\gamma)$，因此，将上面的关系代入式(10.30)，有

$$f(r,\phi)=\frac{1}{2}\int_0^{2\pi}\int_{-\gamma_m}^{\gamma_m}R_\beta(\gamma)h_1[r\cos(\beta+\gamma-\phi)-D\sin\gamma]D\cos\gamma\mathrm{d}\gamma\mathrm{d}\beta \tag{10.31}$$

为了将式(10.31)表示为滤波-逆投影的形式，可先将函数 h_1 的变量改成

$$r\cos(\beta+\gamma-\phi)-D\sin\gamma=r\cos(\beta-\phi)\cos\gamma-[r\sin(\beta-\phi)+D]\sin\gamma \tag{10.32}$$

由图(10.15)得

$$\begin{cases}L\cos\gamma'=D+\sin(\beta-\phi)\\L\sin\gamma'=r+\cos(\beta-\phi)\end{cases} \tag{10.33}$$

式中：γ'是通过 C 点的射线的角度，L 为源 S 到 $C(x,y)$的距离。因此，L 和 γ'由像素的位置(γ,ϕ)和投影角 β 唯一确定：

$$L(\gamma,\phi,\beta)=\sqrt{[D+r\sin(\beta-\phi)]^2[r\cos(\beta-\phi)]^2} \tag{10.34}$$

$$\gamma'=\arctan\frac{r\cos(\beta-\phi)}{D+r\sin(\beta-\phi)} \tag{10.35}$$

将式(10.33)应用到式(10.32)得 h 的自变量为

$$r\cos(\beta+\Gamma-\phi)-D\sin\gamma=L\sin(\gamma'-\gamma) \tag{10.36}$$

代入式(10.28)中，有

$$f(r,\phi)=\frac{1}{2}\int_0^{2\pi}\int_{-\gamma_m}^{\gamma_m}R_\beta(\gamma)h_1[L\sin(\gamma'-\gamma)]D\cos\gamma\mathrm{d}\gamma\mathrm{d}\beta \tag{10.37}$$

因为 h_1 为$|\omega|$的傅里叶逆变换，即

$$h_1(t)=\int_{-\infty}^{\infty}|\omega|\exp(\mathrm{j}2\pi\omega t)\mathrm{d}\omega \tag{10.38}$$

因此，

$$h_1(L\sin\gamma)=\int_{-\infty}^{\infty}|\omega|\exp(\mathrm{j}2\pi\omega L\sin\gamma)\mathrm{d}\omega \tag{10.39}$$

利用 $\omega'=\dfrac{\omega L\sin\gamma}{r}$，则式(10.39)可改成

$$\begin{aligned}h_1(L\sin\gamma)&=\left(\frac{r}{L\sin\gamma}\right)^2\int_{-\infty}^{\infty}|\omega'|\exp(\mathrm{j}2\pi\omega'\gamma)\mathrm{d}\omega\\&=\left(\frac{r}{L\sin\gamma}\right)^2h_1(r)\end{aligned} \tag{10.40}$$

因此式(10.34)又可改成

$$f(r,\phi)=\int_0^{2\pi}\frac{1}{L^2}\int_{-\gamma_m}^{\gamma_m}R_\beta(\gamma)h_2(r-r')D\cos\gamma\mathrm{d}\gamma\mathrm{d}\beta \tag{10.41}$$

其中，

$$h_2(r)=\frac{1}{2}\left(\frac{r}{\sin\gamma}\right)^2 h_1(r) \tag{10.42}$$

对 $h_2(r)$ 进行取样，可得到离散

$$h_2(n\alpha)=\begin{cases}\dfrac{1}{8\alpha^2}, & n=0\\ 0, & n\text{ 为偶数}\\ -\dfrac{1}{2\pi^2(\sin n\alpha)^2}, & n\text{ 为奇数}\end{cases} \tag{10.43}$$

对式(10.41)积分，滤波-逆投影为

$$f(r,\phi)=\int_0^{2\pi}\frac{1}{L^2(\beta,\gamma,\phi)}Q_\beta(\gamma')\mathrm{d}\beta \tag{10.44}$$

当投影数很大或在 360°内分布较平均时，式(10.44)的直角坐标数学形式为

$$f(x,y)=\frac{2\pi}{M}\sum_{i=1}^{M}\frac{1}{L^2(\beta,x,y)}Q_\beta(\gamma') \tag{10.45}$$

当用 FFT 计算投影数据的傅里叶变换时，首先需对对象进行离散采样和处理，投影数据总被有限截断。采用卷积重建法对已经得到的投影数据实现图像重建，可以采取两个步骤：首先将投影数据与脉冲响应滤波器进行卷积，然后再对不同旋转角 θ 求和，就能实现图像重建。这就是采用卷积法进行图像重建的基本思路和方法。

10.4 指纹识别

指纹识别技术，主要涉及 4 个功能：读取指纹图像、提取特征、保存数据和比对。

通过指纹读取设备读取人体指纹的图像，取到指纹图像之后，要对原始图像进行初步的处理，使之更清晰。

然后，指纹辨识软件建立指纹的数字表示——特征数据，一种单方向的转换，可以从指纹转换成特征数据，但不能从特征数据转换成为指纹，而两枚不同的指纹不会产生相同的特征数据。软件从指纹上找到被称为“节点”(minutiae)的数据点，也就是那些指纹纹路的分叉、终止或打圈处的坐标位置，这些点同时具有 7 种以上的唯一性特征。因为通常手指上平均具有 70 个节点，所以这种方法会产生大约 490 个数据。

有的算法把节点和方向信息组合，产生了更多的数据，这些方向信息表明了各个节点之间的关系，也有的算法还要处理整幅指纹图像。总之，这些数据，通常称为模板，保存为 1 KB 大小的记录。无论它们是怎样组成的，至今仍然没有一种模板标准，也没有一种公布的抽象算法，而是各个厂商自行其是。最后，通过计算机模糊比较的方法，把两个指纹的模板进行比较，计算出它们的相似程度，最终得到两个指纹的匹配结果。

10.4.1 指纹图像获取

取像设备分为：光学、硅晶体传感器和其他。指纹扫描光学示意图如图 10.16 所示。

光学取像设备具有悠久的历史，可以追溯到 20 世纪 70 年代。其依据是光的全反射原理(FTIR)。光线照到压有指纹的玻璃表面，反射光线由 CCD 去获得，反射光的数量依赖于压在玻璃表面指纹的脊和谷的深度和皮肤与玻璃间的油脂。光线经玻璃射到谷后反射到 CCD，而射到脊后则不反射到 CCD(确切的是脊上的液体反光)。

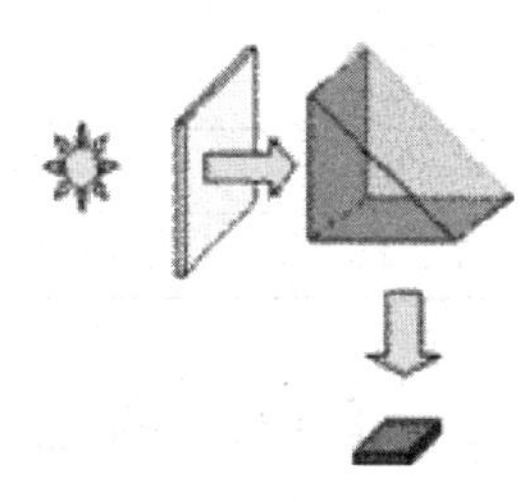

图 10.16 指纹扫描光学示意图

由于光学设备的革新，极大地降低了设备的体积。20 世纪 90 年代中期，传感器可以装在 6 in×3 in×6 in 的盒子里，在不久的将来更小的设备是 3 in×1 in×1 in。这些进展取决于多种光学技术的发展，而不是 FTIR 的发展。例如：纤维光被用来捕捉指纹图像。纤维光束垂直射到指纹的表面，它照亮指纹并探测反射光。另一个方案是把含有一微型三棱镜矩阵的表面，安装在弹性的平面上，当手指压在此表面上时，由于脊和谷的压力不同，从而改变了微型三棱镜的表面，这些变化通过三棱镜光的反射而反映出来。

应用晶体传感器是最近才在市场上出现的，这些含有微型晶体的平面通过多种技术来绘制指纹图像。电容传感器通过电子度量来捕捉指纹。电容设备能结合大约 100 000 导体金属阵列的传感器，其外面是绝缘的表面，当用户的手指放在上面时，皮肤组成了电容阵列的另一面。电容器的电容值由于金属间的距离而变化，这里指的是脊(近的)和谷(远的)之间的距离。压感式表面的顶层是具有弹性的压感介质材料，它们依照指纹的外表地形(凹凸)转化为相应的电子信号。温度感应传感器被设计为感应压在设备上的脊和远离设备的谷的温度的不同。指纹示意图如图 10.17 所示。

图 10.17 指纹示意图

超声波扫描被认为是指纹取像技术中较好的一类，它很像光学扫描的激光，超声波扫描指纹的表面。接收设备获取了其反射信号，测量它的范围，得到脊的深度。不像光学扫描，积累在皮肤上的脏物和油脂对超声波获得的图像影响不大，所以这样的图像是实际脊地形(凹凸)的真实反映。

各种技术都有它们各自的优势，也有各自的缺点。下面给出三种主要技术的比较，如表 10.1 所列。

表 10.1 指纹图像采集

比较项目	光学全反射技术	硅晶体电容传感技术	超声波扫描
体　积	大	小	中
耐用性	非常耐用	容易损坏	一般
成像能力	手指污染后,成像模糊	汗多和稍脏的手指不能成像	非常好
耗　电	较多	较少	较多
成　本	低	低	很高

10.4.2 指纹图像处理

获得的图像有很多噪声,这主要是由于平时的工作和环境引起的,比如,手指被弄脏,手指有刀伤、疤、痕、干燥、湿润或撕破等。图像增强是减弱噪声,增强脊和谷的对比度。得到比较干净清晰的图像并不是容易的事情。为处理指纹图像所涉及的操作,是设计一个适合、匹配的滤镜和恰当的阈值。

指纹还有一些其他的有用的信息。比如:类似于脊的"多余的部分",即使一些特别的脊不连续,但仍可认为是脊的一部分,从而决定它的走向。我们可以利用这些"多余的信息"。

图像增强的方法有很多种,大多数是通过过滤图像与脊局部方向相匹配。图像首先分成几个小区域(窗口),并在每个区域上计算出脊的局部方向来决定方向图。可以由空间域处理,或经过快速二维傅里叶变换后的频域处理,来得到每个小窗口上的局部方向。

设计合适、匹配的滤镜,使之适用于图像上所有的像素(空间场是其中的一个)。依据每个像素脊的局部走向,滤镜应增强在同一方向脊的走向,并且在同一位置,减弱任何不同于脊的方向。后者含有横跨脊的噪声,所以其垂直于脊的局部方向上的那些不正确的"桥"会被滤镜过滤掉。所以,合适的、匹配的滤镜,可以恰到好处地确定脊局部走向的自身的方向,它应该增强或匹配脊而不是噪声。

通过图像增强、噪声减弱后,开始准备选取一些脊。虽然,在原始灰阶图像中,其强度不同且按一定的梯度分布,但它们真实的信息被简单化为二值化:脊及其相对的背景。二值化操作使一个灰阶图像变成二值图像,图像在强度层次上从原始的256色(8 bit)降为2色(1 bit)。图像二值化后,随后的处理就会比较容易。

二值化的困难在于,并不是所有的指纹图像有相同的阈值,所以一般不采取从单纯的强度入手,而且单一的图像的对照物是变化的,比如,手在中心地带按得比较紧。因此一个叫局部自适应的阈值(locally adaptive thresholding)的方法被用来决定局部图像强度的阈值。

在节点提取之前的最后一道工序是细化(thinning)。细化是将脊的宽度降为单个像素的宽度。一个好的细化方法是保持原有脊的连续性,降低由于人为因素所造成的影响。人为因素主要是毛刺，带有非常短的分支而被误认为是分叉。认识到合法的和不合法的节点后，在特征提取阶段排除这些节点。

10.4.3　指纹识别方法

指纹其实是比较复杂的。与人工处理不同，许多生物识别技术公司并不直接存储指纹的图像。多年来在各个公司及其研究机构产生了许多数字化的算法(美国有关法律认为，指纹图像属于个人隐私，因此不能直接存储指纹图像)。但指纹识别算法最终都归结为在指纹图像上找到并比对指纹的特征。

现在定义了指纹的两类特征来进行指纹的验证：总体特征和局部特征。总体特征是指那些用人眼直接就可以观察到的特征，如图 10.18 所示。

图 10.18　指纹图特征

指纹基本纹路图案有：环型(loop)、弓型(arch)、蜗旋型(whorl)。其他的指纹图案都基于这三种基本图案。仅仅依靠图案类型来分辨指纹是远远不够的，这只是一个粗略的分类，但通过分类使得在大数据库中搜寻指纹更为方便。

1. 模式区(Pattern Area)

模式区是指指纹上包括了总体特征的区域，即从模式区就能够分辨出指纹是属于哪一种类型的。有些指纹识别算法只使用了模式区的数据，有些指纹识别算法使用了所取得的完整指纹而不仅仅是模式区进行分析和识别。

2. 核心点(Core Point)

核心点位于指纹纹路的渐进中心，它用于读取指纹和比对指纹的参考点。

3. 三角点(Delta Point)

三角点位于从核心点开始的第一个分叉点或者断点，或者两条纹路的汇聚处、孤立点、折转处，或者指向这些奇异点。三角点提供了指纹纹路的计数和跟踪的开始之处。

4. 式样线(Type Lines)

式样线是指在包围模式区的纹路线开始平行的地方所出现的交叉纹路，式样线通常很短就中断了，但它的外侧线开始连续延伸。

5. 纹数(Ridge Count)

纹数指模式区内指纹纹路的数量。在计算指纹的纹数时，一般先连接核心点和三角点,这条连线与指纹纹路相交的数量即可认为是指纹的纹数。局部特征是指指纹上的节点。两枚指纹经常会具有相同的总体特征,但它们的局部特征——节点,却不可能完全相同。

6. 节点(Minutiae Points)

指纹纹路并不是连续的、平滑笔直的,而是经常出现中断、分叉或转折。这些断点、分叉点和转折点就称为"节点"。就是这些节点提供了指纹唯一性的确认信息。

指纹上的节点有 4 种不同特性:

① 分类,节点可以分为下几种类型,最典型的是终结点和分叉点。

A. 终结点(Ending),一条纹路在此终结。

B. 分叉点(Bifurcation),一条纹路在此分开成为两条或更多的纹路。

C. 分歧点(Ridge Divergence),两条平行的纹路在此分开。

D. 孤立点(Dot or Island),一条特别短的纹路,以至于成为一点 。

E. 环点(Enclosure),一条纹路分开成为两条之后,立即又合并成为一条,这样形成的一个小环称为环点 。

F. 短纹(Short Ridge),一端较短但不至于成为一点的纹路。

② 方向(Orientation),节点可以朝着一定的方向。

③ 曲率(Curvature),描述纹路方向改变的速度。

④ 位置(Position),节点的位置通过(x,y)坐标来描述,可以是绝对的,也可以是相对于三角点或特征点的。

有效的指纹辨识系统不仅仅依赖于辨识算法,还有其他的一些重要因素,称之为"系统问题"。

指纹系统设计时,可以考虑多次取像直到得到一个确定的匹配,但这个过程在降低了拒判率的同时,提高了误判率。辨识不仅可以用一个手指的指纹,还可以用两个或更多的手指的指纹,这样可以增强识别率,但可能会浪费用户的部分时间。

系统的工程学设计是很重要的。例如:在个人识别系统中,人们愿意等待时间的极限,这个极限时间根据特定的应用而不同,依赖于在处理的过程中人们正在做什么。例如:刷卡或尽可能少的操作时间;另外,拒判而重复的次数不应超过 3 次。

在指纹识别系统中,反欺骗的措施用来阻止人造指纹、死指纹和残留指纹。残留指纹是由于皮肤油或其他原因残留在传感器上。传感器应建立反欺对策,使得有能力识别真实的皮肤温度、阻力或电容。

既然指纹识别系统是为安全而考虑的,例如,节点模板数据库必须是安全的,以防止一个冒名顶替的人,将自己的指纹存进数据库而成为合法的用户。指纹匹配的结果是"YES"或"NO",以此获得访问权。如果有人简单地绕过指纹匹配,而直接发送一个"YES",那么系统就是不安全的。这个问题的解决是确保主机接收的识别结果,是来自真正的合法用户,如通过数字信号发送给主机。总之,在一个完整的指纹识别应用系统中,有许多问题值得考虑,解决好这些问题有助于成功地建立有效的系统。

10.5　视觉错觉

这里提供几幅有关视觉错觉的图像，如图 10.19 所示。

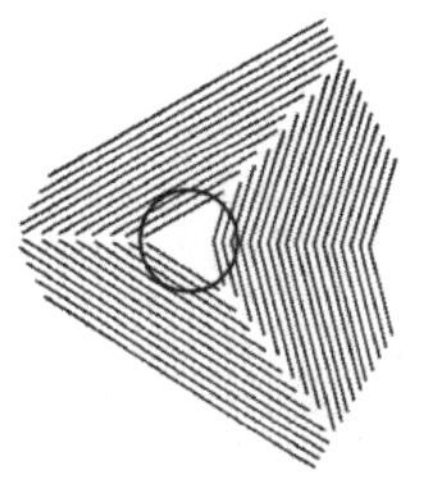

(a) 中间的其实是正圆

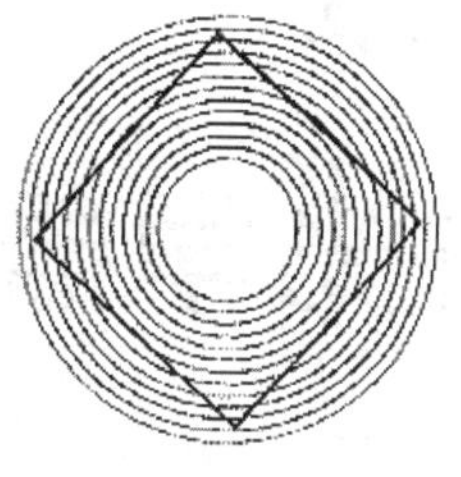

(b) 中间的其实是正方形

(c) 由线条组成的视觉错觉

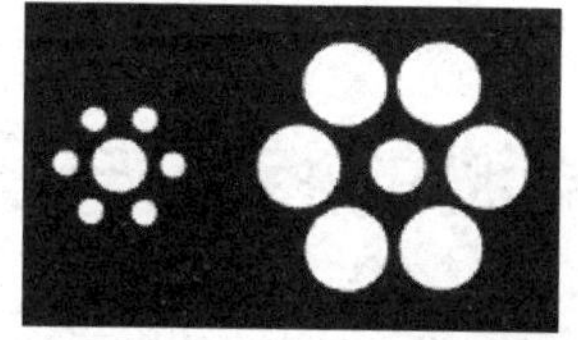

(d) 位于中心的两个圆其实一样大

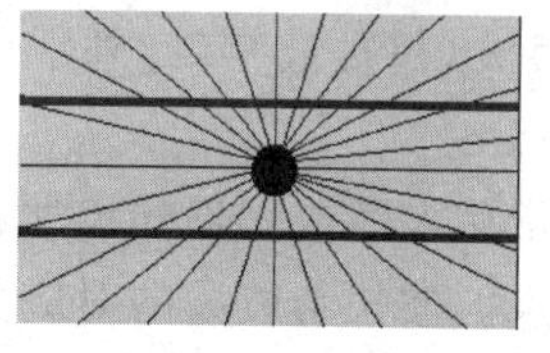

(e) 两直线其实不弯曲

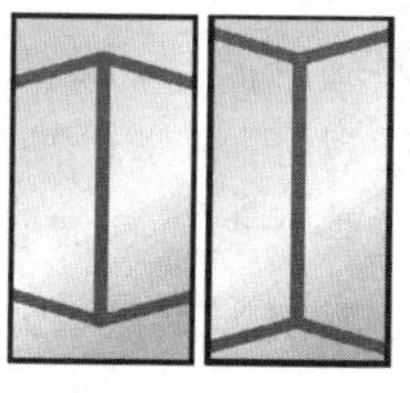

(f) 两竖线其实一样长

(g) 漩涡其实是一个个同心圆

图 10.19　视觉错觉图像

习　　题

1. 在三维投影变换中，有哪些特殊的要求？如何保持图形拼接的连续性？
2. 三维投影变换矩阵，如何体现正负旋转方向？
3. Hough 变换的意义是什么？如何理解拉冬(Radon)变换的投影不变定理？
4. 为什么说拉冬(Radon)变换、Hough 变换在图像处理中具有极为重要的意义？
5. 如何利用 Hough 变换，识别平面图形中的特殊曲线？

第 11 章

微波与光学器件

11.1 微波的特点与研究方法

11.1.1 微波的特点

微波是电磁波谱中介于普通无线电波(长波、中波、短波、超短波)与红外线之间的波段。它属于无线电波中波长最短,即频率最高的波段。

微波波段区别于其他波段的主要特点是其波长可同常用电路或元件的尺寸相比拟,即为分米、厘米、毫米量级,其他波段都不具有这个特点。波长与波段的对应关系如表 11.1 所列,波段对应的代码如表 11.2 所列。

表 11.1 波长与波段的对应关系

频段名称	频率范围	波长范围	波段名称
极低频	3 kHz 以下	100 km 以上	极长波
甚低频	3～30 kHz	10～100 km	甚长波
低频	30～300 kHz	1～10 km	长波
中频	300 kHz～3 MHz	100 m～1 km	中波
高频	3～30 MHz	10～100 m	短波
甚高频	30～300 MHz	1～10 m	超短波
特高频	300 MHz～3 GHz	0.1～1 m	分米波
超高频	3～30 GHz	1～10 cm	厘米波
极高频	30～300 GHz	1～10 mm	毫米波
超极高频	300 GHz～3 THz	0.1～1 mm	亚毫米波

表 11.2　波段对应的代码

频　段	频率/GHz	波　长	频　段	频率/GHz	波　长
P 波段	0.23～1	130～30 cm	Ku 波段	12.8～18	2.4～1.67 cm
L 波段	1～2	30～15 cm	K 波段	18～26.5	1.67～1.13 cm
S 波段	2～4	15～7.5 cm	Ka 波段	26.5～40	1.13～0.75 cm
C 波段	4～8	7.5～3.75 cm	毫米波	40～300	7.5～1 mm
X 波段	8～12.5	3.75～2.4 cm	亚毫米波	300～3 000	1～0.1 mm

对于无线电波，每个波段的频带宽度如表 11.3 所列。

表 11.3　各波段的频带宽度

波　段	波长范围	频率范围	频带宽度	波　段	波长范围	频率范围	频带宽度
长波	1 000～10 000 m	30～300 kHz	270 kHz	分米波	0.1～1 m	300～3 000 MHz	2 700 MHz
中波	100～1 000 m	300～3 000 kHz	2.7 MHz	厘米波	1～10 cm	3～30 GHz	27 GHz
短波	10～100 m	3～30 MHz	27 MHz	毫米波	1～10 mm	30～300 GHz	270 GHz
米波	1～10 m	30～300 MHz	270 MHz	亚毫米波	0.1～1 mm	300～3 000 GHz	2 700 GHz

11.1.2　微波的研究方法

电磁场理论奠定了微波技术的基础，微波技术、无线电与电波传播是电磁场理论的应用体现，根据电磁场与波的理论进行有关微波技术问题的研究，即根据麦克斯韦方程对各种特定的边值问题进行求解，就是场解。这一方法对规则的边界条件可以得到严格的解析解。

但对复杂的边界条件，求解过程很复杂，这在本质上是属于场的问题，但在一定条件下可以转化为电路问题，可以应用“路”的方法进行求解，即化“场”为路进行分析，在研究工程中的电磁场问题时，常常将“场解法”与“路论法”结合起来使用。

从宏观角度来看，微波工程有两种方法，即场的方法和网络的方法。首先要把传输线理论推广的波导理论，由微波双导线发展到波导，这是因为当其他人或物靠近双导线时，会产生较大影响，这说明传输线与外界有能量交换，带来的直接问题是能量损失和工作不稳定，究其原因是开放造成的。波导，从概念上可以认为是双导线两侧连续加对称的枝节 $\lambda/4$，直到封闭构成回路为止。在微波系统中，随着频率的不断升高，封闭结构和开放结构是一个永恒的发展课题。

当下所引发的 5G 和宽带网络技术，均涉及微波信号所具有的独特的性能：宽频带、高速度、指向性。

11.2 微波传输线的基本理论

11.2.1 导行电磁波与导行机构——传输线

有关传输线的内容,要掌握下面几点:①了解各种传输线的具体结构。②了解各种传输线中传播的导波模式的特点,掌握主模的特点、场型以及单模传播条件。③对于 TEM 模传输线,还要了解其特性阻抗的求解方法。耦合传输线的奇偶模分析方法。

要注意比较不同传输线之间的异同,抓住"导波"这一核心概念,即电磁场如何利用具体传输线进行传播。特别是和传播密切相关的"截止"的概念,在空心波导和金属 TEM 模传输线中,截止是传播模和凋落模(不传播)的分界;在介质传输线中,截止是传播模和辐射模的分界,即同一个介质波导作为"波导"和"天线"的分界。

以下是传输线理论的四参数概念:

① 一个模型,即传输线的四参数模型。

微波传输线与低频传输线的本质区别在于其所具有的分布参数效应。这种效应一般采用四参数模型来描述。

② 两种方法,微波信号在四参数模型等效的微波传输线上的传输特性,可以用电报方程组来描述,对电报方程组去耦变为二阶波动方程进行求解,也可用拉氏变换得到其矩阵的解。

③ 三种状态,根据不同的边界条件下电报方程组解的讨论,可知微波信号在传输线上存在行波、驻波和行驻波三种传输状态。

④ 3 个工作参数,反射系数、驻波比和输入阻抗,是描述传输线上微波信号特性的 3 个重要参数,应该对其定义进行深入了解,并掌握相互间的变换关系。

⑤ 一种网络参数,A 参数,在以后的微波网络的学习中进一步加深对其应用的了解。

需要说明的是,阻抗匹配不仅仅是一个技术,阻抗匹配的概念是贯穿于微波网络学习始终的一个核心概念,而且更甚一点,也可以说微波网络就是匹配技术的应用。

传输线可以分为 TEM 模传输线(如同轴线、带状线和准 TEM 模的微带线)、空心波导(如矩形波导、圆波导)、介质传输线(如介质波导和光纤)以及耦合传输线。

应该说,近些年来随着各种新的工程应用的需求,出现了很多新型的微波传输线的形式,如脊波导、槽线、节线等。这些微波传输线的横截面的形状比传输线更为复杂和不规则,因而其分析方法也更为复杂,但分析基础仍然是具体边界条件下 Maxwell 方程组的求解。

高频传输线的集肤效应截面电路如图 11.1 所示。

导行传输是电磁波的基本传输方式之一。不同媒质的界面具有导行电磁波的作用，因此导行电磁波的机构——传输线，需由不同媒质构成导引电磁波的界面。分析导行电磁波问题其核心仍然是电磁场的空间分布，当注意波的传输方向问题时，可暂不考虑与传输方向垂直的横向场分布，这样便可用集总的电路来替代分布的场，讨论电磁波的传输。

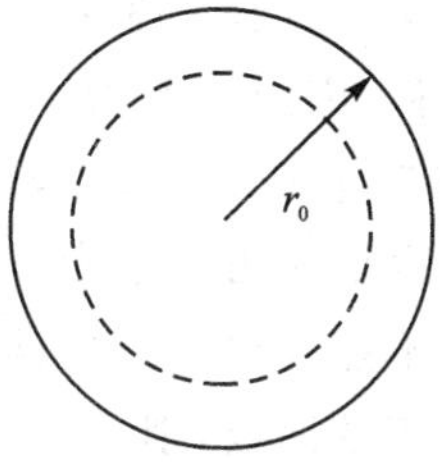

图 11.1　高频传输线的集肤效应截面电路

图 11.2 为平行双线传输线导行电磁波图，可从中看出路与场的关系。

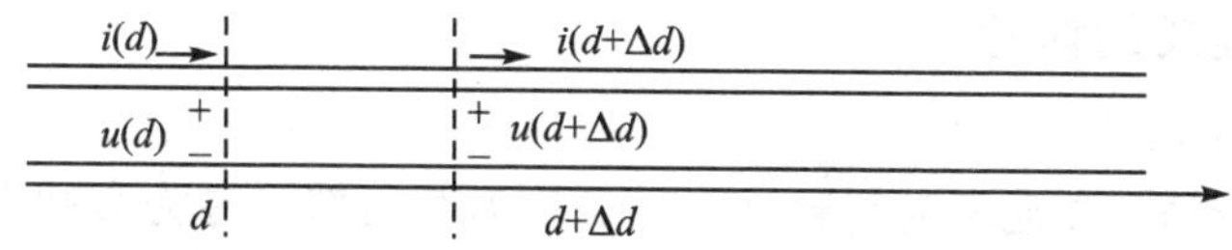

图 11.2　平行双线传输线导行电磁波图

从电路的概念上说，当信源频率足够高，传输线的长度与信号波长可相比拟时，线上的电压（代表电场）和电流（代表磁场）具有明显的位置效应，即线长不同位置处的电压（电流）幅值和相位将不同，$u(t)$和 $i(t)$应写为 $u(t,d)$和 $i(t,d)$。

1. 电报方程正弦时变条件下的解

在传输线始端接有信号源，终端接负载。线上位置坐标原点定为始端。如图 11.3 所示，传输线的一微小段 Δd 各元件为 Δd 段长传输线分布电路参量（线单位长度的电感 L_0，电容 C_0，电阻 R_0 及漏电导 G_0）的集总表示。根据电路定律可写出 Δd 端口的电压、电流关系，如下：

$$\begin{cases} u(d,t)-u(d+\Delta d,t)=R_0\Delta d i(d,t)+L_0\Delta d\,\dfrac{\partial i(d,t)}{\partial t} \\ i(d,t)-i(d+\Delta d,t)=G_0\Delta d u(d+\Delta t,t)+C_0\Delta d\,\dfrac{\partial u(d+\Delta d,t)}{\partial t} \end{cases} \tag{11.1}$$

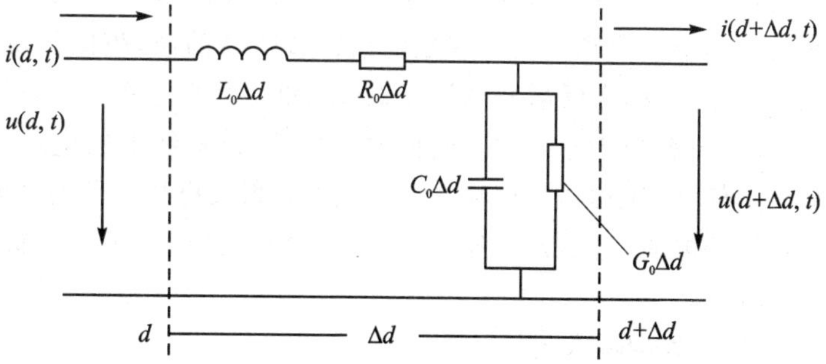

图 11.3　传输线的集中参数等效电路

这组含有一维空间变量 d 和时间变量 t 的微分方程称为传输线方程，也叫作电报方程，因为传输线分布电路参量效应，最早使用于有线电报技术中。显然作为方程中的参量 R_0、L_0、G_0 和 C_0 应为常数，要求传输线的结构必须均匀。

设信源角频率为 ω，线上的电压、电流皆为正弦时变信号，这样具有普遍性意义，因为不能针对每一种具体信号去求解方程式。$u(d,t)$与 $i(d,t)$的时变规律已经设定为正弦函数，则

$$\begin{cases}U(d)=A_1\mathrm{e}^{-\gamma d}+A_2\mathrm{e}^{\gamma d}\\ I(d)=\dfrac{1}{Z_0}(A_1\mathrm{e}^{-\gamma d}-A_2\mathrm{e}^{\gamma d})\end{cases}\tag{11.2}$$

2. 对方程式的讨论

① 传输线上的波。

传输线的传播常数通常为复数，即 $\gamma=\alpha+\mathrm{j}\beta$，其实部 α 称为衰减常数，虚部 β 为相移常数。

为方便分析，假定式中 Z_0，Z_L 都为纯阻，代入 $\gamma=\alpha+\mathrm{j}\beta$，则相应的瞬时值表达式为

$$\begin{cases}u(d,t)=\mathrm{Re}[\dot{U}(d)\mathrm{e}^{\mathrm{j}\omega t}]\\ \quad=\dfrac{1}{2}(Z_\mathrm{L}+Z_0)I_\mathrm{L}\mathrm{e}^{\alpha d}\cos(\omega t+\beta d)+\dfrac{1}{2}(Z_\mathrm{L}-Z_0)I_\mathrm{L}\mathrm{e}^{-\alpha d}\cos(\omega t-\beta d)\\ \quad=u_\mathrm{i}(d,t)+u_\mathrm{r}(d,t)\\ i(d,t)=\mathrm{Re}[\dot{I}(d)\mathrm{e}^{\mathrm{j}\omega t}]\\ \quad=\dfrac{1}{2}\left(\dfrac{Z_\mathrm{L}}{Z_0}+1\right)I_\mathrm{L}\mathrm{e}^{\alpha d}\cos(\omega t+\beta d)-\dfrac{1}{2}\left(\dfrac{Z_\mathrm{L}}{Z_0}-1\right)I_\mathrm{L}\mathrm{e}^{-\alpha d}\cos(\omega t-\beta d)\\ \quad=i_\mathrm{i}(d,t)+i_\mathrm{r}(d,t)\end{cases}\tag{11.3}$$

式(11.3)中，右端第一项显然是由信源端向负载端(d 减小)传播的幅值按指数律减小的波，称为电压入射波 $u_\mathrm{i}(d,t)$和电流入射波 $i_\mathrm{i}(d,t)$，它们的相位越向负载越滞后。而两式右端第二项则是由负载端向信源端传播的波，越向信源波的幅值按指数律减小相位越滞后，称为反射波电压 $u_\mathrm{r}(d,t)$和反射波电流 $i_\mathrm{r}(d,t)$。

这就是说，接有负载的传输线在时变信源激励下，传输线上的电压、电流呈现波动过程。传输线上任意点处的电压，都是这一点上入射波电压与反射波电压的叠加；传输线上任意点处的电流，也是该点处入射与反射波电流的叠加。传输线上的波与反射波如图 11.4 所示。

② 线上任一位置处的输入阻抗。

输入阻抗 $Z_\mathrm{in}(d)$是表征传输线工作状况的一个重要参量。传输线的输入阻抗 $Z_\mathrm{in}(d)$不仅与其负载 Z_L 和传输线波阻抗 Z_0 有关，而且与位置 d 有关，这是与低频

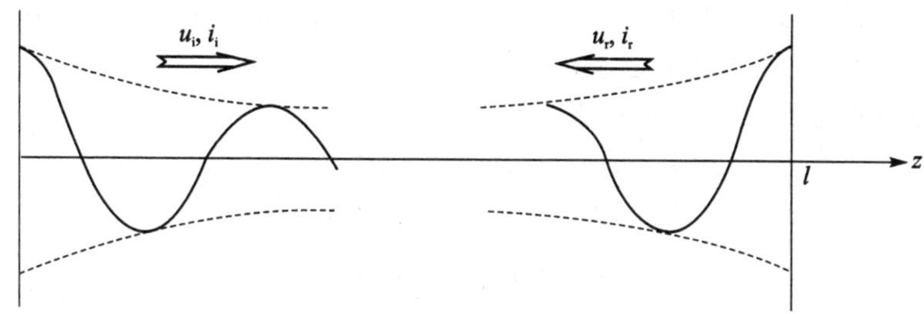

图 11.4　传输线上的波与反射波叠加

时不同的概念。

③ 匹配时的传输线。

④ 低频时的传输线。

传输线都是用良导体制作的，低频时趋表效应不明显，而且线间介质损耗也可不计，因此低频时可认为 $R_0=0, G_0=0$。传输线的单位线长电感 L_0 及单位线长电容 C_0 都是数值很小的参量，50 Hz 频率时相应的 ωL_0 及 ωC_0 值，它们与电路集总元件参数相比较，是完全可以忽略不计的，即可令 $\omega L_0 \approx 0, \omega C_0 \approx 0$。这样，$\alpha + \mathrm{j}\beta \approx 0$。这就是一般电路的概念，此时的传输线就是无损耗、无相移（也就是无时延）的理想连接导线，或者说此时的传输线显现不出波动性。

11.2.2　史密斯圆图

传输线导行电磁波若出现反射波，则一部分信号能量将返回信源，反射波的存在将使信号波形变坏。因此电磁波导行传输，传输线上有无反射波，或反射波相对于入射波的大小，是十分重要的问题。

1. 反射系数

定义终端接有负载 Z_L 的传输线上任意位置 d 处的反射波电压之比为电压反射系数，用于表示传输线上反射波的大小。可得电压反射系数 $\Gamma(d)$ 的表达式，电压反射系数 $\Gamma(d)$ 是一复数，可以表示在复平面 $u+\mathrm{j}v$ 上。$\Gamma(d)$ 的模值等于线上同一位置处反射波电压与入射波电压的幅值之比，无论从表达式还是从物理意义上解释，$|\Gamma(d)|$ 都不可能大于 1，因此复平面中只有单位圆及以内区域才有意义。对于无耗均匀传输线，电压反射系数的模值唯一地由负载 Z_L 和传输线的波阻抗 Z_0 所决定。

2. 阻抗圆图

(1) 反射系数复平面

对于无耗传输线，其上的反射系数可以表示为

$$\Gamma(z)=\Gamma_L \mathrm{e}^{-\mathrm{j}2\beta z}=|\Gamma_L|\mathrm{e}^{\mathrm{j}(\phi_L-2\beta z)}=|r(z)|\mathrm{e}^{\mathrm{j}\phi(z)} \tag{11.4}$$

式中：u、v 分别为反射系数的实部和虚部。建立一个坐标系，横向坐标为实部 u，纵向坐标为虚部 v，这就是反射系数复平面，也称 Γ 平面。由于均匀无耗传输线上，反

射系数的模沿线不变，并且 $0\leqslant|\Gamma(z)|\leqslant1$，这说明反射系数值全部要落在 Γ 平面的单位圆内，所以对应的阻抗值也落在单位圆内。

(2) 复平面上的归一化阻抗圆

$$\left(u-\frac{r}{r+1}\right)^2+v^2=\left(\frac{1}{r+1}\right)^2 \tag{11.5a}$$

$$(u-1)^2+\left(v-\frac{1}{x}\right)^2=\left(\frac{1}{x}\right)^2 \tag{11.5b}$$

这是 Γ 平面上的两个圆方程。式(11.5a)和式(11.5b)表明，r 为常数的曲线是圆，其圆心在 $\left(\frac{r}{r+1},0\right)$，半径为 $\frac{1}{r+1}$；x 为常数的 r 曲线也是圆，其圆心在 $\left(1,\frac{1}{x}\right)$，半径为 $\left|\frac{1}{x}\right|$。Γ 平面单位圆内的等 r 圆是完整的圆，如图 11.5(a)所示；Γ 平面单位圆内的等 x 圆只是等 x 圆的一部分曲线，如图 11.5(b)所示。表 11.4 列出了等归一化电阻与电抗圆的圆心和半径等重要的点、线、面。

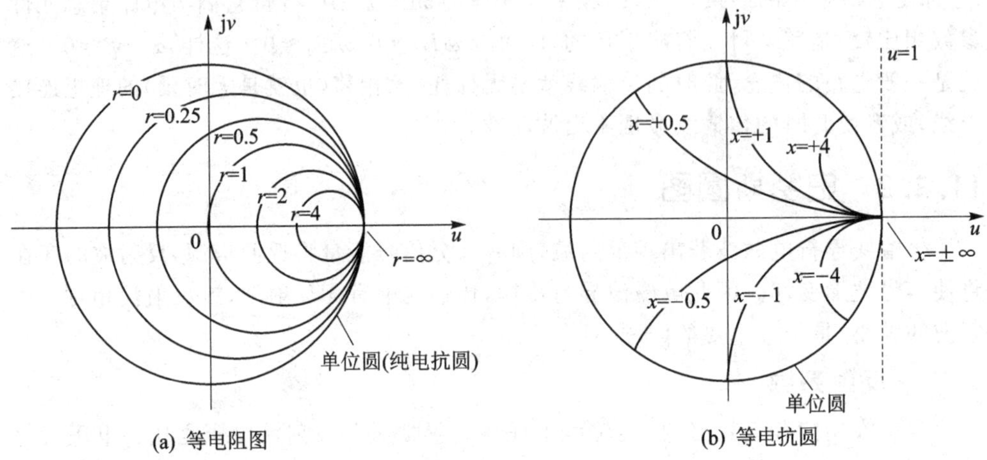

图 11.5 归一化阻抗圆

表 11.4 导纳圆图的一些重要的点、线、面

圆图上的点、线、面	归一化阻抗 $\bar{Z}=r+\mathrm{j}x$	反射系数 $\Gamma=\frac{\bar{Z}-1}{\bar{Z}+1}=\|\Gamma\|\mathrm{e}^{\mathrm{j}\phi}$	电压驻波比 $\rho=\frac{1+\|\Gamma\|}{1-\|\Gamma\|}$	行波系数 $K=\frac{1}{\rho}$
短路点 $(u=-1,v=0)$	0	$\|\Gamma\|=1,\phi=\pi$	∞	0
开路点 $(u=1,v=0)$	∞	$\|\Gamma\|=1,\phi=0$	∞	0

续表 11.4

圆图上的点、线、面	归一化阻抗 $\bar{Z}=r+\mathrm{j}x$	反射系数 $\Gamma=\frac{\bar{Z}-1}{\bar{Z}+1}=\lvert\Gamma\rvert\mathrm{e}^{\mathrm{j}\phi}$	电压驻波比 $\rho=\frac{1+\lvert\Gamma\rvert}{1-\lvert\Gamma\rvert}$	行波系数 $K=\frac{1}{\rho}$
匹配点 $(u=v=0)$	$r=1(Z=R=Z_0)$ $x=0$	$\Gamma=0$	1	1
左纯电阻线 $(-1<u<0,v=0)$	$0<r<1(R<Z_0)$ $x=0$(电压波节点)	$0<\lvert\Gamma\rvert<1$ $\phi=\pi$	$1<\rho<\infty$	$0<K<1$ r 刻度即 K 的刻度
右纯电阻线 $(0<u<1,v=0)$	$1<r<\infty(R>Z_0)$ $x=0$ 电压波腹点	$0<\lvert\Gamma\rvert<1$ $\phi=0$	$1<\rho<\infty$ r 刻度即 ρ 的刻度	$0<K<1$
上纯电抗圆(单位圆上半部分)	$r=0$ $x>0$(纯感抗)	$\lvert\Gamma\rvert=1$ $0<\phi<\pi$	∞	0
下纯电抗圆(单位圆下半部分)	$r=0$ $x<0$(纯容抗)	$\lvert\Gamma\rvert=1$ $\pi<\phi<2\pi$	∞	0
感性阻抗面(上纯电抗圆与实轴所围平面)	$0<r<\infty$ $0<x<\infty$	$0<\lvert\Gamma\rvert<1$ $0<\phi<\pi$	$1<\rho<\infty$	$0<K<1$
容性阻抗面(下纯电抗圆与实轴所围平面)	$0<r<\infty$ $-\infty<x<0$	$0<\lvert\Gamma\rvert<1$ $\pi<\phi<2\pi$	$1<\rho<\infty$	$0<K<1$

(3) 阻抗圆图

将等归一化电阻圆和等归一化电抗圆叠加到 Γ 平面上，就构成了阻抗圆图，如图 11.6 所示。阻抗圆图上的任一点都是 4 种曲线的交点，即在圆图上每一点都可以同时读出对应于传输线上某点的反射系数(模、相角)和归一化阻抗(电阻、电抗)。

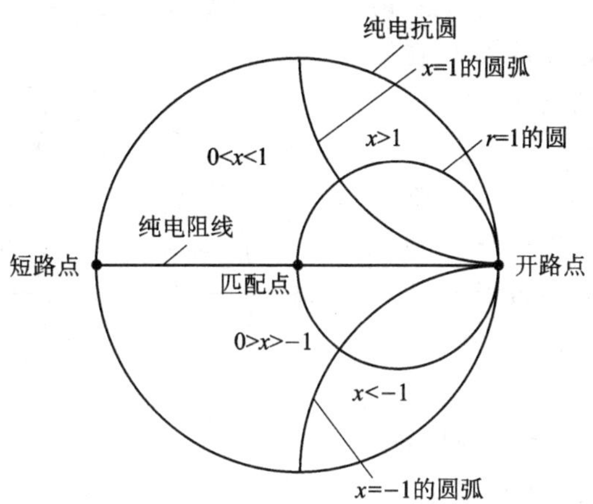

图 11.6　阻抗圆图

3. 导纳圆图

(1) 导纳圆图

定义归一化导纳为传输线的输入导纳与特性导纳之比，即

$$\tilde{Y}=\frac{Y}{Y_0}=\frac{Z_0}{Z}=\frac{1}{Z}=\frac{1-\Gamma}{1+\Gamma}=g+\mathrm{j}b \tag{11.6}$$

式中：g 是归一化电导，b 是归一化电纳（$b>0$ 是容纳，$b<0$ 是感纳）。

图 11.7 所示的导纳圆图，是用电压反射系数构建的，它反映了归一化导纳与电压反射系数之间一一对应的关系。

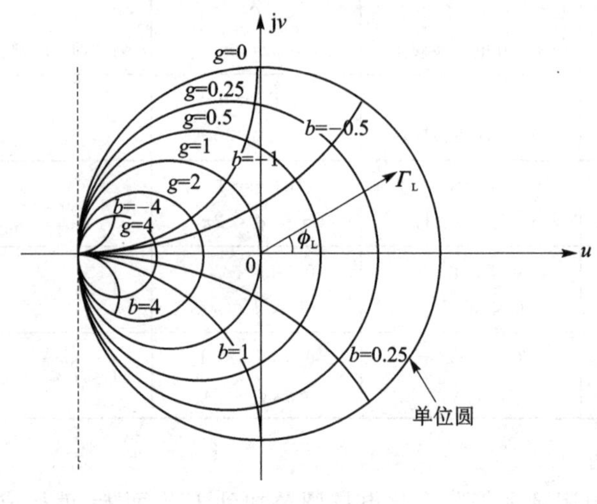

图 11.7　导纳圆图

(2) 阻抗与导纳的换算

注意到二者大小相等，相位差相反，所以已知电压反射系数 Γ 求电流反射系数 Γ_{i} 时，只要使电压反射系数 Γ 在圆图上沿等 $|\Gamma_{\mathrm{L}}|$ 圆旋转 180°便可得到，反之亦然。由此可以推断，在圆图上若已知某点的归一化阻抗值，则只需将该点沿等 $|\Gamma_{\mathrm{L}}|$ 圆旋转 180°，即可读出该点对应的归一化导纳值，反过来也同样成立。

(3) 阻抗圆图转换为导纳圆图

导纳圆图的一些重要的点、线、面，如图 11.8 所示。

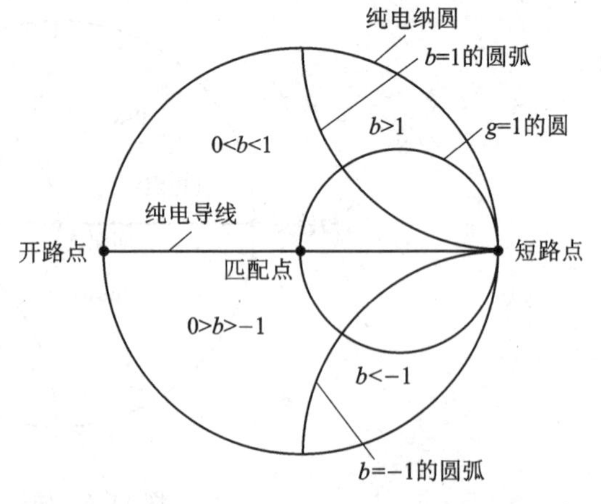

图 11.8　导纳圆图的一些重要的点、线、面

11.2.3　无耗传输线的阻抗匹配

阻抗匹配，微波传输系统一般由信号源、传输线和负载三大部分组成，如图 11.9 所示。

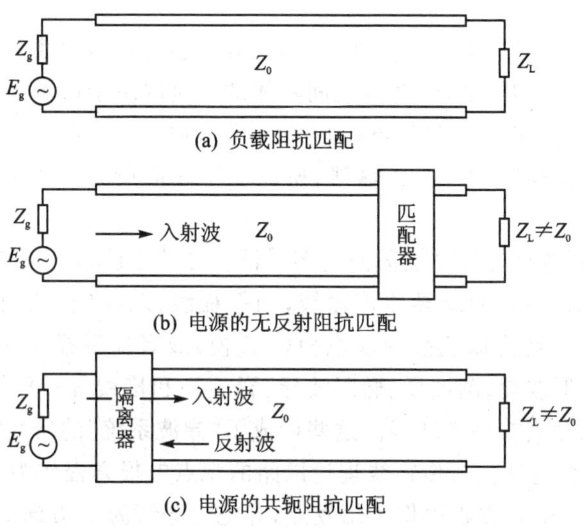

图 11.9　阻抗匹配示意图

上述的三种匹配都涉及各种阻抗之间的关系，因此统称为阻抗匹配。显然，这三种匹配的概念和条件是不同的。例如当负载阻抗匹配时，虽然传输线呈行波工作状态，但电源并非输出最大功率；反过来，要求电源输出最大功率，而传输线一般又呈行驻波工作状态。只有当 $Z_g = Z_0 = Z_l$ 都为纯电阻时，三种匹配才能同时实现，但这种理想情况是不多见的，信号源端一般用隔离器或去耦衰减器，以实现信号源端匹配。信号源端的隔离器、耦衰减器匹配如图 11.10 所示。

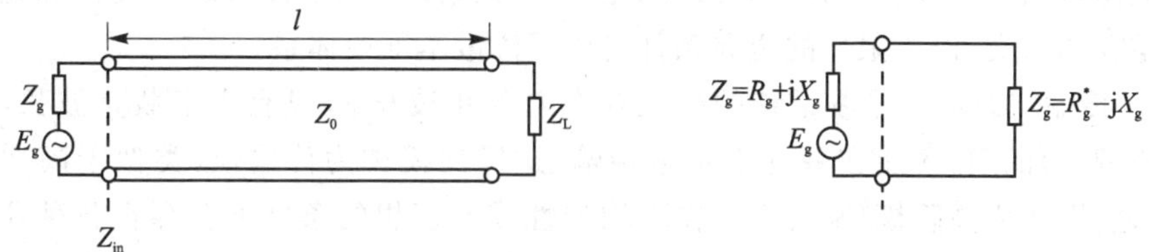

图 11.10　信号源端的隔离器、耦衰减器匹配

λ/4 阻抗变换器

当负载阻抗为纯电阻 R_L，且与主传输线特性阻抗 Z_0 不相等时，可在两者之间插入一节长度为$\frac{\lambda}{4}$、特性阻抗为 $Z_{01} = \sqrt{R_L Z_0}$ 的传输线，以实现负载和传输线间的阻

抗匹配。$\frac{\lambda}{4}$阻抗变换器及由它演变的阻抗变换器是微波工程中常用元件。

11.3 规则金属波导

传输线理论着眼于微波传输的共性，即在方向表现出传输线的共性，入射波和反射波包含了传输的一切可能性，两者之间具体的比例取决于边界条件。

波导的任意情况在 z 方向都可以作为广义传输线。波导作为对双导线的一种扩展，是上升到更高程度的广义传输线，所以双导线的所有分析方法包括斯密斯原图，都可用到波导。

导波系统分析各种导波系统截面的多样性。导波系统包括三个大类：第一类是传输横电磁模（TEM 模）的双导体传输线，如平板线、双导线、同轴线、带线、微带和共面波导等；第二类是传输色散的横电模（TE 模）或者横磁模（TM 模）的单导体传输线或波导，如矩形波导、圆波导、椭圆波导、脊波导和槽线等；第三类是传输表面波的介质传输线，如介质波导光纤等。这些构成了"导波系统"的研究特点：

① 出发点的普遍性。与传输线理论以路的观点电报方程作为出发点不同，导波则以最基本的 Maxwell 方程组作为出发点，并把它分解为 x 方向的广义传输线理论和 t 方向的截止波数 k_c 方程，不同的导波系统的区别主要反映在横截面方程上。

② 坐标匹配法。为了求解不同形状波导的导波系统，应该采用合适的直角坐标或极坐标系。这对于分离变量、边界条件的确定和算子分解都有着极大的好处，而 x 方向存在有不同导波系统的共性。

③ 本征模。本征模是贯穿整个微波领域的重要思想，在工程实践中会遇到各种激励、各种不均匀性和各种问题。本征模揭示了导波系统中存在全部可能的模式（即能独立存在的电磁能量形式），表现在求解形式上即采用无源的 Maxwell 方程组。正是无源，使它能解决一切不同源的问题。在导波系统中本征模的正交性和完备性有着重要的意义，而有限域的边界条件构成了离散本征模体系。

④ 传输与凋落。导波系统的模式存在着截止波长 λ，只有小于截止波长（或高于截止频率）的模，才能在系统中正常传输，这样的模称为传输模，类似于高通滤波器；反之，即构成高阶模-凋落模。在不均匀性或非理想的条件下会存在各种非传输凋落模，凋落模对主模构成纯电抗。利用好凋落模，可以有益于传输；否则，它可以阻碍传输。

矩形波导微波传输线的研究发现，矩形波导中存在的一个矛盾，TE_{10} 模频率升高时衰减上升快，从力学、平衡等机械加工角度来说，加工圆波导更为有利，在误差和方便性等方面均略胜一筹。

在相同周长的图形中，圆面积最大，要探索小衰减、大功率传输线，自然会想到圆波导。有的圆波导模式如 TE_{01} 模，无纵向电流，采用这种模式会使高频时信号衰减小。

圆波导中的两种极化兼并，即 sin $m\varphi$ 和 cos $m\varphi$ 两种，相互旋转 90°。圆波导模式的极化兼并，使传输造成不稳定，这是圆波导的应用受到限制的主要原因。

与矩形波导不同，圆波导中 TE 模和 TM 截止波长的物理意义不同，TE_{mn} 和 TM_{mn} 模不发生兼并。

11.3.1　各种类型的微波传输线

引导电磁波能量向一定方向传输的各种传输系统都被称为传输线，这些传输线起着引导能量和传输信息的作用，其所引导的电磁波称为导波，因此，传输线也被称为导波系统。

按照电磁波沿传输方向是否存在电场或磁场的纵向分量，将电磁波场结构——导波模式分为 4 类：

① TEM 模（横电磁波），其电场和磁场的纵向分量都为零，即 $E_z=H_z=0$。

② TE 模（横电波或 H 波），其电场的纵向分量为零，磁场的纵向分量不等于零，即 $E_z=0, H_z\neq 0$。

③ TM 模（横磁波或 E 波），其磁场的纵向分量为零，电场的纵向分量不等于零，即 $E_z=0, H_z\neq 0$。

④ EH 模或 HE 模（混合模），其纵向电场和纵向磁场都不为零，但某一横向场分量可以为零，即 $E_z\neq 0, H_z\neq 0$。它们是 TE 模和 TM 模的线性叠加，纵向电场占优势的模式称作 EH 模，纵向磁场占优势的模式称作 HE 模。光纤和介质波导中就是这种模式。不同形式金属的波导如图 11.11 所示。

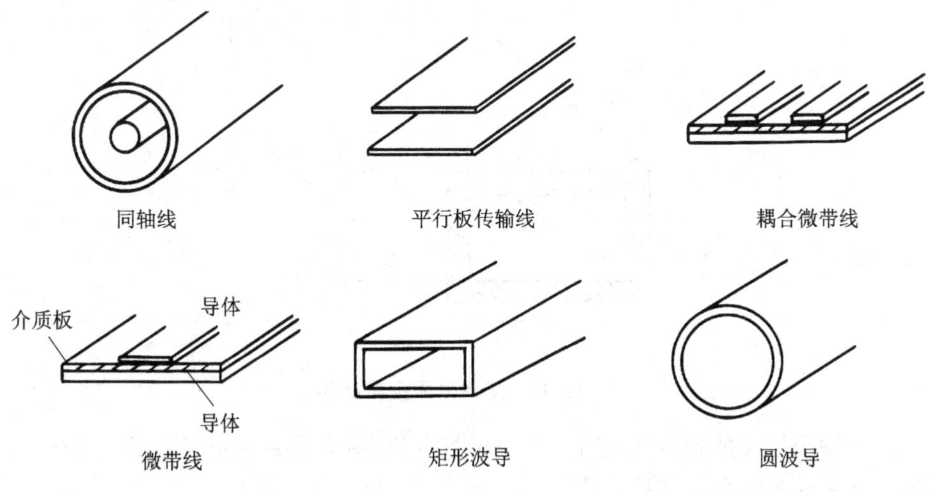

图 11.11　不同形式金属的波导

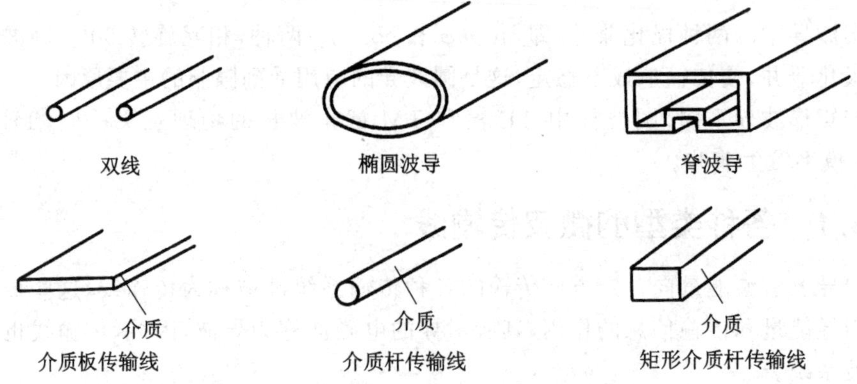

图 11.11　不同形式金属的波导(续)

11.3.2　规则金属管内电磁波

波导管作为定向导引电磁波传输的机构,是微波传输线的一种典型类型,它已不再是普通电路意义上的传输线。虽然电磁波在波导中的传播特性,仍然符合传输线的普遍性概念和规律,但是要深入研究导行电磁波在波导中的存在模式及条件、横向分布规律等问题,则必须从场的角度,根据电磁场基本方程来分析研究。

导行电磁波的传输形态受导体或介质边界条件的约束,边界条件和边界形状决定了导行电磁波的电磁场分布规律、存在条件及传播特性。常用金属波导有矩形截面和圆截面两种基本类型。由均匀填充介质的金属波导坐标系如图 11.12 所示。

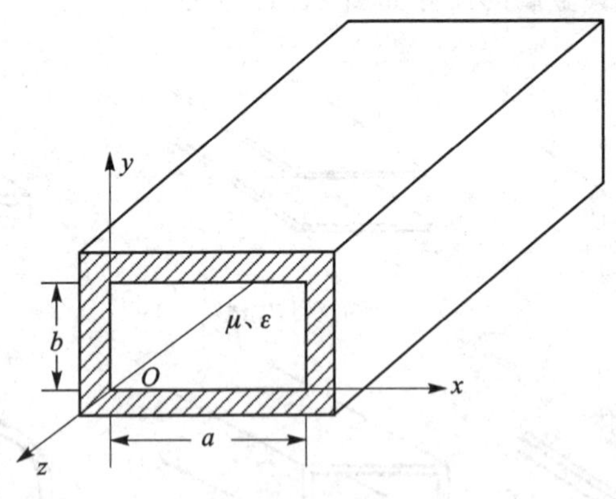

图 11.12　矩形截面金属波导

设 z 轴与波导的轴线相重合。由电磁场理论,对无源自由空间电场 $\boldsymbol{E}$ 和磁场 $\boldsymbol{H}$ 满足以下矢量亥姆霍茨方程:

$$\begin{cases}\nabla^2 \boldsymbol{E} + k^2 \boldsymbol{E} = 0 \\ \nabla^2 \boldsymbol{H} + k^2 \boldsymbol{H} = 0\end{cases} \tag{11.7}$$

式中：$k^2=\omega^2\mu\varepsilon$。

(1) 将电场和磁场分解为横向分量和纵向分量

$$\begin{aligned} E &= E_t + a_z E_z \\ H &= H_t + a_z H_z \end{aligned} \tag{11.8}$$

式中：a_z 为 z 向单位矢量，t 表示横向坐标。

$$\begin{cases} \nabla^2 E_z + k^2 E_z = 0 \\ \nabla^2 E_t + k^2 E_t = 0 \end{cases} \tag{11.9}$$

$$\begin{cases} \nabla^2 H_z + k^2 H_z = 0 \\ \nabla^2 H_t + k^2 H_t = 0 \end{cases} \tag{11.10}$$

(2) 分离变量法

$$E_z(x,y,z) = E_z(x,y)Z(z) \tag{11.11}$$

$$-\frac{(\nabla_t^2 + k^2)E_Z(x,y)}{E_Z(x,y)} = \frac{\dfrac{\mathrm{d}^2 z(z)}{\mathrm{d}z^2}}{z(z)} = \gamma^2 \tag{11.12}$$

$$\nabla_t^2 E_Z(x,y) + (k^2 + \gamma^2)E_Z(x,y) = 0 \tag{11.13}$$

$$\frac{\mathrm{d}^2}{\mathrm{d}z^2} z(z) - \gamma^2 z(z) = 0 \tag{11.14}$$

$$Z(z) = A_+ \mathrm{e}^{-\gamma z} + A_- \mathrm{e}^{\gamma z} \tag{11.15}$$

无限长的规则金属波导，没有反射波，故 $A_-=0$。

$$Z(z) = A_+ \mathrm{e}^{-\gamma z} \tag{11.16}$$

A_+ 为待定常数，对无耗波导 $\gamma=\mathrm{j}\beta$，而 β 为相移常数。

$$\begin{cases} E_z(x,y,z) = E_z(x,y)A_+ \mathrm{e}^{-\mathrm{j}\beta z} = E_{oz}(x,y)\mathrm{e}^{-\mathrm{j}\beta z} \\ H_z(x,y,z) = H_z(x,y)A_+ \mathrm{e}^{-\mathrm{j}\beta z} = H_{oz}(x,y)\mathrm{e}^{-\mathrm{j}\beta z} \end{cases} \tag{11.17}$$

$$\begin{cases} \nabla_t^2 E_{oz}(x,y) + k_c^2 E_{oz}(x,y) = 0 \\ \nabla_t^2 H_{oz}(x,y) + k_c^2 H_{oz}(x,y) = 0 \end{cases} \tag{11.18}$$

式中：$k_c^2=k^2-\beta^2$ 为传输系统的本征值。

(3) 纵向场法

由麦克斯韦方程组的两个旋度式，可以得到场的横向分量和纵向分量的关系式，从而由纵向场分量直接求解出场的横向分量：

当 $k_c\neq 0$ 时，

$$\begin{cases} \nabla_T^2 \boldsymbol{E} \neq 0 \\ \nabla_T^2 \boldsymbol{H} \neq 0 \end{cases} \tag{11.19}$$

由麦克斯韦方程，无源区电场和磁场应满足的方程为

$$
\begin{cases}\nabla\times H=\mathrm{j}\omega\varepsilon E\\ \nabla\times E=-\mathrm{j}\omega\mu H\end{cases}\Rightarrow\begin{cases}E_x=-\mathrm{j}\dfrac{\beta}{k_c^2}\left(\dfrac{\partial E_z}{\partial x}+\dfrac{\omega\mu}{\beta}\dfrac{\partial H_z}{\partial y}\right)\\ E_y=\mathrm{j}\dfrac{\beta}{k_c^2}\left(\dfrac{\partial E_z}{\partial y}+\dfrac{\omega\mu}{\beta}\dfrac{\partial H_z}{\partial x}\right)\\ H_x=\mathrm{j}\dfrac{\beta}{k_c^2}\left(\dfrac{\omega\varepsilon}{\beta}\dfrac{\partial E_z}{\partial y}-\dfrac{\partial H_z}{\partial x}\right)\\ H_y=-\mathrm{j}\dfrac{\beta}{k_c^2}\left(\dfrac{\omega\varepsilon}{\beta}\dfrac{\partial E_z}{\partial x}+\dfrac{\partial H_z}{\partial y}\right)\end{cases}\tag{11.20}
$$

(4) 结　论

① 在规则波导中场的纵向分量满足标量齐次波动方程，结合相应边界条件即可求得纵向分量 E_z 和 H_z，而场的横向分量即可由纵向分量求得。

② 既满足上述方程又满足边界条件的解有许多，每一个解对应一个波形也称之为模式，不同的模式具有不同的传输特性。

③ k_c 是微分方程在特定边界条件下的特征值，它是一个与导波系统横截面形状、尺寸及传输模式有关的参量。当相移常数 $\beta=0$ 时，意味着波导系统不再传播，也称为截止，此时 $k_c=k$，故将 k_c 称为截止波数。

物理意义：

$$
\begin{cases}\nabla_T^2\boldsymbol{E}_T=0\\ \nabla_T^2\boldsymbol{H}_T=0\end{cases}\tag{11.21}
$$

TEM 波在横截面内满足的方程与无源区域内静场满足的微分方程相同。

TEM 波在波导横截面上的分布规律与同样边界条件下的二维静场的分布规律完全相同，静场是由静电荷或恒定电流产生的，而单导体波导管内不存在静电荷或恒定电流，因此波导系统中不能传输 TEM 波。那么波导中是否存在 TEM 波？

从磁力线角度，假设存在 TEM 波，磁力线总是闭合的，因此必然存在纵向传导电流或位移电流，波导内不存在传导电流，若存在纵向位移电流，则必然存在纵向电场 $\boldsymbol{J}_D=\dfrac{\partial\boldsymbol{D}}{\partial t}$，采用反证法从 Maxwell 旋度方程出发，可以证明金属波导中不存在 TEM 波。

11.3.3　矩形波导

矩形导波是采用金属管传输电磁波的重要导波装置，其管壁通常为铜、铝或者其他金属材料，其特点是结构简单、机械强度大。波导内没有内导体，损耗低、功率容量大，电磁能量在波导管内部空间被引导传播，可以防止对外的电磁波泄露。矩形导波只能传输 TE 波或 TM 波。

1. 矩形波导中传输模式及其场分布

TM 模（$H_z=0$）

$$E_z = E_{z0} e^{-j\beta z} \tag{11.22}$$

$$\begin{cases} \nabla_T^2 E_{z0} + k_c^2 E_{z0} = 0 \\ \dfrac{\partial^2 E_{z0}}{\partial x^2} + \dfrac{\partial^2 E_{z0}}{\partial y^2} + k_c^2 E_{z0} = 0 \end{cases} \tag{11.23}$$

利用分离变量法 $E_{z0}=X(x)Y(y)$，代入方程并整理得

$$\begin{cases} \dfrac{d^2 X(x)}{dx^2} + k_x^2 X(k) = 0 \\ \dfrac{d^2 Y(y)}{dy^2} + k_y^2 Y(y) = 0 \end{cases}, \quad k_x^2 + k_y^2 = k_c^2 \tag{11.24}$$

式(11.24)的通解为

$$\begin{cases} X(x) = C_1 \cos(k_x x) + C_2 \sin(k_x x) \\ Y(y) = C_3 \cos(k_y y) + C_4 \sin(k_y y) \end{cases} \tag{11.25}$$

将上式代入 $E_{z0}=X(x)Y(y)$ 中，得

$$\begin{aligned} E_{z0} &= X(x)Y(y) \\ &= [C_1\cos(k_x x) + C_2\sin(k_x x)][C_3\cos(k_y y) + C_4\sin(k_y y)] \end{aligned} \tag{11.26}$$

利用 TM 模电场分量 E_{z0} 数值的边界条件，确定其中的常数：

$$\begin{cases} E_{z0}\,|_{x=0,a} = 0, \quad C_1 = 0, \quad k_x = \dfrac{m\pi}{a} \quad (m=1,2,\cdots) \\ E_{z0}\,|_{y=0,b} = 0, \quad C_3 = 0, \quad k_y = \dfrac{n\pi}{b} \quad (n=1,2,\cdots) \end{cases} \tag{11.27}$$

将边界条件代入式(11.26)，可以得到

$$E_{z0} = E_0 \sin\left(\frac{m\pi}{a}x\right)\sin\left(\frac{n\pi}{b}y\right) \tag{11.28}$$

同样道理，利用 TE 模的边界条件，可以得到 TE 波分量：

$$\dot{H}_z = \sum_{\substack{m=0 \\ n=0}}^{\infty} H_0 \cos\left(\frac{m\pi}{a}x\right)\cos\left(\frac{n\pi}{b}y\right) e^{j(\omega t - \beta z)} \tag{11.29}$$

由此，可得到 TE 模(H 模)横向分量的复振幅：

$$\begin{cases} H_{x0} = j\dfrac{\omega\varepsilon}{k_c^2}\dfrac{\partial E_{z0}}{\partial y} = j\dfrac{\omega\varepsilon}{k_c^2}E_0\left(\dfrac{n\pi}{b}\right)\sin\left(\dfrac{m\pi}{a}x\right)\cos\left(\dfrac{n\pi}{b}y\right) \\ H_{y0} = -j\dfrac{\omega\varepsilon}{k_c^2}\dfrac{\partial E_{z0}}{\partial x} = -j\dfrac{\omega\varepsilon}{k_c^2}E_0\left(\dfrac{m\pi}{a}\right)\cos\left(\dfrac{m\pi}{a}x\right)\sin\left(\dfrac{n\pi}{b}y\right) \\ E_{x0} = -j\dfrac{\beta}{k_c^2}E_0\left(\dfrac{m\pi}{a}\right)\cos\left(\dfrac{m\pi}{a}x\right)\sin\left(\dfrac{n\pi}{b}y\right) \\ E_{y0} = -j\dfrac{\beta}{k_c^2}E_0\left(\dfrac{n\pi}{b}\right)\sin\left(\dfrac{m\pi}{a}x\right)\cos\left(\dfrac{n\pi}{b}y\right) \end{cases} \tag{11.30}$$

2. 矩形波导场分布的特点

矩形波导中的所有场分量均要乘以相位因子 $e^{-j\beta z}$，在横截面内呈驻波分布，纵

向为行波分布，当 m、n 取不同值时可得不同的场分布，代表不同的工作模式，m、n 分别表示场沿宽、窄边半驻波的个数，TE 波，m、n 中的一个可以为 0，最低模 TE_{10} 模；TM 波，m、n 都不能为 0，最低模 TM_{11} 模。

特别强调，波导中可以存在多个模式，但这些模式是否能够传输，取决于工作频率、波导尺寸和激励方式，TE_{mn} 和 TM_{mn} 具有相同的截止波长，故又称为简并模，虽然它们场分布不同，但具有相同的传输特性。

3. 矩形波导的传输特性

截止特性：

$$\beta^2 = k^2 - k_c^2 = \left(\frac{2\pi}{\lambda}\right)^2 - \left(\frac{2\pi}{\lambda_c}\right)^2 \tag{11.31}$$

$$k_c = \sqrt{k_x^2 + k_y^2} = \sqrt{\left(\frac{m\pi}{a}\right)^2 + \left(\frac{n\pi}{b}\right)^2} = \frac{2\pi}{\lambda_c} = 2\pi f_c\sqrt{\mu\varepsilon}$$

$$\lambda_c = \frac{2}{\sqrt{\left(\frac{m}{a}\right)^2 + \left(\frac{n}{b}\right)^2}} \tag{11.32}$$

$$f_c = \frac{v}{\lambda_c} = \frac{\sqrt{\left(\frac{m}{a}\right)^2 + \left(\frac{n}{b}\right)^2}}{2\sqrt{\mu\varepsilon}}$$

当 $\beta^2 > 0$ 时，$k^2 > k_c^2$，$\lambda < \lambda_c$（$f > f_c$）。

当波导尺寸给定时，可以得到截止波长的取值范围：

$$\begin{cases} a > 2b \\ a < \lambda < 2a \\ \lambda > 2b \end{cases}$$

当工作波长给定时，可以得到波导管尺寸的取值范围：

$$\begin{cases} a > 2b \\ \dfrac{\lambda}{2} < a < \lambda \\ b < \dfrac{\lambda}{2} \end{cases}$$

不同模式截止波长参数如表 11.5 所列。

表 11.5 不同模式截止波长参数

模 式	TE_{10}	TE_{20}	TE_{01}	TE_{30}	TE_{11}/TM_{10}	TE_{02}	TE_{12}/TM_{12}
λ_c	$2a$	a	$2b$	$2a/3$	$\frac{2ab}{\sqrt{a^2+b^2}}$	b	$\frac{2a}{\sqrt{1+\left(\frac{2a}{b}\right)^2}}$

不同模式截止波长示意图如图 11.13 所示。

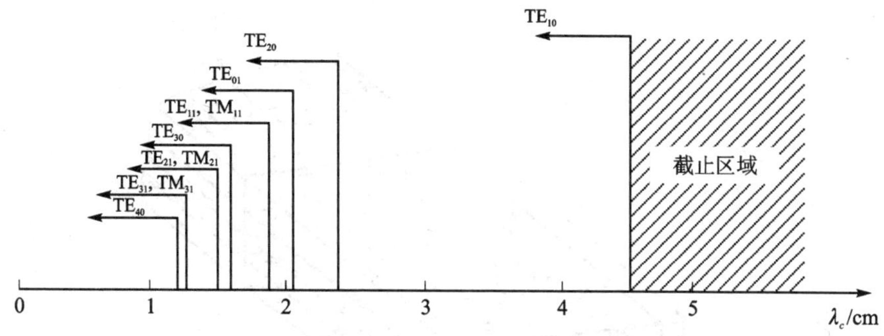

图 11.13　不同模式截止波长示意图

4. 矩形波导的场结构

TE_{10} 模的场结构最简单，如下：

$$\begin{cases} H_z = H_0 \cos\dfrac{\pi x}{a} e^{-j\beta z} \\ H_x = j\dfrac{\beta}{k_c^2} H_0 \dfrac{\pi}{a} \sin\dfrac{\pi x}{a} e^{-j\beta z} \\ E_y = -j\dfrac{\omega\mu}{k_c^2} H_0 \dfrac{\pi}{a} \sin\dfrac{\pi x}{a} e^{-j\beta z} \\ E_x = E_z = H_y = 0 \end{cases} \tag{11.33}$$

TE_{10} 模电场结构图如图 11.14 所示。

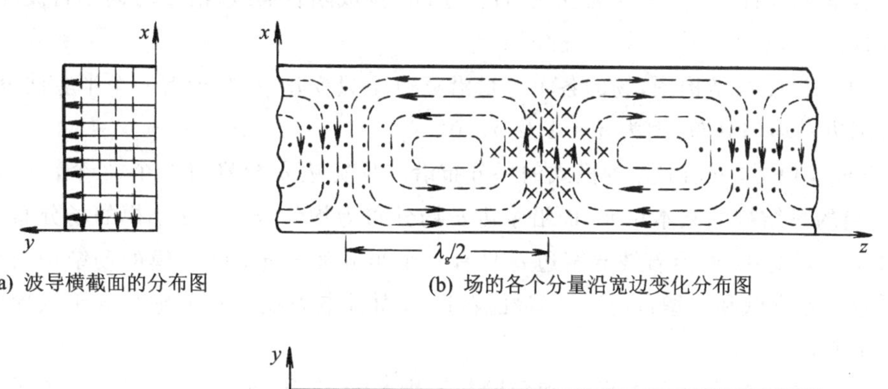

(a) 波导横截面的分布图　(b) 场的各个分量沿宽边变化分布图

(c) 场的各个分量沿窄边变化分布图

图 11.14　矩形截面金属波导

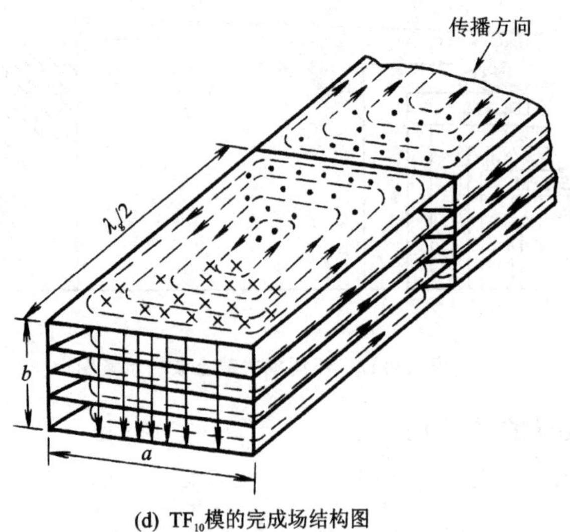

(d) TF_{10}模的完成场结构图

图 11.14 矩形截面金属波导(续)

TE_{10} 模：

$$\begin{cases} H_z = H_0 \cos \dfrac{\pi x}{a} e^{-j\beta z} \\ H_x = j \dfrac{\beta}{k_c^2} H_0 \dfrac{\pi}{a} \sin \dfrac{\pi x}{a} e^{-j\beta z} \end{cases} \tag{11.34}$$

这里 x 坐标，沿 y 方向无变化，H_x 与 H_z 构成闭合曲线，沿 z 方向是行波分布，H_x超前 H_z，$\pi/2$。

TE_{10} 模磁场结构图，场的各个分量沿宽边 a 只变化一次，即有一个半驻波分布，是沿窄边 b 均匀分布，因为 $m=1$ 及 $n=0$。

TE_{20}，TE_{30}，…，TE_{m0} 等模式的场分布沿波导宽边 a 分别有 2 个，3 个，…，m 个 TE_{10} 模的场结构的基本单元；而沿窄边 b 场分布为均匀分布，TE_{01} 模的场分布沿着宽边 a 没有变化，而沿着波导窄边 b 只有一个半驻波分布，TE_{11} 模的场结构的场分布沿着波导宽壁和窄壁都有一个半驻波分布，而且电力线一定分别垂直于波导的宽壁和窄壁。

TE_{mn} 模的场分布沿宽壁 a 和窄壁 b 分别有 m 个和 n 个 TE_{11} 模场结构图的基本单元。

可以看出，波导的传输条件不仅与波导的尺寸 a 和 b 有关，还与模式指数 m、n 和工作频率 f 有关。只有 $f>f_c$ 时，波才能在波导中传播，所以矩形波导具有高通滤波器的特性。对于同一波导系统和同一工作频率的电磁波，有的模式可以传输，有的模式却被截止；而同一模式(即 m、n 不变)和同一工作频率的电磁波，只能在一定尺寸的波导中传输，在其他尺寸的波导中却处于截止状态，不能传输。这种情况如

图 11.13 所示。

由图 11.13 的模式可见，TE_{10} 波的截止波长最大，截止频率 f_c 最低，这意味着对一定尺寸的波导（a 和 b 已定），传输条件 $f>f_c$ 的要求最容易满足；而且，TE_{10} 波与其邻近的高次模相隔的频率范围较大，即单模工作范围较宽。所以，实际上矩形波导多采用 TE_{10} 波单模工作。在一般情况下，如无特别声明，就意味着矩形波导是以主模 TE_{10} 波工作的。

11.3.4　圆波导

圆波导的分析方法与矩形波导相似。首先求解纵向场分量 $E_z(H_z)$ 的波动方程，求出纵向场的通解，并根据边界条件求出它的特解；然后利用横向场与纵向场的关系式，求得所有场分量的表达式；最后根据表达式讨论它的截止特性、传输特性和场结构。

分析圆截面波导导行电磁波的方法步骤，采用圆柱坐标系会更加方便。圆截面金属波导如图 11.15 所示，圆截面波导轴线与坐标系 z 轴重合，其横向有变量 r（最大值为横截面圆半径 R）和 φ。

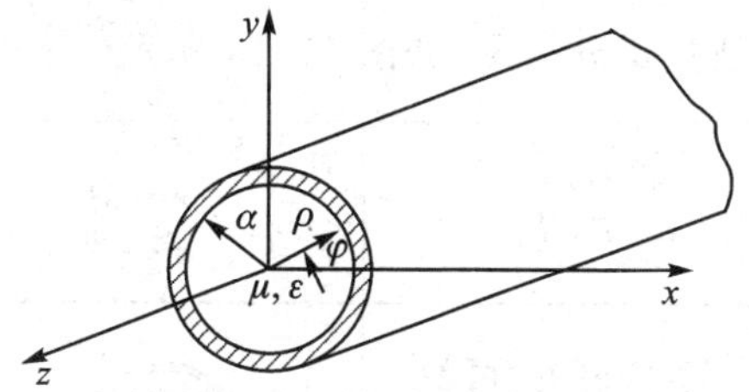

图 11.15　圆截面金属波导

1. 圆波导的 TE 波场表达式

$$\begin{cases}\dot{H}_z=\sum\limits_{m,n}^{\infty}\dot{H}_0J_m\left(\dfrac{P'_{mn}}{R}r\right)\begin{matrix}\cos m\varphi\\ \\ \sin m\varphi\end{matrix}\,\mathrm{e}^{-\mathrm{j}\beta z}\\ \dot{H}_r=\sum\limits_{m,n}^{\infty}-\mathrm{j}\dfrac{\beta R}{P'_{mn}}\dot{H}_0J'_m\left(\dfrac{P'_{mn}}{R}r\right)\begin{matrix}\cos m\varphi\\ \\ \sin m\varphi\end{matrix}\,\mathrm{e}^{-\mathrm{j}\beta z}\\ \dot{H}_\varphi=\sum\limits_{m,n}^{\infty}\pm\mathrm{j}\dfrac{\beta mR^2}{r(P'_{mn})^2}\dot{H}_0J'_m\left(\dfrac{P'_{mn}}{R}r\right)\begin{matrix}\sin m\varphi\\ \\ \cos m\varphi\end{matrix}\,\mathrm{e}^{-\mathrm{j}\beta z}\\ \dot{E}_r=\sum\limits_{m,n}^{\infty}\pm\mathrm{j}\dfrac{\omega\mu mR^2}{r(P'_{mn})^2}\dot{H}_0J'_m\left(\dfrac{P'_{mn}}{R}r\right)\begin{matrix}\sin m\varphi\\ \\ \cos m\varphi\end{matrix}\,\mathrm{e}^{-\mathrm{j}\beta z}\\ \dot{E}_\varphi=\sum\limits_{m,n}^{\infty}\mathrm{j}\dfrac{\omega\mu R}{P'_{mn}}\dot{H}_0J'_m\left(\dfrac{P'_{mn}}{R}r\right)\begin{matrix}\cos m\varphi\\ \\ \sin m\varphi\end{matrix}\,\mathrm{e}^{-\mathrm{j}\beta z}\end{cases}\tag{11.35}$$

2. 圆波导的 TM 波场表达式

$$
\left\{
\begin{aligned}
\dot{E}_z &= \sum_{m,n}^{\infty} \dot{E}_0 J_m\left(\frac{P_{mn}}{R}r\right)^{\cos m\varphi}_{\sin m\varphi} \mathrm{e}^{-\mathrm{j}\beta z} \\
\dot{E}_r &= \sum_{m,n}^{\infty} -\mathrm{j}\,\frac{\beta R}{P_{mn}} \dot{E}_0 J'_m\left(\frac{P_{mn}}{R}r\right)^{\cos m\varphi}_{\sin m\varphi} \mathrm{e}^{-\mathrm{j}\beta z} \\
\dot{E}_\varphi &= \sum_{m,n}^{\infty} \pm\mathrm{j}\,\frac{\beta m R^2}{r P_{mn}^2} \dot{E}_0 J_m\left(\frac{P_{mn}}{R}r\right)^{\sin m\varphi}_{\cos m\varphi} \mathrm{e}^{-\mathrm{j}\beta z} \\
\dot{H}_r &= \sum_{m,n}^{\infty} \mp\mathrm{j}\,\frac{\omega\varepsilon m R^2}{r P_{mn}^2} \dot{E}_0 J_m\left(\frac{P_{mn}}{R}r\right)^{\sin m\varphi}_{\cos m\varphi} \mathrm{e}^{-\mathrm{j}\beta z} \\
\dot{H}_\varphi &= \sum_{m,n}^{\infty} -\mathrm{j}\,\frac{\omega\varepsilon R}{P_{mn}} \dot{E}_0 J'_m\left(\frac{P_{mn}}{R}r\right)^{\cos m\varphi}_{\sin m\varphi} \mathrm{e}^{-\mathrm{j}\beta z}
\end{aligned}
\right.
\tag{11.36}
$$

从以上分析可知,圆截面波导中正规模的截止波长 λ_c 与波导口径尺寸 R 有关。正规模场量幅值的横向分布,在圆周 φ 方向服从正弦、余弦规律,在半径 r 方向服从第一类贝塞尔函数规律。

3. 圆波导场量分布

圆截面金属波导导波场量分布图,如图 11.16 所示。

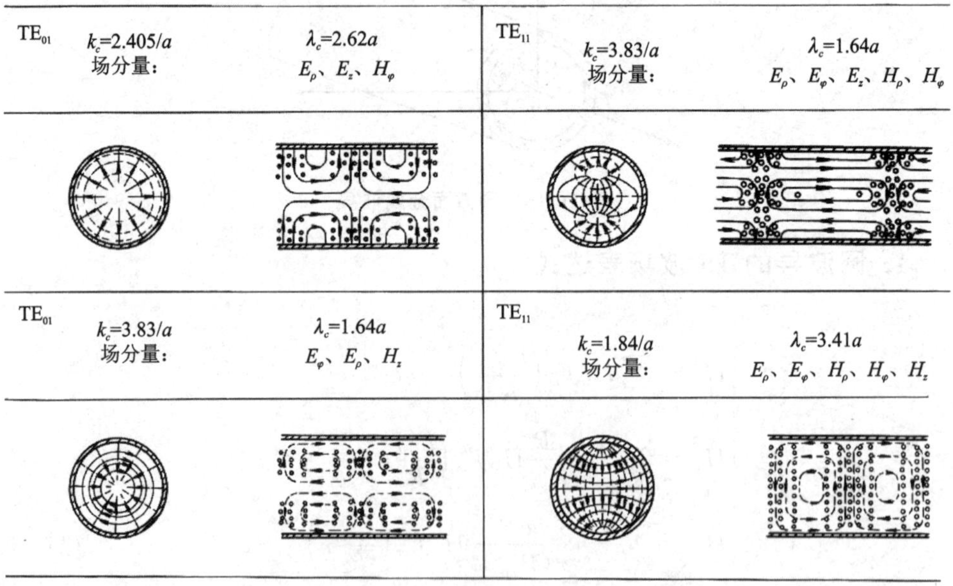

TE_{01} $k_c=2.405/a$ 场分量: $\lambda_c=2.62a$ E_ρ、E_z、H_φ	TE_{11} $k_c=3.83/a$ 场分量: $\lambda_c=1.64a$ E_ρ、E_φ、E_z、H_ρ、H_φ
TE_{01} $k_c=3.83/a$ 场分量: $\lambda_c=1.64a$ E_φ、E_ρ、H_z	TE_{11} $k_c=1.84/a$ 场分量: $\lambda_c=3.41a$ E_ρ、E_φ、H_ρ、H_φ、H_z

图 11.16 圆截面金属波导导波场量分布图(1)

1. 主模 TE_{11} 模

TE_{11} 模是圆波导中的最低次模,也是主模。它有五个场分量,场结构分布如图 11.17(a)示,有极化简并模,较少用于传输线,常用于微波元件。

2. TM_{01} 模

TM_{01} 模是圆波导的第一个高次模，它只有三个场分量 E_ρ、E_z、H_Φ，均与 φ 无关，其横截面场分布如图 11.17(b)所示，常作为雷达馈线连接旋转关节。

3. TE_{01} 模

TE_{01} 模是圆波导的高次模式，比它低的模式有 TE_{11} 模、TE_{01} 模和 TE_{21} 模，它与 TM_{11} 模是简并模，具有轴对称性，E_Φ、H_z 无极化简并现象，横截面场分布如图 11.17(c)所示，常作为 Q 谐振腔或远距离传输。

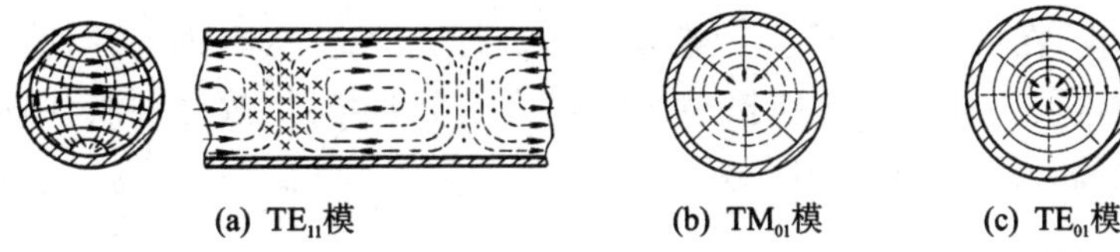

(a) TE_{11}模　(b) TM_{01}模　(c) TE_{01}模

图 11.17　圆截面金属波导导波场量分布图(2)

矩形及圆截面金属波导基本性能、典型传输线的基本特点如表 11.6 所列。

表 11.6　几种典型传输线的基本特点

图　例	传输模	场量横向分布	工作频段
D, d	TEM	不均匀	0～30 MHz
d, D	TEM。 条件：$\lambda > \frac{\pi}{2}(D+d)$	不均匀	0～10 余 GHz
	准 TEM	不均匀	<10 GHz
b, a R	可能多模。 主模：TE_{10}、TE_{11}； 条件：a 或 $2b<\lambda<2a$， $2.62R<\lambda<3.41R$	正余弦律。 r：第一类贝塞尔函数律； φ：正、余弦律	1～1 000 GHz
n_1 n_2	可能多模。 主模 LP_{01}； 条件： $\frac{2\pi a}{\lambda}(NA)<2.045$	芯线中　r：第一类贝塞尔函数律； φ：正、余弦律。 包层中　r：衰减(第二类修正贝塞尔函数律)； φ：正、余弦律	光频

11.4 微波电抗元件

微波中的电抗元件有电感、电容、销钉、螺钉等。

1. 电容膜片

在波导的横截面上放置一块金属膜片，在其对称或不对称之处开一个与波导宽壁尺寸相同的窄长窗口，如图 11.18(a)和图 11.18(b)所示。

当波导宽壁上的轴向电流到达膜片时，要流入膜片。而电流到达膜片窗口时，传导电流 被截止，在窗孔的边缘上积聚电荷而进行充放电，因此两膜片间就有电场的变化，而储存电能。这相当于在横截面处并接一个电容器，故这种膜片称为电容膜片，其等效电路如图 11.18(c)所示。

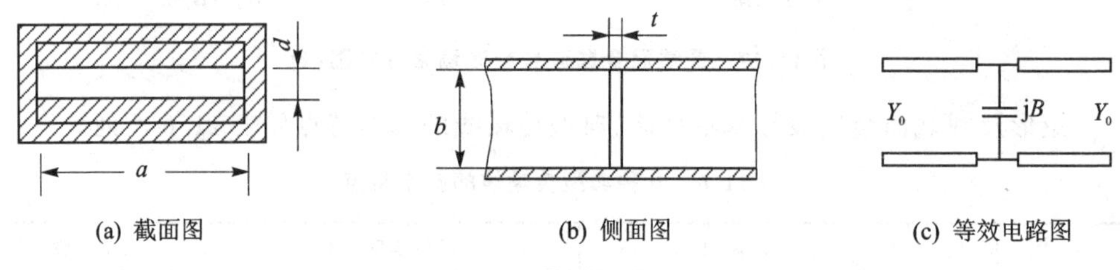

图 11.18 电容膜片及其等效电路

2. 电感膜片

图 11.19 给出矩形波导中电感膜片及其等效电路。当波导横截面加上了膜片以后，使波导宽壁上的轴向电流产生分流，于是在膜片的附近必然会产生磁场，并集中一部分磁能，因此这种膜片为电感膜片。

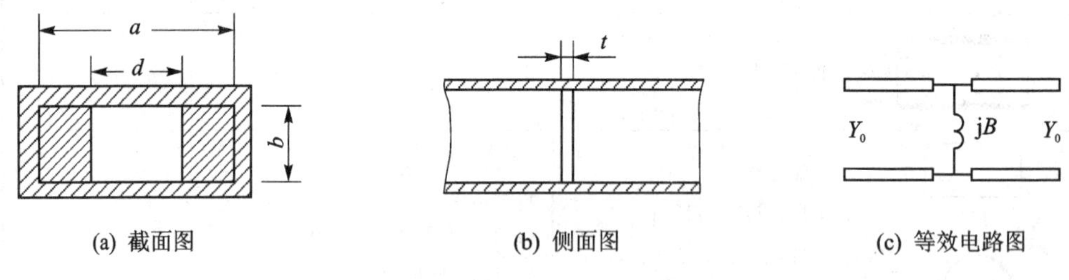

图 11.19 电感膜片及其等效电路

3. 销 钉

在矩形波导中采用一根或多根垂直对穿波导宽壁的金属圆棒，称为电感销钉，其结构和等效电路如图 11.20 所示。

4. 螺 钉

当螺钉插入波导较浅时，一方面和电容膜片一样，会集中电场具有容性电纳的性

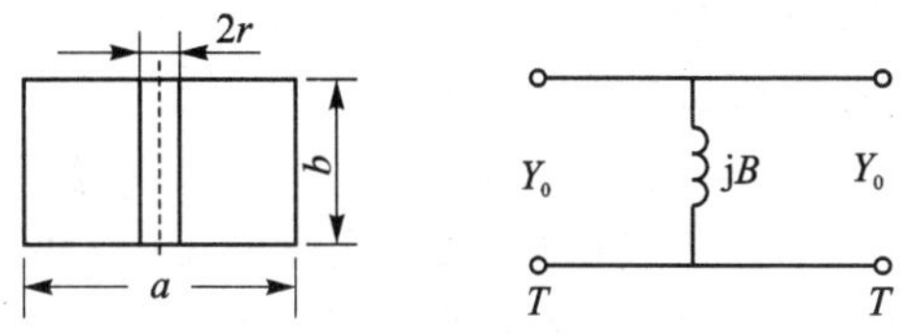

图 11.20　电感销钉及其等效电路

质；另一方面波导宽壁的轴向电流，会流入螺钉从而产生磁场，故又具有感性电纳的性质。但由于螺钉插入波导的深度较浅，故总的作用是容性电纳占优势，故可调螺钉的等效电路为并接一个可变电容器，如图 11.21 所示。

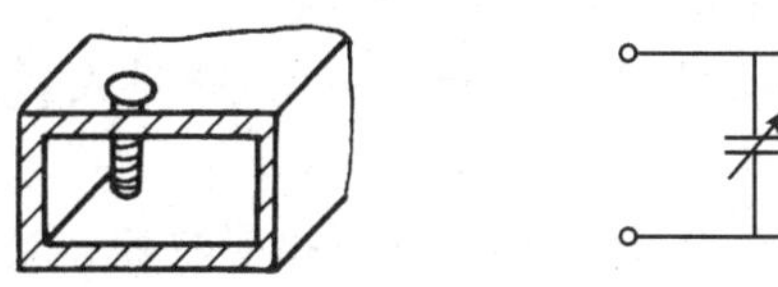

图 11.21　可调螺钉及其等效电路

11.5　光学成像器件

常规的光学元件有投影仪、幻灯机、放大镜、显微镜、望远镜、照相机、摄影机等。各国生产的通用显微镜，物镜从物平面到像平面的距离，不论放大率如何都是相等的，大约等于 180 mm，对于生物显微镜，我国规定为 195 mm，把显微镜的物镜和目镜取下后所剩的镜筒长度，通常也是固定的，各国有不同的标准，如 160 mm、170 mm 和 190 mm。

我国规定 160 mm 作为物镜和目镜定位面的标准距离，这样显微镜的物镜和目镜都可以根据倍率要求而替换。

各种目视光学仪器如放大镜、显微镜和望远镜等目视光学仪器的放大率，不能用按照常规使用的横向放大率或者角放大率来理解，因为在用眼睛通过仪器观察物体时，有意义的是像在眼睛视网膜上的大小，也就是视觉放大率。

望远镜的视觉放大率与物体的位置无关，仅取决于望远系统的结构。欲增大视觉放大率，必须增加物镜的焦距或减少目镜的焦距，但目镜的焦距不得小于 6 mm，使得望远镜系统保持一定的出瞳距，以避免眼睛睫毛与目镜的表面碰撞。

手持望远镜的放大倍率一般不超过 10 倍，大地测量仪器的望远镜一般为 30 倍，天文望远镜可以有很高的放大倍率。

望远镜的类型有牛顿式、卡塞格林式、格雷果里式和折轴式。

望远镜系统中采用的目镜类似于放大镜，把物镜所成的像放大在人眼的远点或明视距离，供人眼观察。望远镜的目镜有各种类型，如惠更斯、冉斯登、凯涅尔，还有长出瞳距目镜,以及应用广泛的对称目镜、广角目镜、超广角目镜等。

有的目视光学系统还配有摄影光学系统,摄影系统由摄影物镜和感光源组成,通常把摄影物镜和感光胶片、电子光学变像管、电视摄像管等接收器件组成的光学系统,称为摄影光学系统,其中包括照相机、电视摄像机、CCD 摄像机等。

摄影物镜的类型属于大视场、大相对孔径的光学系统,为了获得较好的成像质量,既要校正轴上点像差,又要校正轴外点像差。摄影物镜根据不同的使用要求及光学参数和像差,校正也不同。因此,摄影物镜的结构形式是多种多样的,摄影物镜主要分为普通摄影物镜、大孔径摄影物镜、广角摄影物镜、远摄物镜和变焦距物镜等。

投影系统把平面物体放大成平面实像,以便于人眼观察。幻灯机、电影、放映机、照相放大器、测量投影仪、微缩胶片阅读仪等都属于投影系统,对投影系统的要求取决于其使用目的,如图片投影仪要求有较强的照明,测量投影仪则要求像面无畸变,都要求在像面上有足够的亮度。

投影系统类似于倒置的摄影系统,因此普通摄影物镜倒置使用时,均可用作投影系统。例如匹兹伐尔型物镜、天塞物镜和双高斯物镜等,在宽荧幕电影中屏幕加宽,放映出来的景物对观察者有更大的张角,从而给观察者的真实感更强。

为了在投影上获得均匀而足够的照度,必须应用大孔径角的照明系统和适当的光源。按照明系统的结构形式,分为透射照明系统、反射照明系统和折返照明系统。根据照明方式又可分为临界照明和柯勒照明。

照明系统提供的光能,要想全部进入投影系统,且有均匀的照明视场,照明系统与投影成像系统必须有很好的衔接,其衔接条件为照明系统的拉赫不变量要大于投影成像系统的拉赫不变量,同时做好两个系统的光瞳衔接和成像关系。

照明透镜又称为聚光镜,通常聚光镜是由多个正透镜组成,因此它具有较大的球差和色差,孔径角越大,垂轴放大倍率越大,其结构形式越复杂。

显微镜常用的照明方法:透射光亮视场照明光通过透明物体,例如透明玻璃光栅等,光被透明光栅的不同透射比所调制。若光通过无缺陷的玻璃平板,则产生一均匀的亮视场。或者,反射光亮视场照明不透明的物体,例如金属表面,必须从上面照明。一般通过物镜从上面照明,光束被不同反射率的物体结构所调制。在暗视场照明时,进入物镜成像的只是由微粒散射的光线束。在暗的背景上,给出亮的物像对比度好,分辨率高。

11.5.1 常规光学器件

1. 投影放映系统成像原理

如图 11.22 所示,将双凸透镜放入光路中,选用上、中、下三条光线,上、中两条光线交点为 B,AB 为物,它到透镜的距离小于 2 倍焦距,大于 1 倍焦距,其像为 $A'B'$。

2. 幻灯机

幻灯机能将图片的像放映在远处的屏幕上,但由于图片本身并不发光,所以要用

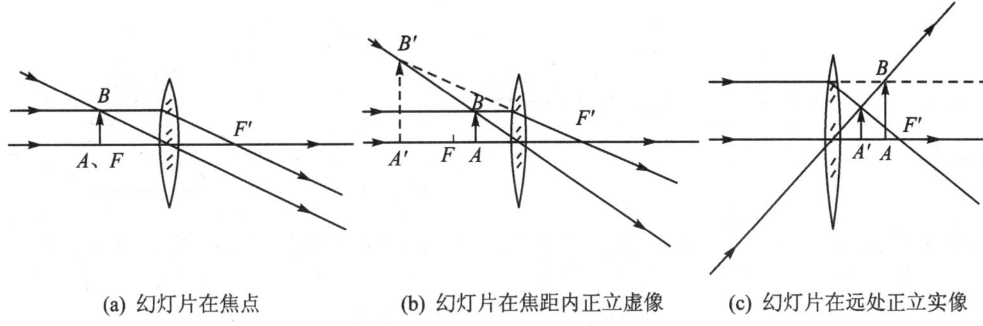

(a) 幻灯片在焦点　(b) 幻灯片在焦距内正立虚像　(c) 幻灯片在远处正立实像

图 11.22　投影放映系统成像光路图

强光照亮图片，因此幻灯机的构造包括聚光和成像两个主要部分，在透射式的幻灯机中，图片是透明的。成像部分主要包括物镜 L、幻灯片 P 和远处的屏幕。为了使这个物镜能在屏上产生高倍放大的实像，P 必须放在物镜 L 的物方焦平面外很近的地方，使物距稍大于 L 的物方焦距。聚光部分主要包括很强的光源（通常采用溴钨灯）和透镜 L_1L_2 构成的聚光镜。

聚光镜的作用是一方面要在未插入幻灯片时，能使屏幕上有强烈而均匀的照度，并且不出现光源本身结构（如灯丝等）的像；一旦插入幻灯片后，能够在屏幕上单独出现幻灯图片的清晰的像。另一方面，聚光镜要有助于增强屏幕上的照度。因此，应使从光源发出并通过聚光镜的光束能够全部到达像面。

为了这一目的，必须使这束光全部通过物镜 L，这可用所谓"中间像"的方法来实现。聚光器使光源成实像，成实像后的那些光束继续前进时，不超过透镜 L 边缘范围。光源的大小以能够使光束完全充满 L 的整个面积为限。聚光镜焦距的长短是无关紧要的。通常将幻灯片放在聚光器前面靠近 L_2 的地方，而光源则置于聚光器后 2 倍于聚光器焦距处。聚光器焦距等于物镜焦距的一半，这样从光源发出的光束在通过聚光器前后是对称的，而在物镜平面上光源的像和光源本身的大小相等。幻灯机光路图如图 11.23 所示。

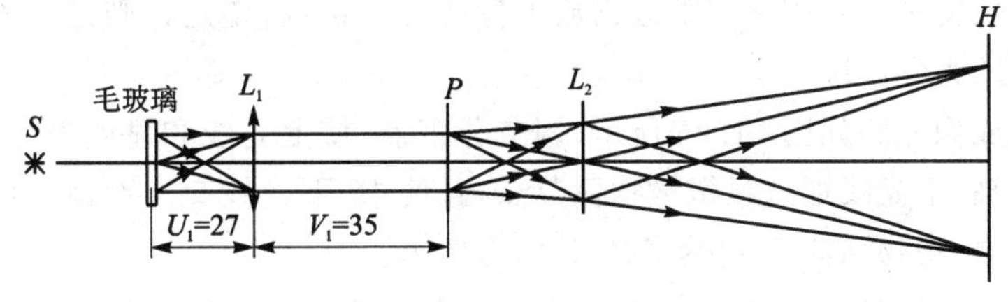

图 11.23　幻灯机光路图

3. 放大镜成像原理

如图 11.24 所示，将双凸透镜放入光路中，选取上光线、中光线和下光线。上光线、中光线的交点 B 位于透镜一倍焦距之内，经双凸透镜成放大、正立、虚像 $A'B'$。

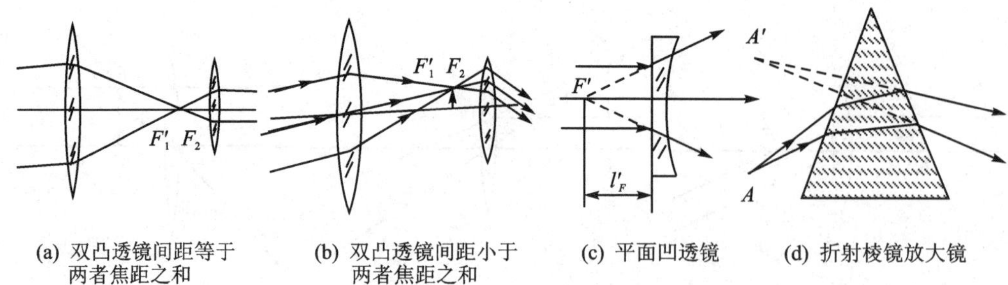

(a) 双凸透镜间距等于两者焦距之和　(b) 双凸透镜间距小于两者焦距之和　(c) 平面凹透镜　(d) 折射棱镜放大镜

图 11.24　放大镜成像光路图

4. 远视眼、近视眼矫正原理

① 近视眼矫正原理如图 11.25(a)所示。入射双凸透镜，调整分束器，使上、中、下光线平行光轴入射，且中光线和光轴重合，得像点。把平凹透镜放置在双凸透镜前，二者间距 1～5 mm，可见像点 A'，向右移动得 A''。

② 远视眼矫正原理如图 11.25(b)所示。调整分束器，使上、中、下光线平行光轴入射，且中光线和光轴重合，得像点 A'。把平凹透镜放置在双凸透镜后，二者间距 1～5 mm，可见像点 A'，向左移动得像点 A''。

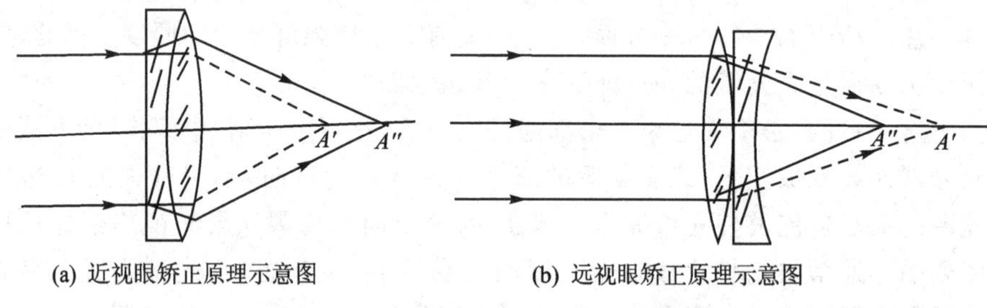

(a) 近视眼矫正原理示意图　(b) 远视眼矫正原理示意图

图 11.25　近视眼、远视眼矫正原理示意图

5. 显微镜成像原理

光学显微镜是一种用来观察近物放大像的光学系统，望远镜则是一种用来观察远物放大像的光学系统。

显微镜成像光路如图 11.26 所示，调节分束器，使上光线和显微镜光轴重合，中光线平行光轴，下光线通过显微镜物镜节点，且使中、下光线交于物镜一倍焦距以外两倍焦距之内，得物 AB，其物为 AB，其像为 $A'B'$。

标本的放大主要由物镜完成，物镜放大倍数越大，它的焦距越短。焦距越小，物镜的透镜和玻璃片间距离(工作距离)也越小。物镜的工作距离很短，使用时需格外注意。目镜只起放大作用，不能提高分辨率，标准目镜的放大倍数是 10 倍。聚光镜能使光线照射标本后进入物镜，形成一个大角度的锥形光柱，因而对提高物镜分辨率是很重要的。聚光镜可以上下移动，以调节光的明暗，可变光阑可以调节入射光束的

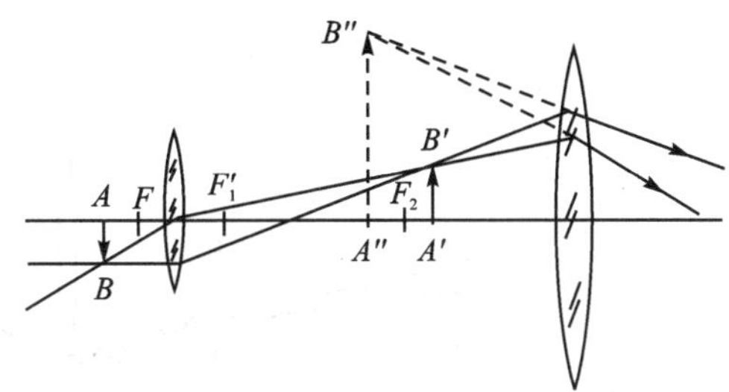

图 11.26　显微镜成像光路图

大小。

自然光灯光都可以作为光学显微镜的光源，但以灯光为好，因光色和强度都容易控制。一般的显微镜用普通灯光即可，质量高的显微镜要用显微镜灯，才能充分发挥其性能。有些需要很强的照明，如暗视野照明、摄影等，常常使用卤素灯作为光源。

人眼在目镜 L_2 后面的一定位置上，物体 AB 位于物镜 L 的前方、离开物镜的距离大于物镜的焦距但小于两倍物镜焦距处。所以，它经物镜以后，形成一个放大的倒立实像 $A'B'$。使 $A'B'$ 恰好位于目镜的物方焦点 F_2 上，或者在靠近 F_2 的位置上。再经过目镜放大为虚像 $A''B''$ 供眼睛观察。虚像 $A''B''$ 的位置取决于 F_2 和 $A'B'$ 之间的距离，可以在无限处，也可以在观察者的明视距离处。目镜的作用和放大镜一样，所不同的只是眼睛通过目镜看到的不是物体本身，而是物体被物镜所成的已经放大了一次的像。

6. 望远镜结构与原理

由于望远镜所成的像对眼睛张角大于物体本身对眼睛的直观张角，所以通过望远镜观察时，远处的物体似乎被移近了，使人们可以清楚地看清远处物体的细节，扩大了人眼观测远距离物体的能力。望远镜是由物镜和目镜组成的，其中物镜具有较长的焦距。

最简单的望远镜是由两个凸透镜物镜和目镜组成的，其中物镜的焦距较长。由于被观测物体离物镜的距离远大于物镜的焦距（$u>2f_o$），通过物镜的作用后，将在物镜的后焦面附近形成一个倒立的缩小实像。此实像虽较原物体小，但与原物体相比，却大大地接近眼睛，因而增大了视角。然后通过目镜再将它放大。由目镜所成的像可在明视距离到无限远之间的任何位置上。简单望远镜的光路如图 11.27 所示。图中 L_o 为物镜，其焦距为 f_o；L_e 为目镜，其焦距为 f_e。当观测无限远处的物体（$u\to\infty$）时，物镜的焦平面和目镜的焦平面重合，物体通过物镜成像在它的后焦面上，同时也处于目镜的前焦面上，因而通过目镜观察时，成像于无限远。此时，望远镜的放大率可从光路图中得出。

由此可见，望远镜的放大率 m 等于物镜和目镜焦距之比。若要提高望远镜的放大率，可增大物镜的焦距或减小目镜的焦距。

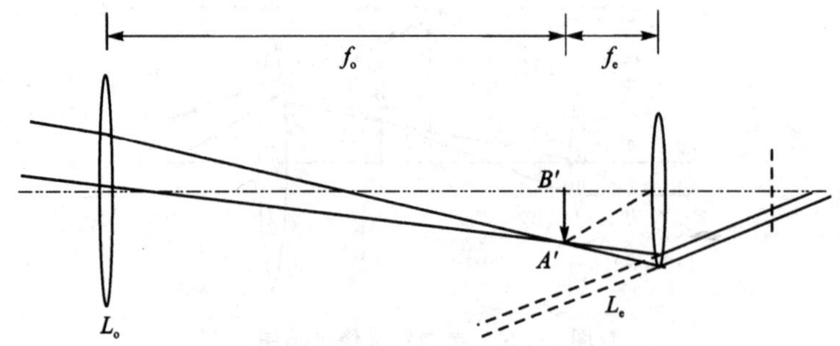

图 11.27 简单望远镜光路图

当用望远镜观测近处物体时，其成像光路如图 11.28 所示。图中 u_1、v_1 和 u_2、v_2 分别为透镜 L_o 和 L_e 成像时的物距和像距，Δ 是物镜和目镜焦点之间的距离，即光学间隔。

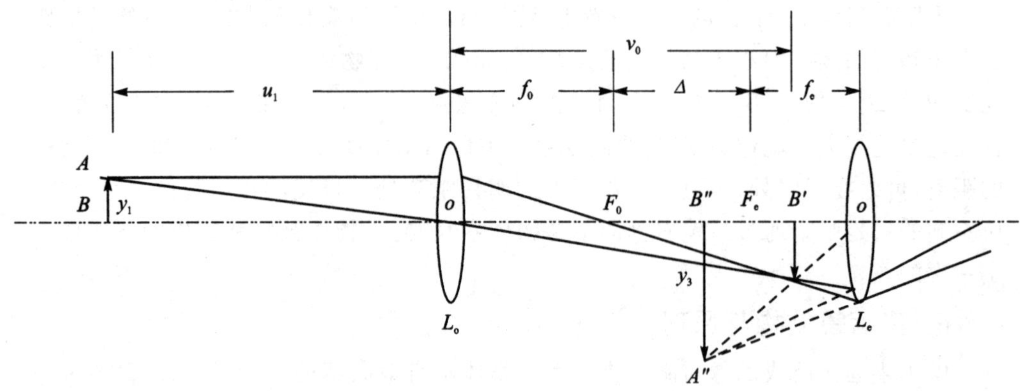

图 11.28 望远镜近景成像光路图

开普勒望远镜一般由两个有限焦距的系统组成，如图 11.29 所示，一个是物镜焦距，用 f_1 表示；另一个是目镜焦距，用 f_2 表示。当用望远镜观测无限远物体（如天体）时，物镜的像方焦点和目镜的物方焦点相重合，光学间隔为零；观测有限远景物时，需将目镜沿光轴后移一段距离，即两系统的光学间隔不为零但很小。作为一般的研究，可以认为望远镜是由光学间隔为零的物镜和目镜组成的无焦系统。这样平行光射入望远系统后，仍以平行光射出。为了方便，图中的物镜和目镜均用单透镜表示。

如图 11.29(a)所示，将开普勒望远镜放入光路中，使上、中、下光线平行于光轴入射，且中光线和光轴重合，其出射光线也平行于光轴。

无穷远轴处物点对开普勒望远镜所成的像，如图 11.29(b)所示，将开普勒望远镜放入光路中，使上、中、下光线平行于光轴入射，且中光线和光轴重合，其出射光线也平行于光轴，转动度盘既可显示。

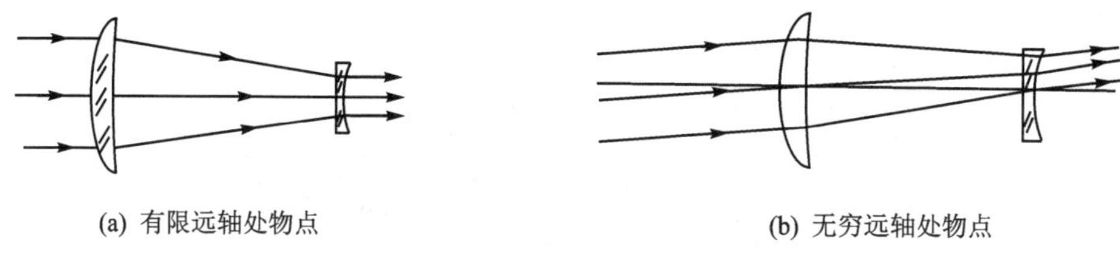

图 11.29　开普勒望远镜光路图

11.5.2　光学成像装置实验

1. 显微镜

物镜 L_o 的焦距 f_o 很短，将 y 放在它前面距离略大于 f_o 的位置，y 经 L_o 后成一放大实像 y_1'，然后再用目镜 L_e 作为放大镜观察这个中间像 y_1'，y' 应成像在 L_e 的第一焦点 F_e 之内，经过目镜后在明视距离处成一放大的虚像 y''，如图 11.30 所示。

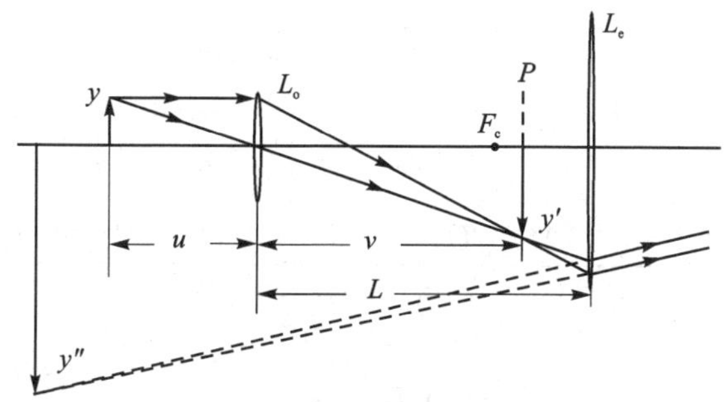

图 11.30　显微镜光学系统原理图

光学成像装置调试步骤如下：

① 把全部器件按图的顺序摆放在平台上，靠拢后目测调至共轴。

② 把 1/10 分划板 F_1 和 L_e 的间距固定为 180 mm。

③ 沿标尺导轨前后移动 L_o，直至在显微镜系统中看清 1/10 分划板的刻线。

显微镜的计算放大率：

$$M=\frac{|250\times\Delta|}{f_o\times f_e}$$

2. 望远镜

最简单的望远镜是由一片长焦距的凸透镜作为物镜，用一短焦距的凸透镜作为目镜组合而成的。远处的物经过物镜在其后焦面附近成一缩小的倒立实像，物镜的像方焦平面与目镜的物方焦平面重合。而目镜起一放大镜的作用，把这个倒立的实像再放大成一个正立的像，如图 11.31 所示。

测试调整步骤：

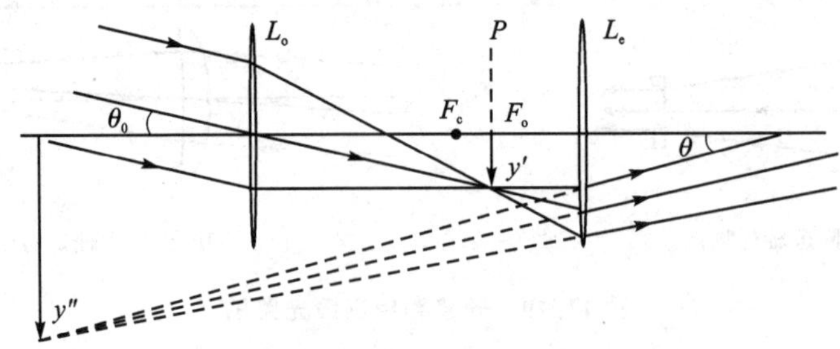

图 11.31　望远镜原理图

① 把全部器件按图 11.31 的顺序摆放在平台上，靠拢后目测调至共轴。

② 把 F 和 L_e 的间距调至最大（L_e 的末端不得超过导轨末端），沿导轨前后移动 L_o，使眼睛通过 L_e 看到清晰的分划板 F 上的刻线。

③ 分别读出 F、L_o、L_e 的位置 a、b、d。

④ 拿掉 L_e，换上白屏 H 找到 F 通过 L_o 所成的像，读出 H 的位置 c。

数据处理：

因为

$$M=\frac{\omega'}{\omega}$$

$$\frac{\omega'}{\omega}=\frac{A'B'/U_2}{AB/(U_1+V_1+U_2)}=\frac{A'B'}{AB}\frac{U_1+V_1+U_2}{U_2}$$

又因为

$$\frac{A'B'}{AB}=\frac{V_1}{U_1}$$

所以

$$M=\frac{V_1(U_1+V_1+U_2)}{U_1\times U_2}$$

望远镜的测量放大率：

$$M=140/\mathrm{e}$$

望远镜的计算放大率：

$$M=\frac{V_1(U_1+V_1+U_2)}{U_1\times U_2}$$

式中：$U_1=b-a$，$V_1=c-b$，$U_2=d-c$。

习　题

1. 试定性解释，为什么波导内不能传播 TEM 模的波？

2. 何谓波导的波阻抗？分别写出 TE 波阻抗、TM 模波阻抗与 TEM 波阻抗的关系式。

3. 如何定义波导内传播模式的相速度、群速度及相波长？分别写出它们的表达式。

4. 何谓波导的截止波长？当工作波长大于或小于截止波长时，波导内的电磁波特性有什么不同？

5. 矩形波导与圆波导中，主模是什么模式？它们的截止波长各为多少？若要保证单模传输，波长工作范围为多少？画出它们在横截面内的分布图。

6. 试阐述显微镜、放大镜、望远镜、幻灯机、视觉矫正仪的结构、原理与作用。

第12章 冶金与化工原理

宇宙好比是一个高温冶炼炉，将还原的金属向中心聚集，沉在地球的中心成为地核（Fe、Ni金属熔体），然后金属的表面形成硫化物层（熔锍），再在表面形成氧化物层（渣），最后在金属熔体及渣的外表面包围一层大气层（相当于温度压力气氛），形成了人类赖以生存的地球。

冶金，从古代陶术中发展而来。随着经验慢慢地积累，在一些有铜矿的地方制作陶术，铜自然成了附生物质而被发现，古人也逐渐掌握了铜的冶炼方法。

冶金工业是指开采、精选、烧结金属矿石并对其进行冶炼、加工成金属材料的工业部门。其分为：①黑色冶金工业，即生产铁、铬、锰及其合金的工业部门，它主要为现代工业、交通运输、基本建设和军事装备提供原材料；②有色冶金工业，即生产非黑色金属的金属炼制工业部门，如炼铜、制铝、铅锌、镍钴、炼锡、贵金属、稀有金属、粉末冶金等部门。

冶金就是将金属溶液中的杂质（非意向元素）通过熔融（加热到熔点之上）进行造渣、除渣给予消除，同时某些化学成分通过除渣、脱碳、去氧等得到相对纯净合金成分的过程。再精细的精炼过程一般就属于金属铸造厂。涉及金属成型的行业，比如矿石加工冶炼（黑色金属、有色金属）、毛坯的粗炼，毛坯的再加工炼钢厂、炼铁厂、有色金属提纯（一般是铸造厂居多）。

矿石或精矿中的部分或全部矿物在高温下经过一系列物理化学变化，生成另一种形态的化合物或单质，分别富集在气体、液体或固体产物中，达到所要提取的金属与脉石及其他杂质分离的目的。实现火法冶金过程所需热能，通常是依靠燃料燃烧来供给的，也有依靠过程中的化学反应来供给的，比如，硫化矿的氧化焙烧和熔炼就无需由燃料供热，金属热还原过程也是自热进行的。

1. 金属冶炼方法

根据金属的活动性顺序不同，工业上制取的方法也是各不相同，K，Ca，Na，Mg，Al，Zn，Fe，Sn，Pb，Cu，Hg，Ag，Pt，Au，可大致分成三段。

① Al 之前的金属很活泼，用电解盐或氧化物的方法冶炼，如：提取 Na 是电解熔融 NaCl，提取 Mg 是电解熔融 $MgCl_2$，提取 Al 是电解熔融 Al_2O_3。

② 中间一段（Zn，Fe，Sn，Pb，Cu），一般是热还原法，加热时，用合适的还原剂，如：H_2、C、CO，或者较活泼的金属 Al（铝热反应）进行冶炼，比如，H_2、C、CO 加热还原 CuO 得到 Cu，还原 Fe_2O_3 得到 Fe 等，Al 高温铝热反应冶炼 Fe、Cr、Mn 等金属。

③ 后面的不活泼金属可以通过直接加热氧化物分解的方法得到金属单质，比如，HgO 加热分解成 Hg 和 O_2，就是拉瓦锡发现空气中存在 O_2 的经典实验。

以下是金属冶炼方法：

（1）制取非常活泼的金属

制取非常活泼的金属，如金属钾、钙、钠、镁、铝等，由于它们金属性还原性都太强，一般化学试剂很难把它们还原出来，工业上一般采用电解金属形成的盐或氧化物，氯化钾、氯化钙、氯化钠、氯化镁、氧化铝的熔融物（不能有水，否则制取的金属太活泼，会与水反应），得到金属钾、钙、钠、镁、铝。因为电解质除了在水溶液中可以形成自由正、负离子外，在熔融时也能形成可以自由移动的正、负离子，也就是说，这五种熔融的盐中分别含有 K^+、Ca^{2+}、Na^+、Mg^{2+}、Al^{3+} 和 Cl^-、O^{2-}。电解熔融盐或氧化物和电解盐溶液类似，如电解氯化钠熔融物，根据电解的原则，负极有大量的电子吸引正离子 Na^+ 得电子，变成金属钠单质。

但是，金属钾的金属性和还原性极强，电解其熔融盐需要耗去大量的电，生产成本高，所以工业上一般不采用电解法制取金属钾，由于金属钠的沸点比钾的沸点高，利用高沸点金属制取低沸点金属，用熔融的金属钠和熔融的氯化钾置换出金属钾，由于温度过高，达到钾的沸点，金属钾以蒸气的形式出来。注意金属钾的金属性比钠强，反应是可逆的，要把置换出的钾蒸气立即导出反应容器，减小容器中钾蒸气的含量，使反应向正方向进行。

（2）制取活泼性一般的金属

制取活泼性一般的金属，如金属锌、铁、铜等，工业上一般采用还原剂，把金属从它的氧化物或盐溶液中还原出来。对于铁的氧化物，则常用金属铝单质或者一氧化碳，氢气等还原剂把铁还原出来（$Fe_2O_3+3CO=2Fe+3CO_2$）。如果是铁的盐溶液，则用比铁还原性强的金属如铝（$Al+FeCl_3=Fe+AlCl_3$）。

1）金属锌

火法冶锌：$ZnO+CO=Zn+CO_2$（高温）。

湿法冶锌：$Mg+ZnSO_4=MgSO_4+Zn$。

2）金属铁

火法冶铁：$Fe_2O_3+3CO=2Fe+3CO_2$ 或者 $Al+Fe_2O_3=Fe+Al_2O_3$（高温）。

湿法冶铁：$Al+FeCl_3=Fe+AlCl_3$。

3）金属铜

火法冶铜：$CuO+H_2=Cu+H_2O$（加热）。

湿法冶铜：$Fe+CuSO_4=FeSO_4+Cu$。

(3) 制取不活泼的金属

制取不活泼的金属，如金属汞、银等，工业上一般加热金属氧化物，使其分解成金属单质和氧气。对于金属汞来说，在加热的条件下使氧化汞分解。

1) 金属汞

$2HgO=2Hg+O_2\uparrow$（加热）。

2) 金属银

$2AgO=2Ag+O_2\uparrow$（加热）。

综上所述，工业上制取非常活泼的金属，一般采用电解金属盐或金属氧化物的熔融物。制取活泼性一般的金属一般采用还原剂把金属从它的氧化物或盐溶液中还原出来。制取不活泼的金属，一般采用直接加热金属氧化物使其分解成金属单质得到。

电解法耗能最多，不经济；热还原法其次；热分解法需要的温度比较低，耗能最小，能用热分解冶炼出的金属就尽量用此法。基本上所有的金属都能通过电解法制取，耗能较大，不经济，所以工业上冶炼金属的原则是尽量采用耗能最小的，最经济的方法。

2. 火法冶金

火法冶金包括：干燥、焙解、焙烧、熔炼、精炼、蒸馏等过程。火法冶金是在高温条件下进行的冶金过程。

3. 湿法冶金

湿法冶金是在溶液中进行的冶金过程。湿法冶金温度不高，一般低于 100 ℃，现代湿法冶金中的高温高压过程，温度也不过 200 ℃左右，极个别的情况温度可达 300 ℃。湿法冶金包括：浸出、净化、制备金属等过程。

① 浸出用适当的溶剂处理矿石或精矿，使要提取的金属成某种离子（阳离子或络阴离子）形态进入溶液，而脉石及其他杂质则不溶解，这样的过程叫浸出。浸出后经澄清和过滤，得到含金属（离子）的浸出液和由脉石矿物组成的不溶残渣（浸出渣）。对某些难浸出的矿石或精矿，在浸出前常常需要进行预备处理，使被提取的金属转变为易于浸出的某种化合物或盐类。例如，转变为可溶性的硫酸盐而进行的硫酸化焙烧等，都是常用的预备处理方法。

② 净化在浸出过程中，常常有部分金属或非金属杂质与被提取金属一道进入溶液，从溶液中除去这些杂质的过程叫作净化。

③ 制备金属用置换、还原、电积等方法从净化液中将金属提取出来。

4. 电冶金

电冶金是利用电能提取金属的方法。根据利用电能效应的不同，电冶金又分为电热冶金和电化冶金。

① 电热冶金是利用电能转变为热能进行冶炼的方法。

在电热冶金的过程中，按其物理化学变化的实质来说，与火法冶金过程差别不大，两者的主要区别只是冶炼时热能来源不同。

② 电化冶金(电解和电积)是利用电化学反应，使金属从含金属盐类的溶液或熔体中析出。前者称为溶液电解，如铜的电解精炼和锌的电积，可列入湿法冶金一类；后者称为熔盐电解，熔盐电解不仅利用电能的化学效应，而且也利用电能转变为热能，借以加热金属盐类，使之成为熔体，故也可列入火法冶金一类。从矿石或精矿中提取金属的生产工艺流程，常常是既有火法过程，又有湿法过程，即使是以火法为主的工艺流程，比如，硫化锌精矿的火法冶炼，最后还需要有湿法的电解精炼过程；而在湿法炼锌中，硫化锌精矿还需要用高温氧化焙烧对原料进行炼前处理。

常规金属冶炼有：铜冶金、铅冶金、锌冶金、氧化铝生产、铝电解、镁冶金、钛冶金等。

铜冶金，包括焙烧、熔炼、吹炼、精炼等工序，以黄铜矿精矿为主要原料。焙烧分半氧化焙烧和全氧化焙烧(“死焙烧”)，脱除精矿中部分或全部的硫，同时除去部分砷、锑等易挥发的杂质。吹炼能够消除烟害，回收精矿中的硫。精炼分火法精炼和电解精炼。火法精炼是利用某些杂质对氧的亲和力大于铜，而其氧化物又不溶于铜液等性质，通过氧化造渣或挥发除去。

5. 焙烧、熔炼

焙烧分别脱除精矿中部分或全部的硫，同时除去部分砷、锑等易挥发的杂质。此过程为放热反应，通常不需另加燃料。造锍熔炼一般采用半氧化焙烧，以保持形成冰铜时所需硫量；还原熔炼采用全氧化焙烧；此外，硫化铜精矿湿法冶金中的焙烧，是把铜转化为可溶性硫酸盐，称硫酸化焙烧。

熔炼的目的是使铜精矿或焙烧矿中的部分铁氧化，并将脉石、熔剂等造渣除去，产出含铜较高的冰铜($x\mathrm{Cu_2S}\cdot y\mathrm{FeS}$)。冰铜中铜、铁、硫的总量常占 80%～90%，炉料中的贵金属几乎全部进入冰铜。

冰铜含铜量取决于精矿品位和焙烧熔炼过程的脱硫率，多数冰铜品位一般含铜 40%～55%。生产高品位冰铜，可更多地利用硫化物反应热，还可缩短下一工序的吹炼时间。熔炼炉渣含铜与冰铜品位有关，弃渣含铜一般在 0.4%～0.5%。熔炼过程的主要反应为：

$$\mathrm{2CuFeS_2+O_2\longrightarrow Cu_2S+2FeS+SO_2}$$

$$\mathrm{Cu_2O+FeS\longrightarrow Cu_2S+FeO}$$

$$\mathrm{2FeS+3O_2+SiO_2\longrightarrow 2FeO\cdot SiO_2+2SO_2}$$

$$\mathrm{2FeO+SiO_2\longrightarrow 2FeO\cdot SiO_2}$$

造锍熔炼的传统设备为鼓风炉、反射炉、电炉等，新建的大型炼铜厂多采用闪速炉。

6. 金属冶炼

(1) 氧化铝生产

氧化铝生产，工业上应用电解法，主要原理是霍尔-埃鲁铝电解法，以纯净的氧化铝为原料采用电解制铝，因为纯净的氧化铝熔点高（约 2 045 ℃），很难熔化，所以工业上都用熔化的冰晶石（Na_3AlF_6）作熔剂，使氧化铝在 1 000 ℃左右溶解在液态的冰晶石中，成为冰晶石和氧化铝的熔融体，然后在电解槽中，用碳块作阴阳两极，进行电解。

铝在生产过程中有四个环节，构成一个完整的产业链：铝矿石开采→氧化铝制取→电解铝冶炼→铝加工生产。

一般而言，2 t 铝矿石生产 1 t 氧化铝，2 t 氧化铝生产 1 t 电解铝。

迄今为止，已经提出了很多从铝矿石或其他含铝原料中提取氧化铝的方法。由于技术和经济方面的原因，有些方法已被淘汰，有些还处于试验研究阶段。已提出的氧化铝生产方法可归纳为四类，即碱法、酸法、酸碱联合法与热法。目前用于大规模工业生产的只有碱法。

铝土矿是世界上最重要的铝矿资源，其次是明矾石、霞石、粘土等。目前世界氧化铝工业，除俄罗斯利用霞石生产部分氧化铝外，几乎世界上所有的氧化铝都是用铝土矿为原料生产的。

铝土矿是一种主要由三水铝石、一水软铝石或一水硬铝石组成的矿石。到目前为止，我国可用于氧化铝生产的铝土矿资源为一水硬铝石型铝土矿。

铝土矿中氧化铝的含量变化很大，低的仅有 30%，高的可达 70%以上。铝土矿中所含的化学成分除氧化铝外，主要杂质是氧化硅、氧化铁和氧化钛。此外，还含有少量或微量的钙和镁的碳酸盐、钾、钠、钒、铬、锌、磷、镓、钪、硫等元素的化合物及有机物等。其中镓在铝土矿中含量虽少，但在氧化铝生产过程中会逐渐在循环母液中积累，从而可以有效地回收，成为生产镓的主要来源。

衡量铝土矿优劣的主要指标之一是铝土矿中氧化铝含量和氧化硅含量的比值，俗称铝硅比。

用碱法生产氧化铝时，是用碱（NaOH 或 Na_2CO_3）处理铝矿石，使矿石中的氧化铝转变成铝酸钠溶液。矿石中的铁、钛等杂质和绝大部分的硅则成为不溶解的化合物。将不溶解的残渣（赤泥）与溶液分离，经洗涤后弃去或进行综合处理，以回收其中的有用组分。纯净的铝酸钠溶液即可分解析出氢氧化铝，经分离、洗涤后进行煅烧，便获得氧化铝产品。分解母液可循环利用来处理另一批矿石。碱法生产氧化铝有拜耳法、烧结法以及拜耳-烧结联合法等多种流程。拜耳法是由奥地利化学家拜耳（K・J・Bayer）于 1889—1892 年发明的一种从铝土矿中提取氧化铝的方法。一百多年来在工艺技术方面已经有了许多改进，但基本原理并未发生变化。

拜耳法包括两个主要过程：首先是在一定条件下氧化铝自铝土矿中的溶出（氧化铝工业习惯使用的术语，即浸出，下同）过程，然后是氢氧化铝自过饱和的铝酸钠水解析出的过程，这就是拜耳提出的两项专利。拜耳法的实质就是以湿法冶金的方法，从铝土矿中提取氧化铝。在拜耳法氧化铝生产过程中，含硅矿物会引起 Al_2O_3 和 Na_2O 的损失。

在拜耳法流程中，铝土矿经破碎后，和石灰、循环母液一起进入湿磨，制成合格矿浆。矿浆经预脱硅之后预热至溶出温度进行溶出。溶出后的矿浆再经过自蒸发降温后进入稀释及赤泥(溶出后的固相残渣)的沉降分离工序。自蒸发过程产生的二次汽用于矿浆的前期预热。沉降分离后，赤泥经洗涤进入赤泥堆场，而分离出的粗液(含有固体浮游物的铝酸钠溶液，下同)送往叶滤。粗液通过叶滤除去绝大部分浮游物后称为精液。精液进入分解工序经晶种分解得到氢氧化铝。分解出的氢氧化铝经分级和分离洗涤后，一部分作为晶种返回晶种分解工序，另一部分经焙烧得到氧化铝产品。晶种分解后分离出的分解母液经蒸发返回溶出工序，形成闭路循环。

不同类型的铝土矿所需要的溶出条件差别很大。三水铝石型铝土矿在105 ℃的条件下就可以较好地溶出，一水软铝石型铝土矿在200 ℃的溶出温度下就可以有较快的溶出速度，而一水硬铝石型铝土矿必须在高于240 ℃的温度下进行溶出，其典型的工业溶出温度为260 ℃。溶出时间不低于60 min。

拜耳法用于处理高铝硅比的铝土矿，流程简单，产品质量高，其经济效果比其他方法好，用于处理易溶出的三水铝石型铝土矿时，优点更突出。目前，全世界生产的氧化铝和氢氧化铝，90%以上是用拜耳法生产的。由于中国铝土矿资源的特殊性，目前中国大约有50%的氧化铝是由拜耳法生产的。

将拜耳法和烧结法二者联合起来的流程称之为联合法生产工艺流程。联合法又可分为并联联合法、串联联合法与混联联合法。采用什么方法生产氧化铝，主要是由铝土矿的品位(即矿石的铝硅比)来决定的。从一般技术和经济的观点看，矿石铝硅比为3左右通常选用烧结法；铝硅比高于10的矿石可以采用拜耳法；当铝土矿的品位处于二者之间时，可采用联合法处理，以充分发挥拜耳法和烧结法各自的优点，达到较好的技术经济指标。

(2) 钨冶金

20世纪50年代以前工业上黑钨精矿的分解方法主要为NaOH熔合法及苏打烧结法，白钨精矿的分解方法主要为盐酸分解法，同时美国联合碳化物公司比晓普(Bishop)在1941年着手建设第二套苏打高压浸取设备。钨化合物提纯的方法主要为氨镁盐沉淀法和 MoS_3 沉淀法。产出的三氧化钨纯度为99%～99.9%。

从20世纪50年代初期到60年代，苏打烧结法由于采用添加返渣的办法解决了炉料熔结问题，因而实现了生产连续化；用苏打高压浸出法处理白钨精矿和中矿得到迅速推广，与萃取工艺结合形成了苏打高压浸出-萃取流程。

1970—1990年钨冶金技术得到更显著的进步，在黑钨精矿分解方面，NaOH压煮法取代了烦琐的苏打烧结工艺。在我国，碱压煮-萃取工艺达到世界先进水平，特别是我国自行开发了一系列钨湿法冶金新工艺，其中在工业中广为应用的粗

Na_2WO_4 溶液的离子交换除 P、As、Si 并转型工艺，白钨矿及黑白钨混合的难选钨矿的碱分解工艺，选择性沉淀法从钨盐溶液中除钼、砷、锡、锑工艺，以及紫钨氢还原法生产超细钨粉工艺，这些都将世界钨冶金的水平提高到一个新的高度。

12.1 高炉炼铁

现代炼铁方法分为：高炉炼铁法、现代炼铁法。

高炉炼铁法，即以焦炭为能源基础的传统炼铁方法。它与转炉炼钢相配合，是目前生产钢铁的主要方法。由于高炉炼铁受能源焦炭的限制，在一些焦煤资源匮乏的国家和地区，经过长期的研制和实践，也逐步形成了不同形式的非高炉炼铁法。

传统的高炉-转炉炼钢流程，工艺成熟，可大规模生产，是现代钢铁生产的主要形式。

非高炉炼铁法，泛指高炉以外，不用焦炭，用煤、燃油、天然气、电为能源基础的一切其他炼铁方法。例如直接还原法，主要是指在冶炼过程中，炉料始终保持固体状态而不熔化，产品为多孔状海绵铁或金属化球团的方法。熔融还原法是用高品位铁精矿粉(经预还原)在高温熔融状态下，直接还原冶炼钢铁的一种新工艺。

新兴的直接还原-电炉炼钢流程，规模较小，目前还正在发展，是钢铁生产的重要补充。

12.1.1 高炉炼铁工艺

高炉炼铁的本质是铁的还原过程，即焦炭作燃料和还原剂，在高温下将铁矿石或含铁原料的铁，从氧化物或矿物状态(如 Fe_2O_3、Fe_3O_4、Fe_2SiO_4、$Fe_3O_4 \cdot TiO_2$ 等)还原为液态生铁。

冶炼过程中，炉料(矿石、熔剂、焦炭)按照确定的比例通过装料设备，分批地从炉顶装入炉内。从下部风口鼓入的高温热风与焦炭发生反应，产生的高温还原性煤气上升，并使炉料加热、还原、熔化、造渣，产生一系列的物理化学变化，最后生成液态渣、铁聚集于炉缸，周期地从高炉排出。煤气流上升过程中，温度不断降低，成分逐渐变化，最后形成高炉煤气从炉顶排出。高炉本体及主要构成如图 12.1 所示。

高炉炼铁生产非常复杂，除了高炉本体以外，还包括原燃料系统、上料系统、送风系统、渣铁处理系统、煤气处理系统。通常，辅助系统的建设投资是高炉本体的 4～5 倍。生产中，各个系统互相配合、互相制约，形成一个连续的、大规模的高温生产过程。高炉开炉之后，整个系统必须日以继夜地连续生产，除了计划检修和特殊事故暂时停风外，一般要到一代寿命终了时才停炉。

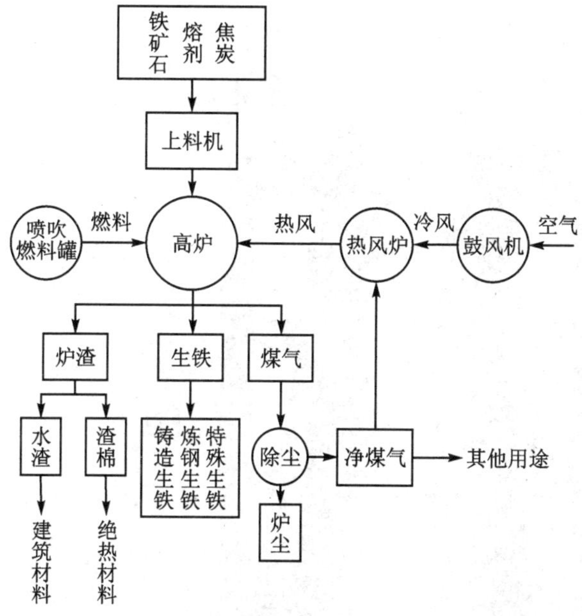

图 12.1　高炉本体及主要构成

12.1.2　高炉本体及主要构成

密闭的高炉本体是冶炼生铁的主体设备。它是由耐火材料砌筑成竖式圆筒形，外有钢板炉壳加固密封，内嵌冷却设备保护，如图 12.2 所示。

高炉内部工作空间的形状称为高炉内型。高炉内型从下往上分为炉缸、炉腹、炉腰、炉身和炉喉五个部分，该容积总和为它的有效容积，反映高炉所具备的生产能力。

高炉的结构，根据物料存在形态不同，可将高炉分为五个区域：块状带、软熔带、滴落带、风口前回旋区、渣体聚集区，如图 12.3 所示。

各区内进行的主要反应及特征分别如下：

块状带：炉料中水分蒸发及受热分解，铁矿石还原，炉料与煤气热交换；焦炭与矿石层状交替分布，呈固体状态；以气固相反应为主。

软熔带：炉料在该区域软化，在下部边界开始熔融滴落；主要进行直接还原反应，初渣形成。

滴落带：滴落的液态渣铁与煤气及固体碳之间进行多种复杂的化学反应。

回旋区：喷入的燃料与热风发生燃烧反应，产生高热煤气，是炉内温度最高的区域。

渣铁聚集区：在渣铁层间的交界面及铁滴穿过渣层时发生渣金反应。

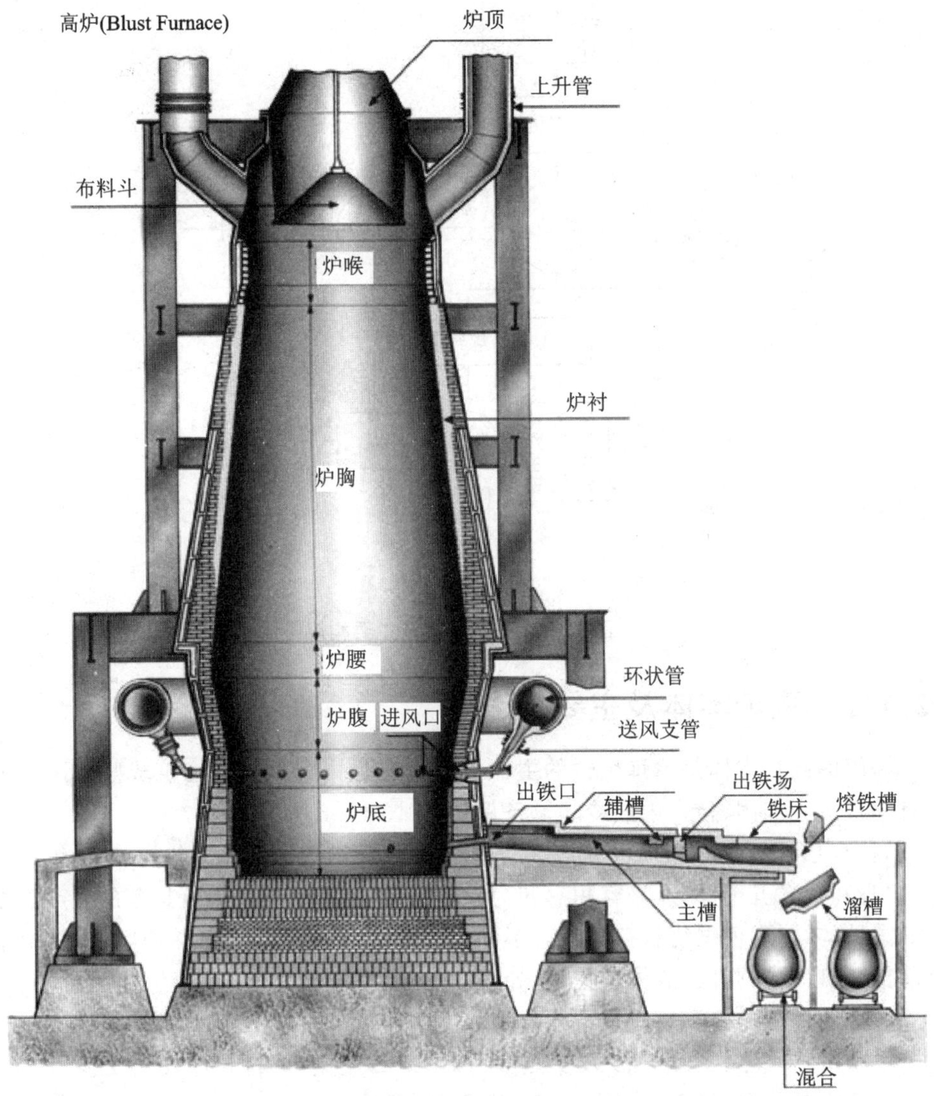

图 12.2 高炉本体及主要构成

12.1.3 高炉冶炼产品

高炉冶炼的主要产品是生铁。炉渣和高炉煤气为副产品。

生铁可分为炼钢生铁、铸造生铁。炼钢生铁供转炉、电炉炼钢使用。铸造生铁则主要用于生产耐压铸件。

生铁是 Fe 与 C 及其他一些元素的合金。通常,生铁中含 Fe 为 94%左右,含 C 为 4%左右,其余为 Si、Mn、P、S 等少量元素。

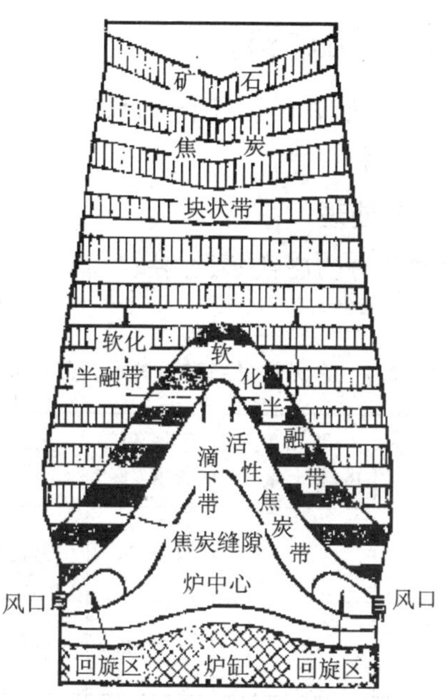

图 12.3　高炉内主要区域

一般来说，生铁和钢的化学成分主要差别是含碳量。钢中含碳量最高不超过 2.11%。高炉生铁中含碳量为 2.5%～4.5%，铸铁中含碳量不超过 5.0%（此时 Fe_3C 含量约占 75%，当铸铁中 Fe_3C 含量达到 100%时，其含碳量为 6.67%）。当铸铁中含碳量大于 5.0%时，铸铁甚脆，没有实用价值。而含碳量在 1.6%～2.5%之间的钢铁材料，由于缺乏实用性，一般不进行工业生产。

炼钢生铁作为转炉炼钢的原料，约占生铁产量的 80%～90%。铸造生铁，又称为翻砂铁或灰口铁，用于铸件生产。其主要特点是含硅较高，在 1.25%～4.25%之间。硅在生铁中能促进石墨化，即使化合碳游离成石墨碳，可增强铸件的韧性和耐冲击性并易于切削加工。铸造生铁约占生铁产量的 10%。

高炉还可生产特殊生铁，如锰铁、硅铁、硅锰铁（含 9%～13%的 Si，18%～24%的 Mn）等，主要用作炼钢脱氧剂和合金化剂。

此外，生铁中还可能含有部分微量元素。生铁中微量元素含量常以 $\sum T$ 为指标：

$$\sum T = \mathrm{Pb} + \mathrm{Sn} + \mathrm{Sb} + \mathrm{As} + \mathrm{Ti} + \mathrm{V} + \mathrm{Cr} + \mathrm{Zn}$$

含微量元素很低的"高纯生铁" $\sum T < 0.1\%$。国内外适宜生产高纯生铁的矿源稀少。我国本钢生铁素有"人参铁"之称，它除了 P、S 极低外，微量元素亦很低。其 $\sum T < 0.08\%$，属国际高纯生铁范畴。

12.1.4 高炉炼铁原料和燃料

原料是高炉冶炼的物质基础，其质量对冶炼过程及冶炼效果影响极大。目前，炼铁的发展趋势之一就是采用精料。

1. 天然铁矿石分类与处理

天然铁矿石按其主要矿物分为磁铁矿、赤铁矿、褐铁矿和菱铁矿等几种，主要矿物组成及特征见表 12.1。

表 12.1 常见铁(锰)矿石的组成及特征

矿石名称	主要成分化学式	理论含Fe(Mn)量/%	实际富矿含Fe/%	颜色	最低工业品位/%	冶炼性能
磁铁矿	Fe_3O_4	72.4	45～70	黑色	20～25	P、S 高，坚硬，致密，难还原
赤铁矿	Fe_2O_3	70.0	55～60	红色	30	P、S 低，质软，易碎，易还原
褐铁矿	$nFe_2O_3 \cdot mH_2O$	55.2～66.1	37～55	黄褐色	30	P 高，质软疏松，易还原
菱铁矿	$FeCO_3$	48.2	30～40	灰浅黄	25	易破碎，焙烧后易还原
软锰矿	MnO_2	63.2		黑或钢灰		
硬锰矿	$KRO \cdot LMnO_2 \cdot nH_2OKRO$ $MnO \cdot CaO \cdot MgO$	47～69		黑色		
水锰矿	$nMn_2O_3 \cdot mH_2O$	62.5		黑色		
褐锰矿	Mn_2O_3	69.5		褐黑色		
黑锰矿	Mn_3O_4	72.0		浅褐黑色		
菱锰矿	$MnCO_3 \cdot CaCO_3$	25.6		粉红色		

赤铁矿又称红矿，其主要含铁矿物为 Fe_2O_3，其中铁占 70%，氧占 30%，常温下无磁性。但 Fe_2O_3 有两种晶形，一个为 $\alpha-Fe_2O_3$，另一个为 $\gamma-Fe_2O_3$，在一定温度下，当 $\alpha-Fe_2O_3$ 转变为 $\gamma-Fe_2O_3$ 时，便具有了磁性。

赤铁矿色泽为赤褐色到暗红色，由于其硫、磷含量低，还原性较磁铁矿好，是优良的原料。

赤铁矿的熔融温度为：1 580～1 640 ℃。

磁铁矿主要含铁矿物 Fe_3O_4，具有磁性。其中 FeO 含量为 30%，Fe_2O_3 含量为 69%；TFe 含量为 72.4%，O 含量为 27.6%。磁铁矿颜色为灰色或黑色，由于其结晶结构致密，所以还原性比其他铁矿差。磁铁矿的熔融温度为：1 500～1 580 ℃。这种矿物与 TiO_2 和 V_2O_5 共生，叫钒钛磁铁矿；只与 TiO_2 共生的叫钛磁铁矿，其他常见混入元素还有 Ni、Cr、Co 等。

在自然界中纯磁铁矿很少见，常常由于地表氧化作用使部分磁铁矿氧化转变为半假象赤铁矿和假象赤铁矿。所谓假象就是 Fe_3O_4 虽然氧化成 Fe_2O_3，但它仍保留原来磁铁矿的外形。它们一般可用 TFe/FeO 的比值来区分：

$$TFe/FeO=2.33 \quad (\text{为纯磁铁矿石})$$

$$TFe/FeO<3.5 \quad (\text{为磁铁矿石})$$

$$TFe/FeO=3.5\sim7.0 \quad (\text{为半假象赤铁矿石})$$

$$TFe/FeO>7.0 \quad (\text{为假象赤铁矿石})$$

式中：TFe 为矿石中的总含铁量(%)，又称全铁；FeO 为矿石中的 FeO 含量(%)。

褐铁矿，通常是含水氧化铁的总称。

如 $3Fe_2O_3 \cdot 4H_2O$ 称为水针铁矿，$2Fe_2O_3 \cdot 3H_2O$ 称褐铁矿。这类矿石一般含铁较低，但经过焙烧去除结晶水后，含铁量显著上升。颜色为浅褐色、深褐色或黑色，硫、磷、砷等有害杂质一般多。

菱铁矿又称碳酸铁矿石，因其晶体为菱面体而得名，颜色为灰色、浅黄色、褐色。其化学组成为 $FeCO_3$，亦可写成 $FeO \cdot CO_2$，其中 FeO 含量为 62.1%，CO_2 含量为 37.9%。常混入 Mg、Mn 等的矿物。它一般含铁较低，但若受热分解释放出 CO_2 后品位显著升高，而且组织变得更为疏松，易还原。所以使用这种矿石一般要先经焙烧处理。

有害杂质通常指 S、P、Pb、Zn、As 等，它们的含量愈低愈好。Cu 有时为害，有时为益，视具体情况而定。硫是对钢铁危害大的元素，它使钢材具有热脆性。

所谓“热脆”就是 S 几乎不熔于固态铁而与铁形成 FeS，而 FeS 与 Fe 形成的共晶体熔点为 988 ℃，低于钢材热加工的开始温度(1 150～1 200 ℃)。热加工时，分布于晶界的共晶体先行熔化而导致开裂。因此矿石含硫愈低愈好。国家标准规定生铁中 S≤0.07%，优质生铁 S≤0.03%，就是要严格控制钢中硫的含量。

磷是钢材中的有害成分，使钢具有冷脆性。磷亦可改善钢材的切削性能，故在易切削钢中磷含量可达 0.08%～0.15%。对于铁矿石中一些有害杂质，铅、锌和砷，如果含量较高，如 Pb≥0.5，Zn≥0.7，Sn≥0.2 时，应视为复合矿石综合利用。因为这些杂质本身也是重要的金属。

根据上述质量要求，一般的铁矿石很难完全满足要求，须在入炉前进行必要的准备处理。

对天然富矿(如含铁 50%以上)，须经破碎、筛分，获得合适而均匀的粒度。对贫铁矿的处理要复杂得多。一般都必须经过破碎、筛分、细磨、精选，得到含铁 60%以上的精矿粉，经混匀后进行造块，变成人造富矿，再按高炉粒度要求进行适当破碎，筛分后入炉冶炼。

2. 焙 烧

焙烧是在适当的气氛中，使铁矿石加热到低于其熔点的温度，在固态下发生的物理化学过程。例如，氧化焙烧就是在空气充足的氧化性气氛中进行，以保证燃料完全燃烧和矿石的氧化。多用于去除 CO_2、H_2O 和 S(碳酸盐和结晶水分解，硫化物氧化)，使致密矿石的组织变得疏松，易于还原。

菱铁矿的焙烧：在 500～900 ℃按下式分解

$$4FeCO_3 + O_2 = 2Fe_2O_3 + 4CO_2\uparrow$$

褐铁矿的脱水：在 250～500 ℃发生下述反应

$$2Fe_2O_3 \cdot 3H_2O = 2Fe_2O_3 + 3H_2O\uparrow$$

氧化焙烧还可使矿石中的硫氧化

$$3FeS_2 + 8O_2 = Fe_3O_4 + 6SO_2\uparrow$$

还原焙烧则是在还原气氛中进行，主要目的是使贫赤铁矿中的 Fe_2O_3 转变为具有磁性的 Fe_3O_4，以便磁选。

$$3Fe_2O_3 + CO = 2Fe_3O_4 + CO_2\uparrow$$

$$3Fe_2O_3 + H_2 = 2Fe_3O_4 + H_2O\uparrow$$

氯化焙烧则是为了回收赤铁矿中的有色金属如 Zn、Cu、Sn 等，或去除其他有害杂质。

3. 熔 剂

高炉冶炼条件下，脉石及灰分不能熔化，必须加入熔剂，使其与矿石脉石和灰分作用生成低熔点化合物，形成流动性好的炉渣，实现渣铁分离并自炉内顺畅排出。此外，一定碱度的炉渣，如 $CaO/SiO_2 = 1.0 \sim 1.2$，可去除生铁中有害杂质硫，提高生铁质量。

由于矿石脉石和焦炭灰分多系酸性氧化物，所以高炉主要用碱性熔剂，如石灰石($CaCO_3$)、白云石($CaCO_3 \cdot MgCO_3$)等。石灰石资源很丰富，几乎各地都有。白云石同时含有 CaO 和 MgO，既可代替部分石灰石，又使渣中含有一定数量的 MgO，改善渣的流动性和稳定性，从而促进脱硫。在使用高 Al_2O_3 矿石，炉渣 Al_2O_3 高时其效果特别显著。

当高炉使用含碱性脉石的铁矿石冶炼时，需要加入酸性熔剂。但实际生产中只是采用兑入酸性矿石的办法，很少使用酸性熔剂。仅当渣中 Al_2O_3 过高(>18%～20%)，炉况失常时，才加入硅石、硅砂等石英质酸性熔剂改善造渣。

现代高炉多使用熔剂性或自熔性人造富矿，这样，高炉造渣所需熔剂已在造块过程中加入，高炉可以不直接加入石灰石，只备用少量作为临时调剂之用。一些使用天然富矿或酸性球团矿的高炉，仍需加入石灰石。

4. 焦 炭

焦炭是现代高炉冶炼的主要燃料和能源基础，在高炉冶炼过程中具有如下作用：

① 燃料。燃烧后发热，产生冶炼所需热量。

② 还原剂。焦炭中的固体碳和它燃烧后生成的 CO 都是铁矿石还原所需的还原剂。

③ 料柱骨架。高炉内是充满着炉料和熔融渣、铁的一个料柱，焦炭约占料柱体积的 1/3～1/2，对料柱透气性具有决定性的影响。特别是在高炉下部，矿石、熔剂已经熔化、造渣，变成液态渣和铁，只有焦炭仍保持固态，为渣、铁滴落和煤气上升以及炉缸内的渣、铁正常流通和排出，提供了必要条件，使冶炼过程得以顺利进行。焦炭的这一作用目前尚不能为其他燃料所代替。

12.2　铁矿烧结与高炉内反应

富矿粉和贫矿富选后得到的精矿粉，都不能直接入炉冶炼，必须将其重新造块，烧结是最重要最基本的造块方法之一。

通过烧结得到的烧结矿具有许多优于天然富矿的冶炼性能，如高温强度高，还原性好，含有一定的 CaO、MgO，具有足够的碱度，而且已事先造渣，高炉可不加或少加石灰石。通过烧结可除去矿石中的 S、Zn、Pb、As、K、Na 等有害杂质，减少其对高炉的危害。烧结矿质量对高炉冶炼效果具有重大影响。改善其质量是“精料”的主要内容之一。

12.2.1　烧结反应过程

目前世界各国 90%以上的烧结矿由抽风带式烧结机生产，其工艺流程如图 12.4 所示。其他烧结方法有回转窑烧结、悬浮烧结、抽风或鼓风盘式烧结和土法烧结等。各法生产工艺和设备尽管有所不同，但烧结原理基本相同。下面以带式抽风烧结法来论述。

抽风烧结过程是将铁矿粉、熔剂和燃料经适当处理，按一定比例加水混合，铺在烧结机上，然后从上部点火，下部抽风，自上而下进行烧结，得到烧结矿。抽风烧结过程大致可分为五层，即烧结矿层、燃烧层、预热层、干燥层和过湿层。

12.2.2　高炉内物理化学反应

还原反应是高炉内的最基本反应。炉料从高炉顶部装入后就开始还原，直到下部炉缸，除风口回旋区外，几乎贯穿整个高炉冶炼的始终。

高炉内除铁的还原外，还有少量的硅、锰、磷等元素的还原。

1. 氧化物还原原理

冶金还原反应就是用还原剂夺取金属氧化物中的氧，使之还原成为金属单质或其低价氧化物的过程。对金属氧化物的还原反应可按下面通式表示：

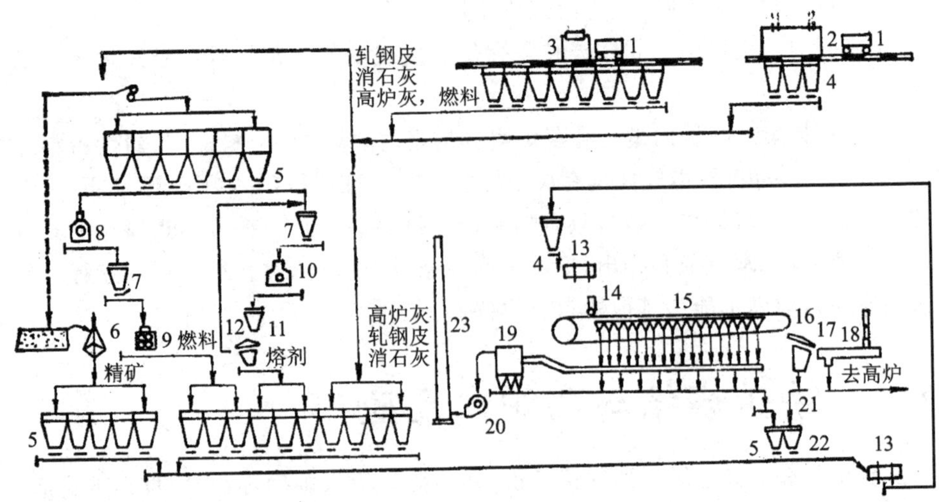

1—移动式给料车；2—皮带输送机；3—物料分布器；4—料仓料斗；5—烧结产品料仓；6—矿物料仓；7—振动式给料机；8、10—磨碎机；9—燃料给料机；11—熔剂给料机；12—矿物颗粒成型机；13—物料给料机；14—匀拌滚筒；15—布料机；16—带式烧结炉；17—烧结产品输出；18—去高炉料仓；19—篦式筛；20—烟气除尘；21—鼓风机；22—筛分后料斗；23—返回料仓

图 12.4 烧结矿工艺流程

$$2MO=2M+O_2,\quad MO+R=M+RO$$

式中：MO、M 分别表示金属氧化物和自由金属还原得到的金属；R、O 分别表示还原剂和还原剂夺取金属氧化物中的氧，而被氧化得到的产物。

这是一个兼有还原和氧化的综合反应。对金属氧化物而言被还原为金属，而对还原剂则是被氧化。

哪些物质可以充当还原剂夺取金属氧化物中的氧，取决于它们与氧的化学亲和力。凡是与氧亲和力比金属元素 M 的亲和力大的物质，都可以作为该金属氧化物的还原剂。还原剂与氧的亲和力越大，夺取氧的能力越强，还原能力越强。

某物质与氧亲和力的大小，可用该物质氧化物的标准生成自由能衡量。氧化物标准生成自由能越小，说明该物质与氧亲合力小，氧化物稳定，易还原，反之则相反。所以还原反应的必备条件是还原剂氧化产物的标准生成自由能小于金属氧化物的标准生成自由能。

图 12.5 为常见纯氧化物的分解压与温度的关系，可用它来判断还原反应的方向和难易，并选择适宜的温度条件，图中的各条线称为氧势线。氧势线位置越低的氧化物，其值越小，越难还原。凡是在铁氧势线以下的物质单质都可用来还原铁氧化物。例如 Si 就可还原 FeO。如果两直线有交点，则交点温度即为开始还原温度。高于交点温度，则是下面的单质能还原上面的氧化物；低于交点温度，则反应逆向进行。如两直线在图中无交点，那么下面的单质能还原上面的氧化物。

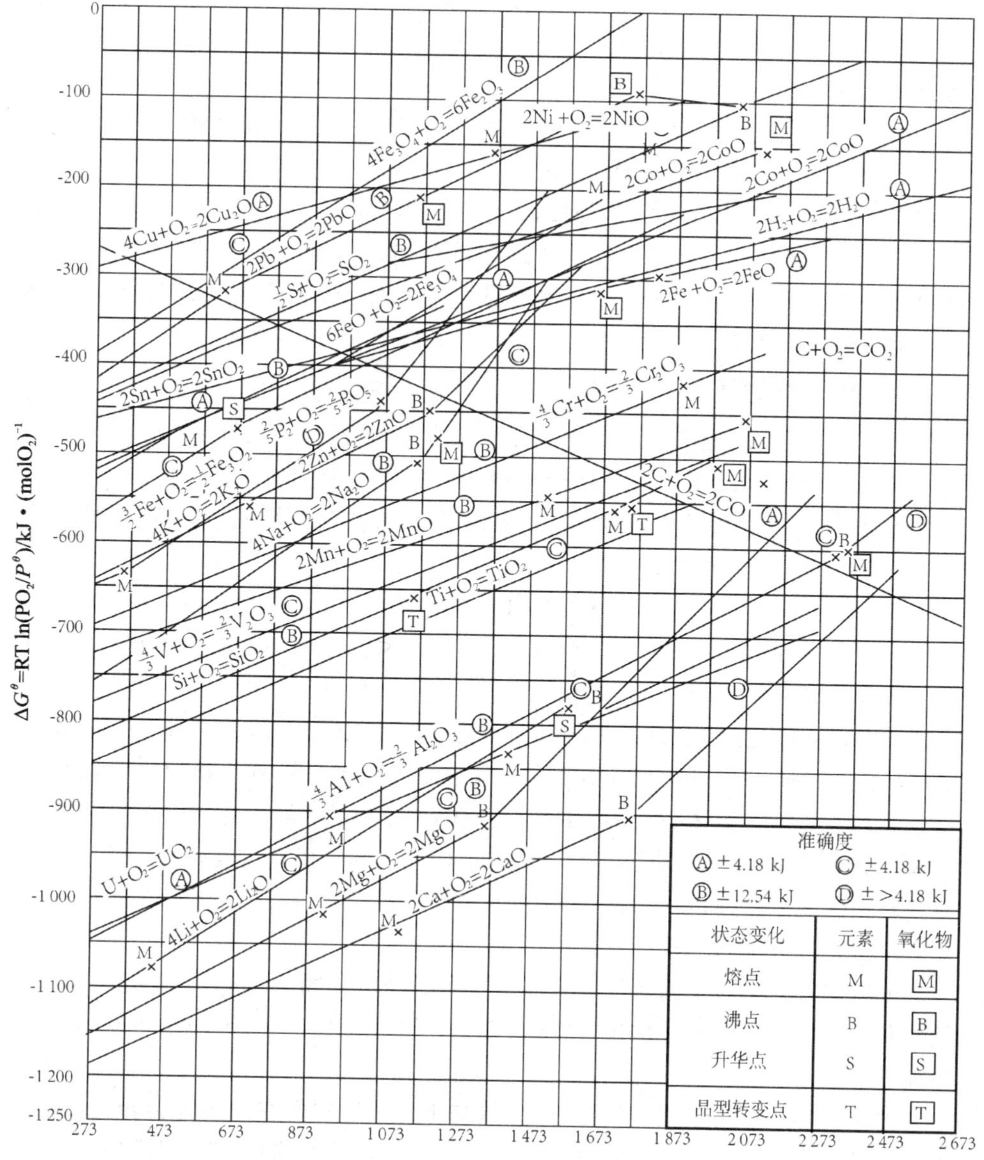

图 12.5　常见纯氧化物的分解压与温度的关系

然而，还原剂的选择还必须适应大规模工业生产的需要和经济效益的要求。显然在高炉中不能用比铁昂贵的 Al、Mg、Ca、Si、Mn 来作为还原剂。它们作为还原剂是不经济的。

C、CO 和 H_2 是高炉炼铁适宜的还原剂。它们由原料带来，兼有热能和化学能的双重职能，焦炭还作为料柱骨架，满足高炉冶炼过程的需要。

图 12.5 中，各线与 $2C+O_2=2CO$ 线分别相交，各交点对应的温度即为用碳还

原相应氧化物的开始温度。凡在 CO 直线以上的氧化物均能为 C 所还原。只有在 CO_2(或 H_2O)直线以上的氧化物方能为 CO(或 H_2)所还原。这样看来 FeO 似乎不能为 CO 所还原，因其位于 CO_2 直线以下。图 12.5 只是对标准状态而言的。在实际高炉中，$2CO + O_2 = 2CO_2$ 反应中的 CO_2 的氧势比标准状态要低得多，因而在 1 000 ℃左右，FeO 可被 CO 还原为 Fe。

在高炉条件下，锰的高价氧化物(MnO_2、Mn_2O_3、Mn_3O_4)比 Fe_2O_3、Fe_3O_4 容易还原，Cu、Pb、Ni、Co、Zn、Sn 是比铁易于还原的金属；Cr、Mn、Si、V、Ti 比铁难还原，它们只能在高炉下部的高温区，部分地还原进入生铁；而 Al、Mg、Ca 在高炉内不能被还原而全部转入炉渣。

2. 铁氧化物的还原

铁氧化物的还原过程按照其氧势或分解压大小，从高价到低价逐级进行：

$$Fe_2O_3 \rightarrow Fe_3O_4 \rightarrow FeO \rightarrow Fe \quad (t > 570\ ℃)$$

如果把铁配平，就可按失氧量计算出各级的还原度(R)，但在 $t < 570$ ℃时，还原顺序不经 FeO 阶段，而按第二种方法进行，即

$$Fe_2O_3 \rightarrow Fe_3O_4 \rightarrow Fe$$

因为在 570 ℃以下，反应：$4FeO(s) = Fe_3O_4(s) + Fe(s)$ 的 ΔG^θ 为负值，FeO 不能稳定存在而转变成 Fe_3O_4 和 Fe。

从氧势图(图 12.5)看，CO 和 H_2 的还原能力不算强。许多氧化物，如 SiO_2、MnO 等难于单独被 CO 和 H_2 所还原。但 CO 和 H_2 却是铁氧化物的主要还原剂，无论是高炉法还是直接还原法(如 HYL 法、Midrex 法等)都如此。因为 CO 和 H_2 等气体还原剂易于向矿石的孔隙内扩散，保证还原剂与铁矿石有良好的接触，并有效地夺取其中的氧。此外，在有固体碳存在的条件下，特别是在高炉中，CO 和 H_2 的还原能力可得到很大提高和充分发挥。

并非所有进入生铁中的元素成分都从自由的铁氧化物中还原，其中有一部分是从铁氧化物呈结合状态的化学化合物(如 $2FeO \cdot SiO_2$、$FeO \cdot TiO_2$)中还原的，这种还原比较困难。

有的炉料中的铁不以氧化物形态存在(如 FeS)，但它们在高炉内会转变成氧化物而得到还原。大部分的铁是从固态的铁氧化物中还原出来的(气-固反应)。有一部分氧化铁在造渣和熔化前来不及还原而转入液态炉渣中，然后再从渣中还原(固-液-气反应)为铁。这种还原要比从自由氧化物中还原困难。高炉内各部位主要反应示意图如图 12.6 所示。

3. 铁氧化物还原反应

高炉所用的还原剂有 CO、H_2 和固体碳三种。在没有喷吹燃料的高炉上，煤气中含 H_2 很少(1%～3%)，还原剂主要是 CO 和 C。在喷吹燃料时，煤气中 H_2 含量显著增加(一般可达 4%～10%)，H_2 的还原作用不可忽视。

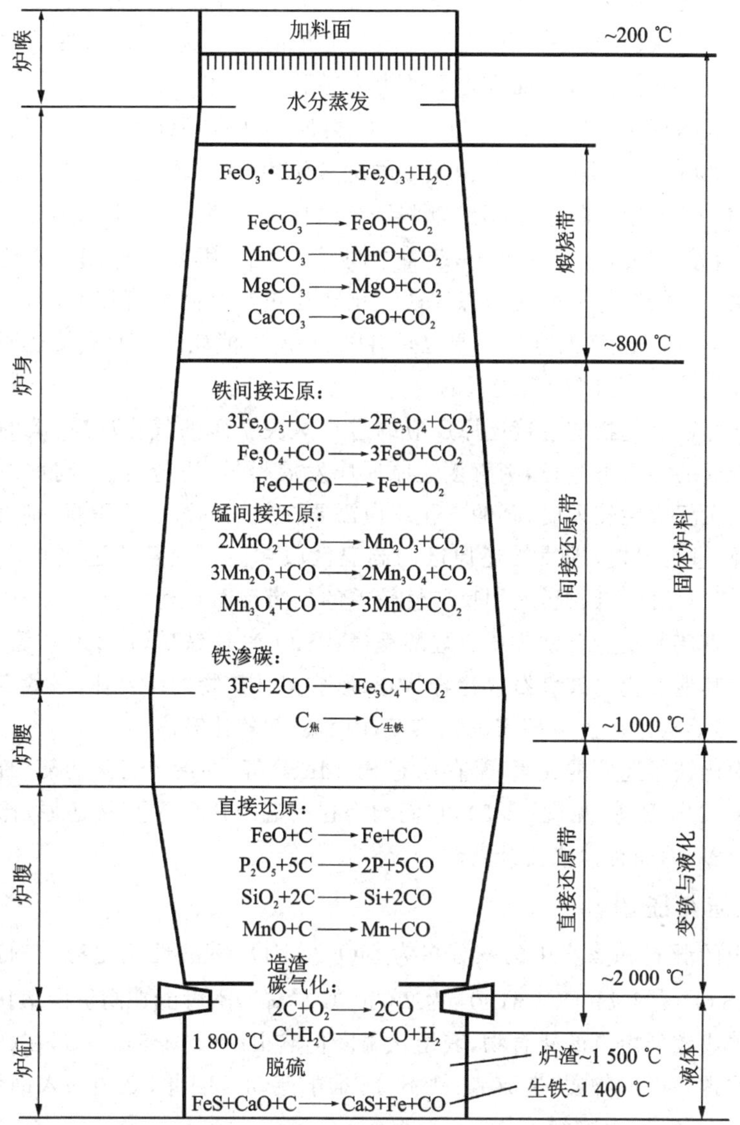

图 12.6　高炉内各部位主要反应示意图

一般把上述低、中温区所进行的还原反应称为间接还原反应，而把高温区所进行的还原反应称为直接还原反应。

间接还原反应除 $Fe_2O_3 \rightarrow Fe_3O_4$ 不可逆外，其他均属可逆反应。为了使反应向生成物方向进行，一般需要有过量的 CO 和 H_2。因此，在高炉中 CO 和 H_2 是不可能 100%地被利用的，但必须尽可能充分利用，以最大限度地降低燃料消耗，节约能源。

高炉中的还原反应是在碳过剩的情况下进行的，而碳在较高的温度下会发生气化反应，即布多亚尔(Boudouard)反应。

以上是从还原反应热力学方面来探讨的。实际上在高炉内温度低于685 ℃的上部区域已有金属铁还原出来。这主要是因为高炉内煤气流速极快，在炉内停留时间仅2～6 s，在这种情况下，各反应均不可能达到平衡。

在高温区的直接还原反应中，H_2 与 CO 类似，它的还原产物 H_2O(气)与 CO 还原 FeO 的产物 CO_2 一样，立即与焦炭中的碳素作用，又生成 H_2 和 CO 去参与还原。但无论是 H_2 还是 CO 的还原，最终都归结为消耗碳素的直接还原反应。可见 H_2 和 CO 在高温直接还原反应的条件下，起着中间媒介的作用，这种作用大大地推动了碳素直接还原反应的进行。因为固态的铁氧化物与焦炭之间的直接反应是很困难的，浸在渣中的焦炭与 FeO 的直接还原也是有限的，所以消耗碳素的直接还原反应实际上是通过气相的 CO 和 H_2 来进行的。

高炉下部铁氧化物的直接还原反应的进行取决于碳的气化反应，碳的气化反应可提前在较低的温度下进行，则直接还原反应发展得早，进行得快，高炉内直接还原区扩大。焦炭反应性较差时，碳的气化反应需要在更高的温度下进行，则直接还原反应发展得晚，进行得慢，即直接还原区向高温区收缩。一般希望适当扩大间接还原区，缩小直接还原区。因此，使用反应性较差的焦炭反而有利。

高炉中难还原复杂含铁物质有硅酸铁(Fe_2SiO_4)、钛铁矿($FeTiO_3$)等，它们中的铁氧化物与其他氧化物或脉石成化合状态，形成多种矿物的结合体，一般需先分解成自由 FeO，然后再还原。分解需消耗热量，因而引起焦比升高。

生铁中比铁难还原的元素，常存的有 Si、Mn、P 等，在冶炼特殊的复合矿石时，还有 V、Ti、Nr、Nb、B 等(见图 12.5)，它们均需在高温下用碳素直接还原，比还原铁消耗的热量更多，因而也使焦比升高。

4. 造渣与脱硫

矿石中的脉石和焦炭中的灰分多为 SiO_2、Al_2O_3 等酸性氧化物，它们各自的熔点都很高(SiO_2 为1 713 ℃，Al_2O_3 为2 050 ℃左右)，不可能在高炉中熔化。即使它们有机会组成较低熔点的化合物，其熔化温度仍然很高(约1 545 ℃)，在高炉中只能形成一些非常黏稠的物质，造成渣、铁不分，难于流动。因此，必须加入助熔物质，如石灰石、白云石等作为熔剂。

尽管熔剂中的 CaO 和 MgO 自身的熔点也很高(CaO 为2 570 ℃，MgO 为2 800 ℃)，但它们能同 SiO_2、Al_2O_3 结合成低熔点(<1 400 ℃)化合物，在高炉内足以熔化，形成流动性良好的炉渣，按相对密度与铁水分开(铁水相对密度6.8～7.8，炉渣2.8～3.0)，达到渣铁分离流畅，高炉正常生产的目的。

此外，加熔剂造渣还有调节炉渣成分，使之具有保证生铁质量所需的性能。例如造碱性渣脱硫，调节炉渣碱度控制硅、锰的还原等。总之，炉渣必须具有促进有益元素和抑制有害元素还原的职能。

显然，炉渣和生铁是高炉内同时形成的一对孪生产品，要炼好铁，必须造好渣，就像造好渣才能炼好钢一样，这是钢铁生产长期实践经验的总结。

可见，造渣就是加入熔剂同脉石和灰分相互作用，并将不进入生铁的物质溶解、汇集成渣的过程。熔剂性质的选择应针对脉石和灰分的性质而定。

12.3　典型化学反应器的结构与原理

12.3.1　板式塔精馏操作

板式塔是处理量大、运用范围广的重要气液传质设备。既可用于精馏，也可用于吸收，多用于精馏操作。在精馏装置中，塔板是汽、液两相接触的场所，汽相从塔底进入，液相回流从塔顶进入，汽、液两相在塔板上逆流接触进行相际传质。液相中易挥发组分进入汽相，汽相中难挥发组分转入液相。精馏塔之所以能使液体混合物得到较完全的分离，关键在于回流的运用。从塔顶回流入塔的液体量与塔顶产品量之比称为回流比，它是精馏操作的一个重要控制参数，回流比数值的大小影响着精馏操作的分离效果与能耗。回流比可分为全回流比、最小回流比和实际操作时采用的适宜回流比。

全回流是一种极限情况，它不加料也不出产品。塔顶冷凝液全部从塔顶回流到塔内，这在生产过程中是没有意义的。但是这种操作容易达到稳定，故在装置开工和科学研究中常常采用。全回流时由于回流比为无穷大，当分离要求相同时比其他回流比所需理论板数要少，故称全回流时所需理论板数为最少理论板数。通常计算最少理论板数用芬斯克方程。对于一定的分离要求，减小回流比，所需的理论板数增加，当减到某一回流比时，需要无穷多个理论板才能达到分离要求，这一回流比称为最小回流比 R_m。实际操作选择的回流比 R 应为 R_m 的一个倍数，这个倍数根据经验取 1.2～2。当体系的分离要求、进料组成和状态确定后，可以根据平衡线由作图求出最小回流比。在精馏塔正常操作时，如果回流装置出现问题，回流中断，则此时操作情况会发生明显变化。塔顶易挥发物组成下降，塔釜易挥发物组成随之上升，分离情况变坏。

板效率是反映塔板及操作好坏的重要指标，影响板效率的因素很多，当塔板型式、体系固定以后，塔板上的汽、液流量是影响板效率的主要因素。当塔的上升蒸汽量不够时，塔板上建立不了液层；若上升气速太快，则又会产生严重夹带甚至于液泛，这时塔的分离效果大大下降。通常用以下两种方法表示板效率：

(1) 总板效率 E

$$E=\frac{N_T}{N_P} \tag{12.1}$$

式中：E 为总板效率；N_T 为理论板数；N_P 为实际板数。

(2) 单板效率(气相默弗里效率)

$$E_{mv}=\frac{y_n-y_{n+1}}{y_n^*-y_{n+1}} \tag{12.2}$$

式中：y_n、y_{n+1} 为第 n 板的和第 $n+1$ 板的气相组成；y_n^* 为与第 n 板下降液相平衡的气相组成。

总板效率在设计中应用广泛，通常由实验测定。单板效率主要用于评价塔板的好坏，不同板型，在实验时保持相同的体系和操作条件，对比它们的单板效率就可以确定其优劣，科研中常常运用。板式塔精馏装置及流程如图 12.7 所示：

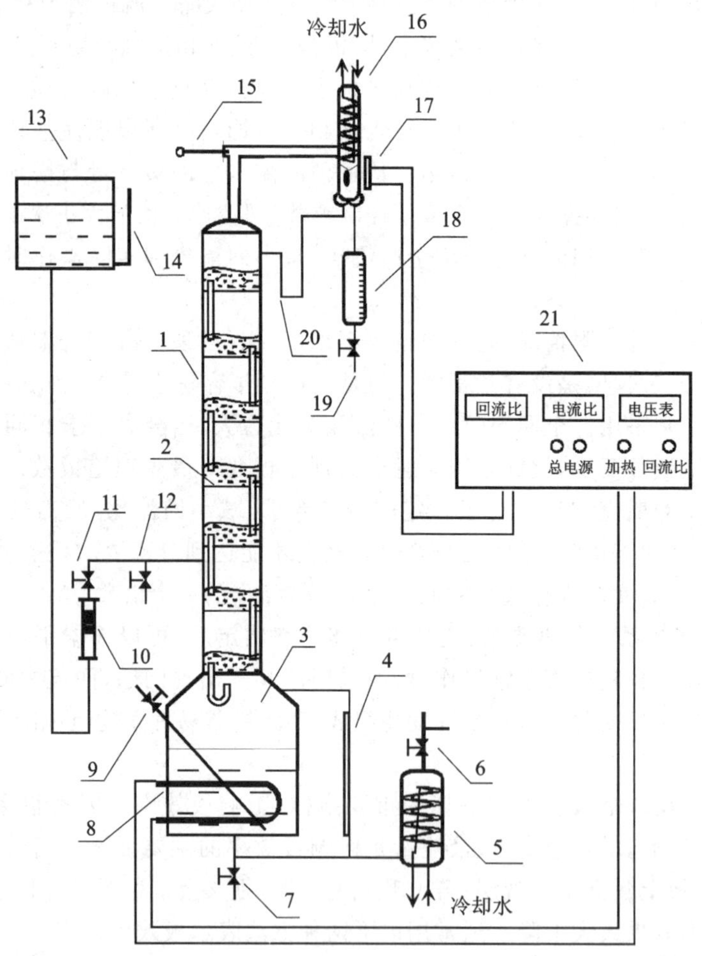

1—精馏塔；2—塔板；3—再沸器；4—液面计；5—塔底产品接收器；6—塔底产品取样阀；7—塔釜排料阀；8—再沸器；9—塔釜取样阀；10—进料流量计；11—进料控制阀；12—进料取样阀；13—进料贮槽；14—液位计；15—塔顶温度计；16—冷凝器；17—回流比控制；18—产品收集管；19—塔顶产品取样阀；20—回流管；21—仪表面板

图 12.7 板式塔精馏装置及流程图

塔式板精馏装置主要由精馏塔、塔板、冷凝器、再沸器、温度计、转子流量计、回流比控制等部分组成。

12.3.2　填料塔吸收

1. 填料吸收塔流体力学

吸收是工业上常用的操作。在吸收操作中，气体混合物和吸收剂分别从塔底和塔顶进入塔内，汽液两相在塔内实现逆流接触，使气体混合物中的溶质较完全地溶解在吸收剂中，这样，在塔顶获得较纯的惰性组分，从塔底得到溶质和吸收剂组成的溶液(富液)。

如图 12.8 所示，当气体通过干填料层时(相当于液体喷淋量为零)，流体流动引起的压降和湍流流动引起的压降规律相一致，在双对数坐标系中压降对气速作图，得到一条斜率为 1.8～2.0 的直线(图中的 aa 线)。而有喷淋量时，在低气速时压降也比例与气速的 1.8～2.0 次方成正比，但大于同一气速下干填料的压降(图 2.18 中的 bc 段)。随着气速的增大，出现折点(图 12.18 中的 c 点)，此时持液量开始增大，压降-气速线向上弯曲，斜率变大(图 12.18 中的 cd 段)。到液泛点(图 2.18 中的 d 点)后，在几乎不变的气速下，压降急剧上升直至出现淹塔而不能正常操作。

测定填料塔的压降和液泛气速，是为了计算填料塔所需的动力消耗和确定适宜的操作范围，选择合适的汽液负荷。填料塔物料流程示意图如图 12.9 所示。

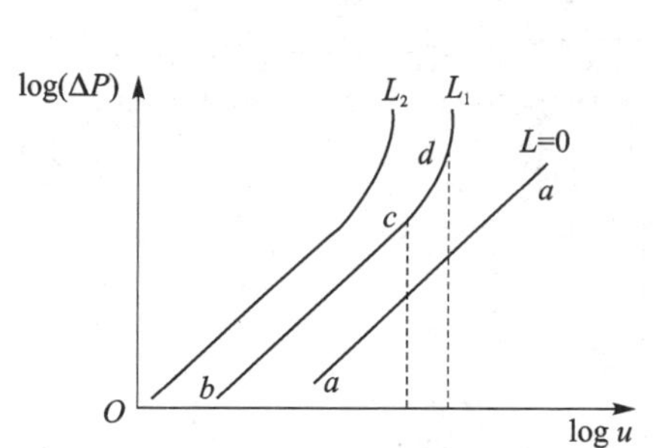

图 12.8　填料层压降与空塔气速的关系

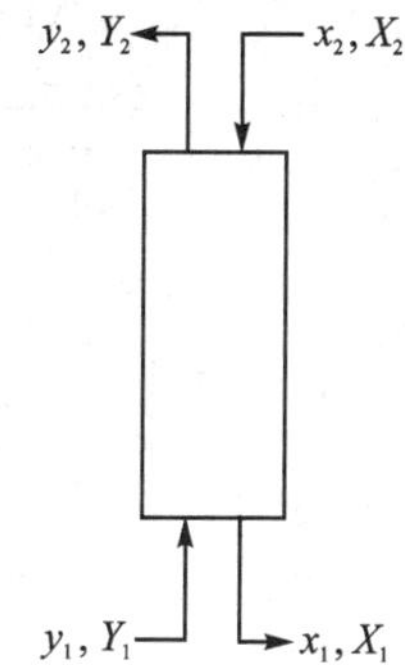

图 12.9　填料塔物料流程示意图

2. 传质性能

传质系数是描述吸收过程速率快慢的重要参数，而实验方法是获得吸收传质系数的最直接方法。对于固定的物系和一定的吸收设备，传质系数是操作条件及气液接触状况的函数。

这里是用水(吸收剂)吸收“空气-氨”混合气体中的氨(溶质)。混合气中氨的浓度很低(摩尔分数为 0.02 左右)，吸收所得的溶液中氨浓度也不高，可以认为氨在气液两相中的平衡关系服从亨利定律，可用 $Y^* = mX$ 表示，在常压下，相平衡常数 m

仅是温度的函数。在恒定温度下,气-液平衡线在 $x-y$ 坐标系中为直线。

3. 装置及流程

实验流程如图 12.10 所示,空气由鼓风机 1 送入空气转子流量计 3 计量,空气通过流量计处的温度由温度计 4 测量,空气流量由放空阀 2 调节控制。氨气由氨瓶送出,经过氨瓶总阀 8 减压后进入氨气转子流量计 9 计量,氨气通过转子流量计处温度,由实验时大气温度代替,其流量由阀 10 调节,然后进入空气管道与空气混合后进入吸收塔 7 的底部。水由自来水管经水转子流量计 11、流量调节阀 12,然后进入塔顶。分析塔顶尾气浓度时靠降低水准瓶 16 的位置,将塔顶尾气吸入吸收瓶 14 和量气管 15。在吸入塔顶尾气之前,预先在吸收瓶 14 内放入 1 mL 已知浓度的硫酸作为吸收尾气中氨之用。吸收液的取样可由塔底 6 取样口进行。填料层压降用 U 形管压差计 13 测定。

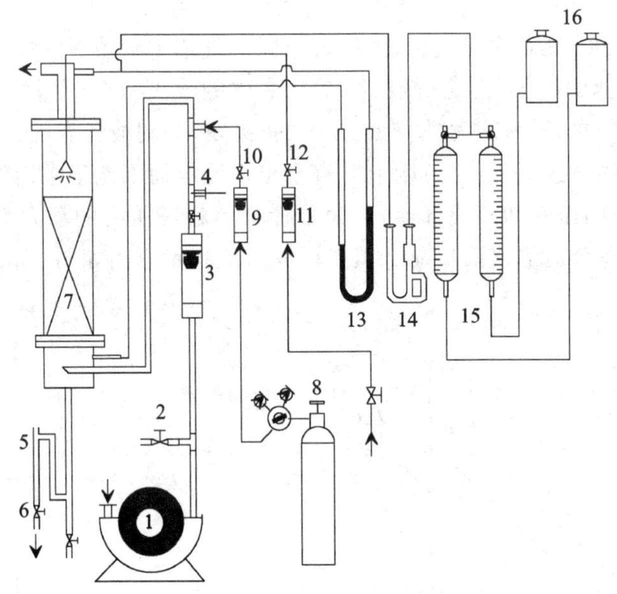

1—风机;2—放空阀;3—转子流量计;4—空气温度计;5—吸收液液封;6—取样口;
7—吸收塔;8—氨气瓶总阀;9—氨气流量计;10—氨气调节阀;11—水流量计;
12—水调节阀;13—U 形管压差计;14—吸收瓶;15—量气管;16—水准瓶

图 12.10 填料塔吸收塔装置流程图

12.3.3 液-液萃取

萃取是分离液体混合物的一种常用操作。它的工作原理是在待分离的混合液中加入与之不互溶(或部分互溶)的萃取剂,形成共存的两个液相。利用原溶剂与萃取剂对各组分的溶解度的差别,使原溶液得到分离。

液-液萃取与精馏、吸收均属于相际传质操作，它们之间有不少相似之处，但由于在液-液系统中，两相的重度差和界面张力均较小，因而影响传质过程中两相充分混合。为了促进两相的传质，在液-液萃取过程常常要借用外力将一相强制分散于另一相中（如利用外加脉冲的脉冲塔，利用塔盘旋转的转盘塔等）。然而两相一旦混合，要使它们充分分离也很难，因此萃取塔通常在顶部与底部有扩大的相分离段。

在萃取过程中，两相的混合与分离好坏，直接影响萃取设备的效率。影响混合、分离的因素很多，除与液体的物性有关外，还与设备结构、外加能量、两相流体的流量等有关，很难用数学方程直接求得，因而表示传质好坏的级效率或传质系数的值多用实验直接测定。

萃取过程与气液传质过程的机理类似，用理论级数、级效率或者传质单元数、传质单元高度法计算萃取段高度。这里采用振动筛板塔微分接触装置，一般采用传质单元数、传质单元高度法计算。当溶液为稀溶液，且溶剂与稀释剂完全不互溶时，萃取过程与填料吸收过程类似，可以仿照吸收操作处理，装置的流程如图 12.11 所示。

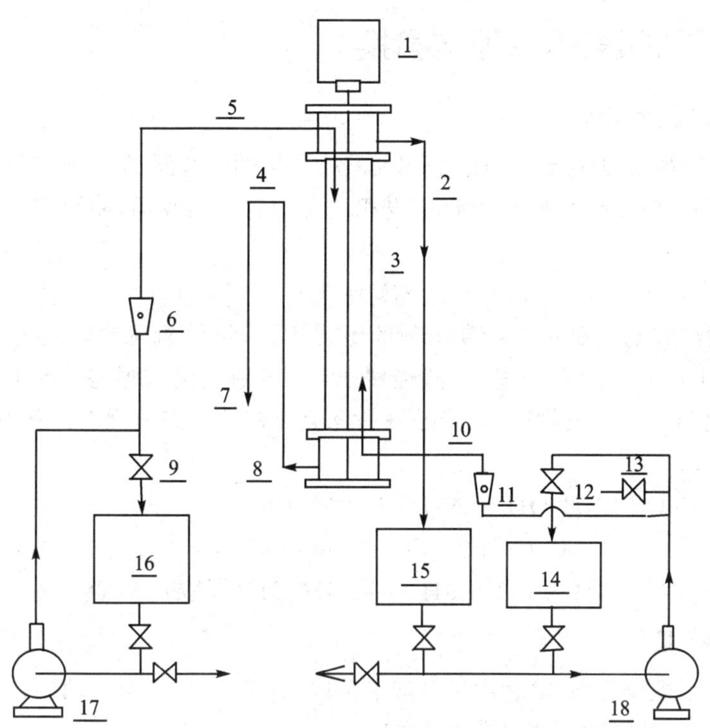

1—电机；2—轻相出口；3—萃取塔；4—∏形管；5—重相入口；6—重相流量计；7—地沟；8—重相出口；
9—回流阀；10—轻相入口；11—轻相流量计；12—回流阀；13—回收阀；14—轻相原料液贮罐；
15—轻相出口液贮罐；16—重相入口液贮罐；17—水泵；18—煤油泵

图 12.11　桨叶式旋转萃取塔流程图

萃取塔为桨叶式旋转萃取塔。塔身材质为硬质硼硅酸盐玻璃管。塔内有16个环形隔板将塔分为15段。相邻两隔板的间距为40 mm,每段的中部位置各有在同轴上安装的由3片桨叶组成的搅动装置。搅拌转动轴的底端有轴承连接电机做无级变速。在塔的下部和上部轻重两相的入口管,分别在塔内向上或向下延伸约200 mm,分别形成两个分离段,轻重两相将在分离段内分离。萃取塔的有效高度 H 则为两相入口管管口之间的距离。

这里以水为萃取剂,从煤油中萃取苯甲酸。水相为萃取相,煤油相为萃余相。

轻相入口处,苯甲酸在煤油中的浓度应保持在0.001 5~0.002 0(kg苯甲酸/kg煤油)之间为宜。轻相由塔底进入,作为分散相向上流动,经塔顶分离段分离后由塔顶流出。重相由塔顶进入作为连续相向下流动至塔底经Ⅱ形管流出。轻重两相在塔内呈逆向流动。在萃取过程中,苯甲酸部分地从萃余相转移至萃取相。萃取相及萃余相进出口浓度由容量分析法测定。考虑水与煤油是完全不互溶的,且苯甲酸在两相中的浓度都很低,可认为在萃取过程中两相液体的体积流量不发生变化。

12.3.4 铜的浸出、萃取与置换

1. 铜矿的浸出

氧化铜矿难以用浮选法回收,利用硫酸作浸出剂的酸浸工艺,可使氧化铜转变为可溶的硫酸铜,硫酸铜溶液通过沉淀、电积法等而得以回收铜,使铜富集或提纯。其主要反应为

$$CuO + H_2SO_4 = CuSO_4 + H_2O$$

利用碳酸铵和氢氧化铵做浸出剂的碱浸工艺,可使氧化铜转变为可溶的铜氨络合物,浸出矿浆经固液分离后,蒸馏浸出液,铜呈氧化铜形态沉淀析出,挥发的氨及二氧化碳经冷凝吸收后,呈碳酸铵和氢氧化铵的形态返回浸出作业使用,过程反应为

$$CuO + 2NH_4OH + (NH_4)_2CO_3 = [Cu(NH_3)_4]CO_3 + 3H_2O$$

$$[Cu(NH_3)_4]CO_3 = CuO + 4NH_3 + CO_2$$

$$4NH_3 + CO_2 + 3H_2O = 2NH_4OH + (NH_4)_2CO_3$$

2. 铜萃取

以煤油作稀释剂,TBP为中性磷酸酯萃取剂(确定TBP与煤油的比例),在酸性溶液中与铜离子形成络合物,其反应式为

$$3Cu^{2+} + 2SO_4^{2-} + 3\overline{TBP} = (H \cdot TBP \cdot 3H_2O)^+ \cdot [Cu_3(SO_4)_2 \cdot 2TBP]^-$$

或

$$Cu^{2+} + 2SO_4^{2-} + 2\overline{TBP} = (H \cdot TBP \cdot 3H_2O)_2^+ \cdot [Cu(SO_4)_2]^{2-}$$

铜的硫氰化物在pH值偏酸性条件下,用TBP作萃取剂具有良好的效果。当原液中CNS/Cu的比值为1~3时,铜的萃取率最高。

3. 硫酸铜液的置换沉淀

了解置换沉淀法在化学选矿中，作为净化和化学精矿制取方法的应用，用较负电性(易失去电子)的金属将金属盐溶液中较正电性(易获得电子)的金属离子置换出来的氧化还原过程，称为置换沉淀。

以铁粉置换 $CuSO_4$ 溶液中的 Cu^{2+} 离子，金属铁的原子失去电子成为 Fe^{2+} 离子进入溶液，溶液中的 Cu^{2+} 离子获得两个电子。成为金属铜在铁的表面沉积，反应如下：

$$Fe+CuSO_4=Cu+FeSO_4$$

习　　题

1. 金属的冶金过程，有哪些类型的冶金炉、冶金方法？
2. 金属与贵金属的冶金过程有何不同？
3. 铜冶金过程中，火法与湿法各有什么特点？
4. 铁的冶金过程中，炉体部位、成分变量、反应过程有哪些对应关系？
5. 冶金过程，金属矿物材料的哪些参数影响到冶金的品位？
6. 简述铝在国民经济中的作用。提取氧化铝的主要矿石有哪些？
7. 我国铝土矿的特点是什么？主要分布在哪些省区？
8. 简述拜尔法的基本原理。为什么说拜尔法只宜处理铝硅比高的铝土矿？
9. 简述碱石灰烧结法基本原理。为什么碱石灰烧结法可以处理铝硅比低的铝土矿？
10. 烧结法为什么必须设脱硅工序？脱硅方法有哪两种？
11. 现代工业铝电解槽有哪几种结构类型？各有什么特点？
12. 工业铝电解质的基本组成怎样？常用哪些添加剂？其作用是什么？
13. 简述钨的性质及其用途。
14. 钨冶炼过程中，分解、萃取、浸出冶炼方法各有什么特点？
15. 为什么要采用高浓度的 NH_4Cl 和 NH_4OH 混合溶液作钨的解吸剂？
16. 在氢还原过程中，如何控制钨粉的粒度及粒度组成？
17. 举例说明现实生活中，有哪些化工反应处理方法？
18. 简单描述蒸馏塔的结构、工作原理过程。
19. 简述化工反应釜的结构与原理，适用于处理什么化工材料？
20. 化工反应中的能量守恒，实际过程中需要符合的条件与原则？
21. 物料化工反应过程中，举例说明某种产品的物料成分、能量变化过程？
22. 如何评价板式塔性能好坏？
23. 在填料塔设计过程中要提高液泛点时，是应该增大塔径还是提高塔高？
24. 吸收过程中填料的主要作用是什么？

第 13 章

空间与距离

13.1　空间与距离的概念

13.1.1　空　间

大家都知道，人类生活在三维空间里。那什么是空间？数学定义是：一个集合，在集合里定义某种概念，规定满足某种性质，这个集合就叫空间。但这显得有点抽象，不够直观。

其实，空间是由无穷多个点组成的，这些点可以称为空间里的元素或对象；再者，在空间里可以定义长度和角度；空间最重要的性质是能够容纳它内部元素的某种运动，而这种运动一般是从一个点到另一个点的移动(变换)，不像微积分上的连续性的运动。所以空间是对象的集合，线性空间也是空间，也是一个对象的集合，只是它规定了在这空间里必须满足加法和数、乘运算而已。

空间定义内涵顺序：共轭空间→几何空间→酉空间→欧几里得空间→希尔伯特空间→巴拿赫空间→赋范空间→内积空间→度量空间→线性空间→向量空间。

希尔伯特空间是欧几里得空间的一个推广，其不再局限于有限维的情形。与欧几里得空间相仿，希尔伯特空间也是一个内积空间，其上有距离和角的概念(及由此引申而来的正交性与垂直性的概念)。此外，希尔伯特空间还是一个完备的空间，其上所有的柯西序列等价于收敛序列，从而微积分中的大部分概念，都可以推广到希尔伯特空间中。希尔伯特空间为基于任意正交系上的多项式表示的傅里叶级数和傅里叶变换，提供了一种有效的表述方式，这也是泛函分析的核心概念之一。

在矩阵分析的课程上，有关向量、矩阵、线性空间、线性变换和相似矩阵等，都需要进一步认识范数、赋范空间以及存在的意义等。与之相关的有酉矩阵(Unitary matrix)、辛几何(Symplectic geometry)、熵(Entropy)、几何矩(moment)等。

线性空间里的对象是怎么表示的呢？只要选定一组基和坐标，线性空间里的对象就可以表示成向量的形式，所以向量是用来描述线性空间对象用的，如：三维空间里的一个点，可以表示成一个三维向量。这样它的由来就清楚了。

13.1.2 相　似

两个对象间的相似度是这两个对象相似程度的数值度量，两者越相似，它们的相似度就越高。当 x 和 y 是两个相似的对象时，相似度 $s(x,y)$ 的值就很大；当 x 和 y 不相似时，$s(x,y)$ 的值就很小。而且，相似度 s 具有对称性：

$$s(x,y)=s(y,x) \tag{13.1}$$

通常，使用相异度（而不是相似度）作为度量标准。相异度用 $d(x,y)$ 来表示，通常称相异度为距离。当 x 和 y 相似时，距离 $d(x,y)$ 很小；如果 x 和 y 不相似，则 $d(x,y)$ 就很大。距离也具有对称性。

不失一般性，假定：

$$d(x,y)=d(y,x) \tag{13.2}$$

针对不同类型的应用和数据类型，具有不同的相似度度量方法。传统的相似性度量方法有两种：距离度量和相似系数。

当对象只包含二值属性时，称其之间的相似度度量为相似系数。

而使用距离度量时，往往是将数据对象看成是多维空间的一个点（向量），并在空间中定义点与点之间的距离。对象之间的相似度计算涉及描述对象的属性类型，需要将不同属性上的相似度整合成一个总的相似度来表示。

可以通过一个单调递减函数，将距离转换成相似性度量，相似性度量的取值一般在区间[0,1]之间，值越大，说明两个对象越相似。例如，可以采用负指数函数，将距离转换为相似度度量，即

$$s(x,y)=\mathrm{e}^{-d(x,y)} \tag{13.3}$$

13.1.3 距　离

衡量物体之间的关系差异，都可以用距离来表示，像人们常说的“距离产生美”“一碗汤的距离”，也都是表示了人们之间相互关系的紧密程度。

人们也有时说这个购买的物质的价值与自己的心理价位有一定距离；与某某人的目标要求还有一段距离，或者零距离、近距离，远隔千山万水、横跨太平洋的距离……，都是这种意思。

有了描述线性空间对象的工具还不够，线性空间里的运动（也叫线性变换）应该也有相应的数学概念来表达。要想使一个点变换到另一个点，可以用一个矩阵去乘这个点的向量坐标，所得的结果就是另一个点的向量坐标。

简而言之，向量刻画对象，矩阵描述对象的运动，用矩阵与向量的乘法施加运动。

现在引入相似矩阵，首先，矩阵是线性空间里线性变换的一个描述。只要选定一

组基,线性变换就可以唯一地表示成一个矩阵。

同一个线性变换,如果选取不同的基(即不同坐标系),那么就可以得到不同的矩阵,但它们都是描述同一个线性变换,这里的矩阵仅仅是同一个线性变换的不同引用而已,但又不都是线性变换本身。

现在的问题就是:如何判定两个矩阵是描述同一个线性变换的呢?若矩阵 $\boldsymbol{A}$ 与 $\boldsymbol{B}$ 是同一个线性变换的两个不同的描述(之所以会不同,是因为选定了不同的基,也就是选定了不同的坐标系),则一定能找到一个非奇异矩阵 $\boldsymbol{P}$,使得 $\boldsymbol{A}$、$\boldsymbol{B}$ 之间满足这样的关系:$\boldsymbol{A}=\boldsymbol{P}^{-1}\boldsymbol{BP}$,那么称 $\boldsymbol{A}$、$\boldsymbol{B}$ 为相似矩阵,而矩阵 $\boldsymbol{P}$ 其实是 $\boldsymbol{A}$ 矩阵所基于的基到 B 矩阵所基于的基的变换(即坐标变换),它可以使基于两个不同的基的矩阵相互转化。

范数(distance norm)是距离的一种概念,范数的概念是三维空间的推广,只是三维空间里的长度是欧氏距离,而要描述更高维空间里的长度则必须引入范数距离,而如果线性空间中引入范数距离,则这个空间就叫作赋范的线性空间,随着研究的深入会出现各种空间的定义,赋范线性空间若满足完备性,就成为巴拿赫空间。

赋范线性空间中定义角度,就有了内积空间,内积空间再满足完备性,就得到希尔伯特空间。

这些知识涉及了泛函分析的内容,这是一门比较抽象的数学学科,可以从已学过的平面几何空间和实数来学习里面的数学概念,它们大都是前者的进一步推广而已。

不同空间有不同的距离概念,如:闵可夫斯基距离(Minkowski Distance)、欧氏距离(Euclidean Distance)、曼哈顿距离(Manhattan Distance)、切比雪夫距离(Chebyshev Distance)、汉明距离(Hamming Distance)、杰卡德相似系数(Jaccard Similarity Coefficient)等。

在数据序列呈对称分布(正态分布)的状态下,其均值、中位数和众数重合,且在这三个数的两侧,其他所有的数据完全以对称的方式左右分布。

偏度这一指标,又称偏斜系数、偏态系数,是用来帮助判断数据序列的分布规律性的指标。

如果数据序列的分布不对称,则均值、中位数和众数必定分处不同的位置。这时,若以均值为参照点,要么位于均值左侧的数据较多,称之为右偏;要么位于均值右侧的数据较多,称之为左偏,除此无它。

考虑到所有数据与均值之间的离差之和应为零这一约束,则当均值左侧数据较多的时候,均值的右侧必定存在数值较大的“离群”数据;同理,当均值右侧数据较多的时候,均值的左侧必定存在数值较小的“离群”数据。

一般将偏度定义为三阶中心矩与标准差的三次幂之比。

与偏度(kurtosis,偏度系数)一样,峰度(kitness,峰度系数)也是一个用于评价数据系列分布特征的指标。根据这两个指标,可以判断数据系列的分布是否满足正态性,进而评价平均数指标的使用价值。一般地,对于一个偏态分布、肥尾分布特征很明显的数据序列来说，平均数这个指标极易令人误解数据序列分布的集中位置及其集中程度，故此使用起来要更加谨慎。

峰度等于数据序列的四阶中心矩与标准差的四次幂之比。设若先将数据标准化，则峰度相当于标准化数据序列的四阶中心矩。

显然，一个数据距离均值越远，其对四阶中心矩计算结果的影响越大。因此，峰度是一个用于衡量离群数据离群度的指标。峰度越大，说明该数据系列中的极端值越多。这在数据序列的分布曲线图中来看，体现为存在明显的“肥尾”。当然，峰度较大也可能说明离群数据取值的极端性很严重，或者各数据距离均值的距离普遍较远。可见，峰度的大小到底能说明什么问题，最好还是看图确定。

根据 Jensen 不等式，可以确定出峰度的取值范围：它的下限不会低于 1，上限不会高于数据的个数。有一些典型分布的峰度值得特别关注。例如，正态分布的峰度为常数 3，均匀分布的峰度为常数 1.6。在统计实践中，经常把这两个典型的分布曲线作为评价样本数据序列分布性态的参照。

1. 欧氏距离

欧氏距离(Euclidean Distance)是最为人们所熟知的距离度量标准，也就是通常所想象的“距离”。在 n 维欧氏空间中，每个点是一个 n 维实数向量。该空间中的传统距离度量，即常说的 L^2 范式，定义如下：

$$d(x,y)=\sqrt{\sum_{i=1}^{n}(x_i-y_i)^2} \tag{13.4}$$

欧氏距离，首先计算每一维上的距离，然后求它们的平方和，最后求算数平方根。

欧氏距离满足距离定义。由于上面计算的是算术平方根，因此两点之间的欧氏距离不可能是负数。而另一方面，只有当所有 i 都满足 $x_i=y_i$ 时，距离才为 0。由于 $(x_i-y_i)^2=(y_i-x_i)^2$，所以对称性准则显然满足。至于欧氏距离是否满足三角不等式准则，它有一个众所周知的特性，即一个三角形的两边之和不小于第三边。

2. 曼哈顿距离

另一种常用的欧氏空间距离度量标准是曼哈顿距离(Manhattan Distance)或者叫作城区距离(City Block)，其定义如下：

$$d(x,y)=\sum_{i=1}^{n}|x_i-y_i| \tag{13.5}$$

两个点的距离是每维距离的绝对值之和。

曼哈顿距离也称为 L^1 范式，之所以称为“曼哈顿距离”或“城区距离”，是因为在两个点之间行进时，必须要沿着网格线前进，就如同沿着城市(如曼哈顿)的街道行进一样。

Minkowski 距离(L^r 范式)把欧氏距离和曼哈顿距离包含为特例：

$$d(x,y)=\left(\sum_{i=1}^{n}|x_i-y_i|^r\right)^{1/r} \tag{13.6}$$

另一个距离度量是 L^{∞} 范式，也就是当 r 趋向于无穷大时 L^{r} 范式的极限值，即

$$d(x,y)=\lim_{i\to\infty}\left(\sum_{i=1}^{n}|x_i-y_i|^r\right)^{1/r} \tag{13.7}$$

当 r 增大时，只有那个具有最大距离的维度在真正起作用，因此，正式来讲，L^{∞} 范式定义为在所有维度 i 下 $|x_i-y_i|$ 中的最大值，也称为切比雪夫距离(Chebyshev Distance)，定义如下：

$$d(x,y)=\max_{1\leqslant i\leqslant n}|x_i-y_i| \tag{13.8}$$

示例：考虑二维欧氏空间(即通常所说的平面)上的两个点(7,2)和(4,6)。计算其 L^1 范式、L^2 范式和 L^r 范式。

L^1 范式：

$$d(x,y)=|7-4|+|2-6|=3+4=7 \tag{13.9}$$

L^2 范式：

$$d(x,y)=\sqrt{(7-4)^2+(6-2)^2}=\sqrt{3^2+4^2}=5 \tag{13.10}$$

L^r 范式：

$$d(x,y)=\max(|7-4|,|2-6|)=4 \tag{13.11}$$

Minkowski 距离的缺点是使用时量纲或度量单位对计算结果有影响，为避免不同量纲影响，通常要先对数据进行规范化处理。

另外，Minkowski 距离没有考虑属性间的多重相关性。

克服多重相关性的一种方法是慎重选择描述对象的属性，根据领域知识或是采用属性选择方法来选择合适的属性，另一种方法是采用 Mahalanobis 距离。

3. 余弦距离

余弦距离(Cosine Distance)在有维度的空间下才有意义，这些空间包括欧氏空间和离散欧氏空间，而后者包括坐标只采用整数值或布尔值(0 或 1)来表示的空间。

在上述空间下，点可以代表方向。这里并不区分一个向量及其多倍向量(即向量的每一维都放大相同的倍数得到的向量)。

因此，两个点的余弦距离实际上是点所代表的向量之间的夹角，在任何维数空间下该夹角的范围都是 0°～180°。

余弦距离忽略各向量的绝对长度，而着重从形状方面考虑它们之间的关系。

首先计算夹角的余弦值，然后用反余弦函数将结果转化为 0°～180°之间的角度，从而最终得到余弦距离。给定向量 $\boldsymbol{x}$ 和 $\boldsymbol{y}$，其夹角余弦等于它们的点乘积 $\boldsymbol{x}\cdot\boldsymbol{y}$ 除以两个向量的范式 L^2(即它们到原点的欧氏距离)乘积。余弦计算方法如下：

代表向量点乘(积)

$$\boldsymbol{x}\cdot\boldsymbol{y}=\sum\nolimits_{i=1}^{n}x_iy_i \tag{13.12}$$

代表向量的欧氏距离

$$\|\boldsymbol{x}\|=\sqrt{\sum\nolimits_{i=1}^{n}x_i^2}=\sqrt{x\cdot x} \tag{13.13}$$

余弦距离也是一个距离度量。由于余弦距离定义在 0°～180°之间，因此，余弦距离非负。

余弦距离常用来比较文档，或针对给定的查询词向量对文档排序。

当属性是二值属性时，余弦距离函数可以用共享特征或属性解释。$x \cdot y$ 是 x 和 y 共同具有的属性数，而 $\|x\| \cdot \|y\|$ 是 x 具有的属性数与 y 具有的属性数的几何均值。于是，此时 $\cos(x,y)$ 变为对公共属性的一种度量。对于这种情况，余弦距离的一个简单变种如下：

$$\cos(x,y)=\frac{x \cdot y}{x \cdot x+y \cdot y-x \cdot y} \tag{13.14}$$

这个函数也被称为 Tanimoto 系数或 Tanimoto 距离，通常用于信息检索与生物学分类中。

4. Mahalanobis 距离

距离度量中一个重要的问题就是当对象中属性的量纲单位不同时，距离度量该如何计算。

当传统的欧氏距离被用来度量分析具有年龄和收入这两个属性的人的差距时，除非将这两个属性规范化，否则两个人之间的差距的距离度量将几乎被收入这个属性完全控制，即变差大的变量在距离中的贡献大。

另一个相关问题是当对象中的某些属性具有相关性时，距离度量如何计算。

这两个问题同时存在时如何计算距离度量呢？在这种情况下，采用广义的欧氏距离即 Mahalanobis 距离来解决此类问题。

Mahalanobis 距离适用于当属性各量的量纲单位不同且适用于属性间具有相关性的情况，其分布是近似高斯分布。通常，对象 $\boldsymbol{x}$ 和 $\boldsymbol{y}$ 间的 Mahalanobis 距离定义如下：

$$d(x,y)=(x-y)\boldsymbol{\Sigma}^{-1}(x-y)^{\mathrm{T}} \tag{13.15}$$

式中：$\boldsymbol{\Sigma}$ 是 $n \times n$ 的协方差矩阵，$\boldsymbol{\Sigma}^{-1}$ 是协方差矩阵的逆。

Mahalanobis 距离是对传统的欧氏距离的改进，对于一切线性变换是不变的，克服了欧氏距离受量纲影响的缺点，也克服了属性之间的相关性。

Mahalanobis 距离具备的与量纲无关且相关属性不被统计的优点，都说明 Mahalanobis 距离是一个很好的判别手段，在分类算法中比较常用，但 Mahalanobis 距离的协方差矩阵难以确定，计算量较大，不适合大规模的数据集。

值得注意的是，若属性间没有相关性，只是量纲不同的时候，只需要规范化属性的量纲范围，而不需要通过耗费昂贵计算量的 Mahalanobis 距离来计算距离度量。

5. 杰卡德(Jaccard Distance)距离

Jaccard 距离用来度量两个对象的重叠程度，其广泛应用于信息检索和生物学分类中，在二值属性情况下简化为 Jaccard 系数，对于向量型对象，其相似度定义如下：

$$s(x,y)=\frac{x\cap y}{x\cup y}=\frac{x\cdot y}{\|x\|^2+\|y\|^2-x\cdot y} \tag{13.16}$$

上式的几何含义很清晰，反映了对象 x 和 y 的重叠程度，值在[0,1]之间，若 x、y 不相交，则值为 0。Jaccard 距离可以定义为 $d(x,y)=1-s(x,y)$，也就是说，Jaccard 距离等于 1 减去 x、y 的交集与并集的比例。

一般来说，如果两个对象具有相同的属性时，则这两个对象可能是相似的。

Jaccard 相似度系数是 Jaccard 系数的延伸，可以用来测量两个对象属性之间的相似性。

Jaccard 函数也属于距离测度，为一个随机最小哈希函数将 x 和 y 映射为不同值的概率。

6. 汉明距离

给定一个向量空间，汉明距离（Hamming Distance）定义为两个向量中不同分量的个数。

汉明距离是一种距离测度。汉明距离在计算时与向量的先后顺序无关，明显满足三角不等式。

汉明距离往往应用于布尔向量，即这些向量仅仅包含 0 和 1，其定义如下：

$$d(x,y)=\sum_{i=1}^{n}|x_i-y_i| \tag{13.17}$$

13.1.4 空间类型与变量的关系

空间类型与变量的关系表如表 13.1 所列。

表 13.1 空间类型与变量的关系表

空　间	变　量	关　系	引申的概念	基
向量空间	数域数值向量	线性关系	无	基的区别
线性空间	数域抽象向量	线性关系	无	基的区别
度量空间(距离)	数域非空集合	无	抽象度量(距离)	亲疏判定
完备度量空间	非空集合	无	抽象的完备度量(基本点列收敛)	亲疏判定
赋范线性空间	数域抽象向量	线性关系	抽象范数	线性度量
巴拿赫(Banach)空间	数域抽象向量	线性关系	由抽象的范数导出的完备度量	无角的概念
内积空间	数域抽象向量	线性关系	抽象内基，由内基导出的算术夹角和距离	基的正交规范化
希尔伯特(Hilbert)空间	数域抽象向量	线性关系	由抽象的内积导出范数的完备度量	无

续表 13.1

空　间	变　量	关　系	引申的概念	基
欧几里得空间	实数域抽象向量	线性关系	正定对称双线性型	由此导出长度夹角和距离
西空间	复数域抽象向量	线性关系	正定阿尔米特型内基	由此导出的长度、夹角和距离
几何空间	实数域数值向量	线性关系	向量内积，数量及由此导出的向量长度、夹角和距离	几何体的性质
线性算子空间	两个赋范线性空间定义的抽象线性运算算子构成的线性空间			
共轭空间	赋范线性空间 x 上的全体连续线性泛函 f 构成的赋范线性空间线性同构空间			

13.2　广义距离与差异判别

随着移动通信、移动互联网、物联网和数据自动采集技术的飞速发展以及在各行各业的广泛应用，人类社会所拥有的数据面临着前所未有的爆炸式增长，人类进入了“大数据”时代。

作为信息获取的关键技术，数据挖掘、信息检索和文本分类等信息处理技术应运而生。而作为这些技术的基础，文档相似性度量方法有着深刻的研究意义和广泛的应用前景。

在相似项搜索中存在另外一个重要的问题，在大数据环境下，即使对每项之间的相似度计算非常简单，但是由于项对数目过多，无法对所有项对进行相似度计算。局部敏感哈希算法的出现解决了这类问题，它能把搜索范围控制在那些可能相似的项对方面。

13.2.1　广义距离

例如：假设文档 D 为字符串(the past is in the past)，那么文档 D 的 2－shingle 组成的集合为{(the past)，(past is)，(is in)，(in the)}。

注意，子串(the past)在文档中出现两次，但是在集合中只出现一次。对于空白串(空格、Tab 及回车等)的处理存在多种策略。用单个空格来代替任意长度的空白串很合理，采用这种做法，会将覆盖 2 个或更多词的 shingle 和其他 shingle 区分开。

1. shingling 算法的基本思路

shingling 算法处理的基本思路如下：首先以窗口大小为 w 的滑动窗对全文本进行 shingle 划分，划分好的 shingle 代表着全文的文本信息，然后对 shingle 文本进行相似度计算。

值得注意的是，在大规模文本中，文本划分出来的 shingle 数目很庞大，需要很大的系统开支时间。因此，需要采取一定的抽取策略来减少比较的 shingle 数量，首先计算出两两比较文本中 shingle 的权重，然后设置一个权重门限值 P_{min} 来选择权重高的 shingle，把这些经过某种策略选择出来的 shingle，称为特征 shingle，为了防止抽取的 shingle 数量太少而不足以比较两个文本的相似性，还设置了抽取率 r 这个参数，把特征 shingle 数量限定在一个最小值以上。

2. 中文分词技术

shingle 的概念开始是针对英文文档提出的，因此划分的最小单元是英文单词，并且由空格隔开，但是对于中文文档，如果以字作为 shingle 划分的最小单元，那必然会导致出现许多毫无语义信息的冗余 shingle，即待比较的 shingle 数目增多，算法相应的计算时间复杂度增加，最后会严重地降低文档相似性度量的性能，因此中文分词的准确率直接影响到 shingle 对文档主题的反映程度。

经过对中文分词技术的研究，发现以词典分词为基础的正反向全切分算法，其召回率比普通的基于词典的算法要大得多，应用起来非常快捷。

shingle 生成是 shingling 算法中最为关键的一步，也是最难的一步。滑动窗口大小 w 是组成特征元素的词语组合中词语的个数，它的大小直接决定了文档的特征元素的总数，从而影响到算法的时间复杂度。

到底要选择多大的 w 值，依赖于文档的典型长度以及典型的字符表大小。实验统计发现：

- 当文档篇幅较短时，例如标题、关键词等文档，w 取 1 比较适宜。
- 对于篇幅较长的正文文档，w 取 2 为最佳。
- 而对于句子级的相似文档，即只有句子的组织顺序改变，而句子中的词语组织顺序不变，w 取大于 2 的值。
- 对于段落级的相似文档，由于句子和句子中的语义元素组织顺序均未改变，这时滑动窗口的大小相比于句子级的可以取得更大一些，参照英文文本的常用窗口大小 $w=10$，中文文本 $w=5$ 左右，可保留句子的位置信息。

3. 相似度计算

基于 shingle 的算法最后比较的是 shingle 字符串，利用 Jaccard 系数来计算文档间的相似度。

$$\mathrm{sim}(A,B)=\frac{|N(A)\cap N(B)|}{N(A)\cup N(B)} \tag{13.18}$$

sim(A,B)为文档 A 和文档 B 中相同的 shingle 数目与它们总的 shingle 数目的比值，该值越接近于 1，说明两文档间的相似度就越高。

记 w 为 shingle $S(D,w)=\{S_1,S_2,L\ S_n\}$，其中 S_n 是文档 D 中滑动窗口大小取 w 时所对应的第 n 个 shingle，并记$\{P_1,P_2,L\ P_n\}$为$\{S_1,S_2,L\ S_n\}$的权重系数，初始化为 0，shingle 在文档中的出现频率系数计算如下：

$$P_{ki}=\sqrt{f_{ki}} \tag{13.19}$$

式中：P_{ki} 为第 i 个文档的第 k 个 shingle 的权重系数；f_{ki} 为第 k 个 shingle 在第 i 个文档中出现的次数。

考虑到两个供比较文档的篇幅差异和包含关系，并参考包含相似度的计算方法，改进的相似度计算公式如下：

$$\mathrm{sim}(A,B)=\frac{\sum_{k=1}^{N_{ab}}P_{ka}P_{kb}}{\sum_{k=1}^{N_{a}}P_{ka}} \tag{13.20}$$

按照改进过的相似度的计算方法，包含相似度的结果便是 1，意义是 A 中所有的文档信息来自于 B，因此利用该式的计算方法还可以衡量出两个文档的相互包含度。

4. 局部敏感哈希

假定有 100 万篇文档，约有 $C_{1\,000\,000}^{2}>5\,000$ 亿个文档对需要比较，假设计算机计算每两篇文档之间的相似度为 1 μs，那么需要 6 天时间才能计算所有的相似度。即使采用并行机制来减少实际消耗时间，也无法减少计算量。

但是，实际中往往需要得到那些最相似或者相似度超过某个下界的文档对，这时只需要关注那些可能相似的文档对，而不需要比较所有文档对的相似度。对这类问题，解决的主要技术手段为局部敏感哈希算法(Locality-Sensitive Hashing，LSH)。

局部敏感哈希又称为位置敏感哈希，其算法的基本思想是针对空间中的点，通过选用适当的局部敏感哈希函数对其进行散列，使得散列后的数据仍保持原来数据的位置关系，即原来距离较近的点以较大的概率散列到相同的哈希桶中，反之，原来距离较远点以较小的概率散列到相同的桶中。

典型的局部敏感哈希函数族分别是：面向汉明距离的哈希函数族、面向欧氏距离的哈希函数族、面向 Jaccard 距离的哈希函数族、面向余弦距离的哈希函数族。

13.2.2　异常检测

异常检测又称为异常数据挖掘或离群点检测，即找出这些不同于预期对象的过程。

异常检测在数据挖掘的四大任务中占据着非常重要的地位，与预测模型、聚类分析和关联分析相比，它显得更有价值，更能体现数据挖掘的初衷。

例如，一万个正常的记录可能只蕴含一条规则，而十个异常记录很可能就包含了十条不同的规则。异常检测在某些领域具有应用价值，这些领域包括保险和信用卡欺骗、贷款审批、药物研究、医疗分析、消费者行为分析、气象预报、金融领域客户分类、网络安全、传感器/视频网络监视和入侵检测以及文本挖掘中的新颖主题发现等。

异常检测问题由两个子问题构成：

① 定义在一个数据集中什么是不一致或异常的数据；

② 找出异常的有效挖掘方法。

异常检测问题可以概括为如何度量数据偏离的程度和有效发现异常的问题。

进行异常检测，首先要定义异常(outlier)。由于应用领域和检测方法的不同，要精确地对异常进行定义，常常需要依赖于一些相关的假设。

从异常检测算法对异常的定义：异常是既不属于聚类也不属于背景噪声的点，其行为与正常的行为有很大不同。

从聚类算法对异常的定义：异常是聚类嵌于其中的背景噪声。

Hawkins 在 1980 年给出的定义："异常是在数据集中与众不同的数据，使人怀疑这些数据并非随机偏差，而是产生于完全不同的机制"。

为了在对比各种异常算法时提供统一标准，采用 Hawkins 的定义。

噪声是被观测变量的随机误差或方差。一般而言，噪声在数据分析中不是令人感兴趣的。例如，在信用卡欺骗检测中，顾客的购买行为可以用一个随机变量建模。一位顾客今天早餐多买了一杯牛奶，这个行为可能会产生某些看上去像"随机误差"或"方差"的"噪声交易"。这种交易不应该视作异常，否则信用卡公司将因验证太多的交易而付出沉重的代价。公司也会因为过多的虚警而打扰到顾客，甚至失去顾客。与许多其他数据分析任务一样，应该在异常检测之前就剔除噪声。

一般而言，异常分为三类：点异常、情境异常(条件异常)和聚集异常。

从 20 世纪 80 年代起，异常检测问题在统计学领域中得到了广泛的研究，随着异常检测应用领域的扩展，以及不同领域中方法的引入，这一分支得到了越来越多的关注。

从不同角度思考，不断拓展异常的定义，其涵盖了更多类型的异常，大体可以分为基于统计的方法、基于距离的方法、基于密度的方法、基于聚类的方法、基于分类的方法、基于深度的方法以及其他方法(基于小波变换的方法、基于图的方法、基于模式的方法、基于神经网络的方法等)。

高维数据的异常点检测方法存在着两个问题，分别是由稀疏数据引起的挖掘性能问题和高维空间中距离函数失效引起的挖掘效果问题。

习　　题

1. 试解释空间的概念，其有哪些空间类型？

2. 空间的距离是如何定义的？它有哪些距离形式？

3. 举例说明现实生活中，有哪些距离计算处理方法？不同的处理方法，其结果有何不同？

4. 简单文字比对过程的差异处理方法，以及比对的原理过程。

5. 文字比对过程中，有哪些降低维数、提升效率的方法？

6. 在项对匹配过程中，如何处理相关性，以及匹配的原理算法？

参考文献

[1] 王晓溪.钟表维修工:基础知识[M].北京:中国劳动社会保障出版社,2004.

[2] 王泽生.钟表营销与维修技术[M].北京:中国轻工业出版社,2017.

[3] 樊洪明.数理科学诠析[M].北京:中国建筑工业出版社,2017.

[4] 别莱利曼.趣味力学[M].南昌:江西教育出版社.2018.

[5] 程戈林.天文 地理知识探源[M].武汉:湖北教育出版社,2000.

[6] 张永德,强元棨,程稼夫.力学:物理学大题典[M].北京:科学出版社,2005.

[7] 赵海波.汽车自动变速器构造与维修.北京:机械工业出版社,2009.

[8] 唐德修,孙富平,刘春.汽车自动变速器原理与结构[M].北京:北京理工大学出版社,2018.

[9] 王青.物理原理与工程技术[M].北京:国防工业出版社,2008.

[10] 张圣勤.数学实验与数学建模[M].上海:复旦大学出版社,2008.

[11] 施大宁.物理与艺术[M].北京:科学出版社,2010.

[12] 贺俊杰.制冷技术[M].北京:机械工业出版社,2008.

[13] 王亚平.制冷技术基础[M].北京:机械工业出版社,2017.

[14] 王国玉.电冰箱、空调器原理与维修:项目教程[M].北京:电子工业出版社,2012.

[15] 郑贤德.制冷原理与装置[M].北京:机械工业出版社,2008.

[16] 布雷.人类找北史[M].北京:电子工业出版社,2018.

[17] 秦永元.惯性导航[M].2版.北京:科学出版社,2018.

[18] 邓志红.惯性器件与惯性导航系统[M].北京:科学出版社,2016.

[19] 苏中.惯性技术[M].北京:国防工业出版社,2010.

[20] 李万里,陈明剑.惯性/多普勒组合导航回溯算法研究[M].北京:中国地质大学出版社,2016.

[21] 姜义成.无线电定位原理与应用[M].北京:电子工业出版社,2011.

[22] 刘延柱. 振动力学[M]. 北京:高等教育出版社,2014.
[23] 蔡敢为. 机械振动学[M]. 武汉:华中科技大学出版社,2012.
[24] 高福裕. 矿物学[M]. 北京:地质出版社,1988.
[25] 秦善,王长秋. 矿物学基础[M]. 北京:北京大学出版社,2006.
[26] 杨主明. 矿物和岩石的识别[M]. 北京:人民教育出版社,2016.
[27] 吕宪俊. 工艺矿物学[M]. 长沙:中南大学出版社,2011.
[28] 杨华明. 非金属矿物加工理论与基础[M]. 北京:化学工业出版社,2016.
[29] 尼里. 国外名校名著——冶金学与工业材料概论(英文影印版)[M]. 6 版. 北京:化学工业出版社,2008.
[30] 田熙. 非金属矿产地质学[M]. 武汉:武汉工业大学出版社,1989.
[31] 郑水林. 非金属矿加工工艺与设备[M]. 北京:化学工业出版社,2016.
[32] 谢广元. 选矿学[M]. 徐州:中国矿业大学出版社,2001.
[33] 周军. 航天器控制原理[M]. 西安:西北工业大学出版社,2001.
[34] Richards. 雷达信号处理基础[M]. 北京:电子工业出版社,2017.
[35] 田坦. 声呐技术[M]. 哈尔滨:哈尔滨工程大学出版社,2010.
[36] 李启虎. 声呐信号处理引论[M]. 北京:科学出版社,2018.
[37] 张小飞. 阵列信号处理的理论与应用[M]. 北京:国防工业出版社,2010.
[38] 仇佩亮. 信息论与编码[M]. 北京:高等教育出版社,2011.
[39] 白晓梅. 非接触控制系统集成电路原理及设计方案[M]. 北京:兵器工业出版社,1999.
[40] 阮秋琦. 数字图像处理学[M]. 北京:电子工业出版社,2007.
[41] Forsyth. 计算机视觉——一种现代方法[M]. 北京:电子工业出版社,2017.
[42] 马颂德,张正友. 计算机视觉:计算理论与算法基础[M]. 北京:科学出版社,2012.
[43] 陈兵旗. 机器视觉与应用实例详解[M]. 北京:化学工业出版社,2014.
[44] 盛振华. 电磁场微波技术与天线[M]. 西安:西安电子科技大学出版社,1995.
[45] 梁昌洪. 简明微波[M]. 北京:高等教育出版社,2011.
[46] 黄玉兰. 电磁场与微波技术[M]. 北京:人民邮电出版社,2012.
[47] 郁道银. 工程光学[M]. 北京:机械工业出版社,2011.
[48] 张训鹏. 冶金工程概论[M]. 长沙:中南大学出版社,2011.
[49] 罗庆文. 有色冶金概论[M]. 北京:冶金工业出版社,1986.
[50] 朱宝轩. 化工工艺基础[M]. 北京:化学工业出版社,2004.
[51] 吴宋仁. 海岸动力学[M]. 北京:人民交通出版社,2008.